上海近代园林史论

Shanghai Parks and Private Gardens in Modern Times

王云 著

内容提要

本书以丰富的档案资料为基础，以市政园林为重点，以现代园林制度的建立与发展为主线，对近代上海的园林建设与管理，促进园林发展的内外动力，技术、制度、观念逐层推进的发展规律，以及园林发展对城市空间与社会生活的影响进行系统研究，勾勒出近代上海园林发展的历史脉络，还原了上海近代园林的历史图景，深入剖析了上海近代园林的水平与特征。

本书的主体内容包括近代历史上的上海园林和上海园林的近代化两个部分。第1-5章分阶段阐述近代上海园林的发展历史及特征，以史述为主；第6章阐述上海近代园林的风格特征与功能、现代化演进机制、影响与局限性，重在论述。

本书可供风景园林理论研究与上海近代史研究的相关人员、风景园林相关专业的师生与从业者阅读。

图书在版编目(CIP)数据

上海近代园林史论/王云著. --上海：上海交通大学出版社，2015

ISBN 978-7-313-14215-3

Ⅰ.①上 ··· Ⅱ.①王 ··· Ⅲ.①园林建筑-建筑史-上海市-近代 Ⅳ.①TU-098.42

中国版本图书馆CIP数据核字(2015) 第305720号

上海近代园林史论

著　　者：王 云

出版发行：上海交通大学出版社　　地址：上海市番禺路951号

邮　　编：200030　　电话：021-64071208

出 版 人：韩建民

印　　制：常熟市文化印刷有限公司　　经销：全国新华书店

开　　本：787mm×1092mm 1/16　　印张：24.25

字　　数：472千字

版　　次：2015年12月第1版　　印次：2015年12月第1次印刷

书　　号：ISBN 978-7-313-14215-3/TU

定　　价：58.00元

序

处于社会转型和激烈动荡时期，又受三界四方复杂管理体制和多元文化的影响，上海近代园林和上海的近代社会、近代城市与建筑，同样具有错综复杂的发展脉络。上海近代园林覆盖广阔的地域，出现了许多新的园林类型，呈现出多元的风格。就历史分期而言，一般都把1840-1949年这个历史时期作为近代，而就文化意义而言，近代上海实际上是现代上海的发展，而上海的近代园林史就是上海的现代园林发展史。由于这个历史时期跨越清代和民国，实际上也是一个从古典园林向现代园林发展，以及园林体系的转型期。上海的近代园林彻底变革了传统园林的形制和功能，创造了类型繁多，空间体验丰富的多元园林。

伴随着城市的现代化，上海是中国近代园林的发祥地，涵盖了公园、公共绿地、私家花园、住宅庭院、动物园、植物园、体育公园、儿童游戏场、校园、苗圃、花圃、园艺农场、林荫道、墓园等。研究上海近代园林需要深厚而又广博的跨学科的学术背景，不仅需要历史、社会、经济、文化、地理、城市和建筑的史学知识，同时也需要有关植物学、园艺学、生物学和工程技术、城市管理方面的学识。因此，相比近20年来中外学者关于上海近代城市、近代建筑等领域大量的研究成果，上海近代园林的研究几近空白。

王云教授长期从事园林史和园林理论的研究，在上海交通大学园林系讲授园林史、风景园林规划设计、城市园林绿地系统规划等课程，同时又有丰富的园林规划和设计的实践经验。《上海近代园林史论》（以下简称《史论》）是他多年研究成果的结晶，他在2010年通过答辩的博士学位论文基础上，又经过五年的系统整理和增删后才正式出版这部专著。《史论》是一部关于上海近代园林最为权威，最为系统，也最为严谨的学术专著。附录中的近代园林简表等提供了详细的近代园林和城市发展的信息，对于上海近代城市研究有着重要的学术价值。

《史论》论述了在近代城市发展中的园林，受西方文化和世俗生活的影响，原有的古典文人园逐渐萎缩，商家园林成为园林的主体。租界的公园引进了园艺、景观、造园技术和新的观念，渐渐成为现代园林的主体，也推动了营业性私家园林的发展。园林对城市空间形态和社会公共观念产生了实质性的影响，现代园林体系所具有的城市卫生、美化以及经济作用，对房地产和城市的发展与繁荣起了促进作用，也推动了近代上海城市空间形态的变化。王云教授在论述近代园林发展的过程中，始终将园林纳入近代城市发展的脉络中，并指出上海近代园林的发展具有“外生后发”的特点，近代上海园林的发展既有租界园林对西方公园的理念、形式与风格、现代技术与制度的植入与发展，又有民国时期对租界和华界园林先期探索的整合，并以更宏观的视域和开放的心态直接吸收世界园林最新成果的实践与探索。《史论》指出，上海近代园林整体上具有非线性、不均衡的发展特征，功能上不健全，发展缓滞，影响有限。从《史论》中我们也可以发现，上海发展园林的盛期在20世纪20年代，要早于建筑的盛期，说明了市政建设的先导作用，随着城市的扩张，尤其是租界的园林作为市政建设的重要组成部分，先于城市建筑的高潮。

《史论》分析并论述了营业性私家园林这类晚清园林的缘起和兴衰更替。营业性私家园林是上海近代园林的重要组成部分，曾经盛极一时，且多为中西合璧，由于未能与城市的发展相结合，畸形的娱乐性和过度追求利润，与时代的进步相悖，又由于政治经济和社会文化的裂变，终于渐渐消亡，蜕变成为城市的建设用地，只留下园名空让人们凭吊世事的沧海桑田。

随着城市的快速发展，城市空间的拓展和公共交通的延伸，各种类型和规模的现代公园成为上海近代园林的主体，形成了以大型综合性公园为主的园林体系，适合新型社会发展的大中型现代公园及其制度是《史论》论述的主要篇章。外滩公共花园、虹口公园、极司非尔公园、汇山公园、顾家宅公园以及其他公共绿地、苗圃、花圃等的设计、建设、特征及其沿革在《史论》中均有详细的论述。《史论》也分析了现代园林意识和观念的成因，并以大量的统计数据深入分析近代园林的科学研究、园地管护、规章、管理机构和制度。

城市与自然共生是永恒的理想追求，园林是社会生活方式、哲学思想和审美观念的表达，也是生活的艺术，是城市人的家园。我们的家园就是我们的居所，承载了城市的生命和我们的生命。人们在园林中休憩、娱乐、看书、会友，园林倾注了人们既想融入自然，又想改善甚至改造自然的理想和愿望。近代上海以独特的方式发展了园林文化，这种园林融合了英国现代初期的风景园林，也受到法国式园林和景观的影响，具有既不同于西方园林，也不同于传统园林的特征与发展节奏，是欧洲园林制度在上海的地域化表现。它既是市政设施，又是公共环境和城市生活制度，在开放空间关系上完全超脱了传统园林。《史论》指出，正如近代上海的城市与建筑，以处于变革中的西方现代园林和国内其他城市园林为对照，无论是快速发展的租界园林，还是传统园林的裂变探新，抑或当年市政府主导下的市政园林建设与规划构想，均体现出一定的先进性与时代性。上海近代园林的变迁也是城市和社会的变迁，上海近代园林史是上海的文化史、城市史和建筑史的重要组成部分，《上海近代园林史论》为研究近代上海铺上了一块基石，提供了一个新的起点。

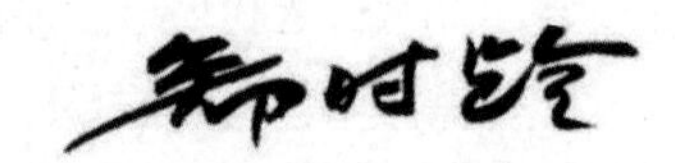

目　录

0 绪论

近代上海是典型的近代崛起城市，是近代中国受西方影响最大，近代化起步最早、程度最高的城市[1]，具有中西两种文化“远缘杂交”的优势。近代上海也是中西园林文化交汇、传播的重要枢纽，是中国园林现代化的主要策源地，拥有中国年代最早和类型最全的市政公园，是中国传统私园变革时间最早、程度最高、影响最大的城市，是中国近代园林制度建设和行业发展最成熟的城市，以及城市规划中园地规划、绿地系统规划最早、最先进的城市之一。上海近代园林的现代化演进机制与规律，对近代及之后的中国园林具有显著的作用和意义，在中国园林发展史上具有特殊的地位。

现代文化，无论是其物质的、制式的或是精神的方面，都必须要有传统作为根基，才能深沉，才能有底蕴，才能生生不息。反过来，认识传统文化也要有现代的意识，才能从现代文化和技术中汲取精华，以使传统文化获得新的生命并生机勃勃地向前发展[2]。

0.1 上海近代园林的范畴

从历史角度，本书将上海近代园林在时间上限定在 1840-1949 年，也即上海开埠（1843）至解放的百余年间。近代化也即现代化，对上海近代园林可以有两方面的理解，一是指近代历史上的上海园林，包括近代上海地域范围内的各种园林及其特征；二是指上海园林的近代化及其影响，也即上海园林的现代化过程与作用。

鸦片战争以后，上海被推至中国近代化的前沿，中外各种力量的集聚、交织和相互作用，合力推进了近代上海波澜壮阔式的发展态势，城市形态日新月异，都市社会迅速膨胀。日益多样的社会需求、日趋复杂的社会网络迅速推动且制约着城市各行各业的发展。由此，作为近代城市活动结果与制度之一的上海近代园林具有普遍意义上的现代性和地域意义上的特殊性与复杂性。

开埠之际，上海园林已具有商业化、市民化倾向，但现代意义上的城市园林和

1 张仲礼. 近代上海城市研究［M］. 上海：上海人民出版社，1990：19-21.
2 郑时龄. 上海近代建筑风格［M］. 上海：上海教育出版社，1999：3.

园林制度尚未出现。开埠后，上海园林的发展被迅速纳入世界园林现代化转型的轨道，受西方直接影响的公共租界和法租界园林不仅是上海近代园林的主要组成部分，而且长期引领着华界私园的变革与市政园林的发展，政府主导下的城市公共园林取代传统私园，成为近代上海园林发展的主体。在这百余年间，上海园林的内容、形式发生了历史性的变革。

近代历史上的上海园林，不仅是指租界园林，而是涵盖整个地域范围内的所有园林，及其对周边地区园林的影响。整体上，上海租界园林具有西方园林现代转型初期的功能与形式特征，拥有体育运动型、游憩型、儿童游戏型等多种功能和大、中、小不同规模的公园类型，形成了由大众公园、行道树及道路附属园地、市政苗圃、风景式市政公墓等构成的公共园地（Parks and Open Spaces）[1]体系，初步建立起以公园管理为重点的现代园林管理制度。华界园林的发展主要包含上海传统园林的近代嬗变和民国市政园林的发展两方面内容。营业性私园是处于流变中的上海传统私园，为满足新旧交替时代多元化社会需求的裂变结果，是华界城市公园出现前的一种准公共园林，对当时许多内地城市产生很大影响，促进了清末民初中国近代公园的起步。上海民国市政园林主要由民国政府前期和末期整合后的市政园林两部分组成，包括市政公园的建设实践、分级分区的园林管理体系与制度建设、体现西方现代园林思想的城市园林绿地系统规划与构想，以及民间园林花木业的勃兴与发展等方面内容。

上海园林的近代化过程时间短、速度快、涉及面广、影响因素错综复杂。上海近代园林不仅仅是指作为城市近代化发展结果的公园等市政园林，更在于其活动的全过程。影响和推动上海近代园林发展的因素是多方面的，其中，新型社会结构与需求是根本动力，经济与技术进步是重要的外在推动力，先进的管理制度是保障。现代园林技术、观念、制度的引进与相互作用构成上海近代园林的演进机制，推动其整体向前发展。因此，对上海近代园林的理解，必须将园林活动置于纷繁复杂的城市社会环境中加以考察，需要在多侧面的论证与思辨中才能明晰真相。既要认识它的共时性特征，包括近代上海不同时间、不同区域内的主要园林类型与特征；更要注重对其进行历时性分析，关注公共租界、法租界和华界各自市政园林的发展历程与前后传承关系，以及三者之间的相互作用与影响，从整体上把握上海近代园林发展的肇因与动力，及其技术、制度与观念间相互作用、彼此促动的现代化演进制。上海近代园林取得与城市基本同步的发展，对近代上海的城市空间形态和社会公共

---

1 “Parks and Open Spaces”本书译作“公共园地”或“市政园林”，是公共租界工部局对公园（public garden\people’s park）、行道树与道路附属小型园地（roadside tree and minor space）、市政苗圃（municipal nursery）、风景式公墓（cemetery with landscape style）等市政园林与相关场地的通称，随着工部局营建和管辖园林范围的变化，其所包括的内容也有相应增减，但变化不大。法租界公董局下园林管理部门为公园种植处（Bureau des Parcs, Jardins et Plantations，后改称种植培养处），其所管辖的范围与公共租界的“Parks and Open Spaces”大致相同。

观念产生过实质性影响。租、华两界不同的政治形势与立场，致使近代上海的城市空间和形态具有明显的分化和异化特征。上海近代园林的发展在推进“三界四方”[1]之间空间渗透与交融的同时，拓展了城市公共空间与绿化空间，对解放后上海城市园林绿化的空间架构具有明显的影响与借鉴意义。在经济利益驱动下，近代上海形成工、商、住、农混杂的城市功能分区，房地产业和公共交通发展迅速，带动城市公共园地取得相应的发展，反过来，公共园地的建设因其具有城市卫生、美化甚至经济提升作用，又对周边房地产和公共交通的发展与繁荣起到促进作用，从而在一定程度上助推了近代上海城市的功能区划和空间形态变革。以“华人与狗不得入内”为标志的近代上海租界公园开放斗争运动，促进了市民传统意识的松弛和民族意识、权利意识的伸长。作为近代城市中的主要公共空间，上海近代园林在培育社会公共意识、塑造市民社会和促进社会整合方面也曾发挥过不小的作用。

0.2　上海近代园林发展的分期

着眼于上海近代园林的整体发展，及其受西方现代园林影响的广度和深度，可以把上海近代园林的全部发展过程划分为四个阶段。

1）移植期（1840-1900 年）

中西园林在上海的碰撞与初步融合期。主要表现为：西方现代娱乐观念、园林形式和公园管理制度的植入，满足大众娱乐的花园和运动型公园成为上海租界园林的发展重点；已有市民化倾向的上海传统园林，在租界娱乐园林观念和形式的影响下，从内容到形式进行着前所未有的变革，并集中表现为营业性私园的诞生与兴盛；受近代园林初始的推动，近代上海华界民间的园林花木业初兴。

2）快速发展期（1900-1927 年）

上海租界园林发展的黄金时期。公共租界和法租界园林均取得快速发展，主要表现为：租界园林朝向大众化转型，多类型的公园、行道树、市政公墓、市政苗圃等西方市政园林的主要形式纷纷出现；处于变革中的多种西方园林风格和以植物引种驯化为主体的西方园艺技术相继被引入；园林管理机构与制度也得以初步建立。受租界园林的牵引和民国政府的推动，上海华界的市政园林建设开始起步，具体表现为：营业性私园兴盛至民国初年；社会的近代园林意识初步形成；随着市政道路的建设，政府主导的行道树种植日益拓展；民间的园林花木业兴盛，现代园林行业开始崛起。

---

1 对近代上海行政分割状态的一种俗称，“三界”是指整个上海的割裂，即公共租界、法租界、华界三个分属不同政权统治的地区；“四方”是指上海华界的割裂，由于租界横亘于中部，上海华界被分割成南市、闸北、吴淞、浦东四个区域，1927 年国民党上海特别市政府成立后上海华界才逐步统一。

3）缓滞期（1927-1945年）

上海租界园林的发展缓滞和华界市政园林的曲折发展期。租、华两界的表现各异：民国上海特别市政府建立后，租、华两界的势力发生显著变化，租界的越界建园受阻，已有公园相继对华人开放，租界的园林建设仅限于已有公园的使用功能拓展，园林技术和管理也因此停滞不前，发展由盛至衰；北伐战争的胜利极大地鼓动了民国政府的城市建设热情，市政园林在全国取得较大发展，具有特殊地位的上海，仅零星建设几处公共学校园，建设成就并不突出，相反，其城市规划中的园林规划已有较高祈求，群众绿化活动兴起并取得一定成果；抗战爆发上海沦陷后，华界市政园林短暂初兴所取得的成果几被毁尽，租界园林也遭严重损毁。

4）整合期（1945-1949年）

上海近代园林的整合与规划构想期。抗战胜利后，租界结束，上海统一。至解放前夕的4年间，国民党上海市政府主要对原有租、华两界的市政园林进行修复、重整，建设实践极其有限，但在现代园林制度建设和城市园林绿地体系规划探索方面取得长足进步，园林管理体系和制度趋于完善，园林规划理念先进，成果全面完整，其现代性远迈先前的租界。

0.3 上海近代园林的特点

在近代上海，同属一个地域整体的租界与华界园林，尽管发展进程和特点不同，但在相互影响与冲突下形成的差异之中又包含着共性，这一共性也就是西方影响下的近代上海园林的地域化特征。由此，上海园林具有既不同于西方园林现代化转型，也不同于传统园林自然演变的特征与发展节奏。

1）以市政园林为主体

市政园林是西方现代化的产物和世界现代园林的主要内容，一般是指由政府财政出资，供全体市民共同使用，由政府相关管理部门负责管理的城市园林。至19世纪中叶，西方园林的现代化过程中先后出现了风景式公墓、林荫道、市政苗圃、城市公园等市政园林类型，以及以此为基础构成的城市公园体系、城市绿地系统。

因受《上海土地章程》和武力威慑的保障，上海租界拥有相对稳定的社会环境和充裕的经济条件，由英、法、美等西方国家移植至上海租界的现代生活方式和城市建设模式，在公共租界、法租界得到较好实现。伴随着租界外人（或称“外侨”）的增多、市政设施的发展和地域的扩张，上海租界内外先后出现市政公墓、以行道树为主体的路边树木、道路附属公共园地、体育娱乐型公园、游憩型公园、儿童游戏场、市政苗圃等城市公共园地类型，成为租界城市建设格局中的重要开放空间和公共文化设施。

受租界娱乐观念与市政园林的引导和启示，已具市民化倾向的清末上海传统园林开始裂变，至19世纪末20世纪初，具有准现代公园性质的营业性私园兴盛，开启了上海华界公共园地的发展历程。华界市政园林的建设肇始于清末上海地方自治时期的行道树种植，民国以后，南市的行道树和以教育为主要功能的公共学校园得到一定程度的发展。1927年华界整合后的上海特别市政府期间，以南市、闸北的市政园林建设和江湾新行政区的园地规划和建设起步为标志，华界市政园林进入全面规划和建设启动阶段。抗战胜利后，长期割据的公共租界、法租界和华界得到整合，在短短的4年时间里，国民党上海市政府对受战争毁坏的市政园林进行修复和整合，对城市公园体系和城市绿地系统着手进行非凡的构想。

2）外生后发的现代园林制度

上海近代园林的发展具有“外生后发”的特点。近代上海园林的发展既有租界园林对西方大众公园理念、园林形式与风格、现代技术与制度的植入与发展，又有民国后期园林对租界和华界园林先期探索的整合，并以更宏观的视域和开放的心态直接择取世界园林最新成果的后发实践与探索。

根本上，上海园林的近代化是西方现代园林制度的本土化过程。近代上海现代园林制度的建立并非一蹴而就，有一个移植、并存、抗拒、认同、适应、追求、转化、超越的过程。受西方直接影响的上海租界园林，从项目决策、资金筹措、成本控制到规划设计、工程组织、养护与管理，最早、最全面地移植西方资本主义模式的现代园林制度，并应租界社会发展的特定条件和园林发展阶段的不同作出相应调整，民主决策、科学管理和成本控制贯穿于租界园林发展的始终。制度的应时性和先进性为租界园林的平稳发展和外人公平使用提供了保障，平衡了租界当局与外人间的公私利益。

华界园林的现代转型，不仅是指公共园地的辟建，更主要的是投资、建设和管理主体与运作模式的转变。客观上，作为新旧园林制度的过渡，营业性私园的兴起摆脱上海私园传统模式羁绊的同时，为华界现代园林制度的引入与建立做出有益探索，对民国前期华界市政园林制度的初步建设具有直接的启示意义。具有超越租界政治意志的国民党上海市政府，无论是管理机构的架构、管理制度的建设还是管理的实践探索，对市政制度建设已有更高要求。在实际成效方面，缘于无隙的社会动荡和捉襟见肘的经济条件，国民党上海市政府的市政园林建设实践步履蹒跚，成果有限，但是其对现代园林制度的建设和探索，不仅承袭租界与华界的有益经验，而且能溯本探源，直接学习借鉴西方各国先进的制度模式，具有一定的开创性和鲜明的时代性。

应该说，近代上海园林的现代转型不仅表现在建设实践的器物层面，更多地体现为西方现代园林制度的植入、认同和转化，它不仅对以后的上海园林产生过较大影响，对今天的中国园林仍然具有借鉴意义。

3）技术进步与观念转变的时代性

以处于变革中的西方现代园林和国内其他城市园林为对照，无论一度快速发展的上海租界园林，还是上海传统园林的裂变探新，抑或民国后期国民党上海市政府主导下的市政园林建设与规划构想，均体现出一定的先进性与时代性。

技术进步是西方殖民扩张的法宝和世界现代化的基础。技术变革往往导致观念与制度的转变，技术、观念和制度的彼此促动与除旧布新，促成西方现代园林的产生和多元发展。藉由租界园林，以植物科学技术进步为主要特征的西方现代园林对近代上海形成深远影响，上海园林的形态特征、空间构成和人们的游园方式随之变革。以英美园林为衣钵的上海公共租界园林，十分重视园林植物引种驯化与栽培技术的提升，并以此为基础塑造出丰富的园林植物景观。如同英国本土园林，始终具有园艺特征的上海公共租界园林，在植物材料和景观营造方面，对法租界和华界园林产生过很大影响，从而确立了上海近代园林的基本特征和发展基调。可以说，植物造园的技术和理念是租界园林对上海近代园林做出的最大贡献。

由此，由植物造园衍生出的植物材料生产、园艺布置、园地养护管理方法与技术，在近代上海取得很大发展。租界内以植物景观为主要内容的市政园林，引领近代上海人的自然观、审美观和娱乐观发生转变，从而激发了上海传统园林裂变、住宅庭园建设、华界市政园林初兴，以及盆栽植物与鲜切花的消费增长。园林技术进步与观念转变又极大地推动近代上海花木业的发展，不同规模、多种经营方式的园林花圃、苗圃、园艺农场在上海周边乡村兴起，从事现代庭园设计与施工的“翻花园”行业逐渐形成。伴随着园林企业的增多，具有协调内外关系、保护行业发展功能的行业组织——花木业公会应运而生，其组织形式与制度随着行业的壮大而不断完善，行使着政府以外的行业管理职能。民国上海市政府主持的城市园林绿地系统规划与构想，吸纳公园路、公园系统、城市绿地带等现代西方园林的思想，在中国历史上率先将绿地规定为一种重要的城市用地，初步确立城市园林绿地规划和城市规划间的关系，在近代中国城市规划和园林发展史上具有跨时代的意义。

由此可见，技术进步与观念转变，不仅是上海近代园林的重要特征与衡量标准，更是上海近代园林发展的主要推动力。也正是在这个层面上，近代上海的租界公园、营业性私园等对内地城市公园的产生与发展产生了较大影响。

4）非线性、不平衡的发展特征

受制于内部的观念冲突和外部的生存条件，上海近代园林的发展呈现出地域上、领域上的不均衡性和时间上的非线性、不连续性。从市政园林的建设成果与发展水平来看，发展环境相对稳定的租界园林要远好于华界园林，公共租界园林要强于法租界园林，租界公共园地的建设要多于其他市政园林，尤以体育娱乐型园地为多。

就发展历程而言，貌似合乎发展规律的租界园林其发展也并不充分，平稳发展与高水平建设的时期很短；华界园林的发展时兴时衰，存在明显的间断性和断裂期，由营业性私园的兴衰、民国市政园林的零星建设和民国后期园林整合与规划构成的发展脉络时隐时现。

因受到各自母国园林和自身发展条件的影响，公共租界与法租界园林的发展重点及其特征存在较大差异，前者注重科学性和实用性，后者则侧重于装饰性和城市美化功能。公共租界的市政园林类型比较齐全，公园类型和规模多样，先后呈现出园艺花园式、乡野如画式和建筑规则式等园林风格，具有维多利亚中晚期的英国园林特色，以植物引种驯化为核心的技术进步尤为明显，植物种类与景观丰富，花坛、花境等园艺布置的观念和手法先进。法租界园林的全面起步要晚于公共租界，除了在植物材料与造景、公园管理方面受到后者的一定影响外，其他方面影响不大，公园具有同期法国式风景园与复古式花坛相结合的折衷式园林特征，类型单一、规模差异大，但在行道树树种选择、形态控制及其管理方面形成了自身鲜明的特点。

民国政府前期华界市政园林发展和末期整合后的上海近代园林发展具有两重性。一方面，由于政府财力支绌和租界公园对华人开放后的阻滞，市政公园的建设实践与水平有限，甚至落后于内地一般城市，与民国上海的形象及其在全国的地位很不相称；另一方面，分级分区管理体系与制度的建设标志着园林管理由专项管理向统筹、科学、务实的现代综合管理方向的发展，城市园林绿地规划与构想具有鲜明的时代性和先进性，超越租界并领先于国内其他城市。

受历史局限，上海近代园林也具有发展异化的一面，存在功能异化、形式杂烩、科学研究与技术创新不足等缺陷。上海近代园林，既有世界现代园林发展初期的一般内容和特征，也有殖民性、高度商业化和畸形发展的特殊性；既有满足大众需求体现近代民主进步的游憩、娱乐功能，又具有体现殖民地色彩的政治、军事功能；既有科普教育功能，又有强化政权意识、民族意识的教化功能。总之，源于半殖民地半封建的社会背景，上海近代园林的发展整体上具有非线性、不均衡特征，功能不健全、发展缓滞、影响有限是上海近代园林的宿命和另一个特征。

1　移植期：上海近代园林的初始（1840-1900）

近代前期（1840-1900）的上海园林主要包括两方面内容：一方面是租界园林对西方娱乐观念、近现代住宅花园与市政园林形式的直接移植；另一方面是上海传统园林在租界娱乐观念和园林影响下的加速变革。租界园林不仅是上海近代园林初始的主要内容，还是上海传统园林变革的重要动因。由此，本书将这一时期的上海园林称为"移植期园林"。移植期上海园林的另一个重要表现是其娱乐性，无论是租界外人的住宅花园和公共花园，还是裂变中的上海传统园林，很大程度上都是近代娱乐观念下的产物。由此，总体上又可将这一时期称为上海近代园林的"娱乐花园"时代。

本章主要关注三个问题：城市空间、政治经济、娱乐业的发展对近代园林的需求和影响；租界住宅花园和早期公园的特征，城市公共园林的发生机制和发展特点；上海传统园林的裂变与华界园林花木业的初兴。

1.1　近代城市初兴

1.1.1　大上海地区的历史沿革与自然概况

1. 历史沿革

历史学家研究认为上海不仅是一个近代崛起的城市，从人类活动及其所创造的文明来看，上海的历史已有 6 000 年。隶属于长江三角洲地区的上海西部，与邻近的江浙地区一样，在新石器时代就有了人类活动的足迹，并创造出灿烂辉煌的文化[1]。奴隶制社会时期，地处"吴越之会"的上海已是南部古越族土著文化与北边湖熟文化并存、撞击之地，湖熟文化与商文化关系极为密切，土著文化与中原文化的交流开启了后世上海多元文化交汇、碰撞、融合的历史先河。

今天的大上海地区，秦汉时属会稽郡；三国时属东吴，相传后来的青龙镇始于此时；唐天宝年间设立华亭县，奠定后世上海地区行政格局演化的基础。从此，大

1 熊月之主编，马学强著. 上海通史（第 2 卷）[M]. 上海：上海人民出版社，1999：19.

致以吴淞江为界，上海南北在行政沿革上分别隶属不同的系统。吴淞江下游的北部地区，今嘉定、宝山、崇明三区的独立行政建制，分别始于南宋嘉定十年（1217）的嘉定县、元至元十四年（1277）的崇明州（明洪武年间降为县）和清雍正二年（1724）的宝山县，三县于雍正三年（1725）由原有统属改属直隶太仓州，解放后归江苏省辖，1958年划属上海市。吴淞江下游的南部地区，以唐代华亭县（县治在今松江镇）范围为基础不断分土划治。唐时，华亭县为苏州属邑，疆域广阔、人口稀落，居吴郡七县之末；唐末至宋隶属定都杭州的吴越国之秀州；元至元十四年（1277）升格为华亭府，次年改设松江府；至元二十八年（1291）正式建上海县，这是上海建城的开始。此后随着经济的繁盛和沿海涨滩的不断外移，松江府属县随之增多。明嘉靖二十一年（1542）置青浦县，后青浦县几经废立，县治从青龙镇移至唐行镇；清顺治十三年（1656）分华亭县置娄县，以后依次分置奉贤县、金山县、南汇县、福泉县（乾隆年间撤废后并入青浦县），嘉庆十年（1805）设川沙抚民厅。至此，松江府属的县厅与北部三县一起构成了“十县一厅”的行政格局，为今天上海地区的行政结构奠定了基础。

海陆变迁与江河变故推动上海商港从青龙镇向上海镇的迁移。始设于唐天宝五年（746）的青龙镇位处今青浦区白鹤乡吴淞江南岸，唐宋时是太湖流域东部地区重要的转口贸易型港口城镇。南宋以后，受海潮顶托，青龙港附近的吴淞江日渐淤浅，下游水道狭阻，海船无法直溯青龙港，一代名镇因此陨落。部分海船改泊在吴淞江的支流—上海浦一带，浦西今南市一带的乡野村落因此逐渐演变成集镇。南宋咸淳年间始设上海镇，隶属华亭县；元至元十四年（1277）华亭升格为府时在此设市舶司，为当时全国七个市舶司之一；十四年后以镇升县，松江府划出华亭东北、黄浦江两岸的东西广160里、南北袤90里的平畴沃野分设上海县。明代负海带江的上海县已是“东南壮县”，商贾辐辏，经济繁荣，但同时也招来海上倭寇的频仍肆虐，因上海素以“无草动之虞”而无城池可据，寇祸一次甚于一次，以致民不聊生。嘉靖三十二年（1553）连遭倭寇蹂躏，地方乡绅强烈要求筑城自卫，得松江知府允准后，筑城旋即开工，乡绅、地方官员通力合作，昼夜不停，仅用两个月的时间，周九里的上海城便宣告完工，四周设防，辟六处陆门、三处水门沟通内外。此后不久，城厢内遂出现人文荟萃、私园鼎盛的新局面。上海城的修筑促进了上海县商贸经济的更趋繁荣和港口地位的进一步提升，至清雍正八年（1730）清政府将“分巡苏松兵备道”署从苏州移驻上海县，即习称的“上海道”，乾隆元年（1736）清廷将太仓州划归上海道管辖，改苏松兵备道为苏淞太道，监督苏州、松江两府及太仓州的地方行政，维持地方治安，兼理海关[1]。道县同城后，上海县的行政地位实

1 熊月之主编，袁燮铭著. 上海通史（第3卷）[M]. 上海：上海人民出版社，1999：391.

际上已远远超出一般的县治，继苏州、松江之后，逐步成为长江三角洲的经济核心和行政中心之一。

2. 自然概况

上海，地处太平洋西岸，长江三角洲前缘，中国南北海岸线的中点。东濒东海，西与江苏苏州、浙江嘉兴两地接壤，北起长江口的崇明岛，南及杭州湾大、小金山。

境内中部偏西一条西北—东南走向的冈身地带将上海地区自西向东分为淀泖低地、碟缘高地和河口沙洲三个地貌单元。冈身以西属太湖以东的沼泽地带，在海浸海退的过程中渐次淤积成陆，港汊纵横、湖泊众多，逐步形成长泖、圆泖、大泖的“古谷三泖”；冈身及其以东今上海地区的广大地区属碟缘高地；崇明等长江口成陆最晚的岛屿和沙洲属河口沙洲。

7 000 万年前的地壳运动造就今西南部的松江、青浦、金山等区零星分布的 13 座海拔低于 100 米的低矮山丘，古称“云间九峰”。历经沧桑，山暖水长的“九峰三泖”蔚然成景，引来一代代文人骚客遁迹觞咏，陶然忘返，铸成上海地区山柔水缓、园林荟萃的锦绣胜地。

上海地区地势平坦，土壤肥沃。气候属北亚热带季风气候类型，受冷暖气候的规律交替，四季分明，冬夏较长而春秋较短，热量丰富，雨水充沛，年平均气温为 16.5℃，最冷月(1 月)平均气温 3.1～3.9℃，极端最低气温-12.0℃，年平均降水量为 1 048～1 138mm，全年中 60 %的雨水集中在 5～9 月的汛期降落。境内地表水、地下水资源丰富，拥有黄浦江、吴淞江、蕴藻浜等主要河流。境内除西南部零散山丘为残积弱富铝化母质所发育的黄棕壤外，平原地区均为江、海、河、湖不同沉积母质所发育的水稻土、灰潮土和滨海盐土。由于地处沿海平原，加之水系众多，因此地下水位较高，一般为 60～80cm。从植被分区来看，上海的地带性植被为常绿阔叶林。上海的气候顶级森林植被可分为青冈群落、苦槠群落和红楠群落等几种类型，这些自然植被在今佘山地区、部分内陆水系以及杭州湾的金山三岛等海岛上仍有分布。总之，上海地区的气候、土壤、水源等自然条件十分适合造园，尤其是西部区域。

1.1.2 租界开辟与膨胀

1. 租界的辟设与扩张

1843 年 11 月 17 日上海正式开埠通商之后，经由上海道台宫慕久与英国驻上海首任领事巴富尔（Sir George Balfour）长达两年的磋商，于 1845 年 11 月 29 日签订中国近代史上的第一个中外租地章程《上海土地章程》（The Shanghai Land

Regulations)，也称“土地章程”或“地皮章程”。章程的直接结果是上海英国人居留地的产生。自此，来自欧美和印度的外侨开始陆续在洋泾浜（今延安东路）以北的830亩土地上租地造屋：北及李家厂（今北京东路）、东抵黄浦江、西以界路（今河南中路）为界。土地章程的签订也为日后英租界和其他租界的形成与扩展奠定了基础。

1848年3月8日的青浦教案事件给了英国殖民者扩展租界的可趁之机，11月27日，英国领事阿礼国（Sir Rutherford Alcock）胁迫并与新任上海道台麟桂签订协定，将英租界向西扩展到泥城浜（今西藏中路）、向北抵达苏州河，面积增至2 820亩，比原来的租界面积增加3倍多，首开租界扩张的先例。英租界的扩界成功刺激了早在1845年就曾提出在上海设立租界的法国殖民者，几经交涉，1849年4月法国驻沪首任领事敏体尼（Louis Charles Nicolas Maximilien Montigny）与上海道台麟桂达成协议，并由麟桂发布告示宣布法租界的范围，由此法国获得洋泾浜与县城之间面积986亩的土地。美国政府为了获得与英国在中国同等的权利，1844年委派公使前来中国并签订中美《望厦条约》，随后任命美国驻沪领事前来上海。1848年，美国圣公会主教文惠廉（William Jones Boone）借布道之机，在虹口建立教堂，广置地产，并向上海道提出在此设立租界要求，得到上海道台吴健彰的口头同意，当时并未划定界址。但“虹口美租界”实际上已成事实。

1853-1864年间的上海小刀会起义和太平天国东征是早期上海租界发展的一个转折点，在上海近代史上具有重要意义。王韬说：“上海城北，连甍接栋。昔日桑田，今为廛市，皆从乱后所成者”[1]。姚公鹤感慨地说：“上海兵事凡经三次：第一次道光时英人之役，为上海开埠之造因；第二次咸丰初刘丽川之役，为华界人民聚居上海租界之造因；第三次咸丰末太平军之役，为江浙及长江一带人民聚居上海租界之造因。经一次兵事，则租界繁荣一次”[2]。客观上，这10余年间的两次兵事为租界势力的扩张提供了条件，由华洋隔离而华洋杂处后的租界繁荣、1854和1869年《上海土地章程》的两次修订、租界的扩张和分立、军事组织的设立等无不与之息息相关。以英美租界工部局、法租界公董局、纳税外人会和会审公廨的成立为标志，西方列强已基本控制租界的行政、立法和司法权。至19世纪60年代末，上海租界已由外人居留地一变成为一个寄生在中国国土上的、自治的、资本主义城市形态的“国中之国”。

以战事为契机，1861年法租界第一次扩界成功，法租界的外滩向南延伸650多米，面积增至1124亩；1863年美国租界划定，并正式并入英租界，合并后的英美租界改称“洋泾浜北首外国租界（Foreign Settlement North of Yang-King-Pang

1 （清）王韬．瀛壖杂志［M］．上海：上海古籍出版社，1989：3.
2 姚公鹤．上海闲话［M］．上海：上海古籍出版社，1989：60.

Creek)”，简称“外国租界”，也习称“公共租界”。随着英法租界矛盾的日益激化，1862 年法国驻沪领事爱棠（B.Edan）借英美租界合并之机宣布设立公董局董事会，脱离 1854 年英、美、法三国租界联合成立的市政联合组织。至此，上海近代“三界两方”和“一市三制”的空间与政治格局已成型。租界扩界愈益频繁，1893 年美国领事与上海道台议定美租界新界，面积增至 7 856 亩；乘中日甲午战争之机，1899 年英美租界又一次扩界成功，扩展后的租界范围：东从美租界之杨树浦至周家嘴，西从龙华桥至静安寺，再从此至苏州河南岸之新闸；南从法租界地之八仙桥至静安寺；北从虹口之第五号界石至上海县北境，即宝山与上海县交界处，再从此画一直线至周家嘴。净增面积 22 827 亩，是原有英美租界面积的两倍，总面积达 33 503 亩。扩界后，洋泾浜北首租界被改称为“上海国际公共租界（International Settlement of Shanghai)”。就在公共租界扩张的同时，作为第二次四明公所事件的处理结果之一，法租界又一次得以扩张，新扩 1 112 亩，面积增至 2 135 亩。后于 1914 年法租界进行第三次扩界，新扩范围西抵徐家汇、南至肇家浜、北界大西路（今延安西路）。面积总计达 15 150 亩，是法租界初设时的 15 倍（图 1-1）。

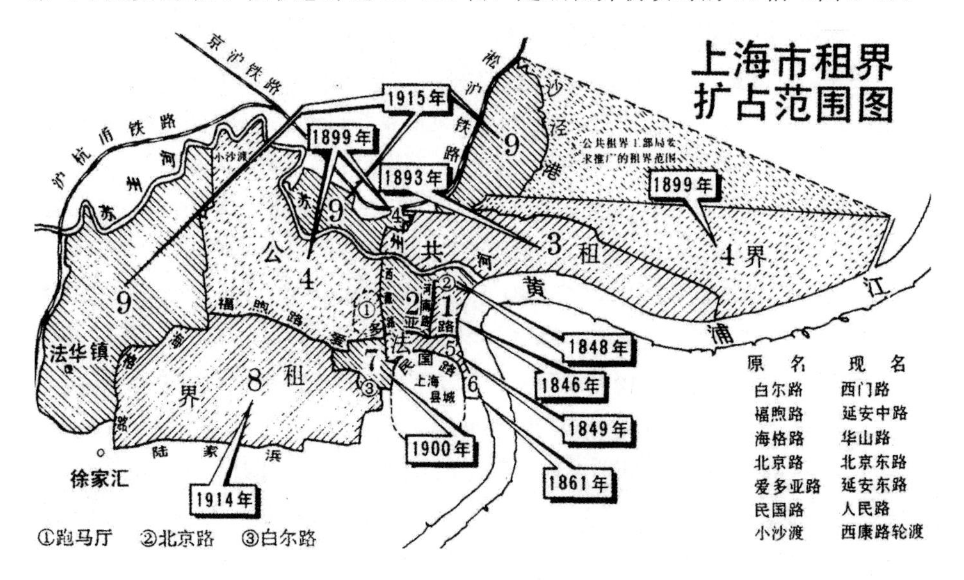

图 1-1 上海市租界扩占范围图

资料来源：《上海近代建筑史稿》

2.间接扩张：越界筑路

除了直接扩张以外，上海各租界还通过“越界筑路”的方式进行间接扩张，也即租界当局利用军事防御等借口擅自在界外占地修筑道路、在路旁建造房屋、设警甚至征税，然后胁迫上海地方政府予以承认，将越界筑路区域纳入租界范围。这种具有僭权性质的土地扩张手段是租界当局的惯用伎俩，往往是直接扩张的前奏和先导。

“越界筑路”最早开始于19世纪60年代初的太平军进攻上海期间。为“保护”上海的安全，英方在泥城浜以西租界附近和离租界较远的地区修筑军路，先后开筑英徐家汇路（1920年更名海格路，即今华山路）、新闸路、麦根路（今淮安路，起于今石门二路的新闸路以北段与康定东路，循苏州河至万航渡路）、极司非尔路（今万航渡路）；法方为构筑一个连接徐家汇、董家渡教堂的法租界防御体系，也在界外辟建包括法徐家汇路（今肇嘉浜路、徐家汇路）在内的20里军路[1]。

太平军战事以后，公共租界与法租界不仅接管、修整了以上界外军路，并开始分别向北、东、西进行大规模越界扩展。至19世纪末、20世纪初，公共租界已先后添筑了卡德路（今石门二路，以连接静安寺路与新闸路）、虹桥路、白利南路（今长宁路）、罗别根路（今哈密路）等近21公里的界外道路；与此同时，法租界依次新筑恺自尔路（1865年，今金陵中路）、八仙桥路（后改名爱来格路，今桃源东路）、宁兴路（今宁海路）、华格臬路（今宁海西路）等。这些马路的筑成，为租界的进一步越界扩张创造了一个不可估量的有利条件。

无论直接或间接的扩张，都是外侨社会势力的扩张，是对中国主权的严重侵犯。但租界的扩展和越界路的开辟，客观上，又意味着上海空间的拓展，而空间的拓展，无疑是华洋杂处以后上海社会变迁过程中最引人注目的变化之一[2,3,4]。从园林方面来看，租界空间的拓展为西方公共花园、室外娱乐场所和行道树等形式的近代园林建设提供空间载体，客观上也为上海传统私园的变革提供了近在咫尺的参照。

1.1.3　因商而兴的近代港岸城市及其对园林的影响

晚清的上海是中国近代半殖民地、半封建社会的集中体现。“一市三制”的政治格局，差异悬殊的经济发展与市政建设，以及非常规的娱乐需求，既为城市公共空间的拓展和上海近代园林的起步提供了制度上的保障和推动力，同时也为上海近代园林不同步、不平衡的畸形发展埋下“祸根”，成为上海近代园林“局部有序、整体失衡”格局的根本肇因。

1. 现代城市经济与娱乐业的初兴

开埠与租界的辟设中断了上海经济发展的自然过程，以国内、国际贸易为代表

---

1 梅朋，傅立德．上海法租界史［M］．倪静兰译．上海：上海社会科学院出版社，2007：263、308．
2 熊月之主编，周武，吴桂龙著．上海通史（第5卷晚清社会）[M]．上海：上海人民出版社，1999：2章。
3 熊月之主编，熊月之，袁燮铭著．上海通史（第3卷晚清经济）[M]．上海：上海人民出版社，1999：6章。
4 杨文渊．上海公路史（第一册 近代公路）[M]．北京：人民交通出版社：1章。

的近代商业经济开始将上海推上世界经济舞台，使之迅速打破广州的对外经济贸易垄断地位，从因商而兴的经济城镇发展成为中国最大的港岸中心和国际贸易商业网络中的重要一环，成为中国多功能经济中心城市和远东第一大都市。在晚清纷扰四起、战火不断的中国，船坚炮利保护下的外国租界使得上海拥有“人乱我静”的相对安定环境。各国商人纷至沓来，各地避难人群潮涌而入，为上海的发展带来充足的资金、廉价的劳动力和巨大的消费人群，刺激上海的消费市场迅速膨胀，行业门类与产业结构激变，物价飞涨，地价剧增，应运而生的房地产投机活动形形色色、如火如荼。以后，虽然随着战事的平息，“外乡人纷纷回巢”，经济出现回落，但这时的上海已拥有较好的经济运营基础，国际市场初步开拓，城市设施也已取得一定发展，现代工业和经济初步兴起，尤其是经济制度、法规的建立和日趋健全，近代上海的城市经济开始进入平稳发展阶段。

随着城市的初兴，上海近代娱乐业兴起，主要表现为洋娱乐的导入、传统娱乐的转型和娱乐中心的北移。华洋杂居后，县城以北昔日田野阡陌、芦苇丛生的踪影很快消失，一个新兴的“北市”旋即成形，西侨社区在此先后建立起总会、俱乐部、剧院、弹子房、保龄球馆、跑马场，以及公共花园、运动场等，形成一批供西侨开展娱乐活动的公共设施与空间。开埠之前至初期，上海县城的娱乐场所主要在城隍庙豫园一带，随着商业中心的北移，城市娱乐中心也随之向北移动，并开始从福州路向南京路、浙江路的转移和扩散。面对西方工业文明所孕育的现代娱乐理念、方式和场馆，上海华人社会在保持传统娱乐活动强大惯性发展的同时，在娱乐场所的管理和建设、娱乐项目的设置和编排上，也开始了引人瞩目的变革，尤其是营业性私园基于大众娱乐、具有现代公共领域特性的活动场所的出现[1]。

至 19 世纪末，中外娱乐的碰撞和交融奠定了上海现代城市经济和娱乐业蓬勃初兴的基本态势，促动以公众娱乐为主要功能的西方大众花园在上海的移植，也影响进而促进华人娱乐观念和上海传统园林的近代变革。

2. “一市三制”的政治格局与政权运作机制

晚清上海是清朝专制主义中央集权制度下的一个属县，其政权运作自有严密的系统性。但是，租界的建立，使得它逐渐丧失对辖区内这一部分地区的治理权。于是，在上海—清帝国的这个地方行政区划内，事实上形成了三个互不统属的管理体系，即沿袭中国传统政治制度模式的华界行政体系，以及分别采用西方政治制度模式但又风格互异的公共租界、法租界体系[2]。由此，“一市三治”所遵循的两种基本政治制度模式在上海长期并行，各司其政、各行其事。

1 楼嘉军．上海城市娱乐研究（1930-1939）[D]．华东师范大学博士学位论文，2004．
2 熊月之主编，熊月之，袁燮铭著．上海通史（第 3 卷晚清政治）[M]．上海：上海人民出版社，1999：383．

清末的上海，因贸易繁荣而关税骤增，因中外各种势力的潮涌汇集而政治运动此起彼伏，引起了清政府的关注和倚重。上海的政治地位迅速提高，从而改变了上海县作为封建帝国中央集权下的一个属县的行政建制，形成一种特殊的执政模式，上海道台（全称为苏松太兵备道）和两江总督、江苏巡抚直接参与地方的管理，常驻上海的道台们在晚清上海的政治舞台上扮演着十分重要的角色。从知县到道台，从道台到督抚，由督抚而至清廷，构成晚清上海华界专制主义中央集权制度下的官僚统治体系[1]。在纷争不断的晚清，这一统治体系的施行，在加强中央政府对上海控制的同时，也予以地方上较灵活的施政空间，成为上海最早建立近代化体制的原因之一。公共租界和法租界基本上建构了立法、行政、司法三权分立的资本主义政权体系，实行由纳税人会议、工部局和公董局、领事团或领事共同参与，并通过分工达到相互制约目的的地方自治制度。所不同的是，在公共租界政权体系中以董事会为核心的工部局拥有很大权力，而法租界公董局则一直处在法国驻沪领事的阴影下施政，领事一人独揽大权。工部局不仅拥有市政管理权也具有部分立法权，由于董事会多由少数商业富豪组成，又有“商业寡头政治”、“大班政治”之称谓。对法租界的制度也有“独裁政府”一说。

上海开埠后，作为一个特殊的区域，租界从一开始就以条约制度的方式规定了它在上海城市总体格局中的优势地位，从而改变了近代上海发展的内在进程。被视为是上海租界根本大法的《上海土地章程》，其签订及以后的历次修改清晰地反映出上海租界的形成、发展以及租界制度的演变历程，是上海近代前期政治格局演变、经济与城市发展、华洋冲突与磨合的集中体现。尤其是1866年修订、1869年正式实施的《上海洋泾浜北首租界章程》，通过附则的形式大幅增加章程的内容，将租地人会议扩大为纳税外人会，放宽选举表决的资格，增强纳税外人会的“议会”性质，赋予工部局制订土地章程附则的权力。也就是说，工部局从此具有自行制订政策的权力，其施政空间被极大拓展，公共租界的自治性得以进一步强化，为租界和上海的快速发展和繁荣做好了政治和制度上的准备。

尽管上海租界各有自己的一些复杂性和特殊性，但蕴含其中的一些民主成分和在市政管理上的先进性，无疑将会对租界内的华人和近在咫尺的华界产生很大影响。华界的市政建设始于道路建设。开埠前的上海“水行则船，陆行则桥”[2]，“有舟无车，陆地运货向用人力”[3]。开埠之后，租界道路的发展与华界道路的落后形成鲜明对比。自19世纪70年代起，开展华界道路建设成为地方士绅思考和谈论的焦点之一，并且倡议“以租界之法治之”，尽管尚未见实际行动，但西方市政建设的先

---

1 熊月之主编，熊月之，袁燮铭著．上海通史（第3卷晚清政治）[M]．上海：上海人民出版社，1999：398.
2 《申报》，1876年2月17日。
3 吴 馨，江家嵋．民国上海县志（卷12）[M]．上海：上海书店出版社，1991：11.

进和方式已经深入人心[1]。至19世纪末，尽管“居洋场者固以不惯居城”，即便入城者也“往往不堪涉足”[2]，但仿照租界技术与制度的市政建设已在华界悄然开始。1895年上海县设立南市马路工程局，负责修筑南市十六铺以南江滩地区的道路，成为华界近代市政机构的开端。该局于1897年筑成南市外马路（今中山南路）后改名为南市马路工程缮后管理局，以后至1905年发展成为拥有户政、警政、工程三个部门，再次更名为“上海城厢内外总工程局”，成为带有地方自治性质的近代市政机关[3]。

上海近代化体制的建构和相对灵活的施政空间，为租华两界的市政建设，也为西方近代城市园林形式的移植和仿照，提供了制度基础。同时，近代上海“一市三制”的特殊制度也造成其发展的不平衡性。在租界的牵引下，19世纪末起步的华界市政道路与制度建设，一定程度上为行道树的初始和公众娱乐性私园的向外拓展提供了基础条件，但相比于租界，在不利的政经条件和强大的传统惯性作用下，华界传统园林的转型和市政园林的起步显得步履艰难。

3.《上海洋泾浜北首租界章程》的园林意义

1845年的《上海土地章程》总共24条，分别就租地范围、租地方法与限制、市政设施维持与修理、华洋分处、租地管理与章程修订等作出规定。其中，第10条：“洋商租地后，得建造房屋……并得种花、植树及设娱乐场所”。第11条：“洋商如有死亡，得随意在洋商墓地范围内，按本国礼俗送埋。华民不准妨碍，亦不得损坏坟墓”。第12条：“洋泾浜北首界址内租地租屋洋商应会商修筑木石桥梁，保持道路清洁，树立路灯、设立灭火机，植树护路，挖沟排水，雇用更夫[4]。”《章程》的以上这些条款，为租界早期公私建筑庭院、市政公墓、公共娱乐场所园林和行道树的建设与发展提供了一定的法律依据。同时，由于该《章程》以及1854年修订的章程，均无准许租界西人自行在界外修筑或接管道路、设置公园的规定，客观上也制约了随同租界扩张的园林建设。

1869年正式实施的《上海洋泾浜北首租界章程》，虽未得到中国官方的认可，但在租界当局的眼里，接管界外道路，进行道路、公共园地等界外市政和公用等城市基础设施建设，从此具有法律依据。其附则第六款规定：“租界内执业租主会议商定准其购买租界以外接连之地、相隔之地、或照两下言明情愿收受（西人或中国人）之地，以便编成街路及建造公花园为大众游玩怡性适情之处。所有购买、建造与常年修理等费，准由公局在第9款抽收捐项内随时支付，但此等街路、花园专作

1 张鹏. 都市形态的历史根基——上海公共租界都市空间与市政建设变迁研究［D］. 上海：同济大学博士学位论文，2005.
2 《申报》，1876年7月14日。
3 伍江. 上海百年建筑史（1840-1949）［M］. 上海：同济大学出版社，1997：54.
4 王铁崖. 中外旧约章汇编（第一册）［M］. 北京：生活读书新知三联书店，1957：67-68.

公用，与租界以内居住之人同沾利益，合行声明。[1]”就推动园林发展而言，这一规定的出台和实施具有一定的超前性，对租界公共园地的发展具有非凡的意义。

第一，使租界公共园地的开辟和建设从此走上法律的轨道。该章程以立法的形式明确规定了公园的性质和目的、公园用地的取得、公园建设的组织方式与公用的使用原则，体现出西方所标榜的自由资本主义国家的立法特色。相比于欧洲本土在初始阶段需要通过封建君主推动公园建设的方式[2]，上海租界当局这种由议会（纳税人会议）授权、由政府（工部局、公董局）组织、相关市政部门筹办（工务委员会、工部局工务处等）的制度更具有科学性与生命力，更适合租界这种自由资本主义国家的衍生物在其初期的城市建设活动。

第二，强调城市公共空间和公共园地发展的作用与必要性。这一章程是租界当局在获取外滩界外滩地中以“公用地”偷换“官地”策略的延续，所不同的是，这一次是以越界筑路的方式来获得界外土地的，并以法律的形式进行确认。毋庸置疑，这种扩张是具有僭权性质的。但从另一个角度看，租界的越界筑路和园地等开放空间的开辟，又意味着近代上海空间的拓展和整合，为界外区域包括园林在内的发展提供了必不可少的前提条件，客观上也引领华界市政建设以及城市环境与园林的进步。譬如，静安寺一带本为一大丛林，无所谓市。英商开辟马路（静安寺路）后，渐成市集，成为“春郊走马，暑夜纳凉”的游娱场所，直接引发19世纪末静安寺一带营业性私园的兴起。在修订章程时，工部局董事会总董薯紫薇（William Keswick）在1869年4月的纳税人年会上曾表示：“这些道路实为上海之肺，倘不保持其良好状况，则上海居民之健康，必受其害[3]。”撇开其不可告人的扩界动机，这一提法本身多少已考虑到发展城市公共园地的卫生作用和必要性。

第三，公共空间的拓展促进城市经济的发展，并反过来进一步推动公共园地的建设。租界当局，通常选择位处乡野的荒地或农村村落，以极低的价格购买土地进行投资建设和维护，并藉由城市道路和公共园地的“磁体”效应，引导和带动以房地产开发为引领的经济发展。进而，通过出让土地和收取各种捐税的方式，租界当局获得巨大的经济效益，从而又推动新一轮的城市开发和园地建设。譬如，极司非尔路（今万航渡路）等道路的修建，吸引许多商家前往西区投资、带动西区房地产业快速发展的同时，极司非尔公园等西区公园也随之得以建设。

《上海洋泾浜北首租界章程》的修订颁布主要出于租界越界圈地的“合法性”需求，从内容来看，其第六款的制订出台也或多或少受到19世纪早期英国“公地（Common Land）保护运动”的一定影响。值得一提的是，作为“公共园地”的法

1 《上海洋泾浜北首租界章程》1869年9月24日 第六款“让出公用之地”，引自：王铁崖．中外旧约章汇编（第一册）[M]．北京：生活读书心智三联书店，1957：293．
2 许浩．国外城市绿地系统规划 [M]．北京：中国建筑工业出版社，2003．
3 蒯世勋．上海公共租界史稿 [M]．上海：上海人民出版社，1980：415-416．

律形式，1869 年实施的《上海洋泾浜北首租界章程》却要比英国 1906 年颁布的《开放空间法》（Open Spaces Act）早 37 年，仅比美国纽约州议会于 1851 年通过的世界历史上首个《公园法》晚 18 年。诚然，产生这一结果的原因是多方面的，受租界特殊性质的影响，上海租界的该章程对公园的推动作用也还不能与美国的《公园法》相提并论。然而，作为一种推动城市发展的手段和保障，它的出台，无疑会对租界公园与开放空间的建设乃至华界城市与园林的发展，产生深远影响。

1.2 华灯初上：租界公园初始与园地初展

1.2.1 “夷园”钩沉：早期的外人花园

1. 早期的外人住宅花园

1）早期外滩外人住宅的发展

随着上海的开埠及外侨居留地的划定，上海在中外贸易上优越的地理环境强烈地吸引着那些早已进入广州商馆的大贸易商行，他们纷纷到上海开设分行，如怡和洋行的达拉斯、仁记洋行的吉布等就是第一批来上海的外侨。上海开埠仅 1 个多月，即 1843 年底，就有 11 家洋行在上海落户，陆续在现在的外滩一带“租地建屋”。从一幅最早的外滩插图（图 1-2）上可以看出，各家洋行中除森和洋行外，依次从南到北排列于黄浦江边，最北面是怡和洋行，最南面是宝顺洋行。至此，李家厂以南、江海新关以北的黄浦江边的土地已全部被英国商人租定。到 1848 年时，商行已增至 24 家，建起英美商人住宅 25 所，商店铺 5 家，旅馆和俱乐部各 1 家。进入 19 世纪 50 年代，经过近 10 年的开发，租界社区已日趋成形。至 1854 年，洋行激增至 120 多家，从北至南依次坐落于黄浦江边，并自东向西向花园弄和河南路一带扩展。外滩遂成为对华贸易的最大洋行、银行和各国领事馆的荟萃之地。

19 世纪 50 年代至 60 年代初，因战事而致的华洋杂居造成租界内地价飞涨、住宅建设猛增。据估算分析，开埠初期至 1855 年，上海公共租界地价大体上涨幅为 2～3 倍左右[1]，而到了 19 世纪 60 年代的最初几年间，公共租界的地价平均又上涨了约 10 倍以上[2]。受低价和外侨权利身份表达等因素的影响，居住区域日趋分化，形成了“华洋杂处”之中又包含着事实上的“华洋分居”。19 世纪 60 年代中期的上海英租界地图清晰地呈现出“外侨商住区”的布局，主要分布在外滩到河南路的租界东区。到 1864 年，仅公共租界内的西式建筑就达 269 幢，有仓库货栈 150 余处之多，这些建筑一般都兼具经营、居住和休憩等多重功能，建筑布局错落有致，

1 史梅定. 上海租界志 [M]. 上海：上海社会科学院出版社，2001：119.
2 丁日初. 上海近代经济史（第 1 卷）[M]. 上海：上海人民出版社，1994：295.

图 1-2 19 世纪 40 年代末的外滩平面图

资料来源：virtualshanghai.ish-lyon.cnrs.fr

通常建筑周边留有开阔的空地及花园。华人住宅则相当密集，主要分布在福建路以西，在租界南北两端靠洋泾浜和苏州河一带也有一些中国人的房屋。

19 世纪 70 年代以后，随着外侨人数的增多、租界社会经济的快速发展以及租界范围和道路的不断拓展，租界外人的生活空间与工作空间开始分离。原先集中在外滩一带的外侨商住区正演化成单纯的商业办公区，早先那种使用混杂、商住一体的商住混合式建筑也因不能适应需要而出现分化，“占近代上海城市公共建筑中数量绝对多数的、与近代城市的经济活动紧密相连的各类洋行、银行办公楼逐步摆脱各类型功能不分、各种建筑都带有居住建筑特征的状态，出现了各类功能明确的新建筑类型[1]。”由于界内地价、房租猛涨和功能的调整，先是一些低收入的外侨，尔后大多数外侨和一些华商、洋行高级职员相继迁出，从界内到越界筑路区域自东向西、自南向北地定居下来，逐渐形成了洋房群集的西区和北区外侨住宅区。英国领事麦华陀（Sir Walter Henry Medhurst）在 1875 年的报告里写道：“迁出租界的外国侨民更喜欢住在乡下，因而在市区界线以外，别墅式住宅像雨后春笋般地已在四面八方建筑起来[2]。”

2）住宅花园建设的背景和条件

首先，“法律”保障。《上海土地章程》中第 10 条规定的：“洋商租地后，得建造房屋……并得种花、植树及设娱乐场所[3]”，客观上为上海租界早期外人住宅花园提供了法律保障。

其次，闲暇时间多、生活单调。开埠初期在英国领事馆登记的外侨人数十分有

1 伍江. 上海百年建筑史（1840-1949）[M]. 上海：同济大学出版社，1997：69.
2 李必樟. 上海近代贸易经济发展概况——1854-1898 年英国驻上海领事贸易报告汇编 [M]. 上海：上海社会科学院出版社，1993：358、394.
3 王铁崖. 中外旧约章汇编（第一册）[M]. 北京：生活读书新知三联书店，1957：68.

限，1844 年 50 人，1845 年 90 人，1846 年 120 人，1847 年 134 人（其中英国人 87 人），1848 年 159 人（其中女性 7 人），1849 年 175 人，1850 年 210 人。此外，为外侨服务或开店以供外侨所需的华人约 500 人。稀少的常住人口与单一的性别势必导致社区组织不健全、功能和环境单调、公共性娱乐设施极度缺乏[1]。洋商们闲暇时间充裕，生活十分悠闲。“白种人的大班和职员就在这些房屋里边办他们的日常公事：结算账目、收发邮件等等。这时的办公钟点还是殖民地式的，从早晨 10 点钟到下午 3 点钟，但可以视事务的忙闲而伸缩[2]。”由于公共活动贫乏，洋绅士们只能更多地寻求和开拓个人的消遣活动，如散步、遛马、每日盛宴。“夏天的傍晚，乘牛头小车，来往于宽阔的黄浦滩头，是那时外侨的乐事[3]。”打理花园也可聊以自娱。

再次，场地宽余。开埠之初外侨在外滩所造洋房常规占地二三英亩，如 1844 年 5 月宝顺洋行经理、大鸦片商颠地·兰士禄（Lancelot Dent）向中国业户奚尚德等租定土地的面积为 13 亩 8 分 9 厘 4 毫，该地在英领事馆的“租地表”中列为第 8 号租地（即第 8 分租地），“东至黄浦滩，西至公路，南至第 9 分地，北至公路”。住宅通常是一座正方形大宅院，主体为一、二层的砖木结构西式房屋。“所造房屋都是方形，极其简单，四周留出很大的空地，种植花木。各座房子的构造，差不多是一个式样，楼下都是四间大房，以供办公和会客之用。楼上则为卧室，上下都有阳台[4]。”外筑大拱门敞开式游廊，房屋前后有花园，称“券廊式（康白度式）”。

最后，安全和身份表达的需要。霍塞（Hauser）在《出卖上海滩》（Shanghai:City for Sale）中这样写道：“商人们并不把自己的房子彼此靠得太近。他们相信应留余地，他们由于在洋行周围留有宽敞的空地而感到自豪。空地上栽有玫瑰、郁金香、木兰……”。

图 1-3 19 世纪 60 年代的外滩洋行花园

资料来源：《建设中的上海》（*Building Shanghai*）

3）住宅花园的特征

上海租界初期的住宅花园早已是过眼烟云，至于这些西式花园的特征如何，只能从各种文献记载和文人骚客的品评文章中分析一二（图 1-3）：

第一，个人化消遣空间。清人王韬是最早出入洋楼的

1 熊月之主编，周武,吴桂龙著．上海通史（第 5 卷晚清社会）[M]．上海：上海人民出版社，1999：68.
2 （美）霍塞著．出卖上海滩 [M]．越裔译．上海：上海书店出版社，2000：12.
3 蒯世勋．上海公共租界史稿（上海史资料丛刊）[M]．上海：上海人民出版社，1980：318.
4 （美）霍塞著．出卖上海滩 [M]．越裔译．上海：上海书店出版社，2000：12.

文人之一，在他细致的描绘之中，指出了洋房的一些缺陷，但更多的是对外人个人化消遣空间的欣赏和艳羡。王韬在其《瀛壖杂志》中曾描绘道："西人喜楼居，台榭崇宏，可资远眺。庭前小圃一畦，结豆棚，作花架，似篱落间风景。有园丁专治花卉，灌溉甚勤，惜上无数仞之石，足以登陟；下无半亩之池，足以溯洄，殊为缺陷也。至于盆盎所列，皆泰西名种，异色奇香，莫能仿佛。秋深采子，亦可植于他处"[1]。

第二，简洁开放、注重实用的造园风格。时人对外滩有评价说："沿着外滩，面对着黄浦江，许多高楼大厦兴建起来，其规模可与欧洲许多地方的皇宫相媲美。这些外国侨民从世界各地白种人文明的中心点，迁移到上海来居住，他们那围有高墙的花园幽静整洁，他们的俱乐部穷奢极欲，可以说是西方文明的最精美的复本"[2]。言词或许有些夸张，但中西比较的评价倒还实在。王韬的观察和描述更为细致："洋泾之滨，荡沟之侧，西人构屋于此，居如栉比。旭日初射，玻璃散彩，风景清绝。室外缭以短垣，华木珍果，列植庭下。甃地悉以花砖，虽泥雨不滑。入其内，则曲屏障风，圆门如月。氍毹荐地，不著纤尘。璚户重阖，悄然无声。碧箔银钩，备极幽静，系铃于门内，每呼童仆，则曳之。客至，则叩户上铜环。如有人在室，亦必轻击其扉而入。第室止数椽，无曲折深邃之致为可惜耳"[3]。从上述时人的记述中可以看出，当时沿外滩一带的外侨住宅花园具有幽静、整洁、开敞、开放等特点，并以植物种植为主，简洁实用。

第三，以草坪、花卉为主体的园艺植物造景。尽管描述夷园的华人大多只是隔墙窥视的路人，但夷园的开阔和大片绿地以及豢养的动物仍令他们难忘，赋词之余还附记感想。清人黄燮青所撰的《洋泾竹枝词》中记述甚多，如"芍药开残芳事稀，花屏风斗紫蔷薇。氍毹五色翻嫌俗，更剪青莎作地衣"；"夷园细草平绿如毯，长则以剪齐之"。有的庭园"组织银丝作短墙，蘼芜一片绿有的则是"瘦石消池绿树阴，别开丘壑豢珍禽。倒翻海底珊瑚网，笼住云天万里心"[4]。可见，总体上开埠之初的外人住宅花园是外人生活、消遣的私人空间，数量有限。形式简洁类同，大多以开敞草坪为中心，四周布置植物景观，有的则在花园中另构设施豢养珍奇动物。

2. 公共建筑庭院

1）英国领事馆花园

英国领事馆是外滩最早的西洋建筑。开埠之初英国领事巴富尔用极富战略的眼光选定了未来英国领事馆的馆址，即今中山东一路 33 号。该地北及苏州河，南邻

1 （清）王韬. 瀛壖杂志［M］. 上海：上海古籍出版社，1989：117-118.
2 于醒民，唐继无. 从闭锁到开放［M］. 上海：学林出版社，1991：129.
3 （清）王韬. 瀛壖杂志［M］. 上海：上海古籍出版社，1989：117-118.
4 (清)黄燮青,洋泾竹枝词.黄燮青（1805-1864），浙江海盐人，字韵甫。道光十五年举人（1835），咸丰十一年（1861）官宜都县，调任松滋。此竹枝词作于咸丰七年（1857）。

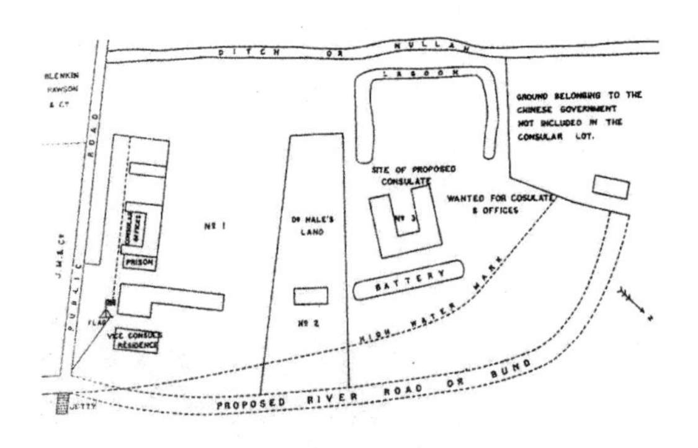

图 1-4 英国领事馆平面图

资料来源：《*Building Shanghai*》

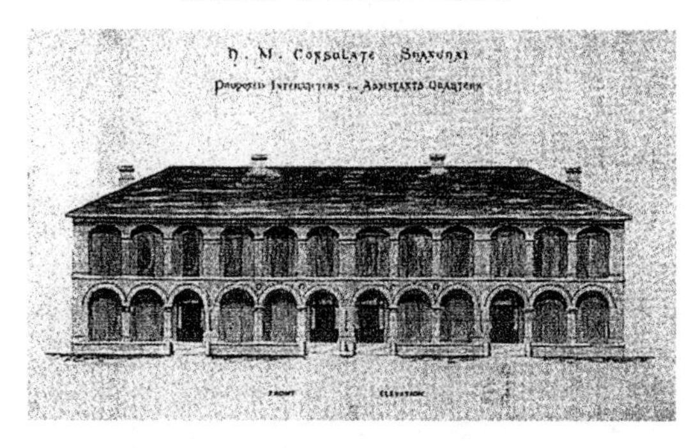

图 1-5 英国领事馆辅楼

资料来源：《*Building Shanghai*》

怡和洋行也即以后的北京路，东抵黄浦江，西至博物院路，即今虎丘路（图 1-4）。基址是李姓家族的私人船坞所在地，人称“李家厂”，清政府曾在这里设立保卫上海县城的营垒，设有炮台和几个船坞，1842 年 6 月英军入侵时被击毁。英国人几经周折后圈地成功，旋即拆除炮台、清理场地，筹建领事馆建筑。

主楼于 1846 年由一位名叫赫瑟林顿（Hetherington）的美国人进行设计，后由曾是英国领事馆职员、上海近代的第一位职业建筑师乔治・斯特雷奇（George Strachan）[1]完成[2,3]。1849 年建成一幢二层楼的建筑，但由于质量原因 1852 年进行过翻建，1870 年 12 月 23 日的一场大火将领事馆建筑及其内藏的早期英领馆档案一同化为灰烬。现在外滩 33 号北部草坪西侧至今还在的建筑，是 1872 年重建的英国领事馆新楼，次年建成，与原有建筑风格相同，高度略低，设计师为英国的克罗斯曼（Crossman）和伯依斯（Boise）[4]。主楼占地 38 559 平方米，平面正方形，两层砖木结构，因基地地势低平而台基较高，门朝南，底层有券廊，二楼有廊式内阳台，四坡顶。外观规整简洁，具英国文艺复兴式样。1882 年于主楼北面建造住宅楼（图 1-5），二层砖木结构，有走廊与主楼相连。

英国领事馆庭院面积甚广，自黄浦江至博物院路东西宽近 300 米，据英册第 16 号道契记载，1845 年英国领事巴富尔（Sir George Balfour）租地面积为 126.967 亩。入口位于东侧临黄浦江的滩路上，主路位于主楼以南，东西向，路两侧是宽广

1 于 1853 年或 1854 年设立“泰隆洋行”，设计过多处上海早期建筑，在上海引用和发展了英国希腊式建筑风格。
2 Edward Denison, Guang Yu Ren. Building Shanghai—The Story of China’s Gateway[M]. Wiley-Academy, 2006: 56.
3 伍江. 上海百年建筑史（1840—1949）[M]. 上海：同济大学出版社，1997：44.
4 沙似鹏. 上海名建筑志 [M]. 上海：上海社会科学院出版社，2005：95.

图 1-6 19 世纪 40 年代的英国领事馆庭院
资料来源：《建设中的上海》(*Building Shanghai*)

图 1-7 19 世纪 60 年代的英国领事馆及庭院
资料来源：《建设中的上海》(*Building Shanghai*)

草地，视野开阔，便于开展活动。草坪上置有铁跑和日晷。沿建筑周边有少量群落式植物种植。庭院风格简洁开放，具有英国近代早期建筑庭院的风格（图 1-6）。场地西侧为辅助设施用地，曾建有“一些草棚”[1]。因租界内地价飞涨，19 世纪 60 年代早期英领馆将基地西侧的土地（位于圆明园路和博物院路之间）和东南角一部分土地出售，面积减少将近一半（图 1-7）。

由于缺乏集会、娱乐场所，领事馆建成后一度兼有办公、住宅、娱乐和集会等多种功能。早期上海外侨每年春夏之交举办的花展——“赛花会”，通常在这里举行，吸引了大量的外侨和华人。曾有这样的记载：“英领事署，每当春夏之交，举行亥花会，罗海帮之奇芳，助沪渎之清兴，每会定期二日午后，任人游玩，惟游者必输番而钱一枚。泰西士女，联袂倚裳，如云而至。华人眷属，偶一过焉。花间又设西乐一部，评红品绿之余，听之益觉赏心悦目。惜乎西国花草，娇艳而过于中产，而有色无香，终不及解语者之芳泽竟体耳”[2,3]。工部局乐队成立后曾在这里多次举行室外音乐会，公共花园音乐亭建成后，这里演出次数逐渐减少。“光绪十五年（1889）开音乐会 124 次，除少数在英国领事馆花园演出外，绝大多数在公共花园举行”[4]。该花园对上流社会的华人曾产生过较大影响。

2） 其他公共建筑庭院

除了英国领事馆，上海租界早期的行政办公类建筑主要有：1881 年的德国领事馆、1893 年的美国领事馆、1896 年的法国领事馆和 1863 年的法租界公董局大楼

1 上海市档案馆.工部局董事会会议录（第 1 册）[M]．上海：上海古籍出版社，2001：572.
2 陈伯熙.老上海 [M]. 上海：泰东图书馆，民国八年：75.
3 熊月之主编，周武，吴桂龙著.上海通史（第 5 卷晚清社会）[M]. 上海：上海人民出版社，1999：285.
4 上海档案馆档案，卷宗号 U1-1-902（以下或仅用卷宗号），上海公共租界工部局年报（1889 年），230.

（市政厅）、1896 年的公共租界工部局市政厅。受用地条件所限这些建筑的庭院都不大。与早期的洋行办公楼、外侨住宅等相比教堂建筑形式要正统得多。上海租界早期的教堂主要有始建于1847 年的徐家汇老教堂、董家渡教堂、1860 年的洋泾浜天主堂和1866 年的圣三一堂，其中圣三一堂庭院的规模及其影响比较大。

图 1-8 圣三一教堂及庭院

资料来源：《上海建筑施工志》

圣三一堂（Holy Trinity Church）及其庭院位于今江西中路九江路口。建筑由英国本土的著名建筑师史浩特（又译作司考特，Sir George Gilbert Scott，1811-1878）设计，由时在上海的建筑师凯德纳（Killiam Kindner）组织实施。始建于 1866 年，1869 年竣工，耗银 7 万两。初建时仅有教堂主体部分，占地约为 3 500 平方米，平面为拉丁十字式，入口朝东，室内外均为清水红砖墙面的建筑，俗称“红礼拜堂”，是一座哥特复兴式建筑[1]。建造之初，教堂四周围有一大片绿地，还有一座半月形大池，放养金鱼，1893 年将池填没，加建一座平面呈方形的尖锥形钟塔（现已毁）[2]。后来有人为它写了一首词《菩萨蛮》：“红墙隐隐云中见，琉璃作栋金为殿。生怕断人肠，鲸钟历乱撞。风吹花片片，绣院盈芳甸。礼拜是今朝，纷燃各见招[3]。”可见，当时草木茂盛、环境优雅的圣三一堂受到时人非同一般的关注（图 1-8）。

另外，建于 1864 年的上海外侨的第一个俱乐部——早期的英商上海总会，曾在外侨的生活中起着举足轻重的作用，是上海开埠后 40 多年间外滩的一座标志性建筑，豪华精致的内部及其多样的娱乐活动十分令人向往。但由于占地仅 3.5 亩，其环境并未受到重视。

“在上海开埠后的头 50 年里，未留下太多的重要建筑。但是这一时期的建筑却为后来上海建筑业独领远东洋建筑的风骚奠定了基础[4]。”与各公共建筑相生相伴的建筑庭院，或是随建筑屡建屡改，或是早已易作他用，消失殆尽。然而，如同建筑一样，作为公共建筑中无法分隔的附属庭院，在过路华人尤其是那些有机会光顾的上等华人脑中，曾留下过不可磨灭的印痕，这对上海以后的公共建筑庭院、住宅建筑庭院的布局与植物造景势必会形成一定的影响。

---

1 伍江．上海百年建筑史（1840—1949）[M]．上海：同济大学出版社，1997：54-59.
2 吴文达．上海建筑施工志 [M]．上海：上海社会科学院出版社，1996：153.
3 沈福煦，黄国新．建筑艺术风格鉴赏 [M]．上海：同济大学出版社，2003：69.
4 伍江．上海百年建筑史（1840—1949）[M]．上海：同济大学出版社，1997：54.

1.2.2 最早的公共园林：外滩公共景观的形成机制及其特征

外滩——一个对租界政治极富战略意义的前沿空间，一个最具经济活力的滨水空间，一个上海近代最具象征意义的标志性空间和最早、最受关注而又最具争议的公共娱乐景观空间。早期中外间的碰撞与权力争夺、公私间的利益分化与制衡，无不凝结在其空间形态的不断变迁和日趋整合的过程之中。

1.航运港岸初期的外滩（1843-1863）

外滩（The Bund）原名“外黄浦”，系指陆家浜以下的黄浦江段。在英、法租界建立以后，外滩的实际所指是英、法租界范围内的黄浦滩，也就是自苏州河口至城河以北的范围[1]。以洋泾浜为界，北为公共租界（原为英国租界、英美租界）外滩，南为法租界外滩。从空间规模、开发程度和建设强度来看，公共租界的外滩要远胜于法租界外滩，事实上，早期的外滩也主要是指公共租界外滩。

开埠前的黄浦江两岸景观，除了县城附近沿江10余座石砌沙船停泊码头外，乃是“荒凉古寺郁秋风，衰草疏烟一径通”[2]的荒凉景象。随着上海的开埠及外侨居留地的划定，“襟江控海”地理优势凸显，来自英国和印度的洋商陆续沿江租地建屋，设置私用船运码头，开展以鸦片输入为核心的贸易活动。早期的贸易发展首先推动了租界港岸设施的建设，黄浦江沿岸由此迅速被各洋商私用的码头栈房所占据。

进入19世纪50年代，虽然洋商开始集聚上海，以及因上海小刀会起义城厢居民曾一度“杂居”于租界，此时的租界用地还是很宽松。又由于从事相近的贸易商业活动，空间布局强调实用性，“白种人的房屋都造在黄浦的岸边，不过都在沿边留出十余丈的空地以便苦力可以起卸船上的货物，并容船上拉纤的人可以通过。当时所造的房子都呈极其简单的方形，左右留出很大的空地，种植各种花树。上海的泥土本来很肥沃，因此一种下去便十分繁盛……。当时白种人所造的房子，其内容差不多是一律的：楼下大都是四间大房间，以供办公和会客之用，楼上则做卧室；房子的前面，上下层都有阳台，以便傍晚时可以闲坐着，喝喝威士忌，望望黄浦的景致[3]。”由此可见，此时的外滩景象甚至还是“一派田园风光”。其景观特征：

（1）强调实用的场地利用形式。各商行朝向东面沿黄浦江依次排列，租地内的中心是一幢商住合用的殖民地式二层围廊建筑。建筑前留有较大的操作场地，与河岸间距一般控制在35～45米之间，临江是一条南北向的纤道，宽“二丈五尺”（8～9米），以外为码头区；建筑左右和后面为内部活动区和仓储区。

---

1 薛理勇．外滩的历史与建筑［M］．上海：上海社会科学院出版社，2003：1.
2 张春华著，许敏标点．沪城岁事衢歌［M］．上海：上海古籍出版社，1989：20.
3（美）霍塞．出卖上海滩［M］．越裔译．上海：上海书店出版社，2000：12.

（2）“均质化”的空间布局特征。每户用地很大且面积相近（1～2公顷），布局宽松，空间划分均匀。风格、尺度相对统一的建筑和宽阔的间距，使得外滩景观简洁而有条理。

（3）绿树环抱的“村落式”景致。如同英国乡村庭院，采用周边式布置形式，多将后院辟成以草坪为中心的室外活动区。洋行之间常以矮墙相隔，呈现出“组织银丝作短墙，靡芜一片绿中央”[1]的庭院景观。相类似的场地利用形式、均质化的空间布局和绿树成荫的庭院布置，使得当时的外滩仍具有浓郁的村落式景观特征（图1-9、图1-10）。

图1-9 19世纪50年代的外滩 “村落式”景致

资料来源：《建设中的上海》（*Building Shanghai*）

图1-10 19世纪60年代从圣三一教堂塔上看黄浦江和外滩的全景图

资料来源：《建设中的上海》（*Building Shanghai*）

2.功能转轨初期对外滩的争夺与公共景观的形成机制

1） 涨滩及其价值

19世纪60年代开始，随着世界航运技术、通讯技术的发展与应用，以及苏伊士运河的通航，上海与欧洲、北美间的贸易更为直接通畅，上海也因此被迅速卷入由轮船和蒸汽机的发明所推动的更大规模的世界贸易体系，国际贸易的拓展同时也推动了以长江为重心的埠际贸易。新兴的轮船开始取代早先的沙船和西式帆船，频

1（清）黄燮青. 洋泾竹枝词. 转引自：顾炳权.上海洋场竹枝词［M］. 上海：上海书店出版社，1996.

繁出入黄浦江，对码头等港岸设施提出新的要求，原先分布在黄浦江沿岸的直驳式码头已不敷使用，新一轮的外滩码头、货物装卸作业区建设与争夺势在必行。由于大量的码头建设及其为满足更大船只停靠而不断向江心的移位，泥沙开始淤积，而且彼此推进，造成外滩沿岸的的涨滩迅速增加，真正的“外滩”开始形成。

为适应日益增长的航运贸易发展，与码头设施相配套，工部局加快了道路等市政设施的建设。1865 年，一条宽 30 英尺的江边道路（扬子路，又名黄浦滩路，今苏州河口至延安东路的中山东一路）建成，靠近洋行建筑物一侧 8 英尺宽的单边人行道也同时建成，沿线种植了上海近代的第一排行道树。道路等市政设施的发展又推进沿岸泊船设施的更快建设，租界内对外滩资源的争夺日趋激烈，公私之争。不仅如此，新增的黄浦江浅滩也引起上海道台的重视，由此引发了一场关于外滩涨滩的土地权属的中外争议。为此，工部局为平衡租界内的公私利益和中外之间的微妙关系，采取了相对比较灵活的对策。

2） 土地永租制与“公私“之争

土地永租制是外国人在近代上海等通商口岸城市通过租地方式攫取土地的永久性使用权的一种新的城市土地制度。它排除了“传统土地关系下国家（皇帝）以其对土地的所有权，干预其他各个层次的土地占有权、使用权、出租权和收益权，从而达到使外国租地人自由地、不受限制地使用土地的目的”[1]。实际上，租地也就成为外国承租人“合法”的、具有资本主义形态的私有领地。19 世纪 60 年代初，租界内疯狂的房地产投机活动，也就是以这种私有领地为保障，通过转租形式实现的。受保护的私有领域同样也在外滩港岸资源的争夺中发挥着作用，拥有私人专用码头的洋行、使用公用码头的洋行、代表外侨公众利益的工部局以及驻沪领事之间的争议屡见不鲜，各种观点和建议层出不穷。

1868 年 6 月 30 日的工部局董事会会议讨论了英国领事温斯达（Charles Alexander Winchester）关于“建造新的沿江大道和浮码头”的来信建议，信是写给时任工部局董事会总董爱德华·金能亨（Edward Cunningham，1868-1869 年任工部局董事会总董）的，建议总董考虑建设一个“从洋泾浜的出口处延伸到北京路对面”总的码头体系。“该码头本身应为 60 英尺宽，包括位于其内部边缘的一条 10 英尺宽的人行道……人行道内侧边缘的土地应成为里面的临江土地租地人的财产”[2]。董事会讨论后，决定将来信内容发表在本地报纸上，以便进行广泛的研究与评论。

1869 年 12 月 30 日，已前往日本横滨任职的金能亨仍写信给工部局代理总董亚当士（Fred. C. Adams），对“拟议将洋泾浜至黄浦花园的堤岸作为停靠船只的码

1 熊月之主编，陈正书著．上海通史（第 4 卷晚清经济）[M]．上海：上海人民出版社，1999：68.
2 上海市档案馆.工部局董事会会议录（第 3 册）[M]．上海：上海古籍出版社，2001:676-677.

头之用”发表自己相反的见解和建议。通过解读这封观点明确、分析鞭辟入里的来信，从中可获得一些启示。金能亨认为[1]：

在现有的设施以外另行添加设备是非常不值得的：“因为现有堤岸长度约 2 000 英尺……考虑到六分之五的商业机构不设在外滩，考虑到那些仍然要使用驳船的商人来说，添加供大船和轮船停靠的设施是不公平的。”只能保持现状。

外滩的真正价值：“外滩是上海的唯一风景点。由于那些业主在使用他们的产权时贪婪成性，将房子建造至沿街，连一寸土地间隙也不留，这样，外滩的腹地便变成糟糕的地方。外滩是居民在黄昏漫步时能从黄浦江中吸取清新空气的唯一场所，亦是租界内具有开阔景色的唯一地方。随着岁月的流逝，外滩将变得更加美丽。外滩总有一天能挽回上海是东方最没有引诱力地方的臭名声。”

目前外滩的最佳前途（最好办法）：“英租界的外滩是上海的眼睛和心脏，它有相当长一段江沿可以开放作娱乐和卫生事业之用，尤其是在它两岸有广阔的郊区，能为所有来黄浦江的船只提供方便。”好在目前“不论工部局的一个部门或是工部局作为一个整体均没有对这个滩地进行单独的控制。如果外滩为一般公众所有，他们可能早已牺牲掉他们的最大利益了。”外滩最佳的前途是“仍继续保持目前相互牵制的状态”。

怎么办？金能亨呼吁“这是有机会可以进行公开讨论的唯一一件事情，并且照我的看法这是具有普遍利益和重要性的一件事，因此所有居民都应团结一心来保持住外滩。”

从以上英国领事和前任工部局董事会总董发表的两种截然不同的意见和建议中，不难发现：

第一，分别代表了不同利益主体的意见。前者从保护私人利益的观点出发，考虑位处外滩沿岸洋商等部分群体的利益，提出保持和完善多元控制、公私兼有的现有“默许政策”和局面；后者则着眼于更大的群体乃至全体外侨的利益。

第二，出现了对外滩的多样化需求。19 世纪 60 年代中后期，能更好满足要求的港岸设施已向外滩以外的黄浦江两岸延伸，外滩的港岸功能开始逐渐弱化，而与贸易相关的商业、金融机构增多。外滩的观光、娱乐功能已是很多人的共识。

第三，将外滩保持并美化成为未来上海标志性景观的要求。景观意义和象征意义将是未来外滩的发展和建设重点。

最后，工部局已基本掌握了对外滩的控制权。作为公共租界市政机构的工部局成立于 1854 年，至今已有 10 余年时间，以董事会为核心的机构建设已日趋成熟，以纳税外人会的扩大为象征，标示着工部局已能代表更多外侨的利益。其运作更具

---

1 上海市档案馆．工部局董事会会议录（第 4 册）[M]．上海：上海古籍出版社，2001：688-689.

民主性，对市政建设已具主导权，但由于财政收入尚显不足的原因，市政建设尚有些捉襟见肘。

3） 以“公用地”名义占取“官地”的策略

一方面，由于早在1845年的第一个英租界《上海土地章程》中所明确的关于外滩纤道以外的土地（包括新涨滩）和水域的权属，“其性质是中国的官地”；另一方面，受财政收入等因素的影响，“至少在1880年前，很难说工部局敢于同清政府上海地方官分庭抗礼，相反倒是经常要求清政府地方官在市政建设等方面给予经费资助”[1]。既然无法也无力强行占有，工部局为了获得外滩沿线的新涨滩，就以“公共领域”和“公用地（Land devoted to Public use）”对应于中国政府的“官地(Government Land) ”、“公有土地”，采用“偷换概念”的办法与上海道台进行交涉，从而达到获取界外土地的目的。往往上海的道台们也认可这种概念，并在保证土地“名义上”归中国政府所有的情况下允准其要求。1868年上海道台关于“公共花园”的表态就是一个极好的例证，道台在致英国领事温思达的公函中称：“园虽外人填筑，地仍中国官有，姑念坐落英领署前，专充公众游息之用，永不建屋居住，准其免升科、免年租，日后如违，即没收归官。[2]”一方面上海道台以十分明确的措辞表达了公共花园的土地权属是中国的“官地”，但另一方面却也半推半就地承认了公共花园这类“公用地”（事实上是外人专用）的合法性。

通过以上分析可见，外滩公共园林景观的形成是多种因素交互作用的结果。19世纪60年代以后，上海对外贸易的发展、港岸设施的变迁、租界公私利益的平衡，以及中外之间的微妙关系等因素与机制，共同推动了外滩功能的演变。沿江地带的大众娱乐和公共景观功能日显突出，并通过公共花园和滨水散步带的建设得以实现。

3.早期的公共花园（Public Garden）

又名外滩公园（Bund Garden），今黄浦公园，位于黄浦江与苏州河交汇处、英国领事馆以东，东濒黄浦江、南邻外滩绿地，西沿中山东一路，北接吴淞江（苏州河）。公共花园是上海的第一个公园，也是中国近代公园之开端。

1） 辟园肇因

除了以上分析的影响因素，促成公共花园建设的原因尚有：

第一，外侨群体的户外活动需求。“华洋杂居”后的大规模房地产投机和土地转租与兼并，致使外滩沿线的洋行庭园开始减小甚至消失，外人的户外活动空间必须另辟蹊径。同时，随着租界外籍妇女、儿童和园艺爱好者的逐渐增多，辟建户外公共游憩场地已成为必需。

---

1 上海市档案馆. 工部局董事会会议录(第1册) [M]. 上海：上海古籍出版社，2001：2.
2 上海市档案馆. 工部局董事会会议录(第3册) [M]. 上海：上海古籍出版社，2001：682.

第二，市政建设带来的机缘。苏州河口原始喇叭形，宽达 150 英尺。由于苏州河与黄浦江的水流在这里交汇后向北流入黄浦江下游。不同流向的两股水流在此顶撞并在苏州河心形成漩涡，致使泥沙在英国领事馆前不断淤积，逐渐形成的浅滩将对航行和岸线稳定产生较大影响。工部局工程师克拉克考察后建议构筑外滩永久性的堤岸并在河口南的浅滩上填土，变苏州河口的喇叭形为直筒形，迫使河、江水流一致[1]。1864 年前后公共租界工部局计划建设外滩道路（扬子路）和拓宽外滩改造黄浦江岸线。这里因此成为外滩改造工程的一部分。1865 年 9 月 5 日的工部局董事会会议，批准了工务委员会关于英国领事馆前的泥滩填土的报告，“本委员会已要求工部局工程师为领事先生描出（拟填平之地面的）简图，他对此事抓得很紧，可望他将早日与中国当局做出安排。这块泥滩有碍现在差不多已从北京路加宽到韦尔斯桥（位于今外白渡桥以西的苏州河桥梁）外滩的外观，填平泥滩将大大改观这块地方。[2]”

由于洋泾浜（公共租界与法租界的界河）淤积严重，在上海道台的资助下，两租界合作准备用 5 000 两白银，对洋泾浜进行清淤并拓宽到统一的 50 英尺宽，但大量的开挖淤泥将堆放在何处？“在采取措施加深洋泾浜以前，必须先划定界限作为挖出河泥的堆放地点，因此，应当就英国领事馆对面的新开地和通往法租界的那座桥头的新开地作出决定，以便确定未来黄浦滩的扩展工作”[3]。经工部局董事会讨论，决定将洋泾浜淤泥堆放至领事馆前的新开地。这一决定为公共花园基址提供了填滩土源。

第三，有识之士的倡导和资助。从目前的资料来看，关于这块将在涨滩上堆土形成的新开地的用途实际，工部局事先并没有什么规划。1933 年 4 月 19 日工部局工务处函复上海保险公司时曾提到：工部局所属园地取得的历史很早，有些公园，如兆丰公园是逐块经过一段年月才取得的；又有一些如外滩公园和公共娱乐场是不属于园地计划之内的[4]。填滩几年前的 1862 年，公共娱乐场基金会以高价先后出售了第二跑马场，又以低价购得了面积更大的第三跑马场（跑马厅，今人民公园和人民广场），得银 10 万余两。后经金能亨建议提存其中的 1 万两白银作为基金，用作建造公众花园的专款。可以肯定，除了上述种种内外因素，在租界财政收入并不充裕的 19 世纪 60 年代，这笔来自公共娱乐场基金会的捐款是引发工部局进行公共花园建设的一个重要动因。

2） 填滩建园

1865 年 10 月 10 日的工部局董事会会议批准了工务委员会关于英国领事馆前

1 程绪珂，王焘．上海园林志 [M]．上海：上海社会科学院出版社，2000：93.
2 上海市档案馆．工部局董事会会议录（第 2 册）[M]．上海：上海古籍出版社，2001：515.
3 上海市档案馆．工部局董事会会议录（第 2 册）[M]．上海：上海古籍出版社，2001：487.
4 上海租界时期园林资料索引（1868-1945）．1985：172.

的泥滩的报告，报告称：已经通过英国领事使中国当局同意向这个泥滩填土，高度达到低潮线，并已请求基金受托人（The Trustees of the Fund）开始这项工程，或者允许工部局董事会这样做。估算表明，把这块泥滩变成一座公园（Public Garden）的费用将不会超过10 000两银子（原先募捐的金额）。考虑到秋季庄稼收割后容易招募到劳动力，建议在当年秋冬两季进行填土[1]。

于是，填土工程于1866年11月19日开工[2]。工程采用公开招标承包的形式，但由于承包人的违约而中途换人、随洋泾浜疏浚工程的推迟又一度停工，填土工程直至1867年8月才完成。1868年，从英国订制的围合花园用的铁栏杆与铁门运抵上海，铁栏杆被安装在2英尺高的矮墙上，公园大门及门房设在园西北角韦尔斯桥（苏州河桥）南堍。建园之初，公共花园布置很简单，以草地为主，中部、西部和南部种有一些灌木丛，沿江是一条散步道，路边植一列乔木；园内设施仅有一间简易温室和两条碎砖园路。公共花园于1868年8月8日对外开放，并正式移交花园委员会（Public Garden Committee）的爱德蒙·何爵士（Sir Edmund）、麦华陀（Sir Walter Henry Medhurst）、普罗思德（W. Probst）、阿化威、佛礼赐（R. J. Forrest）和比思尔等先生，由他们承担全部管理工作。经工部局董事会讨论后定名为“上海公共花园（Shanghai Public Garden）”。

花园面积30.47亩。初建时的费用为：1866-1867年，花园堆积泥土及开掘沟渠费1 841银两；1867-1868年，填土5 937.52、栏杆和门855.90、树木和草皮466.39、铺小路的碎砖63.78、墙壁和门房1 400，合计8 723.59银两。总计为10 564.59银两。由于房地产贬值，用于投资的花园基金会的1万两捐银无法兑现，结果仅收到收到4 780两银子[3]。工程造价的不足部分由工部局填补。1868-1869年工部局预算中计划给公共花园拨款2 000银两，其中灌木1 000两，草皮、栏杆和围墙1 000两[4]。

3） 演变与特征

补充阶段：公共花园对外开放后，工部局拨款在花园内陆续增设一些座椅、安装煤气灯（以后换成了“外滩灯柱”）、沿水边和临怡和码头一侧安装铁栏杆、用沙石铺设散步小径、并拨款从英国订购少量灌木等，对花园进行了必要的补充。每天下午安排一名西捕在园内巡逻。1872年11月开始在韦尔斯桥以东新建外白渡桥（1873年7月完工），该园被分成两个部分，西部仅5亩左右，以育苗和举行温室花展为主，是当时公共租界唯一的花圃和苗圃（Nursery Garden），附属于公共花园。花圃于1882年改称“储备花园（Reserve Garden）”，单独设置。东部延用原

1 上海市档案馆. 工部局董事会会议录（第2册）[M]. 上海：上海古籍出版社，2001：518，193.
2 上海市档案馆. 工部局董事会会议录（第2册）[M]. 上海：上海古籍出版社，2001：592.
3 上海市档案馆. 工部局董事会会议录（第2册）[M]. 上海：上海古籍出版社，2001：529.
4 上海市档案馆. 工部局董事会会议录（第3册）[M]. 上海：上海古籍出版社，2001：591，648，665.

名，主要建设内容有1870年的木结构音乐台(图1-11)和1876年的木结构亭。曾有人提议在花园内增加照明、添设鸟舍，也有人申请进园出售饮料、糕点，但均未获工部局董事会允准。除冬季以外，每周至少有一个晚上在此举行音乐会。

图1-11 外滩公园内建于1870年的木结构音乐亭

资料来源：卷宗号H1-1-10-14

至19世纪70年代末，公共花园仍以满足外侨白天散步、欣赏江景为主要功能，游客不多。资金投入有限，每年的花园日常维护费在500银两左右，园内散步场所等设施的维修和保养则由工部局按实际情况拨款进行。花园管理以日常维护为主，园景并没有得到很大改善(图1-12)。

图1-12 1876年的外滩公园

资料来源：《追忆—近代上海图史》

调整阶段：早在1869年就有人建议从英国国内聘请一名园艺师来管理公共花园和其他公共场所，1872年纳税人会议批准拨款600银两用以雇用一名“欧洲花匠”，在1876-1877年间一位名叫科纳(Geo. R. Corner)的园艺师抵达上海。在科纳的管理下，公

图1-13 外滩公园内建于1888年的八角形铁制音乐亭

资料来源：《上海近代建筑风格》

共花园的建设和管理有很大改进。通过对 1877-1899 年的《工部局年报》（Annual Report of the Shanghai Municipal Council）和《工部局董事会会议录》报告和记录的梳理，分析并整理出公共花园的主要变化与特征如下（图 1-13、图 1-14）：

图 1-14 1900 年前后的外滩公园

资料来源：《追忆—近代上海图史》

（1）以扩展储备花园为重点的扩滩和温室建设。1883-1884 年，在储备花园苏州河沿岸扩滩新增土地，用以建造温室、培育植物。自 1877 年开始，科纳几乎不间断地写信给工部局董事会要求拨款新建温室，之后先后建成 3 个温室并重建了老温室。其中，以 1885 年建成的由科纳自己设计、监造的蕨类植物温室最为重要，较大幅度地提升了公共租界的园艺研究和植物培育水平。

（2）十分重视植物收集、引种和培育，花园具有了英国维多利亚园林的一些特征。在科纳的主持下，以球根花卉和热带蕨类植物为主，公共花园分别从英国、澳大利亚和国内的杭州等地引种观赏植物，用于室内外布置和展示，并通过嫁接、扦插等方法繁殖各种树木，丰富了公共花园的植物景观。自此，重视植物设计与具象表达的景观营造，使得公共花园呈现出些许英国维多利亚时期的园林风貌。

（3）游客人数大增，娱乐需求增加，活动内容和配套设施日益多样。随着人数的增多，游客需求呈现出多元化趋势。园内先后增建假山以及两个来自外侨捐赠的喷泉雕塑等景观设施；拆除原木结构音乐亭，新建一座来自格拉斯哥直径 24 英尺的八角形铁制音乐亭；安装有过滤器的饮水泉；修建小便池。1882 年底，在英商上海电气公司开始发电后不久，园内音乐亭就安装了电灯。为避免游人的践踏破坏，环草地、花坛围以长 2 000 英尺的矮铁栏杆。作为试验性经营，经工部局董事会批准，在园内举行音乐会的夜晚由百纳洋行设摊点供应点心、饮料。此时的公共花园，就功能与设施而言，已与同时期的英国园林相接近。

（4）管理逐渐规范。游园活动的增加带来各种矛盾和冲突，诸如儿童玩耍时对植物造成的损坏、音乐会期间的妓女、狗对游客的影响以及华人入园等问题，促使花园管理章程的出台与改进，管理渐趋规范。

4. 外滩沿线景观的变迁

1）外滩沿线景观的形成（1843-1880）

19 世纪 50 年代初，出于对上海小刀会起义的防卫，沿外滩“从派克路的外滩一端至五圣殿铺设一条马路”[1]，所筑土路掀开了外滩道路建设的序幕。19 世纪 60 年代，鉴于早期沿外滩和苏州河滩各住户和租地人沿线越界堆放垃圾、建造木棚、货摊等建筑时有发生，新成立的工部局开始进行干预，并加快了道路建设的步伐。60 年代初，雇用中国苦力用圆卵石和黄沙铺设外滩，建成租界外滩的第一条市政道路扬子路，中间路宽 25～30 英尺[2]的道路供苦力、车辆和马等通行，内侧沿各洋行为 8 英尺宽的人行道。1865 年底，“发现在外滩种植行道树得到普遍的赞同，因此已开始这项工程，并建议花 150 或 210 元左右的钱来购买在周围农村所能找到的最好树种”[3]。建设外滩道路的同时，工部局也开始对沿黄浦江的涨滩进行利用，开展驳岸建设与岸线整理。在上海道台的资助下，与外滩扩滩、洋泾浜疏浚相结合，工部局进行了较完整的堤岸建设，驳岸采用“打桩饰面”的施工方法，以木桩为础，上砌 4 英尺厚石块，顶部为 2 英尺厚花岗岩饰面，石板材料来自宁波或苏州。

19 世纪 70 年代以后，随着外滩港岸功能的弱化，在公共花园的引领下，作为上海的“眼睛”和未来城市象征的外滩沿线景观和公共娱乐功能受到重视。1879-1880 年，以公共花园为中心，苏州河口以北和以南的外滩被作为一个整体进行初步建设。建设将外滩道路至江面的沿江地带分为三部分，也即草坪带、沿江林荫散步道和护岸斜坡。“填充百老汇路（Broadway Road，今大名路）至礼查路（Astor Road，今金山路）之间的黄浦路前滩地，在斜坡上铺设草皮，以碎石铺设步道，并沿路种植树木。填高北京路至洋泾浜之间的扬子路前滩地，铺设草皮。斜坡上将铺

1 上海市档案馆. 工部局董事会会议录（第 1 册）[M]. 上海：上海古籍出版社，2001：570.
2 原先统一规定路宽为 30 英尺，但后发现不切实际，难以实现，而改为统一的 25 英尺。（《工部局董事会会议录》第 1 册，第 691 页）。
3 上海市档案馆. 工部局董事会会议录（第 2 册）[M]. 上海：上海古籍出版社，2001：523.

设粗草皮和大块花岗岩碎石块，以防潮护岸。将步道放宽到 25 英尺，铺以路缘石和侧沟，种植树木，围以铁链。[1]”

由此，外滩拥有了一片开阔的公众休闲场地，作为一个滨水开放空间的空间秩序和都市场景也因此得以转换与确立，其景观虽简陋无华，但却是上海历史上最早的道路附属园地。

2）演变与管理（1880-1900）

与公共花园一样，由于其特殊的区位，外滩公共景观带一直是上海最受欢迎的户外游憩空间和散步赏景场所。随着外滩功能的转变、和市政建设的推进，以及租界人口的日益增多，直至 20 世纪 20 年代，外滩岸线和公共景观及其管理也随之进行不断的调适（图 1-15、图 1-16）。1880-1900 年为第一阶段。外滩公共景观建成开放后不久即进行了一次填滩扩建，1883-1886 年间完成自公共花园至海关的沿线绿地建设，至 1889 年陆续向南延伸到洋泾浜，公共景观的面积随之增大（图 1-17、图 1-18、图 1-19）。

外滩公共景观区的使用与管理始终让工部局感到十分头痛，相继采用过多种管理办法。主要存在的管理难题有两个：

一是座椅的使用问题。在许多外侨眼里，外滩是上海的高档户外休憩区，但在华人尤其是那些在外滩附近劳作的苦力看来，这里是工余息脚的好地方，矛盾和冲突由此而生。至 19 世纪末，在工部局董事会的多次讨论中，对外滩座椅的使用管理均未采纳所谓华洋“分段使用外滩[2]”或“隔离使用座椅”[3]的建议，而是决定“采取将成倍增加座椅的办法以改善目前的状况，新的座椅不要写上汉字”[4]。实际管理中，为避免华洋冲突，工部局采取通过增加巡警加强日常监管的办法来驱赶“衣着不整”的下层华人，并没有通过张贴告示、颁布法规等进行明令禁止。可见，此时租界当局总体上是允许“服饰高雅”的华人与西人一起使用外滩公共休闲景观区的。

二是草坪的管护问题。纷涌杂沓的人群给外滩草坪的养护管理带来很大困难。早先为阻止游人践踏草地，将草坪区围以铁链或木栅栏，后因游人大增，原沿散步道两侧放置的座椅不久就不敷使用，只得开放草地并在草地上放置木制长椅。自此，外滩草坪区草皮几乎每年都得进行不同程度的更换。19 世纪末以前，外滩的树木曾一度由外侨奥古斯特·怀特（August White）自愿免费照料，外滩草地是通过承包合约方式由一名叫阿贵的华人进行养护，但工部局似乎对这种外包的效果并不满意。19 世纪末在首任园地监督阿瑟（A.Arthu）的建议下，出于节省费用、改善绿

1 U1-1-892，上海公共租界工部局年报（1879 年），102 页。

2 1892 年 7 月，有人建议从海关至公共花园应归西人使用，从海关至洋泾浜则可归华人。”（《工部局董事会会议录》第 10 册）。

3 1893 年 5 月，有人建议“应为西人和华人准备间隔的座椅，漆上不同的颜色。”（《工部局董事会会议录》）。

4 上海市档案馆．工部局董事会会议录（第 13 册）[M]．上海：上海古籍出版社，2001：586.

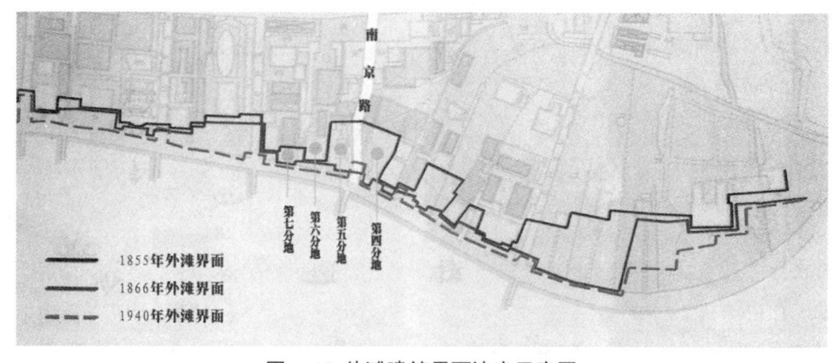

图 1-15 外滩建筑界面演变示意图

资料来源：《大都会从这里开始—上海南京路外滩段研究》

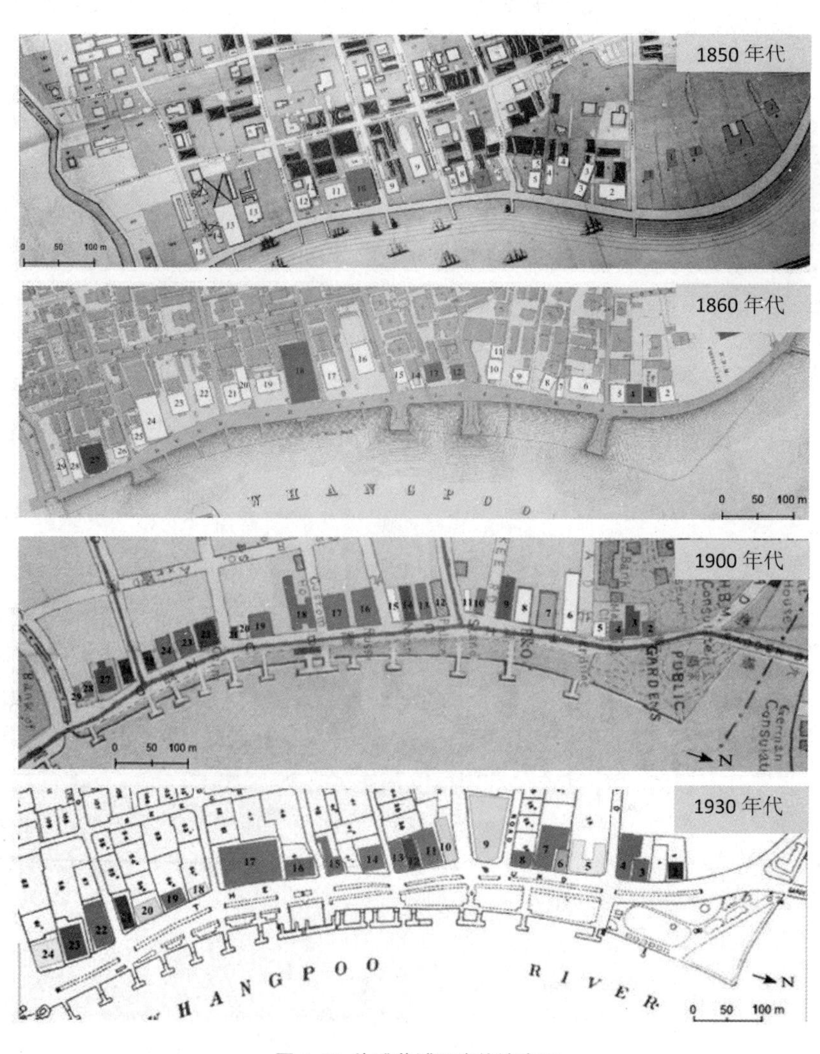

图 1-16 外滩黄浦江岸线演变图

资料来源：virtualshanghai.ish-lyon.cnrs.fr

地效果的目的，工部局批准从英国国内定购一台割草机，由工务处园地部门自行对外滩的草地进行割草和养护，管理效果明显提高。同年，将原有碎石铺设的滨江散步道改由沥青碎石铺设。

另外，特殊的区位和立地条件为外滩树木的种植和维护也带来不少困难。一方面，由于位处外滩前沿，树冠较大的树木极易遭受夏季台风的损坏；另一方面，19 世纪 90 年代租界的市政建设发展迅速，电气线路的架设、煤气管道的铺设，以及柏油在道路铺设中的大量应用，给行道树的种植和生长造成很大困难。为此，为抵抗夏季台风，19 世纪 70 年代末开始，租界当局采取利用支柱支撑树木的管护办法；为解决各项市政设施之间的矛盾，租界当局开始对市政设施进行综合研究，提高了行道树的种植与修剪技术。

图 1-17 19 世纪 80 年代的外滩南眺
资料来源：卷宗号 H-1-10-2

图 1-18 19 世纪 90 年代的外滩
资料来源：《上海近代建筑》

图 1-19 1896 年的外滩
资料来源：卷宗号 H-1-9-12

1.2.3 花园拓展与初步转型：19 世纪末的几个公共花园

从早期的公共租界《工部局董事会会议录》中不难发现，迟至 1890 年前后，公共花园和外滩公共景观带是公共租界乃至整个租界最重要的公共活动空间和市政园林。这一现象，一方面，说明外滩沿线的土地、水岸和空间，在租界政治、经济和外侨生活中，已具有不可替代的意义；另一方面，由于外侨人数有限、土地资源和财政的紧缺，租界当局一时无须也无力再开拓其他公园和开放空间。然而，就在 19 世纪末叶的几年里，情况却发生了变化。与封建时期基于个人审美和修身怡性的私有化园林不同，由于近代公共园林的市民性、大众性和娱乐性等属性，其发展必须具有相对稳定的政治环境、相对宽裕的财政条件和比较安定的社会环境。经过近50年的砥砺和发展，19世纪末的上海租界已初步具备这样的条件和需求。藉此，上海租界相继辟建了华人公园、驱车大道、公共娱乐场等几处公共花园。

尽管规模不大、运作方式多样，但是这些新花园的出现对上海租界和近代上海仍具有非凡的意义。它们不仅分别成为游憩型、运动型和儿童公园等多种现代公园的雏形和开端，标志着近代上海公园类型的拓展和近代城市大众公园体系的初显端倪，同时还表明租界公园的公众性功能进一步加强。一定程度上，华人在租界内也拥有自己的公园。

1.华人公园的产生与演变

华人公园原址位于今四川路桥南堍东侧，南临南苏州路，北沿苏州河。

1） 公共花园的难堪：新公共花园（New Public Garden）的诞生

随着华人数量的迅猛增长，19世纪80年代开始，公共租界内掀起了一场“公园开放斗争运动”，华人纷纷要求有入园的权利[1]。面对公共花园的难堪，工部局曾一度采用对“有身份的华人”赠券入园的措施，但效果并不理想。为此，如同外滩公共景观带“华洋分段”使用的建议，中外人士纷纷提出“华洋分园”的建议。1885年“有地位”的华人唐茂枝等人曾向工部局建议将外滩草地辟作华人公园，并定期在那里举行音乐会。1888年9月21日《申报》也曾发表《论公家花园》的论说，建议本地华人可募集资金购地自筑一处中国公家花园[2]。

出于种种压力，1889年8月下旬，工部局总董建议将“因斯滩地”建成公园供所有有身份的华人使用，由花园委员会负责管理，9月18日的公共租界纳税外人会议批准该建议，并准其开支所需款项。“因斯滩地”系外商宝顺洋行因斯（Ince）原在苏州河南岸拥有一块租地，随着苏州河码头向上游迁移和河道清淤，因斯私自扩展占用滩地十余亩。1890年1月从宝顺洋行转租获得土地后工程旋即开工，至6月份一个仅对有身份的华人和外侨开放的新公共花园实际上已完工，但却迟迟没有对外开放。

2） “寰海联欢”的新国际花园（New International Garden）

在部分越界填滩的因斯滩地上建设新公共花园一事，很快被中国官府发觉，于是又上演了一场关于“公用地”与中国“官地”的中外交涉。在与领袖领事的交涉

1 公共租界华人1865年90 000余，到1880年突破100 000，1890年近170 000，1900年近350 000，1910年公共租界华人已超过400 000.

2 罗苏文．沪滨闲影［M］．上海：上海辞书出版社，2004：43.

中，上海道台的态度十分强硬，当领袖领事在信函中提出应将苏州河全部滩地称着“公用地”而非中国“官地”时，道台聂缉规回函道：“《土地章程》只适用于西人已购进的地产，因此他断言章程与苏州河滩地无关。至于因斯花园（即新公共花园），他并不反对将其称之为‘公用地产’，那也只是因为己允许将该地建成一个供公众娱乐的场所，华人也可从中得到益处，据此作为一个特许特权，而且龚道台（前任道台）已同意免除其地租。”并要求领袖领事转知“根据这一错误的概念，他们关于滩地的任何行动都不恰当。‘因斯花园’的情况与此相同。[1]”

为此，双方交涉了几个月。慑于公园开放运动声势日高和道台的强硬态度，工部局做出让步，由董事会起草的新公共花园规章副本被递交中国当局，经由道台审定批准，花园揭幕典礼的日期和华文园名也都由聂道台择定。1890 年 12 月 18 日，一个工部局取名新国际花园（New International Garden）、中文名为“寰海联欢”的新花园宣布“对一切人开放”。在由科纳先生建议成立的新国际花园委员会中，华人也占有一席。

3） “碧梧蔽日任风翻”的华人公园：从平民而贫民公园的演变

1891 年，新国际花园被改称为“华人公园（Chinese Garden）”，成为所有华人均能进入的一个平民公园。然而，公园面积很小，园景十分单调。公园呈“凹”字形，中央一块草地，上有日晷台[2]。日晷台是科纳先生设计的一只鹰首狮身模型，是一个日晷仪的托架，用宁波青石建成，高 4.6 英尺，直径 3.6 英尺，用银约 200 两[3]。中央草地的左右各立一茅亭，周边有几块小花坛和草坪，散植一些悬铃木和柳树，树下放置几把园椅。园东北隅建有一所西式平房，供两个中国园丁休息。公园初建时面积不详，1928 年 5 月 1 日的工部局园地面积统计中，该园面积为 6.216 亩，建设费用为白银 8 000 两[4]。

图 1-20 20 世纪 40 年代的华人公园

资料来源：《追忆一近代上海图史》

对外开放后，华人公园很快演变为一个贫民（苦力）公园。1906 年刊行的《沪江商业市景词》中对华人公园有这样描述：“华人游息辟公园，

1 上海市档案馆编. 工部局董事会会议录（第 10 册）[M]. 上海：上海古籍出版社，2001：678.

2 日晷是当时英国造园中常用的点缀雕塑。

3 上海市档案馆. 工部局董事会会议录（第 10 册）[M]. 上海：上海古籍出版社，2001：670.

4 U1-1-941，上海公共租界工部局年报（1928 年），158 页。

铁作围栏与栅门。三五茅亭聊备坐，碧梧蔽日任风翻”[1]。1909年的工部局报告说：“这一供华人使用的小场所主要成为苦力阶层的休息场所，并几乎为他们所垄断，身份好一些的人士很少光顾。据聚集在这里的人看来，最好的设施是大树浓荫下的座椅。[2]”华人公园的管理一直未受到工部局的重视，在工部局的公园游客量统计中始终没有该公园。公园的日常管护由一两个中国园丁负责，主要对几个种植菊花的花坛进行养护，园内的环境卫生也一直较差，直到1926年才建有卫生设施。1921年工部局工务处曾一度提议将它改为停车场，但未获工部局董事会批准。1922年因重建四川路桥移植的一株大悬铃木，是“当时上海最大的悬铃木之一，连同土球重达20吨。[3]”1924-1928年，由于新建苏州河驳岸，园内卫生也很难维持，先后减少、取消草地和花坛，铺设成沥青场地，园景更为简单，成为了一座名符其实的贫民公园。

1936年拆除园内两座小茅亭改建成一座大凉亭（图1-20）。日占时期，公园改名苏州公园，1943年下半年更名为河滨公园，面积5.627亩，1946年8月改名河滨第二公园（因外白渡桥以西的原储备花园改作河滨第一公园而得名），上海解放后复名河滨公园，1963年改为街道绿地。

2. “运动公园”的雏形——上海驱车大道与公共娱乐场

1） 静安寺路（Bubbling Well Road）——上海的驱车大道

19世纪50年代前，由于人口稀少，租界内空旷而宁静，“外侨可以在不超过一天旅程的范围以内到各处散步和骑马”[4]，“夏天的傍晚，乘牛头小车，来往于宽阔的黄浦滩头，是那时外侨的乐事”[5]，而到近郊去狩猎更是外侨最好的享乐。但是，这种比较个人化的消遣娱乐活动好景并不长，19世纪60年代，由于租界内人口和马匹的增加，跑马伤人的事件频发。

为此，工部局于1861年2月22日发布公告：“新董事会因考虑到租界内马匹数量大大增加而不断有人在一天的任何时间内牵着马匹过街训练的习惯，以致经常对妇女和行人造成重大伤害，特此布告，从3月7日起除早上从黎明到上午9时的一段时间外，今后不准照旧牵马通过租界。[6]”

在此之前，英国人的现代赛马娱乐活动从香港转入上海[7]。外国商人组织的上海跑马总会（Shanghai Race Club）以“跑马和娱乐”为名先后开辟过三个跑马场，

1《沪江商业市景词》。
2 U1-1-922，上海公共租界工部局年报（1909年），172页。
3 U1-1-935，上海公共租界工部局年报（1922年），83B页。
4 姚贤镐. 中国近代对外贸易史资料（第1册）[M]. 中华书局，1962：518.
5 蒯世勋. 上海公共租界史稿 [M]. 上海：上海人民出版社，1980：318.
6 上海市档案馆. 工部局董事会会议录（第1册）[M]. 上海：上海古籍出版社，2001：611.
7 高福进. “洋娱乐”的流入——近代上海的文化娱乐业 [M]. 上海：上海人民出版社，2003：100.

两废三建(图 1-21)。1850 年上海跑马总会在界路外的“五圣庙”(今南京东路、河南路交叉口西北角地方)购得土地 80 亩，辟作花园，并在花园东南处设置一所抛五柱球的球房（后称抛球场），又围绕花园筑成一条专供跑马的跑道，是为第一个跑马场。自黄浦滩通向老跑马场的一条东西向小道被称为“花园弄(Garden Lane)”或“派克弄（Park Lane)”。从此，由外侨自发组织建设的公共娱乐设施开始兴盛起来。1854 年，随着英租界的向西扩张，跑马总会卖掉老花园跑马场，在西侧南京路一带购入 161.147 亩土地，建成第二个跑马场，称作新花园跑马场。其范围在今西藏路以东，湖北路、浙江路以西，芝罘路以南，北海路以北的区域。至今仍能看出新花园跑马场的痕迹。除跑马外，当时跑马场内还供外人练习跑马和散步之用。1862-1864 年间租界内地价猛增，跑马总会又将第二跑马场的 160 余亩土地分块卖出，并购地新建第三跑马场，即跑马厅，一直存在到解放后，其范围大致是现在的上海人民广场和人民公园。

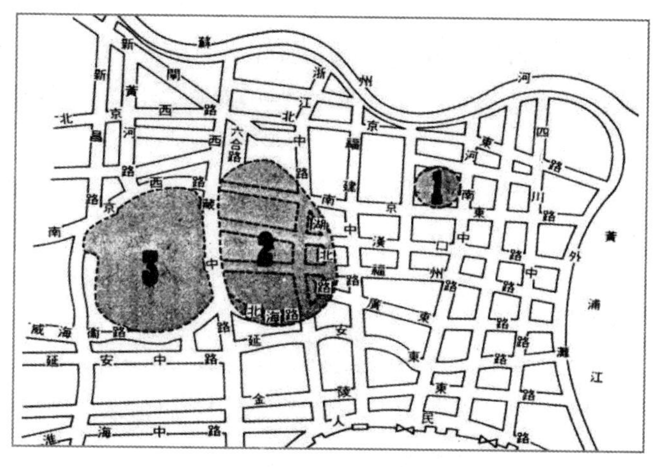

图 1-21 三代跑马场位置图

资料来源：《上海近代建筑风格》

租界当局对界内跑马进行限制后，为适应当时驱车兜风时尚并从中牟利，1862 年跑马总会的股东们，在筑建第三跑马场的同时，遂从出售第二跑马场的得银中提存一部分，购进从泥城浜（今西藏中路）起至静安寺止的长条地带，计地 126 亩，把贯穿在第二跑马场中央的“马路”向西延长，直达静安寺，筑成一条全长约 2 英里（3.22 公里）“驱车大道”[1]，并规定使用这条大道的车马都得付费。至 1866 年，由于经济上的入不敷出，跑马总会只得将驱车大道交由工部局接管，之后不久该道被改建成静安寺路（今南京西路)。

上海驱车大道的存在时间不长，但在一定程度上却“引领”租界继续向西扩张，也因此在上海近代史上具有极其重要的意义。就城市而言，它为后来工部局将之建设成上海第一条新式马路奠定了基础；将西区地带原有的田园风光纳入城市中心区域，便利于租界的继续向西延伸，有效的拓展了城市空间，成为未来自跑马厅至静安寺的城市娱乐、商业集合带的始作俑者。

1 沙似鹏．上海名建筑志［M］．上海：上海社会科学院出版社，2005：95.

对上海近代园林来说，驱车大道的开辟具有三方面的意义：

（1）将英国维多利亚时期极为流行的“私人场地（Private Places）[1]”街道景观植入上海，成为上海近代最早的林荫道——一种满足市民娱乐交流的城市新形式，对上海街道行道树与道路附属园地的建设与管护起到引领和推进作用。

（2）有助于市民形成有别于户外散步的野外运动观念和城市新型运动公园的兴起。

（3）为华界清末营业性私园在静安寺附近的聚集，提供了交通上的便利和造园及经营理念上的参照坐标。

2） 公共娱乐场（Public Recreation Ground）——体育公园的雏形

第三跑马场起始于1860年，是由“跑马总会的一个董事骑马在租界以外的泥城浜西和芦花荡（今黄陂北路、武胜路一带）饶了个大圈子，一下圈了466亩土地[2]。跑马场内设两个环形跑道，外圈铺设草皮，为赛马跑道，总长2 020米，产权属跑马总会所有；内圈为沙石跑道。场中央是大片荒废土地，地势低洼，有许多坟墓未迁，内圈跑道以内的土地产权属上海娱乐基金会（又称上海运动事业基金会）所有，后来一度将场中央的部分土地租给龙飞马房（马市公司）作养马的场所。

受到特定位置和有限面积的制约，外滩公共花园只能是供人们散步赏景的场所，儿童活动和体育运动等功能被排除在外，华人入园更是受到限制。为此，19世纪80年代开始就陆续有人提议将跑马厅中央的土地改为公园，对外开放。90年代后，随着租界内的外侨儿童人数增多，其户外活动场地引起外侨团体和工部局的重视。1894年6月工部局总董指出：“租界内特别需要一座儿童体育场（游戏场），建议工部局为此向娱乐基金会进行租借”[3]。不久，经与上海娱乐基金会磋商达成协议，从1894年9月1日起，龙飞马房结束场地租约，工部局以600银两的年租租用这块26.83万平方米的土地，租期5年，期满后仍可以原价续租。协议规定：在任何情况下，工部局均不得有建筑物或树木妨碍跑马场之视线，必须保留现在的野外赛马跑道以便跑马总会使用[4]。并规定赛马日各项体育和游乐活动必须停止，赛马季节允许骑师利用体育场场地进行跳浜比赛。工部局为之取名“上海公共娱乐场（Public Recreation Ground），1894年11月29日公布《上海公共娱乐场规定》后正式对外人开放，并成立专门的“公共娱乐场委员会”进行管理[5]。

起先，利用这块租地辟建成公园还是儿童体育场，工部局内部存在不同的看法，从以后的场地建设和项目设置来看，公共娱乐场逐步成为了一个以草地型体育活动

1 陈晓彤．传承、整合与嬗变—美国景观设计发展研究［M］．南京：东南大学出版社，2005：114．
2 沙似鹏．上海名建筑志［M］．上海：上海社会科学院出版社，2005：176．
3 上海市档案馆．工部局董事会会议录（第11册）［M］．上海：上海古籍出版社，2001：636．
4 上海市档案馆．工部局董事会会议录（第11册）［M］．上海：上海古籍出版社，2001：637．
5 U1-1-907，上海公共租界工部局年报（1894年），219-220页。

场地为主，兼顾散步休憩功能，具有体育公园性质的场所（图1-22）。

图 1-22 19 世纪 80 年代的跑马场

资料来源：《申江胜景图》

开园之初，仅将一块平坦草地辟为儿童板球场，场内一片荒芜，以后数年的主要工作是清理场地、逐块填高场地、铺设草皮，并进行道路、排水等设施建设。随着运动草坪面积的增加，1896 年 7 月工部局董事会批准工程师为公共娱乐场从英国购买一台新的草坪割草机（Lawn-mower），价格 35 英镑 17 先令 2 便士。至 1898 年夏季，场内已有三个板球和草地网球、马球、棒球（冬季用作高尔夫和足球场）专用场地，并开始填平池塘、平整场地，构筑花园[1]。由于场地内不能种植高大植物，以及地势低洼、地下水位很高等原因，游憩公园的营建并不顺利。在以后的建设中，场地内陆续铺设大量草皮，增建有多个网球场、板球场，以及滚木球场、足球场、高尔夫球场、马球场和自行车跑道，仅在零星场地上种植了一些灌木，筑建几处花坛、花境、小花园和一个小型储备花园，安放了几十把椅子。在管护方面，1905 年工部局中止原有外包管护合约，改由园地

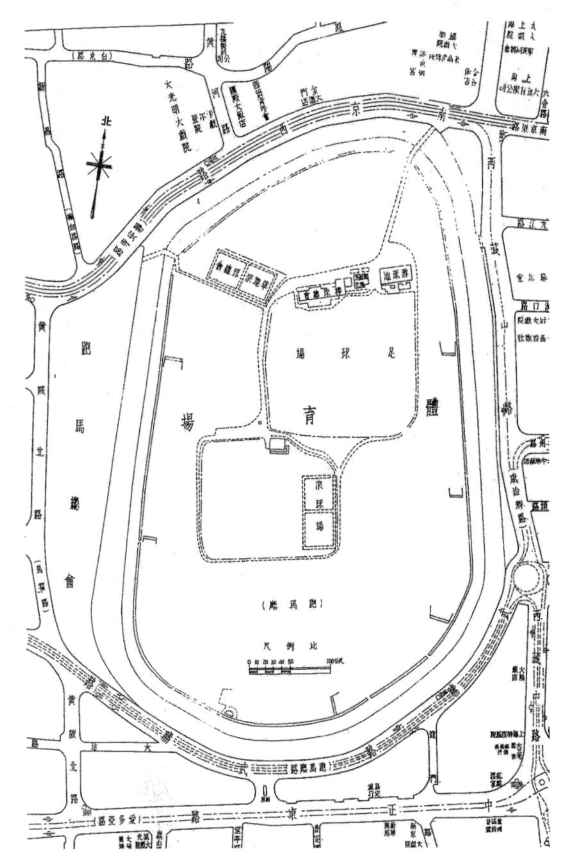

图 1-23 20 世纪 30 年代末的跑马场平面图

资料来源：《上海百业指南·上册一》

1 U1-1-911，上海公共租界工部局年报（1898 年），254 页。

部门（Parks and Open Spaces Branch）将之作为公共园地进行养护，并一直延至1928年场地租赁结束。期间，工部局进行过几次场地续租，其中1914年的第二次续租年租金增至白银1 200两，租期延长至10年；1924年，公共娱乐场租约期满后展期20年，年租金提高到白银2 400两。

自1894年至1928年，公共娱乐场前后存在30余年。实际上，至1910年前后公共娱乐场已成为以草地运动为主的体育专用场所，以后，随着虹口娱乐场、极司非尔、顾家宅等大型公园的相继建成开放，公共娱乐场逐步丧失了供外侨散步游憩的功能（图1-23）。

公共娱乐场的建立和发展是在特定条件下的特殊产物，具有以下特征：

第一，运动（体育）公园的雏形。19世纪中叶以后，随着西方资本主义经济的发展，城市急剧膨胀，环境日趋恶化，民主观念日益深化的新兴市民阶层掀起了城市公园运动，适于大众娱乐需求的运动公园时代也随之来临。作为城市公园运动的一个组成部分，除了在室内建造小型体育活动场地以外，西方一些城市以各种方式开始在市郊择地建造综合型的、环境优美的大型体育运动场地。上海公共娱乐场的建立，无论从其功能、性质还是在租界外侨大众推动下的形成机制，均与西方国家的运动公园相类似。这从另外一个侧面也说明，迟至19世纪末，租界内的外侨群体已趋于稳定，作为推动租界公共园地建设的主要力量，将在接下来的时间里发挥更大作用。

第二，一种灵活而又无奈的建园方式。在社会需求的强力驱动下，上海租界当局采用了较为灵活的租赁建园方式，在财政不宽松的情况下不失为一种明智的选择。与公共花园被动地接受捐款而进行建设不同，公共娱乐场的开辟，工部局已表现出一定的主动性。但就其临时性来看，此时的租界当局对园地辟建尚显得乏力而无奈，只有等到财政收入相对丰盈、市政建设基本完成时，租界当局才有可能将资金投入公共园地的开辟和建设中来。

第三，管理严格有效。公共娱乐场的管理，通过成立专门委员会，与工部局各职能部门配合，采用运动场地分时、分区的使用安排，并根据不同时期的运行情况颁布相应的管理规则，场地的使用效率也因此提高，基本满足了散步、体育运动、军事训练等多种功能要求，确保各外侨团体能公平、公正、安全地使用场地。

3.早期的昆山广场：儿童公园的雏形

位于人口密集的虹口地区，西邻公立学堂，北为昆山路（Quinsan Road）、南邻文监师路(Boone Road,今塘沽路）、东界乍浦路（Chapoo Road）。昆山广场初名虹口公园（Public Park in Hong Kew），后因该名容易与虹口娱乐场（1906年局部开放）相混淆，1908年易名昆山广场（Quinsan Square），又称昆山路广场儿童游戏场（Quinsan Square Children's Playground）。1937 年公共租界对儿童公园进行统一命名时，改名昆山广场儿童公园（Quinsan Square Children's Garden）。公园迟至 1934 年 7 月 20 日才对所有华人开放。公园的面积变化较大，初建时为 10.272 亩，1935-1945 年维持在 9.5 亩上下，解放初期尚有 8.65 亩，到 1978 年已被蚕食一半[1]，今为昆山公园。

园址原是一块荒地，中间有一个面积 6.44 亩的无主池塘，周边一些零星土地多为上海业广地产公司册地。鉴于当时虹口地区居民人口密集，工部局决定购置该地辟建公园或体育场（娱乐场）。1892 年开始，工部局与业广公司协商购地事宜，但由于中间池塘不属于该公司所有，至 1894 年 5 月“该地所有权经几年之公诉，知县宣布没收入官，但该案已呈两江总督”[2]。于是，工部局按惯常程序，通过领袖领事致函道台，提议按升科价每亩 450 两购买该地。慑于被其他单位抢先购置，在未获中国地方当局同意之前，1895 年 2、3 月间工部局以 2 348 两银两先填平了池塘，但上海知县以“南京总督已发布命令将这块土地充作商会之用地[3]”为由，拒绝出让土地。几经周折后，于 1896 年 3 月工部局以 1.5 万两银两向中国地方当局取得了水塘及其旁边的 7.012 亩土地，接着又以 6 318.31 两银两向业广公司购得面积 3.26 亩的三小块相连的土地，总计面积 10.272 亩，费用 21 000 余两。

公园于 1897 年开始建设，次年 7 月 19 日对外开放。用地呈长方形，南北长 364 英尺，东西宽沿昆山路 200 英尺、沿文监师路 216 英尺。公园采用规则式布局，在基地的四个对角开设园门，用连接对角的两条斜向园路将公园分为四个三角形地块；园路相交处为一个圆形场地，是儿童的主

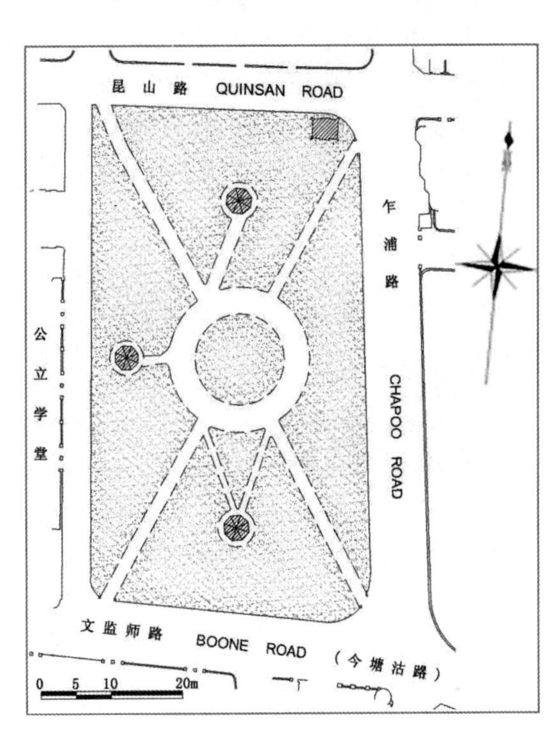

图 1-24 早期的昆山广场平面图

资料来源：根据卷宗号 U1-14-1969 载图描绘

1 程绪珂，王焘. 上海园林志［M］. 上海：上海社会科学院出版社，2000：182.
2 上海市档案馆. 工部局董事会会议录（第 11 册）［M］. 上海：上海古籍出版社，2001：622.
3 上海市档案馆. 工部局董事会会议录（第 12 册）［M］. 上海：上海古籍出版社，2001：509.

要活动场所，并以此为中心分别在其东、南、西、北的草地上建有四个直径 18 英尺的八边形藤架式凉亭。园内设施比较简单，以碎砖石铺设园路，沿路放置 6 只铁园凳，沿园四周围以高 5 英尺的木质矮栏杆；种植以草坪为主，沿园内四周散植树木 38 株（图 1-24）。

公园开放后，游客众多，活动场地和游戏设施很受儿童游客的青睐。此园虽然不大，在以后的发展中也未成为公共租界园地部门的管护重点，游园环境也并不理想，但对附近居民特别是儿童一直具有很大的吸引力，而且长期是租界当局开辟城市小型公共园地的典范，从正反两方面引领了之后的租界园地，尤其是儿童游戏场（儿童公园）的发展。因此，早期的昆山广场可被视为是上海租界儿童公园的雏形，它的辟建在租界乃至上海近代园林史上具有不可忽略的价值。

1.2.4　行道树、市政苗圃等的初步发展

据记载，我国早在唐朝的长安城就已有沿主要道路和水系种植梧桐、槐树等树木的历史，但作为一种重要的市政行为，我国行道树的种植则起始于近代上海租界。在租界市政发展的推动下，两个租界的行道树建设均起步于 19 世纪中叶。市政专业苗圃和商业性苗圃的出现是市政公共园林发展的产物，与大众公园的初始相适应，至 19 世纪末上海租界的专业苗圃和花木生产也已取得初步发展，并与大众公园一起，初步构建了近代上海的城市园林体系。

1.行道树的初始

公共租界工部局档案中将道路沿线两侧树木带中所种植的树木和灌木统称为路边树木（Roadside Trees），包括道路两侧成排种植的成荫乔木（Shade Trees），也即行道树，以及沿线零星空地上散植的树木和灌木。其中，树木包括乔木和大灌木，而灌木主要是指小灌木。关于行道树的作用，早在 1871 年，工部局董事雷美先生曾向工部局提出的一项建议中就已认识到：“一可改善租界之观瞻，二可作为确定路界的标志”[1]。

租界以行道树为主体的路边树木的发展主要有两种情形：第一种，作为市政道路的附属设施之一，行道树随着界内道路的建设而发展；第二种，作为租界控制界外土地的一种手段，随越界筑路而拓展。租界的行道树发展与整个城市一样是非线性的，时快时慢、时续时断，兴衰交替的节奏很快，尤以公共租界的变化最大。整体上，至 19 世纪末，随同市政道路的拓建，上海租界的行道树取得了相应的成果，并为后续发展积累了经验。

1 上海市档案馆. 工部局董事会会议录（第 4 册）[M]. 上海：上海古籍出版社，2001：767.

1） **公共租界的行道树发展**

1865年底，由租界当局出资沿英美租界外滩江边道路（扬子路）种植的树木是上海近代的第一列市政行道树。1866-1868年工部局相继在通往新公墓（八仙桥公墓）的新路、大马路（今南京东路）等界内道路和小部分界外军路上种植树木。1869年工部局拨款1 000两银两，于公共租界会审公廨（近浙江路路口）以西至静安寺的静安寺路两旁栽种树木，并用绿漆三角木架保护树干，开启公共租界行道树全面发展的进程。以后，相继在杨树浦路、北四川路、百老汇路（今大名路）和该路至礼查路（今金山路）之间的黄浦路前滩地、苏州河滩地、熙华德路（今长治路）以北、兆丰路（今高阳路）、英徐家汇路、极司非尔路等地，沿路、滨水植树，后又沿北四川路向北扩展到靶子场路、沿杨树浦路和静安寺路分别向东西两区继续延伸。经统计，1896至1899年的4年，公共租界的公共道路上分别有行道树树木4 295株、4 375株、4 472株和5 280株[1,2,3,4]。

至19世纪末，随着公共租界行道树数量的增多，逐渐显露出树种单一、管理不力等问题。1876年葛元煦在《沪游杂记》中记述："租界沿河沿浦植以杂树，每树相距四五步，垂柳居多。由大马路至静安寺，亘长十里。两旁所植，葱郁成林，洵堪入画。[5]"描绘虽不乏艳羡之词，其中也揭示出公共租界内行道树树种单一、树距很小的事实。早期公共租界的行道树树苗主要来源于周边乡村，苗源零散且随机，树种少且规格差距悬殊。迟至1894年，才由外侨汉壁礼从法国订购100株法国梧桐（悬铃木）赠送给工部局[6]。

早期以柳树为主的单一树种和树距仅一丈（3.33米）的密植，对租界内的日常生活造成较大影响，招来许多抱怨和控诉。繁密而下垂的树枝多次伤及骑马的外人，也影响了沿路住户的通风采光；生长茂盛、易衰老和浅根性易倒伏的习性，造成树木修剪和更换的工作量很大，给行道树的管理带来很大困难。而且，当时租界的行道树管理工作又很不正规，缺乏统一的管理技术规范。外滩、静安寺路等主要路段的行道树起先由工务委员会负责，通过发包承包给华人阿桂，由于他的"草草了事的工作态度"，工部局董事会认为"管理这些树的阿桂并非合适的人"。1889年开始，外滩树木一度由外人奥古斯特·怀特（August White）自愿管护，由于担心人行道上的新铺柏油、电气公司和煤气公司对树枝和树根的损坏，将导致树木死亡，不久他便辞去了这份工作[7]。以后，静安寺路的行道树改由公共花园委员会负

1 U1-1-909，上海公共租界工部局年报（1896年），178页。
2 U1-1-910，上海公共租界工部局年报（1897年），203页。
3 U1-1-911，上海公共租界工部局年报（1898年），200页。
4 U1-1-912，上海公共租界工部局年报（1899年），218页。
5 （清）葛元煦，郑祖安标点．沪游杂记［M］．上海：上海书店出版社，2006.
6 上海市档案馆．工部局董事会会议录（第11册）［M］．上海：上海古籍出版社，2001：592，613.
7 上海市档案馆．工部局董事会会议录（第10册）［M］．上海：上海古籍出版社，2001：695.

责管理，其余道路的行道树则大多由缺乏园林专业人员的工部局测量股负责。鞭长莫及的界外行道树受附近乡民的人为破坏十分严重，尽管工部局也曾多次促使上海道台发布过严禁破坏路边树木的告示，但收效不大。

2） 法租界的行道树发展

与公共租界相比，深受19世纪中期法国巴黎城市改造与美化运动的影响，法租界对行道树的建设更为重视，并取得较大成效。巴黎改造的最突出表现就是对城市街景的塑造和控制，由统一后退红线，风格与高度相对一致的沿街建筑，以及树木形态与种植间距相同的行道树所构成的林荫大道，是城市改造与建设的重要环节。在上海这个新起的远东都市中，法国人也试图实现同样的梦想，将行道树的建设和管护作为市政园林乃至整个城市建设的重点。

1864年公董局董事会把公董局分三个部门：巡捕房、总办间和公共工程处。将道路检查员升格为公董局工程师掌管公共工程，加快了法租界的市政建设。法租界的行道树起始于法租界外滩（今中山东二路上延安东路至新开河之间），1870年公董局董事会“决定在墓地（法租界八仙桥公墓）的路上、黄浦江外滩和公董局的广场上种植树木”[1]。1875年，公董局董事会拨款150两更换了行道树。1887年9月，公董局董事会批准拨款1 000两从法国订购250棵悬铃木和50棵桉树，种植在堤岸上和花园中[2]。以后，桉树因长势不好被逐渐淘汰，悬铃木因非常适合在上海生长，并通过扦插繁殖可以进行大量繁育树苗，成为法租界的主要行道树树种。1900年法租界第二次扩张以后，行道树随着法大马路（今金陵东路）、西江路（后改名霞飞路，今淮海东路）等路段的向西延伸而发展，相继在堪自尔路（今金陵中路）、吕班路（今重庆南路）、宝昌路（今淮海中路）、华龙路（今雁荡路）、姚主教路（今天平路）、徐家汇路（今徐家汇路和肇嘉浜路）等路段种植。

2.租界市政苗圃和花木生产的起步

公共租界的行道树、公共花园、市政公墓等市政园林建设始于19世纪60年代，其早期的植物材料主要来自于上海周边乡村和一些外侨的捐赠，数量和种类十分有限。为满足城市公共园地建设对苗木的需求及外侨对植物景观的要求，工部局于1872年，在建设新外白渡桥的同时，将桥西沿苏州河的原公共花园部分土地辟作花木生产基地，取名储备花园（Reserve Garden），面积4.2亩。19世纪80年代，随着市政园林的发展，苗木的需求量随之增大，租界当局开始利用路侧零星小块空地或公园、公墓等公共设施初建时的空地，辟建临时性的园林苗圃，如八仙桥公墓、老靶子场、公共娱乐场等场地内都分别附设过苗圃。1900年前，公共租界先后辟

1 梅朋，傅立德．上海法租界史［M］．倪静兰译．上海：上海社会科学院出版社，2007：309．
2 史梅定．上海租界志［M］．上海：上海社会科学院出版社，2001：444．

建过只有几亩地大小的7处园林苗圃，由于土地用途的经常性变更，这些苗圃的存在时间大多不长。

法租界的园地建设起始于19世纪70年代初，当时，公董局主要利用始建于1864年的法八仙桥公墓的空地作为苗圃，进行苗木生产。之后，随着法租界行道树和路边园地的发展，公董局曾先后在董家渡和顾家宅公园附近的新购地块上辟建临时性苗圃。

明清上海地区的私家园林发展迅速，花木生产也随之有较大发展，但商品化、行业化和专业化的花木生产则起始于19世纪中叶以后的租界。早期公共租界的花卉苗木主要来自上海附近乡村，19世纪60年代的跑马场和公墓委员会曾从日本进口过一些树苗，由于缺乏经验和技术，大多数树苗后来陆续死亡[1]。19世纪70年代初的苗圃主要用于贮藏苗木，少量用以培育本地乡土树种和外侨捐赠树种的树苗。公共花园委员会干事科纳来沪后，以储备花园为基地，开始引种培育外地以及欧洲的花木，至19世纪末公共租界已具有多种球根花卉和以蕨类为代表的热带植物，上海本地及附近地区的一些乡土树种也有一定数量的培育，主要树种有柳、乌柏、枫杨、白腊、青桐、梓、槐、榆、泡桐、皂荚、槭、白杨、樟、扁柏、龙柏、广玉兰等。

1887年法租界公董局从法国引进悬铃木树苗栽培成功后，又多次成批引进这种树苗并开始进行扦插繁殖，到19世纪末时悬铃木苗已经能够自给，并广为种植。由于法租界内的道路两侧大量种有这种引自法国的悬铃木，上海人遂将它习称为“法国梧桐”。法租界除悬铃木外，还培育了上海以及外地的一些树种，如鹅掌楸、枫杨、无患子、相思树、泡桐、楝、金合欢、皂荚、槐、柳、乌桕等，但树木种类要少于公共租界。

3.温室技术的移植

温室是科技与园艺结合的产物。早期的温室仅是在厚重墙体上镶嵌几块大玻璃，光照效果不好，1816年英国人约翰·劳顿(John Claudius London，1783-1843)发明锻铁曲线窗框，提出采用“双子午线”采光系统，通过可以调整角度的百叶窗式的玻璃来改善温室采光，提高了温室的性能（图1-25)。1845年后，基于劳顿发明的拱形玻璃温室出现并开始普及，大型温室陆续兴建，如英国皇家植物园邱园中的棕榈温室和帕克斯顿为1851年伦敦世界博览会设计的水晶宫（图1-26)，成为近现代园艺学发展的标志和建筑的新形式，为植物栽培、繁育和展示创造出一个全新的平台。

---

1 上海市档案馆．工部局董事会会议录（第3册）[M]．上海：上海古籍出版社，2001：557.

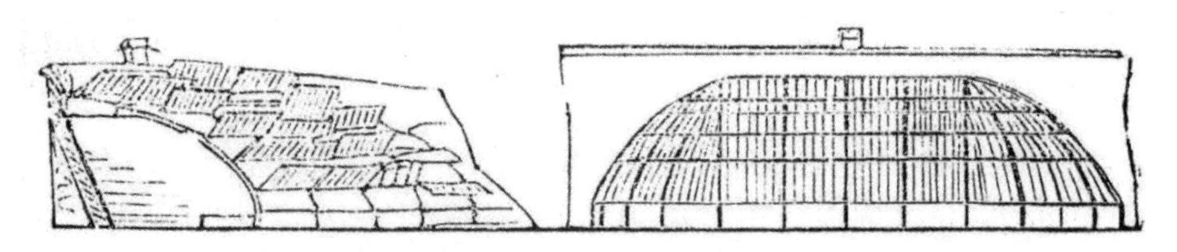

图 1-25 约翰·劳顿设计的“双子午线”采光系统温室草图

资料来源：《*Landscape Design—A Cultural and Architectural History*》

图 1-26 海德公园“水晶宫”

资料来源：www.victorianlondon.org

上海租界园林的温室技术始于公共租界的储备花园（Reserve Garden，1872-1931）。19 世纪的后 30 年储备花园内先后建成 4 座玻璃暖房和温室，其中 1885 年由公共花园委员会干事科纳设计、监造的蕨类植物房可视为上海温室的开端，之前花园中曾有 3 座类似温室的设施，但加温设备和保温性能差，只能称之为植物房。

据史料记载，在向工部局董事会申请蕨类植物温室的建设经费时，公共花园委员会和科纳本人曾一变再变，所批准的费用也一改再改。1882 年申请费用为 1 000 两白银，次年改为 1 500 两，本打算建造一座木结构的温室，不久改变想法决定建成铸铁结构的，遂于 1884 年提出 2 600 两的费用申请，待工部局董事会会议决定在制订下年预算时再考虑时，科纳又写信要求 4 000～5 000 两的建设经费。这些不断攀升的申请费用，与每年 500 两左右的公共花园维护费用相比，可算是一笔不小的建设资金。这一颇为有趣事件的发生，一方面由于工程主持者尚缺乏实践经验；另一方面，也从一个侧面反映出在提高温室的建设标准和园艺水平方面已是租界当事各方的共识。

或许当时并没有留下记录，目前已查找不到关于蕨类植物温室建设内容和水平的直接资料。从建设资金和决策过程以及园地监督阿瑟的评价中，大致能推断出，该温室应该是一座砖木结构、部分使用铸铁的玻璃温室，配有烟道加热设备。由于室内空间过高，结构不合理，保温性能并不理想，仅能基本维持热带植物过冬。但是，这些缺陷并不影响蕨类植物温室的历史价值，作为上海历史上的首个温室，它开启了近代上海的园林科技工作，其建造时间也仅比西方广泛使用温室的时间晚 30 年。由此，规模甚小的储备花园，在 19 世纪的后 30 年内，不仅承担着公共租界园地的花坛植物繁育生产、热带花木与蕨类植物的收集栽培等工作，成为早期公共租界内最重要的花卉苗木基地，一定程度上，也是上海近代园林科技的策源地和植物展示的新天地，引导着上海园林的近代发展。

1.2.5　公园管理规则的形成

1869年正式实施的《上海洋泾浜北首租界章程》附则第六款可视为上海租界园地发展的根本法，直至租界结束未作任何变动。相比之下，租界公园管理规则的形成和完善则经历了较漫长的过程。1868年公共花园建成对外开放，为规范游人行为，工部局颁布了上海近代的首个公园规则。以后两租界每建成一个公园，当局就颁布相应的规则，如1890年的华人公园规则、1894年的公共娱乐场规则等。租界公园规则的制订和修改主要由相关委员会议决，然后报工部局或公董局审定批准，由工部局总办或法国驻沪总领事签署后以单项通告形式发布。公告通常采用在公园入口就近张贴布告和在报纸上登载通告两种方式。

规则总是为解决问题、缓解矛盾而制订的，并随着问题和矛盾的变化而作出相应修订。19世纪的租界公园规则往往是针对公园维护和平衡游客利益逐渐形成的，主要围绕以下三个问题进行制订和修改。

1.关于游人身份

中国人长期为之斗争的“公园开放运动”是上海近代历史和民族屈辱的一个缩影。也正是因为这样的一种屈辱和伤痛，至今人们不愿过多提及租界的公园及其发展，更不愿涉足其管理问题。长期以来，“华人与狗不得入内”已成为租界公园的一个标签，被写进了小学生教科书，启迪和教化了每一代中国人。有关这一问题前人已有较多研究，在《上海园林志》和罗苏文先生所著的《沪滨闲影》中均有比较详尽的记载和评述，本书仅就租界公园的管理变革作一些客观的分析。关于游人身份的问题从一开始就是租界公园遇到的一个难题。起初，出于保护外侨利益和某种程度上显示外侨身份的需要，租界当局更倾向于仅对英美法等欧美国家的外侨开放，但随着各种势力和呼声的消长，又不得不作出应时调整。

总体上，租界当局采取了“以貌取人”的方式进行入园游人身份的认定。19世纪70年代中后期开始，以公共花园为核心的游憩性公园以“衣着整洁、高雅”为标准来衡量华人、印度人以及日本人的入园资格。1885年修订的公共花园规章中出现“除外国人佣仆外华人不得入内”的条文。鉴于华人要求公园开放的呼声日高和以上海道台为代表的上海地方政府的强硬态度，大致在颁布以上修订规章的同时，工部局采用“赠券入园”的方式进行有限度的入园资格认定，通常是向所谓的

“高等华人”发放一周有效的游园券[1]。出于部分华人一票多用和缺乏公共道德规范的行为等多方面的原因，外侨游客对此意见颇多。俟华人公园辟建后，公共花园的管理规章中始出现措辞较为谨慎的“本园备作外国公众专用”的字样，以后陆续建成的游憩性公园也都采用了这一条园规，并一直延用至1928年租界公园对华人开放。

与游憩性公园不同，体育运动性公园则从一开始就以专项条文的形式规定“华人不得入内”。出现最早的是1894年公共娱乐场的管理规则，即工部局1075号通告中7条园规的第4条“除了各运动俱乐部的侍从和成员，华人不得入内，”[2]以后相继在虹口娱乐场、汇山公园的园规中也有类似的条文。

2.关于狗的问题

早先的公共花园园规中并没有禁止携狗入园的规定，关于携狗入园的种种规定也是因矛盾的增加而逐步修订形成的。1890年前后，由于带狗入园的游客增多，发生几起狗伤人的事件，警务部门向工部局董事会建议“必须禁止任何人带狗入园，即使牵着也不允许”，建议经同意后，由公共花园委员会于1892年2月着手修改规则，并“在公园大门入口处张贴布告和在报纸上公布”[3]。

3.关于游园行为

19世纪90年代初的公共花园内，植物种类和花卉布置增多，植物景观已比较丰富，但随着游人尤其是儿童游客的增加，采摘花朵、损毁花坛和温室花木的现象时有发生。为此，工部局要求公园委员会和警务部门要加强监管，而公园委员会则认为“他们不能指控在花园摘花的人，应由工部局去做，并称禁止游人摘花的通告应由工部局核准予以颁布”。工部局采纳公园委员会的建议后，由工部局总办于1894年签署发布通告。之后，工部局还陆续针对各种牲畜、车辆及童车等易伤及游客和园景的事物与行为制订了相应的管理规章。除了一般规定外，19世纪末的租界公园管理规则，还对各公园以及园内不同区域的游客及其行为的区分作出规定，如“儿童无外国人陪同不得进入储备花园”、“儿童和阿妈无成人陪同不得进入荷兰花园”的规定。

总的看来，19世纪的租界公园规则至多10数条条文，内容比较简单，尚属规范游览行为的游园守则性质。但这些规则，因由租界市政当局颁布而具有法规效力，当属上海近代公园管理制度的初始。

---

1 上海市档案馆．工部局董事会会议录（第10册）[M]．上海：上海古籍出版社，2001：759.
2 U1-1-907，上海公共租界工部局年报（1922年），220页。
3 上海市档案馆．工部局董事会会议录（第10册）[M]．上海：上海古籍出版社，2001：795.

1.3 跨越围栏：上海私园的变迁与园林花木业的初兴

在租界园林由初始而向纵深发展的同时，清末的上海传统园林也在进行着适应新时代的艰难调适。受地缘影响，上海地区东西部园林之间的分异较前代更趋明显。在西部，处于租界与“江南园林新中心——苏州影响圈”双重边缘的松江、嘉定、青浦等地的园林，受战争等因素的影响较大，在有限的发展中正进行着双重性格的演替；在东部，地处中外矛盾交织前沿的上海县，其园林已脱离江南园林圈，受传统与时代、东方与西方多重因素的影响，正进行着多元、多向的摸索，其表现既有传统延续中的变异，也有历史主义的反本与探求，更有离经叛逆性的时代革新。诚然，方向还有些迷茫，表现还很幼拙，但求变与创新已成为主旋律，并为新型园林的横空出世扫除了障碍，探明了方向。

1.3.1 明清上海园林的鼎盛与丕变

据朱宇晖研究，上海地区的园林肇始于魏晋时期华亭陆、顾两大氏族[1]。由于缺乏文献记载，目前关于上海传统园林的研究还存有隋唐至五代间长达300多年的历史断裂。五代至北宋，上海地区城镇化程度稍高的华亭县治，以及县治北五十四里的青龙镇与后来的嘉定县治附近，出现了一些宅园、别墅园。靖康之难、宋室南渡后，苏州、吴兴等地的园林趋于鼎盛。僻处海隅的华亭，以独特的自然、地理优势引来达官俊贤流寓于此，九峰一带成为文人自然审美的对象和游屐构园之处。元时的上海受战事影响较小，且位于海上漕运的前沿，为避兵乱，不少南宋遗臣、江南富户寓居于松江府城、上海县城内外，文人雅士也纷至沓来。元代上海园林的数量明显较两宋为多，分布广散、郊野地园林众多，溢出原有华亭、娄县、上海、青浦、嘉定等几个城区，偏于一隅尚未成县的宝山、南汇、奉贤、金山等地已有多处园林[2]。

承续宋元两代的初步发展，上海园林在明清时期蓬勃兴起，分别于明中晚期至清初和清中叶形成两个建设高峰，呈现出既有传承又随世潮而异化的演变轨迹。

1.明中晚期至清初的文人园林高潮

明中期以后，随着资本主义萌芽与商品经济的发展，传统社会开始向近代社会转型，造园活动复兴，特别是嘉靖以后，以江南园林为代表文人园走向高潮，并延及清初数十年。在社会经济的有力顶托下，受新兴云间望族的集群式推动，明中晚期至清初的上海园林一路高歌猛进、盛极一时，以鼎立之势参与了江南园林的蓬勃

1 朱宇晖. 上海传统园林研究［D］. 上海：同济大学博士学位论文，2003.
2 朱宇晖. 上海传统园林研究［D］. 上海：同济大学博士学位论文，2003.

互动。随着棉纺织手工业、商业的繁荣，明代上海地区的城镇化进程明显加快。城镇的兴起为上海园林的发育、发展提供了土壤，私园数量迅速增加，地域分布呈扩散又依重镇聚集的态势。见诸古籍、有名可考的明代上海私家园林有140余处。

明中期以后，受吴门、云间画派的滋养和造园实践的砥砺，上海地区掇山、造园名家与技师辈出，涌现出一批艺术水准很高的文人园，并影响到周边地区乃至北京。施绍莘的西佘山居、陈继儒的东佘山居、李逢申的横云山庄等山居别业以及频繁的文人郊游活动渲染了九峰的人文气息。在画论即园论的宋代及以后，江南地区涌现出一批兼具丰富造园实践经验和一定绘画造诣的造园名家，明中以后以上海为多，有张南阳、顾山师、曹谅、张涟、张然父子以及叶有年、叶洮父子等掇山名家。一时佳作频现，并形成了上海假山以武康石为主要材料的独特地方风格。以上名家尤以张南阳和张涟及其子侄的影响最大。张南阳掇山以石为主，以雄奇见长，其代表作有至今尚存堪称杰作的豫园黄石大假山、已毁太仓王世贞的弇山园和上海城内日涉园两园内的假山。张涟，号南垣，是明末上海造园的一代宗师，掇山以土为主、土石兼用，取“大山之麓”、创“截溪断谷”法，擅筑曲岸回沙、平冈小坂、陵阜陂陁，所筑假山意境深远、形象真实，具南宗平远淡雅格调，足迹遍布苏州、嘉兴等地。其侄张钺应邀重筑无锡寄畅园假山，留下美名；其子张然两度被征召入京，期间常住苏州，为两地创作了不少佳作，其在北京的后嗣，世代承传其业，成为北京著名的叠山世家——“山子张”[1]。

无论从园主的身份与修养，园事与园居活动的主体人群与内容，还是造园意趣来看，明中晚期占据上海园林主流的文人园又具有鲜明的世俗化、个性化倾向。据刘新静考逸出的99位园主中，有44人成进士，69人曾涉足仕途，隐士8人，其余诸位或为官宦家人，或为富家之子。可见，由科甲出仕出身的云间望族是这一时期园林兴建者的主流[2]，文人显宦的竞相攀比和富家的附庸风雅确立了上海园林的文人园基调。但这一基调已深受世俗流风的浸染，上海地区以享受奢靡生活为目的，出于交游权贵、标榜清名甚至维持生计动机的园林实践比比皆是。潘允端营造豫园，并不像《豫园记》中所述是为了“豫悦老亲”，豢养妻妾、演戏宴客、修道习禅、标示身份才是其真实所为。上海城内胜擅一邑的顾氏露香园，由于经营得法而绵延数代，名噪一时的顾绣、顾振海墨、糟蔬、水蜜桃等园林副产品始于顾氏子孙的闲情艺趣，但是家族衰败后却成了维持生计、滋补园事的主要经济来源。

文人园林世俗化，一方面表现为文人园疏朗、雅致特征的日渐丧失，由布局疏朗而趋于建筑拥集，由景象简约而趋于景物繁密，由手法约略而趋于精致凝练；另一方面以纤丽见长的富家园林减少，具有世俗化又沾染士流园风的新兴商家园林增

1 程绪珂，王焘．上海园林志［M］．上海：上海社会科学院出版社，2000：61．
2 程绪珂，王焘．上海园林志［M］．上海：上海社会科学院出版社，2000：61．

多。明时上海文人园的世俗化倾向与景象变迁可从与豫园、露香园齐名的日涉园中窥见一斑，该园是太仆卿陈所蕴的别业，位于上海县城南梅家弄后，占地20亩，由叠石名家张南阳、曹谅、顾山师先后主持造园，费时10数年。陈所蕴曾邀请多位书画家在园中赏景作画，得《日涉园图卷》36幅。园内以中部的竹素堂为主要厅堂，南临大池；园西南堆大假山，主峰“高可二十寻”，这显然是有些夸张，但山取名“过云”，也可见其高；园中建筑以堂命名者五、楼一、阁馆轩房者六、亭四[1]。可见，日涉园内不仅建筑数量多，而且以功能性、大体量的厅堂为主体建筑，并与水池结合成为园内核心景观，继元代曹氏园、翡翠碧云楼后开启了后世景象繁密型园林的先河。

2. 清中叶至开埠园林重心的转移与新型园林的初兴

清初风起云涌的反清斗争和顺治朝三十年的海禁，给上海人民的生活带来无穷的痛苦与灾难，明中期以来的园林大多毁于战火，园事活动极度低迷。康熙二十三年（1684）海禁重开，江海关署、苏淞太道相继移驻上海县城，以及周边县厅的接连建置，促成上海地区政治、经济的全面复苏与振兴。清中叶以后，以上海县城为核心的商业文化与市民文化在商业经济的鼓荡下，在挣脱传统士流文化羁绊和“乾嘉之学”的精神桎梏的过程中，毅然兴起。骤然壮大的市民阶层和商业新贵使得上海园林中出现更多的“上海元素”，与处于士流园林顶峰的苏州园林日渐离析，上海地区东西部间的文化分异也悄然推动着上海园林的结构性变迁。

伴随着上海县城对松江府城的全面超越和周边新兴城镇的陆续出现，上海园林的地域分布呈现出与前代迥异的特征。据《上海园林志》记载，清代上海地区有文献记载的私园，包括少量前代遗留园林，共121处。其中，上海县境内41处，华亭22处，嘉定21处，奉贤12处，其余各县厅各5处左右[2]。区域分布上，上海县明显多于松江、嘉定等地；时域分布上，这些园林绝大多数建于乾隆以后，仅上海县境内的41处私园中就有31处建于乾隆以后。由此可见，清初至乾隆年间的上海园林以华亭、上海、嘉定城为核心，仍为明代园林余绪，乾隆年间后期上海园林的发展重心已逐渐转移至上海县境内，这一趋势与上海地区政经格局的变迁是相一致的。

清中叶以后，上海地区新兴的商业阶层日益成长，各类会馆、公所等民间商业组织接连出现，市民社会日趋成形。伴随着市民阶层的壮大，娱乐性与大众性社会活动需求随之增加，上海县境内的文人园意趣日渐消解，公众参与性园林与商家园林初步兴起，犹如一声春雷撼动了传统园林的根基，预示着上海园林的世俗化发展

---

1 周维权．中国古典园林史（第二版）[M]．北京：清华大学出版社，1999：315．
2 刘新静．上海地区明代私家园林 [D]．上海：上海师范大学硕士学位论文，2003．

方向，“隐于园”已几近无存，“娱于园”[1]则破茧而出。

上海园林世俗化的表现之一是文人园林的逐渐萎缩和世风侵袭后的适应性变化。随着九峰三泖山居别业的明显减少，文人园林与前世已不可同日而语。多数故园正悄然发生着世俗变迁，清初松江府城内的名园醉白池于嘉庆年间成为松江善堂公产，设育婴、普济、全节三堂置地分租；同期上海城内贡生李筠嘉的吾园内游人如织，成为江南书画名流雅集交游的一时胜地；上海县法华镇贡生李炎的纵溪园日渐以牡丹驰名，有“法华牡丹甲四郡”之称，游赏者远近毕集，俨然一处赏花胜地；一些有价值的文人园遗园陆续被官方辟作书院，其中著名者，如康熙初年的豫园，安亭镇境内道光八年在明代文学家归有光讲学处畏垒亭故址辟建的震川书院与因树园，同年在上海名园“也是园”内设立的蕊珠书院，同治初期在吾园故址上设立的龙门书院。

上海园林世俗化的表现之二是新兴商家园林的初始。因年久失修，豫园内几座主要厅堂于康熙年间一度成为行帮商人的议事场所，开启了嘉庆道光年间各行会公所割据此园之先河。嘉定南翔名园由“猗园”而“古猗园”的名称变更也是商人所为，此园于乾隆年间被洞庭山商人叶氏所得，扩地增建并易名。清初沙船业巨族王氏后人文瑞、文原兄弟在上海县城大东门城麓所建的省园，因东邻明代遗阁“清森阁”和园内北宋四大书法家的石刻与曙海楼法帖摹刻而颇具名气。

上海园林世俗化的另一重要表现是宗教场所的园林化和园林空间的宗教化。庙园一体、庙园混杂，清代滚滚的世俗生活揭开了宗教场所的神秘面纱，肃穆的祭拜场所逐渐演变成娱神媚俗的社会互动空间，扩充、美化宗教场所成为一时之需。比邻近地区有过之而无不及，城隍庙园于乾隆年间开始在上海各地次第兴起，或将豫园、秋霞圃、古猗园等这样的名园改作庙园，或随庙新建，如青浦曲水园（初为庙园，后经不断添建而自成一格）。每逢朔望及逢年过节，庙内香火缭绕，园内人头攒动，大量的人流和消费刺激了商家对庙园空间的觊觎与争夺，原有私园也因此变成为公众性和商业性园林。社会的泛宗教化和宗教的世俗化在私园中也留下深刻烙印，清中叶以后，上海各地私园在园内烧香拜佛之风远迈前世，其中上海县城内的也是园即是一例。也是园的前身是明天启年间礼部郎中乔炜所筑的渡鹤楼，也名南园，康熙年间由国子监生李心怡所得并易名，乾隆五十五年（1790）园改为道院称蕊珠宫，嘉庆年间在园中建斗姆阁、纯阳殿，道光八年设蕊珠书院。咸丰、道光初期，该园道院、书院、园林“三位一体”的园林格局与景致颇受游人青睐，有“邑之林泉佳胜，豫园外以此为胜”之说[2]，一时游人群集。这种多功能复合型私园的

1 程绪珂，王焘. 上海园林志［M］. 上海：上海社会科学院出版社，2000：55.
2 根据《上海园林志》相关内容分类整理。

出现并非历史偶然，无非是中国园林世俗化、大众化过程中的一种较为极端的表现而已，仿佛是100年后蜚声国内的“大观园”——爱俪园的一次彩排。

上海园林自清中叶以后的变迁，对中国古典园林的发展来说或许是一种悲哀，雅逸与书卷气的文人园特征逐渐消解在士风日下的流俗之中，“淫于巧”的形式僵化与追求取代造园思想的不断创新，借传统园林的外衣进行着崭新的功能拓展，为中国封建时代的精英园林平添几分昨日黄花的自悲和琵琶别抱的凄楚。然而，随着社会发展向近代化的逼近，园林文化的大众化、平民化探索与流向却是中国传统园林的一大进步，是上海园林近代化演进所必需的阵痛。对开埠后的上海私园来说，这一苦痛仍将延续，并在新旧交替、内外交锋的过程中将变得更为剧烈。

1.3.2 延续与分异：西园与吴淞江畔的私园胜景

1.西园的空间切割与解体

上海开埠与租界的设立与发展，犹如一剂催化剂“激活”了上海的近代化过程，和其他传统文化一样，上海传统园林的发展“链节”开始发生变异并分蘖出新的“枝节”。开埠至19世纪80年代营业性私园出现之前的三四十年间，作为清中叶以来上海县城内最重要的园事活动场所——邑庙西园的巨变就是一个典型。

明末清初的豫园经几易其主，园景日益荒芜，乾隆二十五年至四十九年，由乡绅集资历时24年的大规模整修基本恢复了豫园的格局，改为城隍庙园，易名西园，由城隍庙道士负责管理。由于城隍庙的经济收入有限，难以维持如此宽广、精致的园景，园景日趋荒芜，各业公所则凭借其在建园过程中的资助相继入驻园后，纷纷自行维修，筑墙构屋，稍晚的上海人毛祥麟则称西园“分地修葺，为各业公所”，占据厅堂或“别构精舍”[1]。上海开埠前，西园大部已为各公所分割占据。

开埠前后频仍的战火虽未烧及豫园，但多次驻军仍使其蒙难深重，园景遭到大面积破坏。战事平息后，各业公所迅速入驻豫园，同治六年（1867）西园就被21个行业公所分租割据，其中，三穗堂为豆米业公所，萃秀堂、万花楼属油饼豆业公所，点春堂一组建筑为花糖业公所于道光年间所建，得月楼、绮藻堂为布业公所（重建于光绪十八年），湖心亭为青蓝布业公所，香雪堂为肉业公所，城隍庙园东园属钱业公所等。同治九年上海县衙通过公告正式确定城隍庙园由各公所负责管理，至光绪元年（1875）由各公所自行进行的修建、重建工

1 （清）毛祥麟.《墨余录.卷三.豫园》，《墨余录.卷二.庙园记》，转引自:朱宇晖. 上海传统园林研究［D］. 上海：同济大学博士学位论文，2003：119.

程基本完工。从同治十年(1871)《上海县志》所载《城隍庙图》(图 1-27)与郭俊纶部分根据嘉庆间工笔画家孙坤《甲戌邑庙雩坛祷雨图卷》的界画所绘制的《豫园复原全景图》[1](图 1-28)的对比看,同治末年(可能维持至光绪初)时,西园主水体西、南的景致大体还在,山水格局较完整,池南飞丹阁、池西的濠乐舫、廊桥、流觞处和池西北的莲厅等主要建筑大致均存。

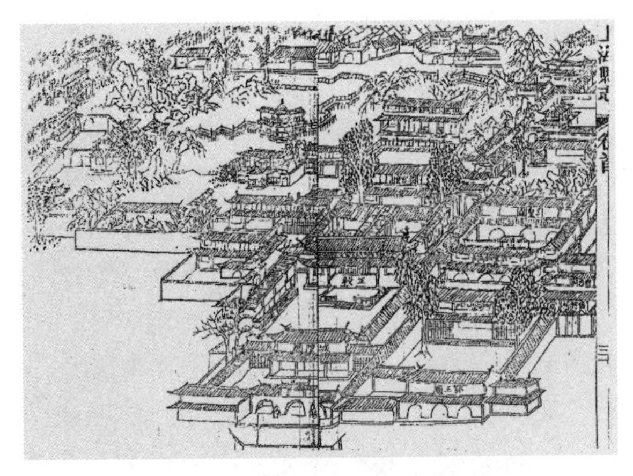

图 1-27 同治年间的城隍庙与西园全景图

资料来源:《上海传统园林研究》

图 1-28 豫园复原全景图

资料来源:《清代园林图录》

图 1-29 豫园湖心亭

资料来源:《申江胜景图》

晚清,市民阶层崛起,商潮高涨,西园内"市侵神退"已势不可挡,梅花会、兰花会、晒袍会、重阳登高、菊花会等民间活动异相纷呈,商贾、名流的茶会活动日甚一日。西园空间被进一步分割,以湖心亭为中心的主体水面周边茶楼酒馆林立(图 1-29),成为县城内人群杂汇的市民娱乐、社交中心和最具标志性的公共空间;园内诸公所在各自的领域内不断改建、扩建;园西北与东南则逐渐被周边市屋所蚕食。至民国初年,一条东西向的横向小路(今豫园入口南)终将全园切割成南北两部分,南部除了得月楼、香雪堂仍被布业、肉业公所所用外,仍用作庙园,但已为嘈杂的市肆、张扬的公所所间杂;北部

1 郭俊纶先生根据乾隆县志上的邑庙西园图,结合同治重建的点春堂一组建筑,及 1961 年修复的三穗堂东面的会景楼、九狮轩等建筑,和顾景炎先生旧藏嘉庆间工笔画家孙坤《甲戌邑庙雩坛祷雨图卷》的界画绘制的。孙坤的画卷保存了从三穗堂东的万花深处、以及三穗堂、流觞处、香石亭、廊桥、濠乐舫一带景色,和湖心亭、九曲桥的原状,还有飞丹阁的檐角。

则完全被各公所分据，重垣周绕，几无隙地，俨然一个会馆园林集群。至此，西园的昔日倩影已无从辨认。

陈从周先生有言："豫园建筑多乾隆后筑，高敞轩举，华瞻为其他私园所不及。而龙墙砖刻，脊饰飞檐，工艺特精，以当时会馆建筑与园林相结合，是在一定之历史条件即社会条件下所产生者，足称代表之作"[1]。陈先生一言高度概括了邑庙西园的历史变迁、价值取向、形态特征与造园水平。西园的晚清变革具有基于功利主义的实用主义改良倾向，是传统园林为包容时代功能所做的一次最大调适，无论是园内建筑单体尺度的极度增大，建筑组合的日趋繁复，还是具象的龙墙、灵动的屋脊、飞扬的翼角、精细的砖雕等夸张的细部装饰，都未能突破传统的藩篱，古典与乡土的交融、变异也都是囿于传统或基于传统的技法创新。然而，同治、光绪年间的西园变迁虽尚未突破传统园林的窠臼，但已是强力挣脱下的一次功能裂变和形态蜕变。从传统园林的角度来审视，这种变革因失却了文人园的特征与意趣，而致使一代名园最终浸没在世风流俗之中而解体；若从现代化的时代特征来看，变革中的西园因体现出新的时代价值，而一定程度上又重获新生。

西园蜕变是开埠初期上海政治经济、社会文化裂变的一个缩影，所体现的守旧与创新的两重性，不久将在城厢以外的吴淞江畔和静安寺旁得到全新的演绎。

2.吴淞江畔的私园胜景

晚清，上海文人园已日落西山，值得一提的准文人园林群落可能尚有上海县城北郊吴淞江畔的曹家渡江湖地园林群，包括九果园和面目模糊的小兰亭诸胜，以及风格独特的小万柳堂。它们既借水色帆影，又相互因借，艺术上不失成功之处，只是颓废速度之快令人惊讶[2]。

《马关条约》之前，曹家渡附近的吴淞江两岸还是一派乡野景象，空间开阔，村庄稀落，地价低廉。吴淞江弯曲处南岸是19世纪60年代随租界越界筑路所建的詹姆士•霍格（James Hogg）及其兄弟所建的乡村别墅花园，以及1879年始建的圣约翰书院，地域广阔，绿意盎然。沿江景色清幽，并有数个渡口连通两岸，也有极司非尔路直通租界，既有环境、地价的优势，交通也算便捷，无怪乎以上具文人园意趣的诸园不约而同地集聚于此。

小兰亭又名水云乡，位于曹家渡吴淞江北岸，今普陀区光复西路1141弄内，园为清光绪年间徐园主人、浙江丝商徐鸿逵（棣山）所建，又俗称徐家花园。小兰亭临江而筑，门悬"翦淞徐渡"门额，周以竹篱，园内曲涧萦绕，修篁丛丛，景色有兰亭之胜，是三两文人雅集的佳处。因大丽花种植闻名沪上，每逢花期小兰亭内

---

1 上海豫园办公室.《上海豫园》[M].上海：上海人民出版社，1982： 1.
2 朱宇晖.上海传统园林研究[D].上海：同济大学博士学位论文，2003：178.

宾客纷涌而至，赏花游赏活动一度颇盛。以后，徐氏又于小兰亭的一侧另辟一园，取名“桃李园”。关于桃李园的情形，陈无我的《老上海三十年见闻录》载有：“沪北唐家弄徐氏双清别墅……提唱乏人，园林减色。加以园侧市面日兴，居民日众，徐君深恐俗尘三斛，扑及名园，因复在新闸西南四五里之曹家渡地方，另辟新园，名曰桃李园。地广数十亩，堆山叠石，凿地成池，别具丘壑，游人也众”[1]。可见，此园也颇具文人园格调，规模应比小兰亭大，大众游憩活动也更盛。以上两园均废于1930年前。

九果园位于曹家渡西、吴淞江北岸，今普陀区光复西路1301弄一带，为清光绪年间洋行买办吴文涛所筑，俗称吴家花园（图1-30）。园广24亩，园北为吴氏家庙，园西南枕江而建，吴文涛辞世后葬于园东。园内植桃、李、杏、梅、枇杷、花红等果树九株，以及玉兰、山茶、栀子花、秋菊等，花卉品种甚丰，池中的金边叶荷亦为名种[2]。据童寯先生抗战前所绘平面图，九果园以一湾水池为中心，北侧是以绍修堂为正厅的建筑组群，东接红萝画舫，西连望江楼，布局紧密；南侧以自然景物为主，为北侧对景；西侧临江辟游廊，北起望江楼，南至六角亭，适于静观远眺、借景园外。总体上，九果园有因地制宜、巧于因借、布局疏朗、意蕴含蓄等的文人园特征，但也有建筑体量偏大、池岸僵直、水面中分等缺陷。该园废于抗战期间。

小万柳堂位于曹家渡西吴淞江南岸圣约翰大学（圣约翰书院）以东，与小兰亭、九果园隔江相望。园是无锡书画名家廉泉（南湖）与桐城书法家吴芝英（字紫英，与女侠秋瑾交情甚笃）夫妇的别墅，建于光绪年间晚期。以柳命名的私园或园景在中国传统园林中十分常见，陈从周先生曾云：“在中国园林中杨柳与竹可以平分秋色……长亭折柳，闻莺柳浪，诗意与画意，无不因柳而生”[3]。

图1-30 上海九果园一景

资料来源：《江南园林志》

廉泉的先祖廉希宪于元大都曾筑有万柳堂，故廉氏夫妇先后将杭州西湖的廉庄和上海吴淞江畔的别墅袭堂名而冠以“小”字，仍以“柳”明志。小万柳堂北临江建帆影楼、剪淞阁、西楼等建筑，体量较大，便于登楼借景园外；西邻吴淞江支流丁浦，沿岸散植杨柳百株，柳间

1 陈无我. 老上海三十年见闻录 [M]. 上海：上海书店出版社，1997：88.
2 程绪珂，王焘. 上海园林志 [M]. 上海：上海社会科学院出版社，2000：59.
3 陈从周. 随宜集·柳迎春 [M]. 上海：同济大学出版社，1990：1—2.

置亭；园南有地约 6 亩，在柳荫环绕下有球场，还有菜畦数行[1]。与吴淞江畔的其他私园相比，或许是曾负笈东瀛、思想激进的女主人所为，或许是为了与左邻圣约翰大学的建筑与园林风格相协调，小万柳堂内的建筑与园景已在传统的基础上杂融了更多的西化因素。园成后，廉氏夫妇经常在此招待来往书画名流和革命志士，以至于“廉南湖愿以小万柳堂抑值让予樊云门，托沈曾植代为致意，但云门资力不赡，诗以谢之”[2]，后期因财力不济而园景渐废。1930 年前后，园终废。

随着吴淞江畔私园诸胜的相继颓废，上海文人园的身影也随之渐行远去，而另一个具有强大包容能力的传统园林变体——营业性私园正破茧而出、景象万千。

1.3.3　杂糅与西化：营业性私园的兴衰交替

营业性私园是晚清上海社会变迁的产物和上海园林转型的必然和必要形式，上承清中叶以后大众参与性园林的余绪，下启综合性近现代娱乐场所和华界市政公园的发展历程。它以准公园的身份与功能，成为清末民初时期上海市民生活的主要场所和大众文化的重要标志，又逾越公园，在特定时段的政治社会变革方面发挥了较大作用。其作用不仅限于上海一地，在全国范围曾有较广泛的影响。

1. 发展概况

1）源起：历史的必然

从内外两方面来看，上海近代营业性私园的出现并非偶然，自有其历史必然性。西欧和美国的城市公园运动是西方园林现代转型的标志，并藉由不同途径迅速影响了世界公园运动。很大程度上，世界公园运动的初始表现为大众娱乐性公园的普遍发展，各地形式多样、特征多元的公园，大众性功能以外，多少均体现出娱乐性和经营性的功能特征。18 世纪时，伦敦与巴黎的部分皇家猎苑对外开放，充当了上流社会的俱乐部角色，已具有一定的大众交流和娱乐功能；19 世纪上半叶，英国先后出现的基于公共健康和休闲娱乐目的的王子公园(Prince’ s Park)、摄政公园（Regent Park)、伯肯黑德公园(Birken Park)等，通常被认为是世界现代大众公园的雏形，它们大多通过与周边房地产一体开发、在园内设置大量娱乐设施或出售放牧权等手段来获得经济补偿，具有明显的娱乐性倾向和经营性特征。在美国，纽约中央公园之前的公墓公园运动被认为是美国大众公园的开端，为吸引大众租赁或购买的乡村墓地建设，本身就是一种经营行为；此后兴起的城市公园中，为家庭提供新奇、刺激体验的商业设施——娱乐公园兴起，成为 20 世纪中叶美国式大众游乐园的肇端。由此看来，上海近代营业性私园所具有的娱乐性、经营性属性并非孤

1 程绪珂，王焘．上海园林志 [M]．上海：上海社会科学院出版社，2000：59.
2 郑逸梅．艺林散叶荟编 [M]．北京：中华书局，1995：5.

例，反倒是世界园林现代化初期的一种共有特质。

营业性私园是上海晚清大众活动和娱乐业发展初期的空间载体。开埠以后，生活世界的巨大变迁和新价值的潜滋默运改变了人们的生活观念，肯定人的感性欲望、感性反应和感性存在合法性的情欲论得到解放[1]，满足猎奇、富有刺激的娱乐活动受到普遍青睐，人们在寻求人性解放、生活快乐的同时，也在不断创造新的环境、工具（活动设施）和对人类有用的知识，以取得更大的快乐。这一变化可从开埠前后的“沪城八景”到“沪北十景”的变迁中清晰洞见[2]，如果说“沪城八景”更多地是对自然景物的静态审美，那么“沪北十景” 则意趣相反，大多为满足感官享受的动态刺激活动。然而，这些单纯的娱乐项目和场所并不能满足上海大量寓公、新兴商业权贵们日趋多元的娱乐需求，营业性私园，这样一个既能满足旧式文人的文化认同，又能提供新奇刺激活动的综合性娱乐活动场所，也就呼之欲出、离弃城厢、随行就市地发展起来。它们在赢取利润的同时，填补了晚清时期上海大众性活动场所与城市公共空间的稀缺。

营业性私园的兴起也是受租界公园引领又精神戕害的自然反应。一方面，受西方资本主义经济的影响，民族资本主义开始萌芽，新兴商家园林已是上海本土园林的主体，私园的主动西化倾向日渐浓烈；另一方面，租界公园对华人的断然拒绝，让中国人受到严重精神创伤之后，促动了营业性私园的兴起。受租界公园的引领和催化，光绪八年（1882），首个营业性私园申园由私人按股份集资建成问世，园内一时人山人海。申园开园之处的火爆局面反映出民众对近代多功能城市娱乐空间的“如饥似渴”，以至于1888年9月21日的《申报》发表《论公家花园》的论说，呼吁本地华人募集资金购地自筑一处中国公家花园，但纷争不断的社会环境和日益疲弱的上海地方政府阻断了建设公益性市政公园的可能。数年内，申园所具有的强烈社会效应带动了民间营业性私园的兴盛，成为清末民初上海本土园林的主流，以准现代公园的形式和功能弥补了华界市政公园的空缺。

2）发展：朝兴夕衰

上海近代的营业性私园以申园为开端，兴起于19世纪80年代初，在此后的十数年间日趋鼎盛，出现了张园、徐园、愚园鼎立的新局面。但鼎盛的时间不长，20世纪初时，受政治形势和社会环境的影响，这些私园大多由于经营不善而开始消落。民国以后，随着综合性游乐场的兴起更趋衰落，虽有半淞园、丽娃栗妲村等营业性私园的先后开业，但大多经营惨淡，整体发展已成强弩之末，至抗战时期基本结束。在历时半个世纪的发展过程中，上海先后出现具一定规模、有较大影响的营业性私

1 高瑞泉. 中国现代精神传统［M］. 上海：东方出版中心，1999：396-404.

2 沪城八景：海天旭日、黄浦秋涛、龙华晚钟、吴淞烟雨、石梁夜月、野渡蒹葭、凤楼远眺、江皋雪霁；
沪北十景：桂园观剧、新楼选馔、云阁尝烟、醉乐饮酒、松风晶茶、桂馨访美、层台听书、飞车拥丽、夜市燃灯、浦滨步月。

园10余个，但大都存在时间不长，短者如西园（静安寺）仅2年，最长的如张园也不过30余年，可谓朝兴夕衰（表1-1）。

表1-1 上海近代的主要营业性私园概况表

园名	园址	园主	开业时间	概况
申园	静安寺西侧，今愚园路235弄新花园里弄住宅	原公一马房业主集资组建的申园公司	光绪八年（1882）上半年	占地12亩。以原有二层西式别墅建筑为主体，增建弹子房、仿古式亭榭、荷池等，园内周以环路，花木扶疏，建筑陈设精美，“画栋珠帘，朝飞暮卷。其楼阁之宏敞，陈设之精良，莫有过与此者（注：清人黄式权，《淞南梦影录》）”。备有中西餐饮、精致点心，游乐活动盛极一时，近邻愚园1890年开张后生意渐淡，1893年歇业
张园	麦特赫司脱路（今泰兴路）南端	张鸿禄（字叔和）	光绪十一年（1885）三月初三	即味莼园，后详
徐园	闸北西唐家弄，今天潼路814弄35支弄	徐鸿逵（棣山父子）	光绪十三年（1887）正月初一	即双清别墅，后于康脑脱路5号（今康定路）重建，后详
西园（静安）	静安寺东侧	李逸仙等招股组建的西园公司	光绪十三年（1887）闰四月初十	以原静安寺涌泉以北的花园洋房“印泉楼”为基础创建的小型园林。“略种花木，小构亭台，名之曰西园（清，《上海杂记·卷五·西园》，光绪三十一年刊绘图本，文宝书局印）。”仿申园绕园设车道，设弹子房，备中西餐饮，并有小动物展示。因规模过小，缺乏特色，次年即售于他人，1890年被愚园兼并
大花园	县城东北远郊，今杨树浦路、腾越路路口，南濒黄浦江	由时任职于太古洋行的候补知府卓乎吾招股组建的大花园公司	光绪十五年（1889）八月初七	园广180余亩的最大营业性私园，意在与徐、张等园错位发展。选址东偏，遂于外滩设专线马车、备小火轮定时接送游客。该园园广景旷，沿江堆大假山，山顶有听涛楼可供餐饮、眺望，山北凿大河，山麓河旁辟禽兽笼舍。《沪游梦影》有评：“大花园广约百亩，中有大河，可容小轮舟来往；并有狮象獏豹异种禽兽，又有各种鱼虾蚌蛤之类。以玻璃为墙，贮海水养之；更有鸟笼高二十丈，大数倍之，长约半里，中植大树五六株，小树亦倍之，任鸟飞鸣上下，亦奇观也（注，第163页）。”可见，园内动物最受游客青睐。另有四面厅可供品茗听戏，大草坪可供马戏表演、燃放焰火和气球升空表演。开园之初曾轰动一时，但因动物饲养不善而陆续死亡，餐饮、游乐项目逊于他园，地处偏远，收费又偏高，1892年易主，20世纪初废圮
愚园	静安寺东北半里许	宁波巨商张某	光绪十六年（1890）六月初五	后详

（续表）

园名	园址	园主	开业时间	概　况
西园	县城西门外斜桥东，今陆家浜路、制造局路口东	商人张远槎等	光绪三十四年（1908）	小型传统风格的营业性私园，因经营管理不善，1914 年停业。 入口建花架廊桥横跨门前小河，园内四面厅居中，四周有假山鱼池曲绕、亭廊楼台点缀，其中传统式戏台结构精巧，常有滩簧演出，偶有民间戏法表演。歇业后成为宝善公所停放棺木的场所
半淞园	县城南门外高昌庙路以南，今半淞园路与黄浦江之间	上海人沈志贤与画家姚伯鸿共同斥资改建	民国七年（1918）	清光绪初年，该地为占地近百亩、闻名沪上的吴姓水蜜桃园，约 1909 年为沈志贤购得改建成“沈家花园”，有听潮楼、留月台、鉴影亭、迎帆阁等景点（注：《上海掌故》391）。民国初年园西建华商自来水厂，园东 60 余亩于 1917 年改建为半淞园，次年开放。此园平面呈葫芦形，以北园门为嘴，占地北小南大，空间北旷南奥，景象与活动南主北辅。南园主建筑江上草堂居中偏北，园西假山延绵、水面辽阔、亭楼散布，园南园东有枕流轩、群芳圃、杏花村、碧梧轩、荷花池诸胜，另有又一村、剪淞楼、长廊、湖心亭、凌虚亭、水风亭等景点，总体上属传统园林风格。该园因地处人烟稠密、游乐场所甚少的沪南地区而成为文人社团聚会、大众游乐之胜地，常规游艺活动以外，端阳竞渡（龙舟赛）、重阳登高、莳花会展等活动名噪沪上，营业长盛不衰。1937 年八一三事变中园毁
六三园	县城西北远郊老江湾路，近虹口公园，今西江湾路 240 号	日本人白石六三郎	建于 20 世纪初	占地二三十亩，园景简洁雅淡，日本传统庭园风格与西式风格相参，系日本式近代花园。园南门内为一大草坪，占地五亩许，周以驰道、樱花旁植；园东南为一日本筑山庭庭园，白沙浅池、土丘起伏、绿树浓荫，东有小神社一所；园北的日本式民居风格建筑系园主起居处，偏西的西式楼房为品茗、宴请处。另有女性石雕像、动物笼舍、挹翠亭等景点。此园递名片既可入园，不售门券。以承办宴会和举办书画展、鉴赏、交流活动而驰名，曾宴请过孙中山、举办过吴昌硕遗作展。上海沦陷后改作日本高级军妓院，抗战胜利后园废
丽娃栗妲村	县城西南远郊的东老河南段东侧，今华东师大一村附近	俄侨古鲁勒夫租赁建造	民国 19 年（1930）	此地原系荣宗敬的地产，1930 年租予古鲁勒夫辟园经营，园成后古氏取美国影片《丽娃栗妲》片名为园名。此园是营业性私园中最为西式的园林，园内建筑稀少，仅洋楼（室内茶座，供应现焙西点）一座，园四周绿荫环抱，中央绿草如茵，颇具自然风景园景致。活动设施以户外为佳，草坪用作网球场和露天舞池；西侧东老河既为游泳场，也可供游客打浆泛舟；沿河设滨水休憩区。该园游客以外侨为主，夏季游人最多。1937 年八一三事变中园毁

资料来源：根据《上海园林志》等相关文献资料整理编制

2. 园林分析：从“中体西用”到“西体中用”的形式异化

开埠初期，租界园林对上海传统园林的影响甚微，对裂变中的城隍庙西园几乎没有形成什么影响，受其直接影响的应该是19世纪80年代应时而生的营业性私园。受主客观因素的制约，各营业性私园受租界近邻影响的程度和表现不尽相同，从局部仿效到几乎全盘采纳，表现形式多种多样。整体上，随着时间的推移，营业性私园中的西化因素越见深刻，这一趋势从营业性私园鼎盛时期的徐、愚、张三园中可窥见一二。

1）“中体西用”的徐园

“三十年前，上海有名园三，其最久者为徐园，其次为愚园，其次为张园。张园最后得名，而游踪反较两园为盛。盖徐园地当老闸，非马路孔道，故裙屐阒然。然客之悦幽枕静者，恒暇辄一往，以其无洋场喧嚣习气也”[1]。这一评述基本道出了徐园的区位特征、文人园意趣和冶游情形。

徐园园址在闸北唐家弄，又名双清别墅，是富商海宁人徐鸿逵始建于光绪九年（1883）的私园，占地约3亩。《沪游梦影》中记述：“园不甚大，其中为堂、为榭、为阁、为斋，又列长廊一带，穿云渡水，曲折回环，其布置已为海上诸园之最。虽然杉桐桧柏、奇花美草、华堂彩榭、鸟笼兽圈皆为匠园者意有之物，而又一村实为独得之境”[2]。园主常邀文人雅集，在此结有诗社、曲社，并品评出草堂春宴、寄楼听雨、曲榭观鱼、画桥垂钓、笠亭闲话、桐荫对弈、萧斋读画、仙馆评梅、平台远眺、长廊觅句、柳阁闻蝉、盘谷鸣琴等十二胜景（图1-31）。或许受城西申园影响，此园自光绪十三年正月初一起对外开放，门票银洋一角，来往者以文人居多。后因园内提唱乏人，园林减色加之园侧市面日兴，宣统元年（1909）徐鸿逵子冠云、凌云选址康脑脱路5号（今康定路）重建双清

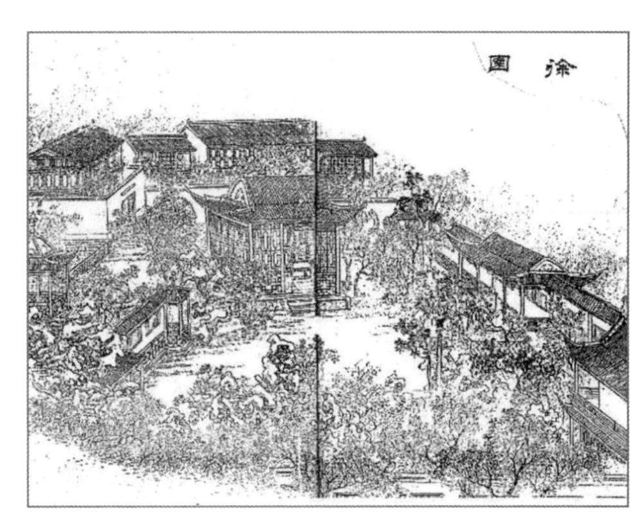

图1-31 徐园核心景域

资料来源：《上海传统园林研究》

1 陈无我. 老上海三十年见闻录［M］. 上海：上海书店出版社，1997：87.

2 （清）王韬. 瀛壖杂志［M］. 上海：上海古籍出版社，1989：162.

别墅。新园面积 18 亩，沿袭原园格局和景点，放大空间尺度，增高假山，并于山上设风车带动吸水机从池中吸水上升，再注入池中喷出，高可丈许。新园于 1927 年关闭，后因战火和火灾园内景物毁损大半，二战后遂改建为民宅。

两代徐园，一如园主人亦儒亦商的品性，既有文人化园景，又掺合有极具时代气息的游乐设施，一度引领上海的时尚生活，拥有令人艳羡的诸多第一，譬如，悦来容照相馆是上海最早出现的商业摄影社，又一村上映的“西洋影戏”被认为是中国首次电影公映，闻名遐迩的徐园花展历时 20 年不衰几近独霸沪上，徐园书画社、琴会、曲会也是名流荟萃。“师夷之长技以制夷”的公式、“主以中学，辅以西学”的信念、“中学为体，西学为用”的洋务精神在此得到很好的应用和体现。诚然，如同“中体西用”终久拯救不了积贫积弱的中国，囿于对西方园林的知之甚少，“中体西用”的徐园也非中国园林的现代化之路。

2）“亦中亦西”的愚园

愚园园址在静安寺路北、赫德路（今常德路）西，愚园路因此得名。园为清光绪十四年（1888）宁波巨商张氏所建，有楼阁宏敞、陈设精良的美誉，时人称之“金碧丹青，太形华丽”。光绪十六年将相邻的西园并入，新园面积增至 30 余亩，经整修后当年开放，门券二角。起初两三年的愚园，游踪极盛，“日可获利数百元”[1]。不久，因安垲第造成后的张园骤兴，而游愚园者必先游张园，愚园生意渐淡，后经修整并五易其主仍不能振作，至民国五年园废。

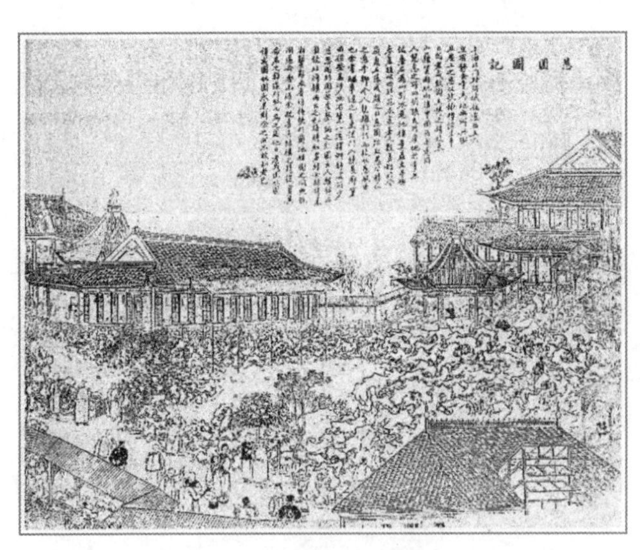

图 1-32 愚园核心景域

资料来源：《上海传统园林研究》

此园分东、西两部分，西部为花圃，建有大型玻璃花房“唐花室”，另有菜圃和小型动物园；东部以水池为核心，池南为二层洋楼，池北为主要厅堂“敦雅堂”，池上有水亭“如舫”，舫两侧有鸳鸯厅、倚翠轩临池而筑，轩后有茅屋数间的杏花村酒家。东部的游憩设施多，景象密集。池南的洋楼高敞，可容数百人集会，楼西设球场、弹子房；楼西

1 陈无我．老上海三十年见闻录 [M]．上海：上海书店出版社，1997：87.

北又一小楼名“飞云”。池北敦雅堂的东侧为楠木厅，富丽华贵，雕镂精美；堂北假山高耸，山石多取自松江府城古倪园，古意盎然（图 1-32），山巅立阁名“花神”，阁壁间镶嵌着闵人辜鸿铭的英文、德文诗石刻；山上另有以玻璃为顶的照相馆，因居高可取胜景，生意颇佳。

园中假山之巅的景致可谓娱神媚俗、妙趣横生，外文诗刻与传统信仰同处一阁，古典楼阁与西洋设施左右对峙，“不中不西”的景致使人过目难忘。或许，也就是“亦中亦西”的园林形态与风格，使得经营并不算成功的愚园能每每见诸报端，名声远扬。

3）“西体中用”的张园

《游历上海杂记》中曾写道：“近年称盛之处，厥惟张氏之味莼园。拓地既有七八十亩，园中占胜之处则有旧洋房一区，新洋房两区，皆极华丽，其中最大之一区可容六百人。以故一应胜会皆不乐舍此而他属焉；而日涉成趣，士女如云，车马之集于门外、门内者，殆不可以计数”[1]。又有评述：“张园林木之丛茂、亭榭之清幽、溪泾之曲折、屋宇之精雅，曾不逮愚园之半，而顾独以安垲第轩敞之故，致东都浪子、北里名姬，流眄送情，履舄交错，所谓仰观俯窥而各如所欲者，又非愚园所能冀其什一也”[2]。可见，时人对张园内的游人炽盛景象颇有些瞠目结舌，对园内景物留有与文人园格调相差甚远的“新”、“洋”印象。这就是张园，一个令世人匪夷所思的娱乐性设施，令上海人留恋忘返的公共活动场所，令初来乍到的外地人心向往之的新奇景观，也令旧式文人横加批评的“新兴园林”[3]。由此，曾经盛极一时的张园被人们认为是上海营业性私园的典范和之后游艺场、夜花园的始作俑者（图 1-33）。

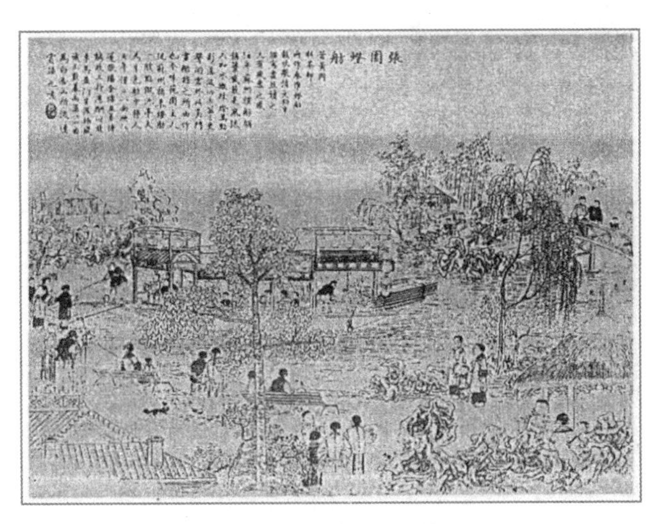

图 1-33 盛期的张园灯舫图

资料来源：《上海传统园林研究》

张园位于麦特赫司脱路（今泰兴路）南端，东邻闹市，西通静安寺。

1 上海通社. 旧上海史料汇编（下）（上海研究资料续集）[M]. 北京：北京图书馆出版社，1998：570.
2 陈无我. 老上海三十年见闻录 [M]. 上海：上海书店出版社，1997：87.
3 上海通社. 旧上海史料汇编 [M]. 北京：北京图书馆出版社，1998：571.

园址原系西人格农（Grone）的花园住宅，据说，格农擅于园事，并在此经营园圃并承接外侨住宅庭园工程。园宅占地20余亩，园内树木清翠，种有许多来自国外的奇花异草。清光绪八年（1882），无锡寓沪富商张鸿禄（字叔和）花万银购得此宅以奉养老母，3年后老母故世，之后张氏在友人的劝勉下，仿效申园于光绪十一年（1885）上巳（三月初三）将宅园对外开放，门券一角，并取意晋张翰“秋风起，思莼鲈”的典故取名“味莼园”，人们习称张园。园主张叔和与李鸿章关系甚笃，曾以广东候选道身份帮办轮船招商局事务，幸免于海难后改道致力于实业，除了经营张园，还拥有多家企业的股份。缘于张氏的经济实力和独特人身经历，以及原有格农住宅花园的西式格调，扩建后的张园，其风格将趋向西化，经营手段也将高出申、愚、徐诸园。

张园对外开放之初的数年间，张氏不惜重金精心建构，园地逐渐拓展至70余亩。因园内设施新齐，游人络绎而至，收入颇丰遂取消门券，未料游人更多，赢利更丰，1893年开始步入鼎盛期，并大致延续到1909年[1]。此后，因租界公园、娱乐设施的发展，以及“楼外楼”、“新世界”、“大世界”等现代化、专业性游乐场的相继开设，张园在竞争中败北而日渐消落，延至1919年后终被出卖，改建成住宅。

图1-34 张园内的主建筑：安垲第

资料来源：《上海近代建筑史稿》

图1-35 张园内的整形植物景观

资料来源：《上海近代建筑史稿》

鼎盛期的张园以西式为主，景观别具一格。《沪游梦影》中称：“园中一望平芜，尤称旷适[2]”。园内以集餐饮、游乐、集会等多功能于一体的洋楼安垲第（Arcadia Hall）为中心和视角焦点（图1-34），楼前是可容数千人举行集会活动或举办露天舞会、马戏表演及燃放烟火的大草坪；园西南是一座旧式洋楼（疑为格农住宅），绿荫环抱，

1 熊月之. 张园——晚清上海一个公共空间研究［J］. 档案与史学，1996（6）：31-42.

2（清）王韬. 瀛壖杂志［M］. 上海：上海古籍出版社，1989：162.

其旁有名重一时的“海天胜处”剧场；园西往北为河池、花圃，有玻璃花房，以种植外来花草为主；园东南以池、岛等自然景观为主体，遍植松柳，点缀茅亭；园东北为新建洋楼，作旅馆用。园内尚有日本板屋、双桥、假山诸景，另有弹子房、照相馆、电气屋等西式活动设施。

在布局上，张园中已有明显的功能分区，场地或大或小，空间或旷或奥，皆依据活动类型进行划分设置。由于过分重视功能和活动场地的安排，张园的园林景观布置以烘托气氛为主旨，更像是作为活动背景的舞台布景，这与同期公共租界内初期的虹口娱乐场颇为相似，无怪乎有许多人将张园视作娱乐场而不是私园抑或公园。在植物景观营造手法和意趣方面，张园已与传统园林大相径庭，园内宽广的大草坪，或群植或丛植的植物配置方式，以及植物剪饰，肯怕都是受租界园林直接影响的结果（图 1-35），以至于公共租界内以西洋花卉为主的“上海莳花会”也曾多次在此举办。从园林的整体风格来看，张园虽在西式的基础上掺和了少量东方风格，但总体上已近乎全盘西化，只是在牟利和娱乐泛化的功能面前园林已被弱化甚至边缘化，布局散漫而不完整。然而，就上海传统园林的现代转型而言，张园这种尚显稚嫩的园林表现，犹如老树根上萌蘖的新芽，受雨露化育终将破土而出。

1.3.4 华界园林花木业的初兴

据史料记载，上海县的花木生产起始于清乾隆年间，至今已有 300 多年的历史，但真正进入规模化、商品化和行业化的发展还是在近代。开埠以后，在部分外侨和租界园地部门的推动和引领下，以租界为主体，上海地区的花木种类日渐增多，花木消费市场逐渐形成并扩大。上海华界及周边郊县的花木业也随之步入近代化发展轨道，园艺农场、专业市场、同业组织相继出现，植物培育与生产日趋科学化、专业化，花木产品不断商品化、特色化。

1. 专营园林苗（花）圃的产生

主营园林花木生产的园艺农场的出现是上海花木业进入近代化的标志。

清中叶，浦东川沙县花木乡凌家花园和浦西宝山县彭浦乡赵家花园是上海地区主要的生产性花园，以生产梅花、桂花以及少量盆花著称，在上海地区享有盛誉。以后，随着上海商品经济的发展，花农增多，并逐步扩散到周边地区，如上海县的梅陇乡、漕河经乡、龙华乡，南汇县的周西乡，嘉定县的长征乡，以及崇明县的合兴乡、堡镇乡等地区。但是，时至开埠前后，上海各地的花农和早期的园艺农场仍以培育实用性的香花植物为主，如白兰、珠兰、茉莉、桂花、玫瑰、菊花等，产品大部分销给茶庄、蜜饯行用作食品添加辅料和香料，真正的专营园林苗（花）圃尚未出现。

戴鞍钢研究认为：对租界与近代上海农村关系的考察显示，两者间较紧密的互动关系，架构于19世纪70年代后以租界为主体的、由近代工商业和交通业等为主干的上海城市经济的较大发展的基础上[1]。此后，随着近代工业企业的设立和内河轮运业发展，上海周边乡村逐步受到中心城区尤其是资本主义商品经济的影响，自给自足的农村封建经济受到冲击，经济结构和生产关系开始出现不同程度的变化。对棉花的需求、城市人口剧增后的生活需求推动了上海农村种植结构的调整，棉花、蔬菜、花卉等园艺作物在近郊扩种。个体生产已不能满足市场需要，专业性的生产基地相继出现。

上海最早的专营园林苗（花）圃是浦东花农陆恒甫于1853年在龙华镇附近的陆永茂花园。19世纪70年代开始，上海的一些园艺行家、花匠等陆续集资兴办业内通称为园艺农场的种植场、畜植场、农场或园艺公司，其中规模较大的有顾芹芗开设的顾义和花园、徐永兴开设的徐顺兴花园等。到1891年成立同业公会性质的上海花树公所时，上海民间的花木园圃已有60余处。早期的花园和后来的种植场、畜植场、农场、园艺公司一般以生产花木为主，并根据不同情况和季节种植蔬菜、瓜果、豆类，培植食用菌，饲养家禽、家畜等；实力雄厚的园艺农场还开设花店销售自己的产品[2]。由此可见，19世纪末上海的花木生产已进入规模化、商品化和行业化的发展阶段。

农村经济结构的变化和园林花木业的发展也催生出“种花园”的职业。城市的膨胀对农村社会生活产生较大冲击，农民陆续进城务工，《民国法华乡志》卷二“风俗”载：光绪中叶以后，开拓市场，机厂林立，丁男妇女赴厂做工。男工另有种花园、筑马路、做小工、推小车。女工另有做花边、结发网、粘纸锭、帮忙工、生计日多，而专事耕织者日见其少[3]。

2. 同业公会与花木市场的出现

当业内企业数量和产品交易量达到一定规模以后，行业就会自发形成规约经营行为、调节内外矛盾、维护行业形象与利益的行业性组织。上海最早的花木业同业组织成立于1891年，由当时业内实力最强的陆永茂花园、杜顺兴花店、顾义和花园和徐顺兴花园发起，定名上海花树公所。直至20世纪10年代，花树公所是上海唯一的花木组织，由上述4家业主任董事，轮流主持所务。伴随着上海花树公所的成立与运作，近代上海的园林花木业开始步入现代化发展的轨道。

专业花店和市场的出现是上海花木业进入近代化的又一个标志。上海最早的花

---

1 戴鞍钢．租界与晚清上海农村．转引自：苏智良．上海：近代新文明的形态［M］．上海：上海辞书出版社，2004：289、293．

2 程绪珂．王焘．上海园林志［M］．上海：上海社会科学出版社，2000：485．

3 引自：苏智良．上海：近代新文明的形态［M］．上海：上海辞书出版社，2004：292．

树集市在今南市花草弄以西原有一条名为“花草浜”的小河一带，清中叶开始，小河两岸经常有 “拎花篮”、“挑春担”者在此浇花歇脚，久而久之，这里便成为了上海城厢内最早的花树集市。上海真正的专业花店和花木市场则出现在开埠以后，随着私营苗圃、园艺农场涌现，一些规模较大、名气较响的苗圃农场开始随圃设店，并在城厢闹市租房开店，主要经营香花和扎花业务，成为上海最早的花店。1891年，上海花树公所成立上海最早的花木批发市场后，大宗花卉交易由公所核定批发价位，零售一般由买卖双方议价成交。直至解放初期，该市场是上海唯一的花木交易中心和信息中心，境内绝大部分花卉、盆栽植物都在此进行交易。

开埠后上海近郊园林花木业的兴起和“种花园”职业的出现是上海近代园林初始的必然结果，同时，它又为租界园林的进一步发展和华界传统园林的现代转型提供了保障。

1.4 小结：移植期上海近代园林的特征

（1）移植期上海园林的总体表现为：以公共租界为主体的西方园林实践开启了上海园林的近代化进程，这一实践主要表现为对西方传统园林和现代化转型初期园林形式的直接移植。在中外两种经济文化力量的相遇、撞击、消融中，上海传统园林继文人园之后渐趋消解，以日益突出的娱乐功能和形式变异满足了新旧交替时代的多元化社会需求，各种园林形式均或多或少地呈现出近代城市公共园林的特征。

（2）租界园林的发展尚处于初始阶段。以19世纪60年代行道树、公共花园与外滩公共景观的建设为起始，市政园林的起步要晚于其他市政设施；园林规模与类型有限，至19世纪末才出现运动型公园的初始和娱乐花园向大众公园的转型，行道树种植量不大，道路附属公共园地、市政苗圃与公墓等市政园林类型尚未真正出现；园林植物的引种驯化和生产刚起步，造园材料尚不丰富，园林技术未受到足够重视；与西方城市现代化早期的公共园林建设相类似，租界当局采用政府投资、募捐、租赁等多种园林建设方式，显现出一定的灵活性，但财政投资的不足也羁绊着市政园林的健康发展。

（3）近代园林管理制度肇始于租界。大体上，19世纪是租界园林管理制度的初创期，园林的根本大法得以制订，公园管理规则开始形成，园林管护从由非专业人员或机构的兼管发展到园艺师的专职管理，但管理主要限于公园的游客管理，管理机构、体系、制度不完善。

（4）已丧失主流地位的本土传统园林徘徊在继承、创新与复古的多种诉求之间。大致以骤兴的营业性私园为分界，之前的上海传统园林主要表现为在新型时代观念和生活方式影响下的自我调适，具有实用主义改良倾向；之后的上海传统园林以营业性私园为主体，主动学习和借鉴租界园林，吸纳外来因素，具备了准现代公园的功能和特征。上海华界和四郊专营园林苗（花）圃、花木市场，以及园林同业组织的出现与发展，是 19 世纪上海近代园林发端的结果和近代花木业初兴的重要标志。

2　快速发展期（一）：租界公共园地的拓展（1900-1927）

20 世纪的前 20 余年是公共租界和法租界园林发展的黄金时期，租界公共园地（Parks and Open Spaces ）的大量建设与全面拓展、园林管理与技术的进步是上海近代园林进入发展期的主要特征和重要标志。受租界园林影响，华界社会的近代园林意识已在不同程度上普遍形成，园林花木业蓬勃发展。由此，我们将这一时期的上海园林称为“快速发展期园林”。本章与第三章将以租界园林为重点，分别从公共园地拓展和园林管理、技术进步两个层面，全面论述快速发展期上海近代园林的特征与水平。

本章通过对人口与经济、城市形态变迁等城市社会背景因素的考察，探讨园林大众化转向的必然性和快速发展的深层动因与支撑条件，继而分别对虹口公园、极斯非尔公园等大中型公园，以及以儿童游戏场为重点的小型公园、行道树与道路附属园地、市政公墓等租界公共园地的发展进行论述，力求还原其建设与发展历程，重点讨论各主要公园的特征和其他市政园林的发展成就与特色。

2.1　城市扩张与新型社会结构：上海近代园林的大众化转向

当历史迎来 20 世纪的时候，上海已经初步具备国际城市的格局，进出船舶快速增多，内外贸易不断发展，商业金融日趋繁荣，工业生产初具规模，城市人口急剧增长，城市空间不断拓展，城市形态日新月异。到 20 世纪 20 年代，上海更以“东方巴黎”著称于世，成为全国乃至整个亚洲首屈一指的近代化大都市。与此同时，迅速崛起的现代化大都市对城市公共空间和公共文化设施的需求与日俱增，受经济发展、技术进步的顶托，园林的大众化转向与快速发展已成为必然趋势。

2.1.1 现代城市的产生及其对园林的需求

1.人口与经济的快速发展

近代上海是一个新兴的移民城市。19 世纪末 20 世纪初，随着上海租界内人口的大量集中，旧城区的人口也相应增加，1895 年至 1925 年的上海人口统计清晰地反映了上海人口的这一变化（表 2-1）。在这 30 年间，租界总人口呈直线上升趋势，1925 年的人口数量比 1900 年净增 69.3 万人，25 年内增长了 1.56 倍；公共租界人口数在 1895-1905 年和 1910-1920 年前后两个 10 年时间段内增长迅速；法租界内人口呈持续增长态势，1920-1925 年的增长尤其迅速，5 年内增长近 75%（图 2-1）。由于统计困难，租界内的实际人口恐怕要远远超过以上数据。长期以来华界人口缺乏统计，据县志记载，1908 年、1909 年居住在上海县城厢内的人口已达 24 万以上，加上闸北以及租界附近新的城市化地区内的人口，估计 1910 年前后的上海市区华界人口大约有 40 万。因此，上海市区人口总数 1910 年已超过 100 万。到 1920 年代中期，公共租界和法租界的人口达到 114 万，加上华界人口，上海市人口当在 150～160 万左右[1]。

表 2-1 上海人口增长情况（1895-1925）　单位：人

年份	公共租界	法租界	华界
1895	245 679	52 188	——
1900	352 050	92 263	——
1905	464 213	96 963	——
1910	501 541	115 946	568 372
1915	638 920	149 000	——
1920	783 146	170 229	——
1925	840 226	297 072	——

资料来源：罗志如：《统计表中之上海》，第 21 页

进入 20 世纪，上海租界内的外侨人口数量增长加快（图 2-2）。1895 年公共租界有外国人 4 684 人，1925 年增至 29 947 人。法租界 1910 年有外国人 1 476 人，1925 年达到 7 810 人[2]。外侨以欧洲人居多，按国别以英国人最多，日本人居第二位。除了外国侨民，上海近代的新增人口中绝大多数来自江苏、浙江等十几个省份，1900 年至 1925 年间的租界内华籍人口是外籍人口的 40～50 倍左右。人口数量和密度是衡量城市化水平的主要标志。20 世纪初，人口的持续增长和大量的中外移

1　丁日初. 上海近代经济史(第 2 卷) [M] . 上海：上海人民出版社，1994：351.
2　罗志如. 统计表中之上海 [M] . 上海，1931：25、30.

民推动着上海社会、经济以及各项事业的不断发展，一个近代化的大都市正渐趋成型。

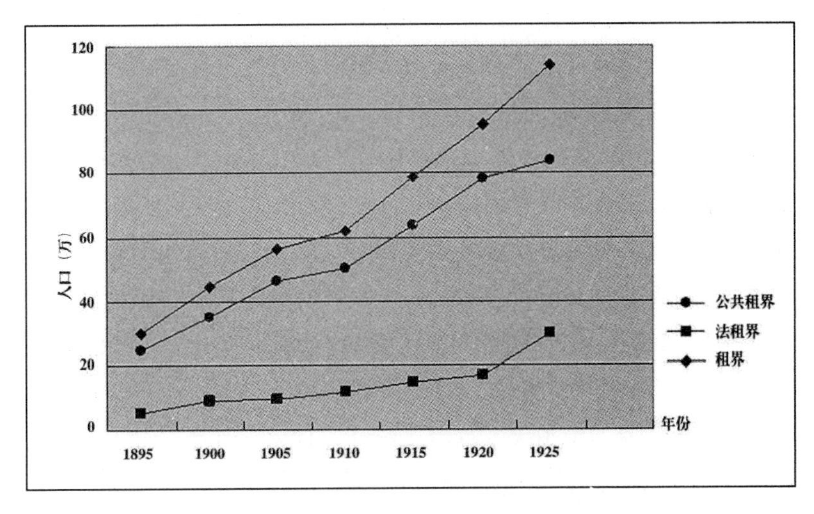

图 2-1 1895-1925 年的租界人口增长图

资料来源：根据罗志如：《统计表中之上海》，上海 1931 年版，第 21 页制作

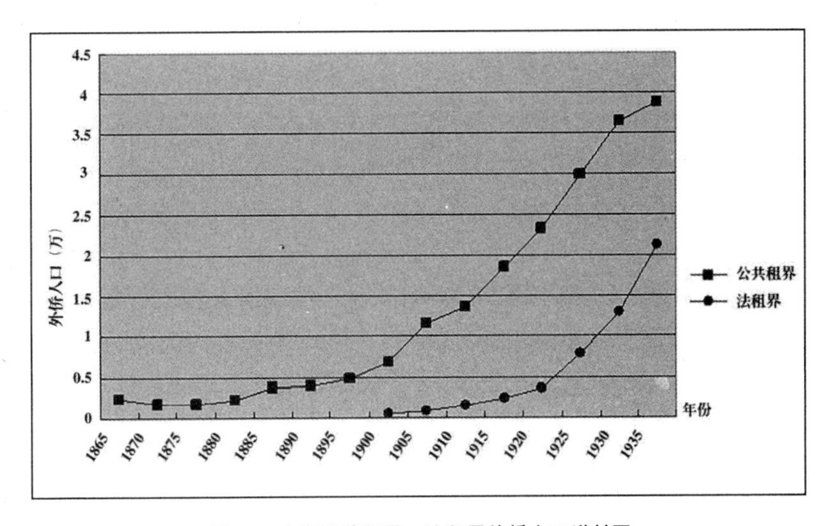

图 2-2 上海公共租界、法租界外侨人口增长图

资料来源：根据《上海租界志》：第 116-118 页制作

注：（1）公共租界 1875 年缺统计数据，采用 1876 年的人口数据；（2）法租界 1921-1927 年无人口统计数据，1925 年的数据根据 1920 年和 1928 年数据的区间值计算得出

20 世纪的前 20 多年是近代上海经济的迅猛发展阶段，城市经济从单一的商业贸易型向生产、贸易相结合的综合型转轨。1895 年《马关条约》为外国列强的工业打开了中国的大门，进入垄断阶段的西方资本主义国家加快了资本输出的步伐，拥有远东第一大港口条件的上海成为他们投资的重点，上海外资工业的扩张呈现出持续增长的趋势，1928 年上海外资工业的资本总额达 2.27 亿元，是 1894 年的 23.3 倍，平均每年增长 9.8%，几乎每隔 7 年翻一番[1]。中国私人资本工业在振兴实业政策、抵制外货与提倡国货运动的助长下，也取得迅速发展，尤其是被称之为“黄金时期”的第一次世界大战期间。在投资工业的同时，西方发达国家的金融资本也大量涌入中国，上海的外资银行发展迅猛，呈现出数量多、国别多、经营范围广等特点。辛亥革命以后，上海的华资银行崛起，到 20 年代中期，具备了能与外资银行和钱庄相抗衡的实力。与此同时，上海与国际市场的关系日趋紧密，进出口贸易额增幅很大。据海关统计，1913 年上海的贸易总额比 1894 年增长了 1.8 倍；1927 年的贸易总额比 1913 年增长了 93%[2]。进出口商品结构随之发生重大变化，各地商帮云集上海。

伴随着城市人口和经济的迅速增长，上海市内的商业渐趋繁荣，商业流通量和企业数量明显增加。相对稳定的政治环境、高度集聚的人口和广泛的中外经济联系，使得租界成为上海商业最为集中的地区，商业日趋繁荣，专业分工更为细密。租界以外，旧城厢的商业也有长足进步。与商业行业日趋细密相比，大型百货公司和物品交易所的出现更是上海商业现代化的重要标志，它们以规模大、品种多、经营方法新颖著称，推动着上海商业整体走向繁荣。这一时期上海的房地产业发展加快，并由此成为中国近代房地产业的发祥地。19 世纪后期到 20 世纪 20 年代是上海资本主义房地产业的大发展时期，经营房地产租赁业务的外商日益增多，涌现出许多专业性房地产公司。上海是一个新兴的移民城市，大多数居民只能租赁住房，人口的流动性为房地产经租业提供了广阔的市场。住宅建筑发展迅猛，仅 1909 至 1931 年期间公共租界工部局核准建造的房屋就达 12 万幢以上，钢筋水泥高层建筑也随之大量出现。买办和各期来沪的地主、官僚、富商竞相仿效，成为华商房地产的经营者[3]。20 年代兴旺繁荣的房地产业为上海各界政府，特别是租界当局的财政收入提供了比较充足的来源，仅公共租界的财政收入就有约 70%来自房捐和地税。

1 丁日初主编. 上海近代经济史（第 2 卷）[M]. 上海：上海人民出版社，1994：10.
2 丁日初主编. 上海近代经济史（第 2 卷）[M]. 上海：上海人民出版社，1994：209.
3 陆文达主编. 上海房地产志 [M]. 上海：上海社会科学院出版社，1999：1.

2. 城市空间的拓展与分化

1）租界扩张与城市空间的拓展

租界面积的扩展与国内、国际的局势变换紧密相关。这一时期内发生了许多具有重大影响的政治事件：1900 年的义和团运动、1911 年的辛亥革命、1913 年的二次革命、1914 年开始的第一次世界大战、1925 年的五卅事件和江浙大战等。每逢战事，上海租界当局都以保护租界安全为由，强行扩界，加速越界筑路。

1899 年公共租界的第二次扩张和法租界分别于 1900 年和 1914 年进行的两次扩张使得上海租界的面积急剧扩大，两租界面积共计达 48 653 亩。为利于管理，工部局于 1900 年 6 月将公共租界分为北、东、西、中四区：以虹口河（虹口港）为界，原虹口美租界的西部为北区；以东包括新扩充区域为东区；原英租界为中区；泥城浜以西为西区。继 19 世纪末 20 世纪初公共租界先后越界添筑卡德路（今石门二路）、虹桥路、白利南路（今长宁路）、北四川路（至靶子场及虹口娱乐场）、江湾路等界外道路后，工部局把道路建设的重点放在新扩的北区、西区和东区。到这一时期期末，公共租界先后在界外筑路 38 条，面积达 5 万亩之多（图 2-3）。法租界也不示弱，仅在 1900-1914 年就越界筑路达 24 条之多[1]。通过越界筑路，租界的势力范围远超其实际范围。

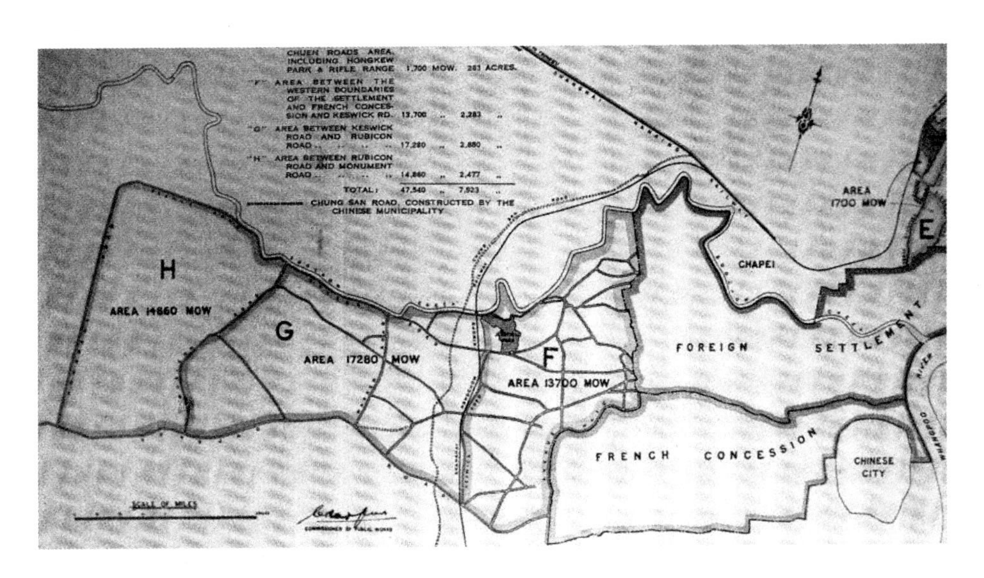

图 2-3 上海租界越界筑路所及范围（至 1930 年）

资料来源：《建设中的上海》(*Building Shanghai*)

1 张仲礼. 近代上海城市研究［M］. 上海：上海人民出版社，1990：478.

19世纪末时，租界道路的扩展引起许多华人的注意和思考。据《申报》记载，“南市房价不及北市之三、四分之一，而人皆舍贱而就贵”[1]，“其乐居于租界者，以租界之事事皆便也。而租界之事事皆便者，马路便之也”[2]。正是租华两界市政建设的巨大反差所引发的这些反思，助推了华界近代道路建设的起步。北洋政府时期的上海，沪南、闸北、吴淞、浦东分区而治。南市，于1895年设立南市马路工程局，并于1897年沿浦筑成外马路；闸北、吴淞、浦东也分别先后开展起新筑马路工程。民国以后，华界的道路发展加快，在旧城区及其西南区域，1912年始拆除城墙，筑成中华路和民国路，向西修筑斜徐路、大木桥路、小木桥路等十余条道路，总计修路达30余条，初步构建了沪南地区的城内外道路体系，新城区逐渐形成；闸北于1912年成立闸北市政厅，至1927年先后筑路70余条。

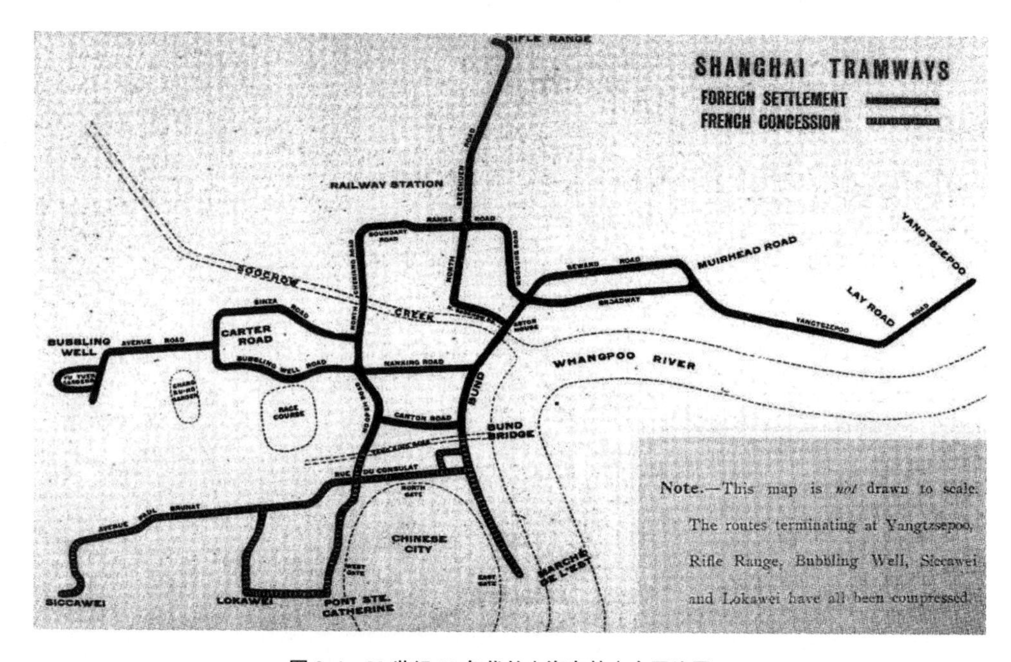

图2-4　20世纪20年代的上海有轨电车网络图

资料来源：《建设中的上海》(*Building Shanghai*)

在这一时期上海的整个城市建设中，1914年的两项市政建设，即上海旧城墙的拆除筑路和洋泾浜、泥城浜的填没筑路，在近代上海的城市发展史上具有重要的政治和历史意义，标志着租界之间和租华两界之间在城市形态上的初步融合。基于城市道路体系的初步建立，城市交通和自来水、电力、煤气、电讯等城市公用事业取得了长足进步。公共交通从清末单一有轨电车营运，逐步增设无轨电车、公共汽

1 杨文渊. 上海公路史（第一册 近代公路）[M]. 北京：人民交通出版社，1989：40，48.
2《申报》，1896年7月14日。

车，并以人力车、三轮车、出租汽车为市区交通工具的重要补充。到 1927 年底，市区辟有有轨、无轨电车线路共 32 条，中心城区的公共交通网络已初具规模，营运地区东至外滩、杨树浦，西抵徐家汇、静安寺，南起卢家湾、高昌庙，北及北火车站、虹口公园（图 2-4）。另外，近代上海的第一条市区公共汽车线路也于 1922 年 8 月 13 日由华商开辟，行驶于静安寺路、曹家渡和极司非尔公园之间。

随着市内公共交通的不断延伸，上海周边地区的交通也相继发展起来，上海与外地及其腹地间的联系日益紧密。1899-1916 年，淞沪铁路、沪宁铁路、沪杭铁路，以及上海北站至新龙华站联络线，相继建成通车。以 1919 年军工路（吴淞至杨树浦平凉路）的建成为标志，汽车客货运输开始向沟通上海与邻县、邻省公路运输方向发展[1]。

至 1927 年前后，随着各区道路桥梁等市政设施的加快建设、公共交通网络的建立，以及城区周边市集的兴起，上海城区的版图得以扩大，新的城市体系逐渐成形，为远东第一大都市的形成进一步奠定了基础（图 2-5）。

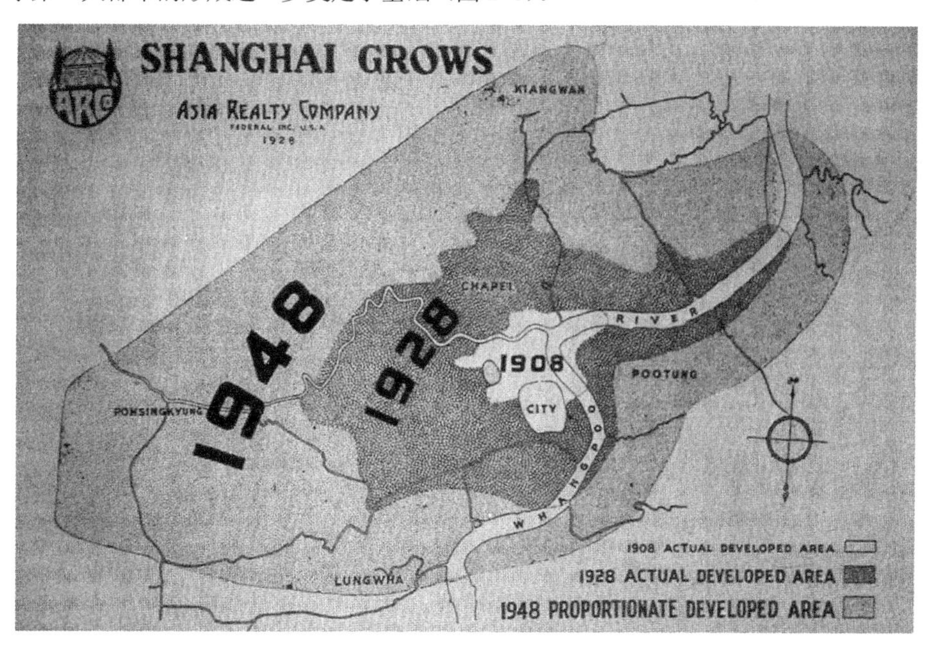

图 2-5 近代上海的版图

资料来源：《建设中的上海》（*Building Shanghai*）

2）城市空间的分化

受港岸空间转变、地价级差增大、道路交通延伸等多重因素的影响，上海城市空间不断向外拓展的同时，趋于分化。

这一时期的上海，新航线开辟，对外贸易激增，日益成为国际航运体系中重要

1《申报》，1896 年 12 月 8 日。

的起讫港和中途港，港岸空间不断拓展。近代上海的第二次码头仓库建设热潮掀起，码头向大型化、专业化的固定式钢筋混凝土码头发展，重心向浦东偏移，形成了浦东陆家嘴、杨树浦—汇山和南市公共码头三个相对集中的码头区域。这些地区，以其沿线便利的水运条件和低廉的地价，成为兴办实业、开厂生产的首选之地[1]，逐步发展成为近代上海的工业和市政建设集中地。《马关条约》后，外国船只则可以从上海驶进吴淞江及运河，直抵苏州、杭州等地，上海与周围腹地间的联系加强，内港轮船航运业兴起，苏州河下游沿岸工业区以及四川路桥至新闸路桥间的内港轮船活动中心随即形成。随着建房数量的猛增，上海市内地价飞涨，级差加大，逐步形成了地段概念。以公共租界为例（表 2-2），中区地价最高，平均地价是东区或西区的 6～9 倍。其次是北区，地价约是中区的二分之一至三分之一[2]。西区，在 19 世纪末还是乡野之地，地价要低于工业已取得初步发展的东区，但进入 20 世纪后，随着房地产的发展，西区的地价很快超过东区，位居租界各区第三（图 2-6）。

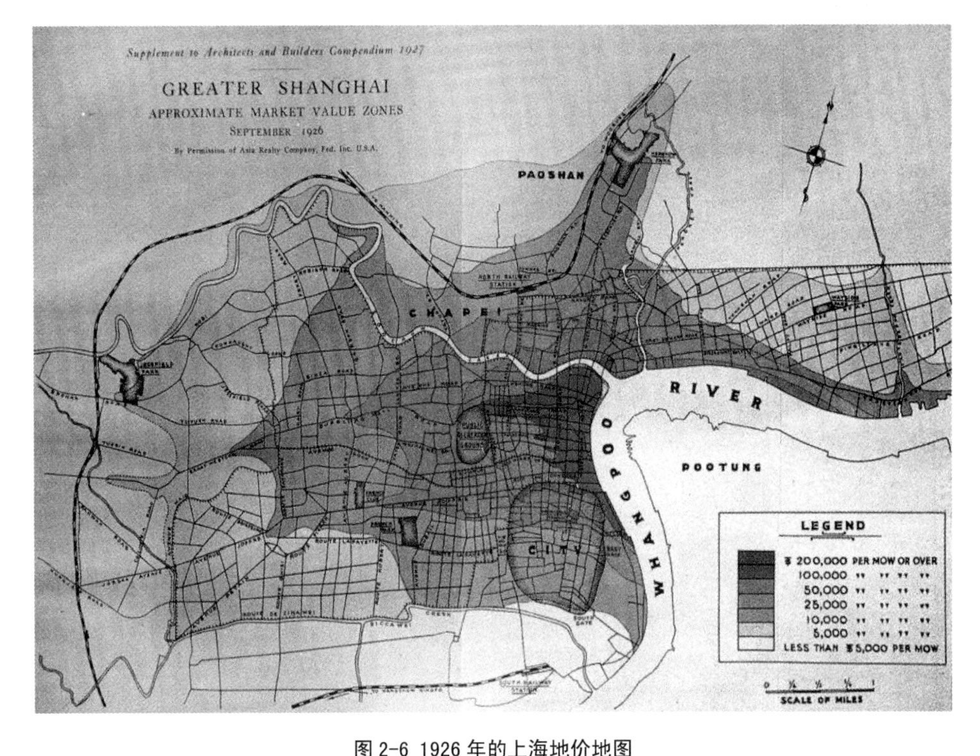

图 2-6 1926 年的上海地价地图

资料来源：《建设中的上海》（*Building Shanghai*）

1 常青．东外滩实验——上海市杨浦区滨江地区保护与更新研究．转引自：上海沪东地区开发研究(理想空间二、三辑)［M］．上海：同济大学出版社，2004：16.
2 丁日初．上海近代经济史（第 2 卷）［M］．上海：上海人民出版社，1994：365.

表 2-2 上海公共租界历届地皮估价　　单位：两/亩

年份	中区	北区	东区	西区
1903	13 549	4 819	2 539	2 046
1907	34 707	10 883	4 225	4 765
1911	29 794	11 026	3 769	4 369
1916	32 675	11 982	4 410	4 680
1920	41 503	14 635	5 250	5 323
1922	49 174	17 474	6 140	6 232
1924	66 729	23 242	8 429	8 453
1927	77 543	26 623	8 809	11 548

资料来源：罗志如：《统计表中之上海》，第 16 页

公共交通网络的初步形成，对近代上海城市不同功能区域的空间布局起到重新整合的作用。马车、电车和汽车等交通工具的演进和允许通行距离的增加，促进了都市场景的转换，使得外侨和上层华人能够居住到空气新鲜、远离工厂与办公地点的西区，引领商业和房地产业向西发展；促使工业企业向地价更为便宜的外围地区转移，如公共租界的东区、闸北和沪南黄浦江沿岸。此外，近代上海的三界各自为政，各谋其利，发展极不平衡，总体上以公共租界发展最好，各项事业收费也最低。这也影响了城市的布局，仅工业方面，就有大约八成以上的纺织企业拥集在公共租界内。

综上所述，随着租界社会经济的发展和城市空间的拓展，在交通、市政配套、地价等多因素的综合作用下，上海城市空间于 20 世纪初开始出现“同类集中”的功能分离：外滩成为外侨政治、经贸区；工厂区主要集中在沪西（苏州河沿岸）和沪东（黄浦江沿岸）；由于邻近外滩，虹口很快发展成为较为密集的外侨居住区；两租界的西区（静安寺、徐家汇到跑马厅、八仙桥之间），因邻近南京路商业区，又无河道阻隔，是租界成片开发新型民居的最佳地块[1]。于是，随着房地产的兴盛和南京路繁华的稳步西进，西区逐渐发展成为近代上海最重要的住宅区域。

3. 面向大众的园林：近代都市发展的内在需求

经过开埠以来 50 年的发展，19 世纪末时的上海已基本实现由传统商埠向近代都市的转换。20 世纪的前 20 余年，满足资本主义社会化大生产的需要成为城市决策者的新价值取向，无论是租界还是华界，先后都已意识到建立近代都市体系不仅

1 刘惠吾．上海近代史［M］．上海：华东师范大学出版社，1985：14.

是单纯的经济发展和物质建设，而是一项综合性、系列性的文化行为。

在租界，殖民者们的心态已从早先的短线盈利转向长期经营。随着区内外侨人口日益增多，城市不断向纵深发展，为资本主义生产、生活方式提供良好城市环境、康体健身场所和公共活动空间，成为租界城市发展的重点。公共园地已经不是一种可有可无的点缀，而是当局必不可少、自觉谋求的一种市政行为。这一时期，租界内相对稳定的政治环境、渐趋丰盈的财政收入为城市园林的发展提供了物质上的保障。由此，随同公共租界和法租界的发展轨迹，以城市公园为主体的市政园林，这种资本主义发展的必然产物，将在20世纪初的上海租界迅速发展起来。相应地，租界城市空间的拓展和形态裂变也会深刻地影响到城市公园、行道树、市政苗圃等市政园林的布局与发展，促进城市园林体系初步形成的同时，进而带来园林技术、管理制度、园林观念的变革与进步。此外，上海与欧美各国的直航[1]和对外交通的改善，拓宽造园材料来源和公园游客范围的同时，也将扩大上海租界园林对周边地区的影响。

在华界，民族资本工商业兴起，新的资产阶级和中产阶级已经出现，他们对城市发展已具有全新的认识和诉求。民国政府建立后，上海华界四分五裂的城市形态得到初步整合，新的城市管理机构和管理意识已与往日不可同日而语。这些变化，在推动城市功能转变和市政建设发展的同时，也将促进城市公共园林的发展。不幸的是，纷争不息的社会环境、残缺不全的政治体制、艰难而发展缓慢的民族资本主义经济、沉浮不定的中产阶级群体、大批生活窘迫的乡民和难民等现实因素，也都将制约着华界城市的健康发展。因此，作为城市美化和文化行为的城市公共园林在此时的上海华界，因缺乏滋养其成长的土壤，只能在风雨飘摇中煎熬。然而，她作为一种新的园林形式终究已出现，被割裂了与土地直接联系的人们、需要美化新生存空间的人们，总是会以她来作为精神慰籍和形象表达的。

总之，20世纪伊始，西方近代市政园林的特有魅力将在上海这片新的土地上展现，不断拓展着人们的园林观念和都市生活方式，对裂变中的上海传统园林必将形成再一次的挑战。

2.1.2 园林大众化转向的主要表现

1. 园林功能的大众化与殖民性

工业革命推动了西方各国的政治变革和经济发展，人们的生存方式和生活观念随之改变。飞速发展的工业又伴生着诸多问题，城市急剧膨胀，环境日趋恶化，民主制度的建立并没有消除阶级间的差别。作为一种道德伦理，功利主义受到提倡和

1 当时，上海至伦敦的航运时间仅为45天。

推行，随着中产阶级队伍的日益壮大，民众政治领袖们为了进行社会革新和给大部分人提供娱乐设施，对监狱和殡葬进行改革，纷纷创建公共教育、文化机构和大型的市政公园[1]。

普遍改善人们生活条件的人道主义观念是西方近代大多数人的价值取向，飞速发展的经济更增强人们的这种信念。在世界的各个角落，西方殖民者无视当地的传统文化，强行植入其观念和文化，试图让所有的人都能接受西方的道德准则。近代上海也不例外，两租界相继建立拥有一定自治权的行政机构，建构起资本主义制度，源自西方服务大众的市政园林也被纳入这个框架。在移植期发展的基础上，运动公园、植物园、动物园、儿童游戏场、乡村式市政墓地、林荫道、商业苗圃等多种市政园林类型在上海租界一一呈现，基于服务大众的近代园林理念也随之升华。

然而，上海租界的特殊发育过程也会影响其园林的功能和特征。在“借来的空间”中所进行的市政建设，不可避免地会出现一些出于实用性、速成性目的的短视行为，在娱乐、休憩、植物科普与研究等园林功能中，娱乐功能更受重视，出于殖民者的移民心理和强权心理，园林会被自觉或不自觉地用来作为其特殊身份的表征，从而异化了西方公共园林的初衷。此外，受外侨移民性别和年龄构成的影响，20世纪初的上海租界公园必定要以年轻的男性外侨为主要服务对象，其功能设置、设施配置和景观营造也会沾染上性别色彩，呈现出明显的男性化特征。倘若有一日，外侨的人口结构得以改善，公园的类型、活动内容和设施配置才会逐渐丰富，趋于合理。

2. 园林科技与风格的近代化与折衷性

科学对宗教的挑战和胜利是世界近代化的重要标志。在西方，1859年达尔文（Charles Darwin，1809-1882年）发表的《物种起源》激发了人们的自然科学兴趣，植物探险和发现成为时尚，基于自然的美学和以植物为内容的艺术表现达到顶峰。大众公园，作为新兴阶层追求社会进步、表达新价值取向和美学观念的的重要内容，也将植物的应用和表现作为最重要的工具，以至于植物最终成为大众园林中的唯一主角。另一方面，仍有许多园林理论家和实践家对18世纪的自然式风景园和法国的规则式庭院印象深刻，在强调个性表达和个人偏好的时代，他们创作的园林更多地呈现出折衷主义风格。科学发展带来的技术进步刺激了物质生产的极大发展，实用性成为人们衡量事物的重要标准，新技术、新材料、新方法被广泛地应用于各种实践。园林也不例外，新近发明的割草机[2]，现代交通工具所运送来的廉价

---

1 [美]伊丽莎白·巴洛·罗杰斯著，世界景观设计—文化与建筑的历史（2）[M]．韩炳越，曹娟等译．北京：中国林业出版社，2005：302.

2 [美]伊丽莎白·巴洛·罗杰斯著，世界景观设计—文化与建筑的历史（2）[M]．韩炳越，曹娟等译．北京：中国林业出版社，2005：303.

而优质的造园材料，被广泛应用于园林实践，花园成为人们进行园艺科学的实验室，商业性苗圃也很快发展起来，植物被无限量的进行着复制，改变着性状。从此，园林成为人们控制自然、美化自然的一种重要表现和手段，改变着人类与自然间的关系，人类改造自然的信心进一步增强。

在上海，租界殖民者在取得经济初步繁荣以后，也在这遥远的东方新城实现着他们的梦想。建筑方面，西方职业建筑师与营造商被引入，上海的建筑设计与建筑材料方面也逐渐与欧洲靠近[1]，殖民地外廊式建筑风格逐渐融汇于来自欧洲本土的建筑风格当中。园林方面，租界当局以伦敦、巴黎、纽约等欧美城市作为上海园林建设与发展的楷模，引进专业人才，学习先进技术，效仿管理模式，使用进口材料的同时，极力开辟新的材料来源，通过模仿与实践试图创造出能满足外侨移民多元化户外游憩需求的园林形式。

上海租界的特殊背景与特征必定会在园林中有所体现，租界园林的功能异化势必带来其风格的相应变化，“殖民地”式的折衷风格在所难免。以园林植物为主体的现代造园，其园林特征与风格很大程度上受制于植物种类，这一时期，因快速发展而大量使用的上海及其附近地区的乡土植物，将影响甚至成为租界园林的主体风格。租界园林的建设和管护必须雇用当地工人，他们的观念和经验一定会在实践中体现出来，租界园林也因此不可避免地会呈现一些“东方”造园的特征。此外，不同时期外侨移民国籍比例的变化也会影响城市发展，一战前后日本侨民的增多，以及德国侨民的失势与离去，将或多或少地对租界园林的建设与管理产生一定影响。

与租界园林不同，新生的华界市政园林还将在西化与承继传统之间艰难徘徊，因生活与劳动相脱节的弊病，传统士大夫式园林风格将渐行消失。

3. 租界园地郊区化选址的必然性

受多种因素影响，这时的租界当局，除在租界以内造园外，更多选择在临近边界处或在界外占地，建造各种园地。其直接原因有以下几方面：

（1） 住宅的郊区化和地段化为租界公共园地的选址和发展提出新要求。伴随着租界内“分布扩散”而又“同类集中”的居住“地段”的形成，要求辟建相应功能、规模和特点的公共园地的呼声日高，此时的极斯非尔公园、虹口公园，尤其是多个儿童游戏场，多半是应这一要求而辟建的。

（2） 土地分级对公共空间的布局影响很大，“地价低廉”成为租界园地等公共空间选址的又一个重要原则。由于地价级差变大，致使租界的一些公园、苗圃、墓地等大型园地尽量选址在地价较低的、通过越界筑路所获得控制权的郊野土地。为突破界限获得更多界外土地的实际管理权，租界当局沿用前一时期的惯用伎俩，

---

1 郑时龄．上海近代建筑风格［M］．上海：上海教育出版社，1999：80.

采用明修栈道、暗渡陈仓的手段，将很少惹人生非的公共园地建设与越界筑路相结合，这一做法无形中也促进了租界公共园地的郊区化。

（3） 公共交通的发展更加大了租界公共园地的郊区化选址趋势。租界交通工具的演进促进租界道路向外围拓展，使工业与居住区的距离大为增加，从而促使大型园地向地价便宜的外围靠近。客观上，道路的向外延伸也带来租界行道树、路边园地和弯车道、隔离带等道路附属园地的郊区化发展。

（4） 可能出于安全方面的考虑，租界当局常常会将大型公共园地选址在某军事据点附近，如邻近靶子场的虹口公园和位于军事原址的顾家宅公园，这或许也是租界园地郊区化选址的另一个原因。

2.2 租界大中型公园的发展

租界大中型公园的辟建，是上海近代园林大众化转向和快速发展的最突出表现。通过以上分析不难发现，在相对稳定的社会政治环境和较为发达的经济顶托下，租界社会已有建设大中型公园的强烈需求，租界当局也已具备相应的条件和能力。由此，诸如虹口公园、极司非尔公园、汇山公园、顾家宅公园等不同性质和功能的公园相继建成，而公共花园，这一前一时期唯一的中型公园，面对游客日益增多的压力，以及租界当局和社会强烈的政治表达诉求，也正悄然发生着变化。以上诸公园的新建抑或改扩建，尽管成因各别，条件各异，建设水平也有差别，但无不标志着租界园林前所未有的快速发展和大众化趋向。同时，受租界的特殊性影响，它们也不可避免地具有特定时代背景下的特殊色彩，发展不充分甚至畸形的特征显露无遗。

2.2.1 外滩与公共花园的扩建与改建

由于位处两水交汇、水陆之际的独特位置，以及长期以来在外侨心目中的特殊地位，公共花园和外滩沿线公共景观一直深受外侨青睐。在租界公园对华人开放前的几十年间，公共花园的游客量始终位居公共租界各公园之首：20 世纪 10 年代的公园夏日数月的日游人量已达 3 000～4 000 人次；20 世纪 20 年代初的日游人量更是超过 6 000 人次，比十年前翻了一番；始有游人量统计的 1925 年，仅 6 月 1 日至 12 月 31 日 7 个月的游人量就达 67 万多人次[1]。

在高居不下的游人量驱动下，外滩江堤及其沿线景观多次外移扩建，公共花园分别于 1904-1905 年、1921-1922 年开展以填滩筑堤为主的扩园工程，以及 1922 年前后的布局大调整，致使公园的格局与面貌被彻底改变。

---

1 U1-1-938，上海公共租界工部局年报（1925 年），278 页。

1. 外滩公共景观的改扩建

至 1920 年前后，经过多次改扩建后的外滩沿线公共景观已基本定型。这一时期的改造主要围绕游憩场所拓展和草皮保护展开，其改扩建历程如下：

继 19 世纪的扩建，1903 年开始，租界当局又一次将岸线外移，扩建外滩；1908 年，取消原沿江散步道与江堤护坡顶石之间的草皮，与江堤相平行，将散步道取直并统一宽度，在保留草地的四周围以铁链[1]；1911 年，英王加冕庆典活动在外滩举行，草皮遭到严重损坏，为此施用了植物助长剂，草皮很快得到恢复[2]；1916 年，鉴于“最近几年海关至洋泾浜之间的外滩园地实际上已是华人的游憩地，结果草皮在前半年就被损坏，草坪上到处都是被丢弃的垃圾[3]，工部局园地部门用钢筋混凝土柱头和铁链，对海关至洋泾浜之间的外滩草坪进行围护；1918 年，移除 Iltis Memorial（沿江庭荫树）[4]；1920 年，再次外移江堤，拓宽道路和绿地，并在沿江散步道的外侧栽种了一排乔木。至此，外滩沿江岸线和外滩公共景观区的范围已基本稳定(图 2-7)。之后，至 1949 年期间不曾发生过大的变化。另据工部局年报记载，1919 年时外滩的草坪面积约为 2.8 公顷；1929 年以后，外滩公共景观区被作为“小型园地（Minor Space）”由工部局园地部门负责养护管理。

以上变化表明，快速发展期的外滩已趋于定型，港岸功能进一步弱化，景观意义和象征意义日渐突出，大众性的观光游憩功能于 20 世纪 20 年代完全确立，并被纳入公共园地进行日常维护和管理；在游览使用上，仍保持华洋共处原则，但管理难度一直很大。

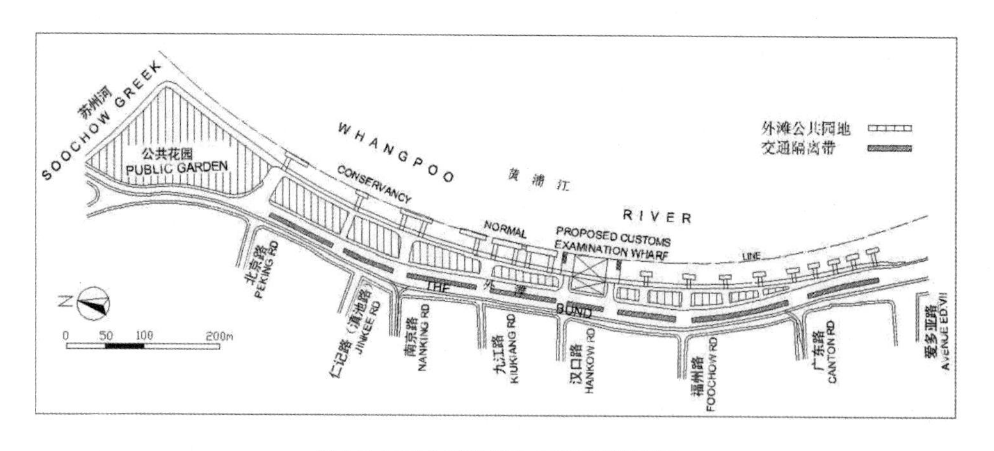

图 2-7 1919 年的外滩公共景观带平面图

资料来源：根据《上海公共租界工部局年报》（1919）载图绘制

1 U1-1-921，上海公共租界工部局年报（1908 年），142 页。
2 U1-1-924，上海公共租界工部局年报（1911 年），190 页。
3 U1-1-928，上海公共租界工部局年报（1915 年），67B 页。
4 U1-1-931，上海公共租界工部局年报（1918 年），69C 页。

2. 公共花园的建设与演变

如果说 19 世纪的公共花园已从最初的外侨后花园和园艺爱好者园地逐步走向对形式雕琢的转变，成为租界政治优胜和外侨特殊身份的一种表达，那么，随着租界人口的增多，始于 20 世纪初以满足游憩需求为主要目的的公园改造，则是回归理性、服务大众的表征，其演变过程清晰地勾勒出公共租界园地由兴至盛的发展趋势。可惜的是，20 世纪 20 年代以后的公共花园，在日渐嘈杂污染的环境和趋之若鹜的游客压迫下，呈现出另一种价值取向，不断拓展的硬质活动场地和日渐琐碎的植物景观装饰悄然改变着公园的本来面目。

1）1905 年前后的第二次扩建

继 1883-1884 年的首次填滩扩园成功之后，为扩大公园面积，自 1902 年开始，工部局与清上海地方政府进行多次交涉，要求将公共花园外新增临江淤地划入公园，进行第二次扩园。清政府理船厅以“工部局承担实施或支付一项从外白渡桥向外取得一条能让大潮流入的通道，并在日后进行必要疏浚以维持畅通的工程”[1]为条件同意填滩。工部局董事会认为疏浚工程耗资过多，但考虑到趁上海浚浦局（1905 年成立）成立之前进行扩建是尚好时机，便写信要求上海地方政府也负担约为 6～8 万两白银的一半工程费用，并请英国领事出面与上海道台交涉。为了自己不为疏浚黄浦江支付银两，道台遂于 1904 年 10 月复函同意工部局填滩扩园。

图 2-8 1905 年外滩公园的第二次填滩工程

资料来源：《上海公共租界工部局年报》（1905）

得到上海道台允准后，工程立即开工，移植沿滩乔灌木，包括一些连同土球重达 3 吨的大树；填滩筑堤后，在新江堤上安装与苏州河堤相同的护栏[2,3]（图 2-8）。次年 8 月，为改善园南北京路码头的通行，将园门移至园西南今大门位置，原大门处仍留有一扇

1 上海市档案馆. 工部局董事会会议录(第 15 册)［M］. 上海：上海古籍出版社，2001：564.
2 上海市档案馆. 工部局董事会会议录(第 15 册)［M］. 上海：上海古籍出版社，2001：564，584，681.
3 上海市档案馆. 工部局董事会会议录(第 16 册)［M］. 上海：上海古籍出版社，2001：583.

小门；将建于1862年的“常胜军纪念碑”从外滩移入公园西南正对新大门[1]（图2-9）。至此，公共花园的二次扩建工程宣告完工。1906年8月至1907年12月工部局重建钢结构外白渡桥时，公共花园和储备花园的临桥部分一度被占用，因对整体的影响不太大，公园正常开放。

图2-9 常胜将军纪念碑

资料来源：卷宗号H1-1-10-10

2）20世纪10年代的困境与调整

第二次扩建后的公共花园，“地方虽小，作为一处位居租界中心的户外休憩场所对上海来说，却具有不可低估的价值，夏季炎热的傍晚能为人们提供难得的清凉和生气，尤其对那些家居狭小拥挤的人们”[2]。20世纪10年代中期以后，公园的游客人群日渐杂沓，以至于这里白天是儿童的天地，傍晚是成人散步和聆听音乐的主要场所，半夜则成了游民特别是酗酒水手的天堂，公园被全天候、超负荷地使用着。这种日渐增多的游客及其对公园无隙的使用，一方面促使公园内游憩设施和功能不断拓展，另一方面也为园景维护和公园管理造成很大困难。

图2-10 20世纪10年代初的外滩公园

资料来源：《上海近代建筑》

为满足游人的多元化需求，公园于1906-1920年间先后增设的功能与游憩设施有：由于1904年工部局董事会同意夏令时节通过招标选定外商在黄浦花园出售非烈性饮料，公园于1909年建造饮料亭出租；同年，在公园北部建造第一个乡村式凉亭；1913年在公园东侧建黄浦江水位观测亭，设置若干水文仪器，新建一处女厕所；次年，利用建造女厕所开挖地基的部分土壤，在花园西北近公园桥处筑造一个小型水花园。此外，由于每至夏季傍晚园椅园凳就被抢占一空，音乐会期间每每“一凳难求”，公园为此几次增加园椅，并采用租借使用的办法。以上这些设施的

1 上海市档案馆. 工部局董事会会议录（第16册）[M]. 上海：上海古籍出版社，2001：596.

2 U1-1-927，上海公共租界工部局年报（1914年），71B页。

增加，在缓解使用压力的同时，也正悄然改变着公园的景观面貌（图 2-10）。

动辄拥挤的公共花园要始终拥有好的景致并非易事，园内草坪每年不到夏季就会被践踏致损。为此，园地部门只得将草坪用铁链或绳索围合，并通过增加花坛花境布设，一年三次更换花卉植物，以改善受损的公园景观。然而，受多种因素的影响，尽管“该园种植的花卉植物要多于其他任何一个公园，但其总体效果未必好于虹口娱乐场”[1]。1918 年早春的一场霜冻损坏了园内的常绿乔灌木，夹竹桃(Oleander)几乎全军覆没，樟树等也严重受损，公园植物景观显著下降。随之而来的是公园面貌的整体衰退，园内树木时常受到儿童的损坏而难以恢复，缺乏青翠草坪和树木映衬的花卉展示也随之逊色了许多[2]。更有甚者，在外滩不洁空气的影响下，花坛植物往往生长不良，花坛景观每况愈下[3]。

由此可见，20 世纪初的 10 数年，公共花园在维持原有疏林草坪景观格局中进行着几近极致的设施改良与功能扩展。至 20 年代初，面对更大的游憩需求和不利环境因素的增多，对公园布局进行大调整已在所难免。

3）20 世纪 20 年代初的“扩路侵园”风波

进入 20 年代，伴随着外滩交通量的增大，外白渡桥（又称花园桥）已成为交通瓶颈。1920 年工部局决定放宽桥梁及其附近的道路，并同时进行公共花园外侧沿线的涨滩垦拓。征得上海浚浦局同意后，工务处于 1920 年 9 月提出初步设计方案，并送交相关部门征求意见。为整体改善外滩和苏州河路的交通状况，警务处长提出将外白渡桥至北京路路口的外滩道路进行整体拓宽的建议，得到工部局董事会同意后，工务处进行了相应的设计修改。1921 年年初，纳税人会议批准修改方案和工程预算后，工程开工在即（图 2-11）。

但是，由于方案中外滩道路的拓宽将占用公园西侧沿线土地，必须移除包括几株白玉兰在内的沿线树木，《字林西报》等报章对这一情况进行了刊登，并发表措辞激烈的评论，引发了一场关于改善交通与损害公园的争议，持支持或反对两种截然不同意见的联名申诉信均投向工部局董事会，各方据理力争。为此工部局只得暂停工程的准备工作，并将工部局与各申诉者的来往信件分别登录在 1921 年 6 月 23 日、30 日和 7 月 7 日的《市政公报》上。

工程支持者认为：“有关之前所提出的扩充公园和拓宽外滩的计划，已经在工

1 U1-1-929，上海公共租界工部局年报（1916 年），65B 页。
2 U1-1-932，上海公共租界工部局年报（1919 年），53B 页。
3 U1-1-933，上海公共租界工部局年报（1920 年），52B 页。

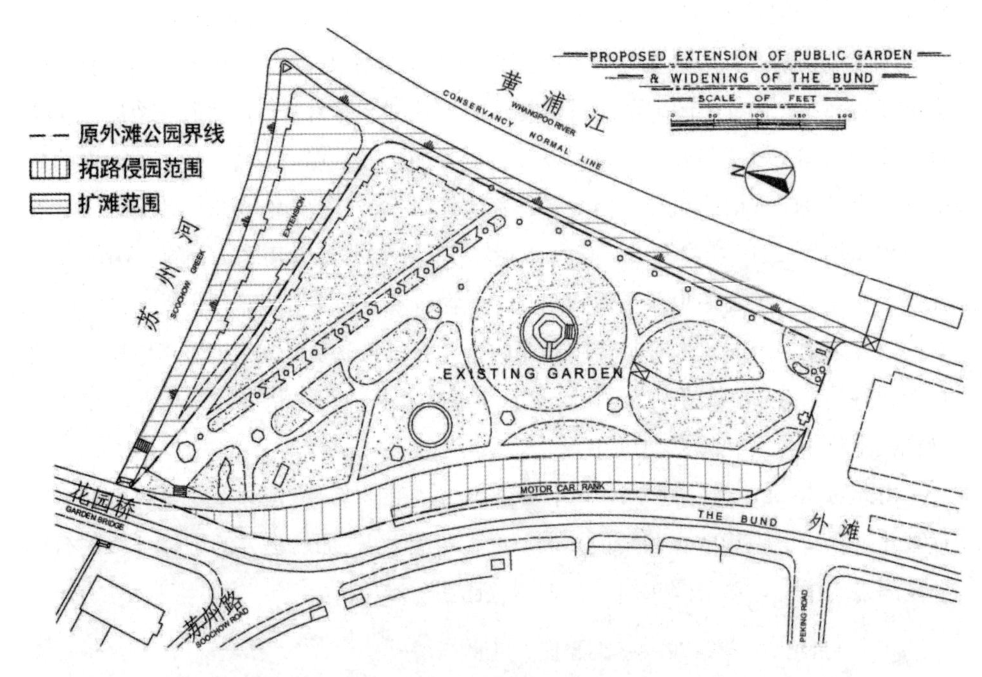

图 2-11 1920 年"扩路拓园（外滩公园）"设计平面图

资料来源：根据《上海公共租界工部局年报》（1920）载图绘制

部局的年报上公布，计划和预算也得到纳税人会议的一致通过。最近的新闻煽动民心说这项计划不应该继续进行下去，但我们认为拓宽马路对公共便利来说是很有必要的，必须毫不迟疑地开始实施。"先后分别有 104 和 123 个纳税人和上海常驻居民签名的两封反对信则认为："事实上，在去年纳税人会议上已通过有关预算，工部局有权进行这项计划。但包括我们在内的很多纳税人都认为这不切实际，仅仅为了功利目的而要侵占公园土地的想法是要受到质疑的。我们强烈要求从理智和各方面考虑，这公园是本世纪最好的作品，破坏它实在可惜，多数纳税人都希望对它进行保护。"来信同时也对纳税人会议代表的广泛性和决策过程提出质疑。[1]

公园委员会和工部局对此进行再三考虑，鉴于项目对公园不会造成大的永久性损坏和道路改进计划的紧迫性，工部局决定工程仍按原计划继续进行。其理由如同园地监督所说："值得注意的是，项目实施所占用的公园面积通过计划中的外滩垦拓能得以补偿，而且将会增加半亩土地；但另一方面，如同反对者所坚持的，该项目的实施将必须移除一些树木。经公园委员会详细勘查后认为，所占用土地上现有的玉兰树中仅两棵长势较好，也许能再存活若干年，因为现代交通环境极容易对这种树木造成不利影响。至于其他树木，可移植到该园的别处或仍保留在新道路中央

1 U1-1-986，上海公共租工部局市政公报，1921 年 6 月 23 日，1921 年 6 月 30 日。

的条形交通岛上”[1]。与此同时，7 月 7 日工部局代办复函上海市民盟等反对者，口气十分强硬：“你们申诉书大多数签名的人并不是纳税人，工部局当然不会接受这项申诉，工部局不能把延迟工作看作是一种命令……我还要让你们知道，改造工作之所以暂时停止，是因为工部局认为须综合各种观点再进行一下细致考虑。”[2]关于扩路侵园的争议也就此基本得到平息，至年底工程已取得较大进展。

以上争议和决断透露出两个基本事实：第一，至 20 世纪 20 年代，作为公众财产和公共利益的公园已为上海大多数外侨民众所重视和珍惜，公共花园在所有外侨的心目中已具有不可替代的地位；第二，作为市政管理和决策机构的工部局与纳税人会议，其权威性是毋庸置疑、不可动摇的。

4）始于 1922 年前后的公园改建

1921 年秋季，与扩路拓滩工程同步，工部局开始对公共花园进行大规模改造。由时任工部局园地监督麦克利戈提出改造方案，在方案中，有关公园的现状与问题他认为，原先此地被建成租界公众的一个花卉园艺展示园，众多花坛中种满特色各异的开花植物，如天竺葵、月季等，但随着周边空气质量的下降，这里已不再适合栽种那些精选的植物品种；有关公园的功能和形式，他认为，采用什么样的布局形式是新设计的关键，设计要解决的主要问题是为大量游客尽量提供游憩设施，而不是一个植物花园，改造应采用城市广场或滨水散步场地的布局形式[3]。由此，新设计为扩大公园的散步场地而增辟多条园路，并将整个公园分成三个功能区，即园东北包括新增土地在内的草坪区、以音乐亭为中心的圆形草坪活动区、园西南包括 5 个草花花坛在内的装饰植物种植区。

公园的改建和调整工作陆续进行至 1920 年代后期。1922 年，为更有效地安排活动场地，关闭位于北京路路口略北的公园入口；翻修音乐亭为水泥结顶的钢结构亭；拆除老饮料亭重建为带有坐息设施的新售货亭；为改善花园照明，改装煤油灯为 25 只 200 支光的电灯。1923 年，新建一座钢筋混凝土结构凉亭；用栏杆和假山（石）重建花园与北京路码头通道间的分隔墙；新建三面有灌木丛遮蔽的小便处；铺设自来水管；进行大规模的草花园布置[4]。1924-1927 年，重修黄浦江水位观测亭；为防止季票传递（再次入园），在已有公园界墙以内再建一道围篱，关闭公园桥（外白渡桥）入口和北京路码头处入口。期间，工部局乐队和绿色霍华德团（The Green Howards）军乐队在此演出，招徕听众甚多。由此看来，受多种因素的综合影响，至快速发展期末的公共花园已完全放弃原初以园艺植物为主体的英伦近代园林风格的追求，并冲出局部调适的藩篱，经彻底改造后成为一个以活动场地为主体、强

1 U1-1-934，上海公共租界工部局年报（1921 年），71B 页。
2 U1-1-986，上海公共租工部局市政公报，1921 年 7 月 7 日。
3 U1-1-935，上海公共租界工部局年报（1922 年），82B 页。
4 U1-1-936，上海公共租界工部局年报（1923 年），358 页。

化植物景观装饰的游憩性场所。

从以上外滩公共景观和公共花园的变革中不难发现，经过20世纪前20余年的多次改扩建，以公共花园为核心的外滩沿线公共景观已发生质的变化，一方面，公园的公众性和大众化特征日渐凸显；另一方面，功能上也已出现偏差和异化，园林风格走向折衷甚至模糊。作为租界内最受关注的公共园林，外滩公共景观所体现出的这种两重性在快速发展期租界园林中具有一定的代表性，在同期新辟建的虹口、极司非尔和顾家宅等大型公园中也有清晰显现。

2.2.2 虹口公园（Hongkew Park）：西方“运动公园时代”的远东投影

虹口公园，原名虹口娱乐场，位于今鲁迅公园和虹口体育场南部，1907年公园局部开放时面积为250.92亩，以后园界不断有所调整，面积也随之相应变化。1901-1903年公园筹建时取名新娱乐场（New Recreation Ground），又称靶子场花园、新公园（New Park）；1903-1921年改称虹口娱乐场（Hongkew Recreation Ground）；1921-1945年更名为虹口公园（Hongkew Park），因附近日本侨民众多，日本人又习称新公园；抗战胜利后，1945-1951年改称中正公园；1951-1988年改回虹口公园原名；自鲁迅墓从八仙桥公墓迁入该园并建设鲁迅纪念馆后，更名为鲁迅公园，延用至今。

该公园近代时期的发展大致经过三个阶段，即1901-1909年的初建阶段、1909-1927年的扩充调适阶段和1927-1945年的多功能综合阶段，逐步演变为以众多草地球场为特色、以体育运动为主要功能的综合性公园。

1.公园初辟（1901-1909）：英国自然风景园的设计初衷

园址原貌为农田村舍，称金家厍。1896年8月，与越界筑造北四川路同步，公共租界在宝山县境内划线围网，强行从农民手中“收买”土地，建造供“万国商团”使用的靶子场。其范围东面包括今甜爱路、警察新村，南面包括复兴中学，北临大连西路，西至现公园办公室东首[1]。

1901年，上海娱乐基金会向工部局提议买进靶子场西侧100亩土地并提供部分资金建造娱乐公园[2]。10月底工部局董事会对“占地共240亩取名新娱乐场的草图（图2-12）和一份说明情况的备忘录”[3]进行审议后，同意在靶子场附近建造一

1 程绪珂，王焘. 上海园林志［M］. 上海：上海社会科学院出版社，2000：284.
2 U1-1-914，上海公共租界工部局年报（1901年），364页。
3 上海市档案馆. 工部局董事会会议录(第14册)［M］. 上海：上海古籍出版社，2001：607.

座公园。项目得到批准后，工部局遂以购买于1896年的56亩土地为基础，陆续买进周边土地近200亩使地界向西扩至吴淞铁路

新娱乐场初始时由英国伦敦的风景园林师斯塔基（W.Lnnes Stuckey，Landscape Gardener）进行设计，于1903年9月3日完成设计（图2-13），当年动工建设，工程由工部局首任园地监督阿瑟（Mr. Athur）具体负责。1904年初，阿瑟卸任后，工程由新任监督园艺和植物专家苏格兰人麦克利戈（D.Macgregor）接管。至1905年底，由于公园边界尚没有最终确定，工程进度较慢，仅沿公园边界混合式种植了一些乔灌木。为推进虹口娱乐场的建设1906年3月工部局成立属于咨询性质的机构——公园委员会，由其负责由娱乐基金会资助4 500银两的凉亭的选址和建设，并为来年夏季公园部分对外开放作准备[1]。经过初期建设后，工部局于1907年5月1日颁布《虹口娱乐场暂行规则》12条，于夏季将公园局部对外国人开放，面积为250.92亩。

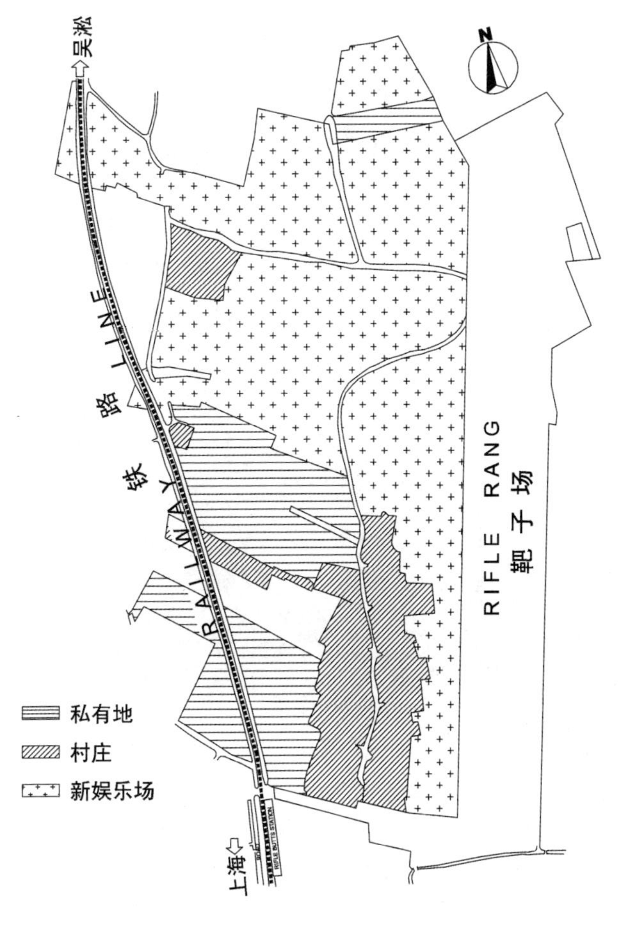

图2-12 新娱乐场草图（1901）

资料来源：根据卷宗号U1-2-239载图绘制

同年，工部局在公园南部新购10亩土地后，公园园界基本确立。园地监督麦克利戈旋即对原有设计进行调整，并加快了公园的建设进度。公园局部开放时仅设有网球场，不久陆续增设板球、足球、曲棍球和一个九洞高尔夫球场和一块供儿童游戏的专用场地，该场地是租界内第一个正式儿童专用场地。续建工程于1909年5月基本完工，9月颁布《虹口娱乐场修订规则》17条后公园正式对外开放[2]。

1 U1-1-919，上海公共租界工部局年报（1906年），360页。
2 U1-1-922，上海公共租界工部局年报（1909年），238页。

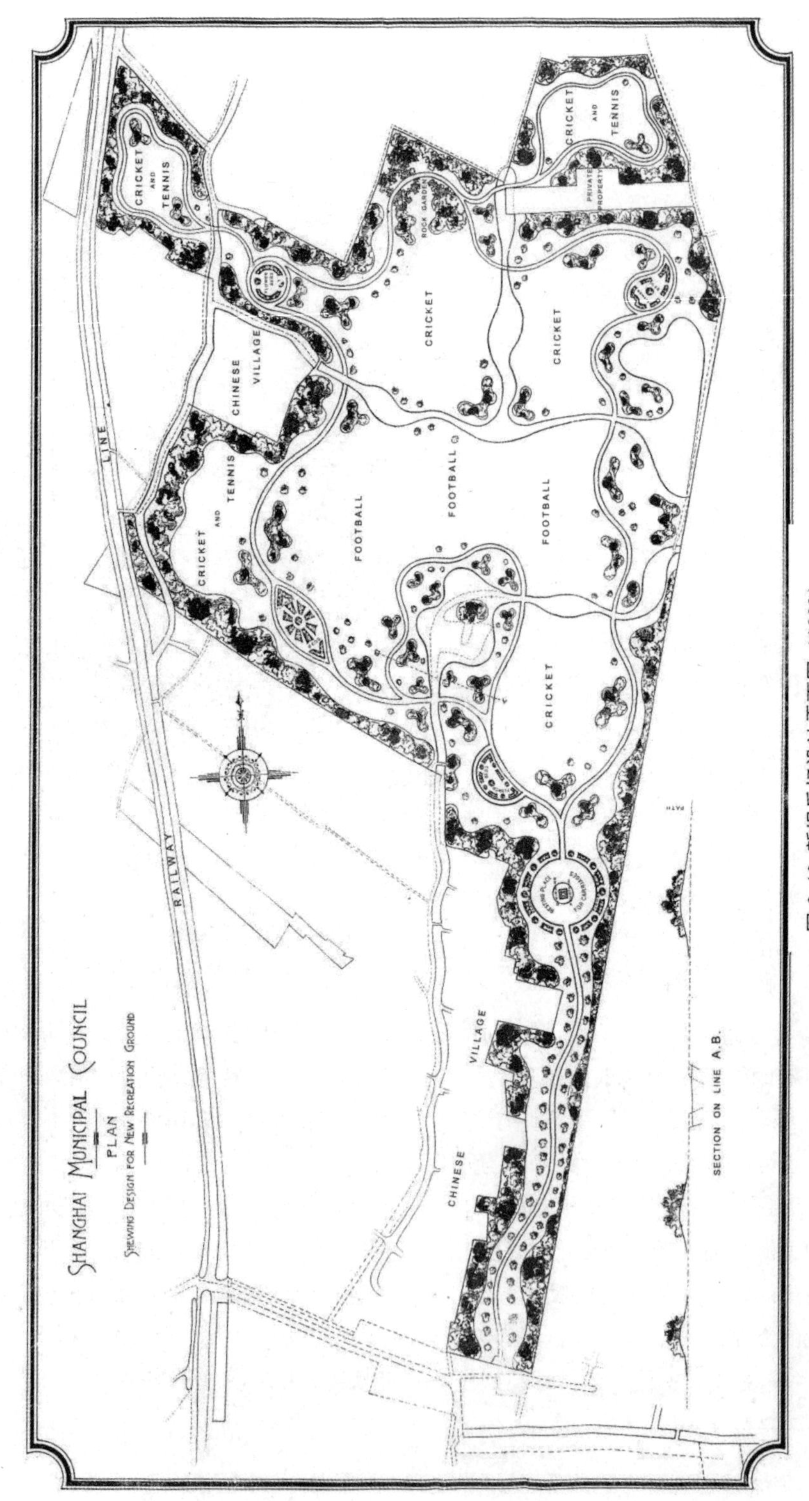

图 2-13 新娱乐场设计平面图（1903）

资料来源：《上海公共租界工部局年报》(1903)

1908年4月麦克利戈在申请预算时附送有修改设计图和说明书[1]（图2-14），并在当年的园地报告中阐述了他的设计思想[2]。关于进行调整设计的原因和目标，麦克利戈如是说："由于开工至今三年来公园边界的多次改动和外扩，再加上尽量利用场地辟作体育运动场的要求，对原有设计进行调整是必要的。为增加运动场地，设计取消场地内横贯全园的小河，并将原设计中的东西向运动场地改为南北向。另外，开园两年以来的情况表明，有许多人来此并不是为了进行体育娱乐活动。因此，在不减少运动场地面积的前提下，应尽量为人们提供有树荫的游息场所。设计中，主要通过减少原设计中的公园边界种植带宽度来满足上述两方面的要求。"关于调整设计的具体内容，麦克利戈在设计说明概要中阐述得更为细致：

主入口位于北四川路延伸段的尽端，入园是一条20英尺宽的林荫道，两旁各种植数排广玉兰。林荫道尽端是一直径320英尺的圆形草坪，草坪可辟为网球、槌球或曲棍球球场；草坪四周环绕着一条宽15英尺的园路，为临时驱车环形提供了场地；园路外侧是一条草地林荫道，两侧植有两排碧桃。圆形草坪的东北角是一个毛石叠砌的岩石园，园内纵横交错的小径终点是一个洞穴。岩石园向西，一座临时小桥连接小溪南北两侧草地，为使景观协调一致，小桥将会被改为质感粗旷的混凝土或毛石桥；再向西有另一座小桥横跨小河；两座小桥之间的河道被拓宽，形成一处水湾以种植睡莲。将圆形大草坪西侧开挖成湖，湖心置岛，岛中央建凉亭，周边广植翠竹。入大门沿环形主园路左行进入三角形林荫草地，草地上散植栎树和数丛常绿灌木，音乐台位于草地中央；周边景色优雅，草坪旁辟玫瑰园，园中立玫瑰亭，可供30人坐息；向西在一茅亭前辟建一处"钻石"形花园，茅亭位于娱乐场南侧边界种植的凹陷处，立于茅亭可俯看花园。

园西大草坪位于西侧中央，占据全园三分之一的面积，其北、西、南三侧为边界种植带，环园主园路穿行其间，一条6英尺宽的南北向园路将其分为东西两部分。园西南角种植带植有栎树和杨树，林下遍植花灌木，形成一片人工森林景观。在园西距离西北角约200英尺处开设另一入口，一条15英尺宽正对园门的林荫道通向一处休息亭。由此向北种有一片竹林，林间小径蜿蜒、坐凳散置，是夏天庇荫纳凉的好去处。园西北角是一片松树林，林间建有另一茅亭。沿环园主路东行的第二个弯曲处，在主路外侧是一个由半圆形台地环成的花园，台上种有棕榈、芭蕉和芋（Colocasias），以表现热带风光，花园中宜设置日晷，花园前是一块小草地，打算种植一些樟树和桉树。继续前行至另一弯曲处，密林树荫下藏有一小水池，可用来种植水生植物（山林水泽女神）。再向东，园向北突出形成一块场地，正在建设一个滚木球场，该球场与享誉全英国的格拉斯哥公园内的球场一样，具有很高的水准。

1 U1-1-973，上海公共租界工部局市政公报（1908年5月7日），110-111页。
2 U1-1-921，上海公共租界工部局年报（1908年），141-142页。

园东是一大型人工湖，其两侧堆坡，坡上广植观赏植物；临湖一侧，宽阔的草地缓缓接入水中。沿着湖西的主园路的内侧是运动草坪，有一条弓形游步道东西连接沿湖主园路和娱乐场中央南北向园路，交点处分别设置为三角形林地；游步道将运动草坪一分为二，北侧是一块面积中等的草地，南侧现作板球和足球场地。沿湖边主园路向南，过临时小桥和岩石园，则可到达位于主入口的圆形大草坪。出园门向南与北四川路平行的狭长地块将辟作网球场。

为尽量扩大运动场地同时又不影响人们的漫步游赏要求，设计对公园边界种植带的宽度进行调整，将原设计平均为90～100英尺的宽度变窄。为不过多地影响景观效果，设计对局部的种植形式进行优化，一方面，通过在种植带前间断性的散置树丛，以延长林缘线、增强林带的凹凸感；另一方面，在凹处多种深色常绿灌木，于凸处则种植高大色浅的树木，以加强景深感。种植上，一般将一两种颜色相近的树木成丛成群种植，构成统一的植物景致；将一部分地块辟作灌木花境，以不同季节的开花花境丰富植物景观（图2-15）。

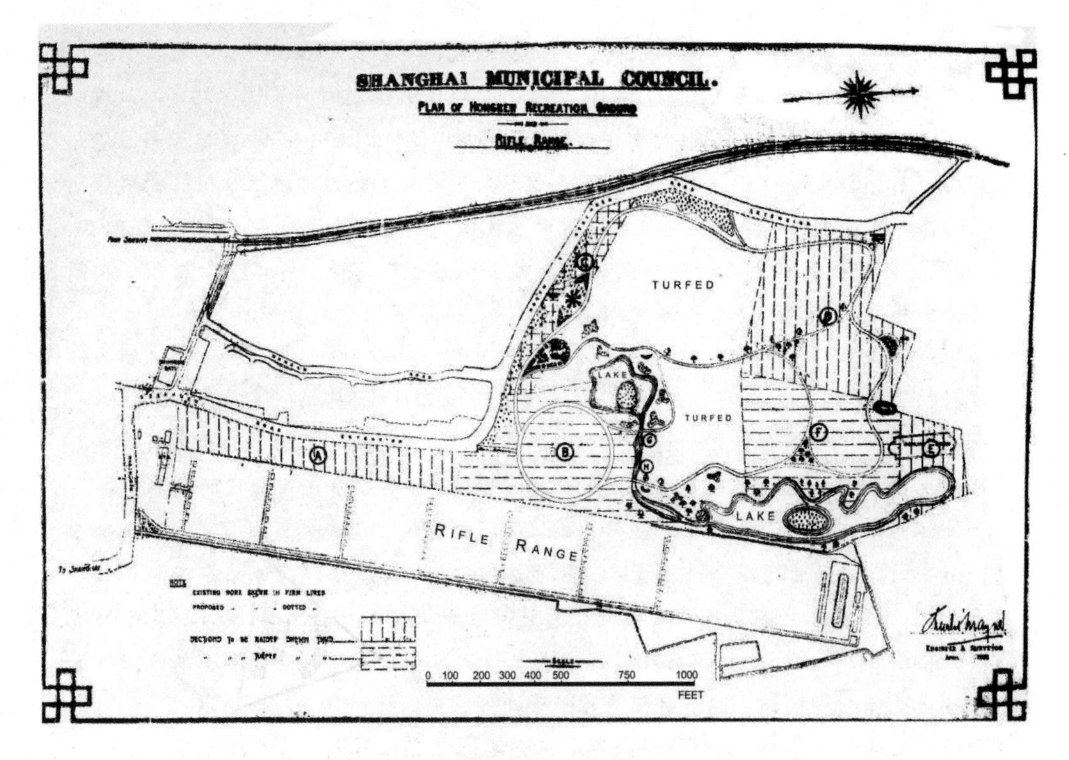

图2-14 虹口娱乐场修改设计平面图（1908）

资料来源：卷宗号U1-1-973

从以上引述中可以看出，经麦克利戈改造的早期虹口公园应初具英国自然风景园景致。公园以大草坪为主体，四周密植树木带，具有中间空旷、四周浓密的整体空间景观结构。园东侧辟建的长条形河池，河内侧草地缓缓接水，河对岸树林茂密，以优美的沿河景观将园外的靶子场、园内的运动场和主入口景观有效分开。园中央，环大草坪设置起伏的主园路，沿路或密植的乔灌木树群，或散植的大树树群，与树荫下的各式花境、花带以及主次园路交叉处的整形花坛，共同构成了开闭有序的线型空间和怡人景色。沿园路林间分散营造的茅亭、夏季凉亭、小型花园、水生植物池、玫瑰园、日晷、假山洞府等英国风景园中常见的多种景致，为游人提供了适宜的休憩场所。游人在此，或时而穿行于林间花丛，或时而漫步缓坡草地，或时而憩息于乡野茅亭，应能领略到颇为浓郁的牧歌式风光景致。

图 2-15 虹口娱乐场全景图

资料来源：《上海公共租界工部局年报》（1908）

2.公园扩充（1909-1927）：走向折衷

公园开放之后，园内的运动场地受到租界外人的日益青睐，并很快不敷使用。为此，至 1945 年的 30 余年间，虹口公园几乎不间断地进行着运动场地的扩展和园景调整。期间的 1909-1927 年是虹口公园进行植物造景与满足多样化功能要求间的的扩充调适阶段，受同期英国造园风格的牵引和园内运动场地不断增建的推动，公园的风格特征开始转变，由起初的英国自然风景园追求逐步演化为运动和游览并重、设施与景观一体的风景折衷式运动型公园，并于 20 世纪 20 年代后期转向以体育活动为主、多种娱乐活动相结合的分区式综合性公园。

1909 年园地监督不无自豪地说：“从景观的角度来看，今年虹口娱乐场的布置完成标志着上海公园史上一个新时代的来临。随着场地利用率的提高，其价值将与日俱增，不仅对现在有所裨益，也将对以后几代有重要意义。未来几年将证明这是工部局建设中最具纪念意义的事件。尽管本质上它是一个满足各种活动的运动场地，但实际上仍体现出花园和公园的景观特色，对那些来此不从事运动的游客也具有很大的吸引力”[1]。应该说，正式开园后的虹口公园，随着园内植物的日益丰满和现代园艺景点的陆续添加，英国自然风景园以及折衷式园林的特色日渐明显，并在1915年前后达到比较理想的状态。

但是，好景并不长。在大型公园和体育运动场地十分稀缺的近代上海（1935年江湾体育场建成以前，虹口公园和公共娱乐场是上海最主要的体育活动场所），像虹口公园这样一个兼具运动和公园双重特征的公共设施，引起人们的普遍兴趣，游客趋之若鹜。从表2-3中可见，1914年以后，园内的体育运动人数和游客总人数均骤然增加，以后数年虽有所回落，其游客量仍为前一时期的两倍。进入20世纪20年代，公园内的埠际和国际间体育比赛日常化以后，游客量进一步增加，以1926年与1916年的游客量为例，前者比后者的运动人数尽增64 853人次，同比增加224%，平均每年增长20.3%；游览人数尽增178 182人次，同比增加168%，平均年增长15.3%。在激增的运动需求逼迫下，虹口公园于1915年开始进行运动场地的大幅度增建（表2-4），为保持园内景色对游客的吸引力，公园的维护也因此在两难抉择中走向日趋细化的点缀。

表2-3 1907-1928年虹口公园年游客人数分类统计表 单位：人次

年份	运动类型及人数								游览	合计
	高尔夫	板球	足球	曲棍球	网球	保龄球	棒球	小计		
1907					340			340	23 672	半年 24 012
1908	730	43	20		680			1 473	58 633	60 106
1909	2 809	56	44		792			3 701	78 963	82 664
1910	5 845	74	41	7	617		3	6 587		超过7万
1914					2 943			32 976	178 169	211 096
1916	9 527	383	4 014	485	11 818	1 131	1 639	28 997	105 954	134 951
1917	9 041	188	1 910	469	17 318	1 848	981	31 555	101 381	132 936
1918	14 875	66	1 188	682	19 496	1 916	1 569	39 792	92 614	132 406
1919	13 806		1 364	704	18 070	1 224	1 961	37 129	91 429	128 558
1920	12 331		1 362	366	27 028	1 241	1 764	44 092	117 081	161 173
1922	14 453		2 222	836	37 277	2 017	1 636	58 441	168 074	226 515
1924	19 140		1 474		21 366	2 952	974	45 906	252 996	298 902
1925	22 898		2 895	484	21 465	4 301	2 070	54 113	300 804	354 917
1926	30 953		32 303	308	22 255	4 813	3 218	93 850	284 136	377 986
1927	18 874		10 483	1 818	14 380	4 330	1 387	51 272	200 127	251 399
1928	16 615		6 236	2 809	23 798	3 193	1 639	54 290	483 247	537 537

资料来源：根据1907-1928年《上海公共租界工部局年报》整理编制

1 U1-1-922，上海公共租界工部局年报（1909年），173页。

表 2-4 虹口公园主要运动设施和活动一览表

年份	主要设施	备注
1907-1909	公园局部开放时设有网球场，不久陆续增设板球、足球、曲棍球和一个九洞高尔夫球场	足球场和曲棍球场到夏季时则改为草地网球场
1913-1914	网球是最受喜爱的运动，夏季有 40 个运动场地同时开放	“先到先用”的场地分配原则确保了各场地的充分和公平地使用
1915	在虹口娱乐场平均每天有 43 个网球场地供使用。增修 8 英尺（5.49 米）宽的运动跑道。跑道根据刚由 1914 年 7 月的奥林匹克委员会巴黎会议制定的最新理念进行建设，其标准界线自内侧界石起 18 英寸而不是通常的 12 英寸。其遗址至今尚在	5 月举行第二届远东运动会（东亚运动会的前身，第一届在菲律宾），赛程 7 天。修订虹口娱乐场管理规则，限定棒球运动仅能在夏季开展，并限定每天高尔夫球运动的时间
1917-1919	开始在园西购买地处江湾路与吴淞铁路之间的土地用作新增运动场地	1919 年开始实行网球场地使用的俱乐部申请分配制度，鼓励大众建立申请使用运动场地的各种俱乐部
1921 - 1925	开始在公园西侧北端建造露天游泳池 新增曲棍球场 1 块、草地保龄球（也称草地滚木球或草地滚球）场 2 块等	1921 年 5 月举行第五届远东运动会，赛程 6 天。12 月举办了上海日本体育协会田径运动会，一名日本运动员在此打破了 5 英里的远东记录。各夏季和冬季运动项目对场地使用的申请使得公园不堪重负 1923 年开展运动节活动，全年共有 5.19 万多人次参加这项运动。共举办 20 次小型运动会，仅足球、曲棍球的正式比赛就有 405 场
1927	在公园东北角建造可容纳 5 000 名观众的移动式木架看台	
1928-1929	添建草地滚球场 1 块、硬地网球场 4 块。虹口公园和公共娱乐场共拥有 160 个网球场、7 个草地滚球场、2 个棒球场和几个板球场等场地，分配给 112 个俱乐部或协会使用	1928 年第一次允许中国网球、足球俱乐部租用场地；日本社区两次预约使用公园，一次是 4 月 29 日，14,000 人入园庆祝日本天皇 H. I. M 的生日；一次是 11 月 11-16 日的加冕庆典，前两天入园人数达 4 万余人。 允许申请入园钓鱼
1931-1932	扩展公园东北部，夏季设网球场 16 处，冬季设曲棍球场一处，也可用作足球场，可供 8000 人以上看球。至 1932 年公园拥有足球场 2 个、草地保龄球场 4 个、草地网球场 83 个、硬地网球场 5 个、九穴高尔夫球场 1 个	
1934-1936	至 1936 年，公园拥有足球场 3 个、草地保龄球场 5 个、草地网球场 75 个、硬地网球场 6 个、曲棍球场 2 个、棒球场 1 个、篮球场 1 个、九穴高尔夫球场 1 个，此外还有排球场和专供练习用的跑道等运动设施	举行上海和日本城市间的两次棒球比赛、美国与日本的职业棒球赛等
1941	1941 年底日本占领公共租界后，公园的体育活动逐步减少	1951 年建虹口体育场，从此结束了虹口公园体育活动的历史

资料来源：根据表中各年份的《上海公共租界工部局年报》、《上海公共租界工部局市政公报》整理编制

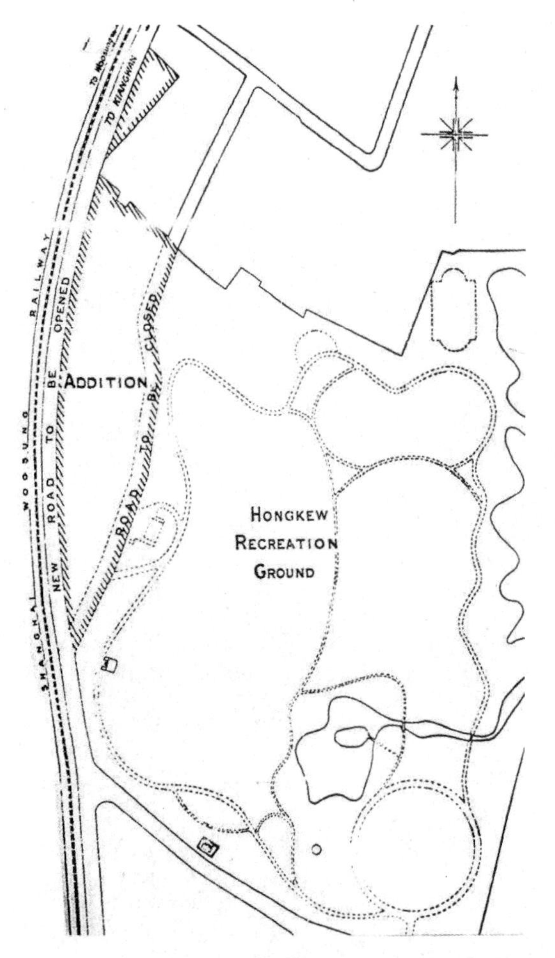

图 2-16 1917 年虹口娱乐场新增土地及江湾路改道平面图

资料来源：卷宗号 U1-1-982

图 2-17 虹口公园新大门

资料来源：《上海公共租界工部局年报》(1929)

扩充调适阶段，公园内增建的主要园景和设施有：

1910 年将通向公园的北四川路延长段改造成公园林荫道，林荫道的终点是马车回车场，设有回车岛和饮马槽，回车岛上种有垂枝樱桃（Weeping Cherries）、枫树（Maples）和一些矮小松树（Dwarf Conifers）。之后，又陆续更新音乐台、添加 50 烛光的油灯照明。1915 年为举行第二届远东运动会[1]，在虹口公园以 1.6 万余两银两按国际最新标准增修一条宽 8 英尺（5.49 米）的运动跑道，其遗址至今尚存。1917 年以每亩 1 920 两白银的价格在园西购买地处江湾路与吴淞铁路之间的土地 34.433 亩，以后陆续完成新增地的运动场地建设（图 2-16，图 2-17）。至此，公园面积扩展到 299.21 亩，以后逐步有所减少。随着儿童游客增多，频繁的运动场使用已威胁到儿童的安全，为此，1918 年在公园西侧新辟一处儿童游戏场。1921 年开始在公园西侧位于北四川路延伸段和铁路线间的条形土地的北端建造露天游泳池（图 2-18）。1922 年以 1 000 两白银在公园南端新建带有共鸣声传声板和圆顶的音乐台（图 2-19），音像效果和建筑结构均

1 第一届在菲律宾。

佳，听众人数大增。1923年开始，每年在新音乐台附近及其他各处布置更具艺术性的“草花园（Flower Gardens）”。1924年铺设下水道，增建卫生、储藏、管理等设施。1927年在公园东北建造一处可容纳5 000名观众的移动式木架看台。

图 2-18 虹口公园游泳池

资料来源：《造园学概论》

以上的园景变革表明，虹口公园于扩充调适阶段的改扩建，一方面受英国本土19世纪末的园林风格影响，造园师已自觉形成以植物造景为主体的景观建设追求，以自然风景园格局为基础，对园景进行不断充实，地形、水系、植被等景观趋于完整，岩石园、水生植物园、草花园等英伦特色的植物主题园一一呈现，园景风格趋向折衷；另一方面，公园必须满足日益多样化的活动需求，大音乐台、方正的露天游泳池与运动跑道、多种日趋标准的草地运动场等场地的陆续增建，不断蚕食着原初丛林湾溪、缓坡草地的风景园景致，局部有序而整体趋向失衡的景观特征成为虹口公园难以挣脱的宿命。

图 2-19 虹口公园音乐台

资料来源：《上海公共租界工部局年报》(1922)

3.总体特征分析

与移植期上海租界公园和同期西方公园相比较，快速发展期的虹口公园具有以下特点：

郊野型：西方的城市化与工业化浪潮催生了现代城市公园。19世纪中叶以后，西方的一些自治体城市，或由于城市的快速膨胀，或出于美化城市的目的，纷纷在郊外选址建造公园。可以说，大型公园的郊野化是世界大众公园初始时的普遍现象。以此看来，虹口公园的选址不仅是上海公共租界扩张的直接结果，也是西方大型城市公园普遍郊野化的体现。

时代性：虹口公园是由城市自治体投资建设，为满足城市居民的休憩需求，缓解新近出现的城市社会矛盾，在租界外侨内体现出一定的资本主义人权平等的现代性。因此，从公园的功能、开发主体和方式来看，它与欧洲的城市公园是基本相同的。同时，以英伦和世界最先进的城市建设思想和技术为参照，虹口公园改扩建过程中对运动、娱乐设施先进性的自觉追求，园内与草坪景观相结合的大量乔灌木的种植，曲线形的园路和自然形态的人工湖岛的应用，均体现了同期西方园林的追求和造园特点。

综合性：如果移植期的公共娱乐场还是现代城市运动公园的雏形，那么虹口公园则是由租界当局在市郊择地建造的功能综合、环境优美的大型体育运动公园。它的出现，标志着上海近代园林已真正走向适于大众娱乐需求的运动公园时代。

局限性：与西方的城市公园不同，虹口公园的功能受制于租界的特殊性，以满足侨民休闲娱乐为主要目的的虹口公园，其城市卫生功能与美化功能很有限。以后，随着公园对华人的开放和租界势力的削弱，虹口公园更是疲于应付，应有的特色和作用越见弱化。

2.2.3 极司非尔公园(Jessfield Park)及其动物园

极司非尔公园即今中山公园，是近代上海最为著名的公园。公园位于长宁路780号，坐北朝南，东邻兆丰别墅，西与花园村、苏家角相连，北界万航渡路。1862-1914年为兆丰花园，1914-1944年称极司非尔公园（Jessfield Park）、梵皇渡公园或兆丰公园，1944年以后改名中山公园。

1.公园筹建：公共租界的西区公园问题

在建设虹口娱乐场的同时，工部局针对“西区公园”也开始展开讨论。围绕公园的资金、选址、是否对华人开放等问题，1909年的工部局董事会会议多次讨论在西区辟建公园的事项。关于资金问题，会议认为在一个大多数住家都有私人花园的区域，从公共基金中开支建造这样一个公园是不合适的，除非有私人慷慨解囊或公众捐款[1]；关于选址问题，则认为公园委员会建议购买的愚园（赫德路和静安寺路交汇处西北，占地33亩）在规模和风格上不适合辟为公众娱乐场地[2]；关于是否对华人开放问题，会议决定“将等到公园委员会作出正式决议后才考虑此事”[3]。

恰逢其时，中国青年基督教联合会向工部局提议设立华人娱乐场。考虑到应与华人社团保持良好关系，工部局董事会讨论并同意捐助5 000银两，列入1910年的预算，并提请当年纳税人年会审议（以后实际两次捐助计4 300银

1 上海市档案馆. 工部局董事会会议录（第17册）[M]. 上海：上海古籍出版社，2001：628.
2 U1-1-922，上海公共租界工部局年报（1909年），239页。
3 上海市档案馆. 工部局董事会会议录（第17册）[M]. 上海：上海古籍出版社，2001：642.

两）[1]。这一捐款无形中消减了工部局在西区辟建公园的紧迫性，也为以后租界公园拒绝华人入园提供了一种托辞。迟至 1914 年初，西区公园的选址仍锁定在租界范围内，或地丰路（今乌鲁木齐路）[2]，或康脑脱路（今康定路）地区，但因在租界内购地困难，并正值“教育和建造工部局新办公大楼额外开支浩繁之际”[3]，工部局无意为新公园列支经费，西区公园一事仍未能取得实质性进展。

1914 年 3 月公共娱乐场委员会和上海娱乐基金会联席会议上形成的一项公园提议，以及 2 万银两（约占该会三分之一的流动资金）[4]的资助，使此事出现转机。提议认为：“现在的公共娱乐场已完全被各种运动场地占满，实际上已不能用作安静休息的公园，而且在跑马总会的要求下不能种植树木，几乎没有一点树荫。因此，在西区为人们提供一个风景式公园(Decorative Park)和植物园(Botanical Garden)已刻不容缓。除非将来面积大到不影响其主要目标时，新公园内将不允许开展任何运动。公共娱乐场委员会已确知，位于极司非尔路、从前属于外侨安卡赞（Undaza，又译作安家宅）的 120 亩土地可用 12.3 万两白银购得，并且该处已有多种树木，有路可通往苏州河，还有一长条形地通往白利南路（Brenan Road)”[5]。该公园提议于 1914 年 3 月 11 日和 21 日先后得到工部局董事会与纳税外人会的批准。至此，讨论时间长达 5 年的西区公园一事总算落定。

公园基址原名兆丰花园，系英商兆丰洋行（Hogg Brothers & co.）大班詹姆斯•霍格（James Hogg）及其兄弟所建的乡村别墅花园。1860 年代初英租界当局以防备太平军进攻上海越界辟筑路（今万航渡路），时任英租界防务委员会主席的霍格乘机以低价购得吴淞江南、路两旁的大片界外土地，并在路南侧修建占地 70 亩的乡间别墅。1879 年，霍格将路北土地售给美国圣公会开办圣约翰书院（后改名圣约翰大学，今华东政法学院），以后又将路南土地售与安卡赞等人。1914 年 3 月安卡赞同意出售兆丰花园及其邻近土地面积为 123 亩。工部局随即斥资 10 万银两购地 91 亩，包括土地上仍属霍格所有的苗房、林木花草和几个石像，并以此为基础，开始一边增购土地一边建设，建园工作长达 10 数年之久（图 2-20）。霍格也因此进入公园委员会并当上了主席，直至 1920 年 3 月去世。

1 U1-1-922，上海公共租界工部局年报（1909 年），239 页。
2 1913 年 7 月 23 日工部局董事会讨论西区公园问题时提出，公园地点优先选择在地丰路，而不是赫德路和静安寺路的拐角处（指原先公园委员会提议购买的愚园），见：《工部局董事会会议录》（第 18 册），672 页。
3 上海市档案馆. 工部局董事会会议录（第 19 册）[M]. 上海：上海古籍出版社，2001：5.
4 U1-1-929，上海公共租界工部局年报（1916 年），60B 页。
5 U1-1-973，上海公共租界工部局市政公报（1914 年 3 月 15 日），74 页。

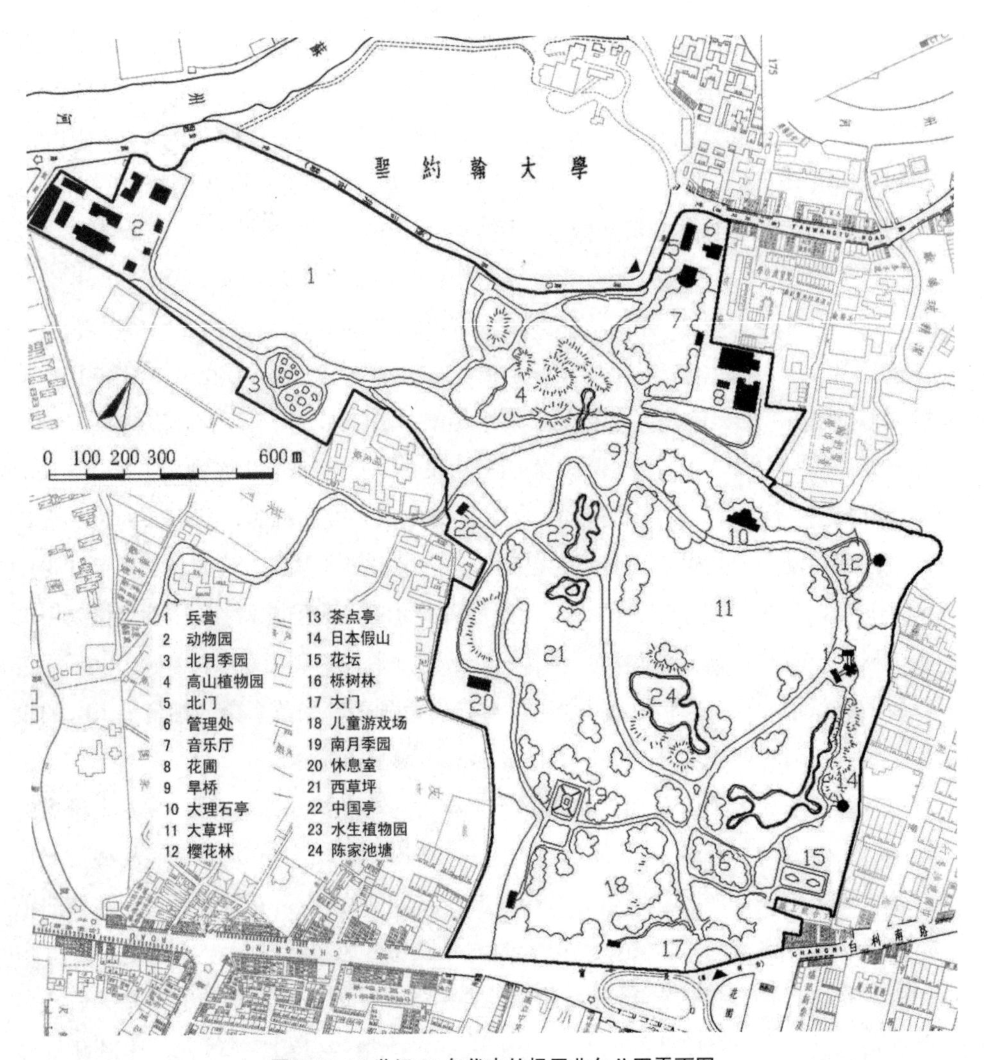

图 2-20 20 世纪 30 年代末的极司非尔公园平面图

资料来源：根据《上海百业指南》与《上海租界园林》（王绍增，硕士论文）中的插图绘制

2. 公园发展与布局演变

1）公园初建（1914-1916）

1914 年园地监督麦克利戈接受建园工作后，踌躇满志地说："购买部分安卡赞地产（Undaza Estate）作为拟建风景式公园和植物花园的核心，将被认为是上海公园发展史上最重要的举措。1914 年标志着上海园地的发展已从提供具有一定观赏性的活动场地（Playing ground）转向真正的公园，这种公园将拥有风景式园林所应有的基本特征。"并认为："在公园远景边界尚未确定时，不打算对现有场地进

图 2-21 极司非尔公园内的大悬铃木

资料来源：《上海公共租界工部局年报》（1916）

行实质性的变动，以免影响以后的整体布局和发展”[1]。由此，5 月份获得用地后，工部局并没有急于开展大规模的公园建设，主要进行以公园北部为重点的整理工作：为弥补储备花园温室生产上的不足，整理场地，拆除场地内的老建筑并利用其材料建造一座小型生产温室，用以栽培开花植物；将原菜园改成草坪；沿场地边缘种植灌木带；为突出基地上的一株大悬铃木[2]（图 2-21），对其周边有碍观瞻的灌木丛进行移植。稍作整理后，工部局于 7 月 1 日颁布了仅有 4 条条文的《极司非尔公园暂行规则》，公园遂对外开放。

公园开放后不久，通过业广地产公司，工部局陆续购得公园南部和西部的部分土地，至 1915 年公园面积总计 230 亩，并计划购买另外的 80 亩土地，使公园面积最终达到 310 亩，预计购买土地的总费用为 27.5 万两左右[3]。当年的公园建设仍以整理为主：间稀较密集的树木群；将向南连接白利南路的林荫道上的一小块土地，布置成规则式花园；利用基地上的一些小房子，改造成豹笼和鸟笼。经工部局批准，上海园艺协会（The Horticultural Society of Shanghai）在公园东北辟建了园艺试验场。

与此同时，麦克利戈为未来的公园也已做好计划，设想该园建成后应具有三方面特色内容：

野趣园（the Wild Garden），由森林、牧场、河流和湖泊组成，景观力求乡野，以供人们进行野餐或其它户外集会活动。

植物园（ the Botanic Garden），应尽可能多地收集中国各地的代表性树种，一旦能做到，它将成为世界上最大的和最有趣的国家树种园。

观赏部分（the Decorative Section）（装饰部分），将采用法国凡尔赛苑设计者

---

1 U1-1-927，上海公共租界工部局年报（1914 年），69B 页。

2 此树拟为当时中国最大的悬铃木，来自意大利，“为汉璧礼爵士（Mr. Thomas Hanbury）赠送霍格君（Mr. E. Jenner Hogg）之品，并由霍君约于 1866 年间植于园内”，见：U1-1-960，公共租界工部局年报（1934 年），477 页。

3 上海市档案馆．工部局董事会会议录（第 19 册）[M]．上海：上海古籍出版社，2001：628.

图 2-22 极司非尔公园内的月季园

资料来源：《上海公共租界工部局年报》（1918）

图 2-23 极司非尔公园内的日本鸢尾

资料来源：《上海公共租界工部局年报》（1918）

勒诺特式的豪迈风格，主要由大草坪、庄严优美的林荫道、喷泉、规正的花坛与雕像组成。

另外，麦克利戈认为，一个汇集各区系植物的公园一定会引来野鸟栖息，从而成为一个研究中国鸟类的基地；再收集些动物，在愉悦游客的同时，也可为学习自然史的学生提供帮助。他还计划划出一块地，辟建有经济价值的实验园地，以那些拥有自己的花园或菜园的人为服务对象，不强调其本身的观赏性[1]。

有了计划之后，1916 年麦克利戈加快了建园进度，很快就完成公园北部的初步建设。至 1917 年夏季，公园已拥有起伏的大草坪、略具沉床园意象并种有 165 个优良品种的月季园（图 2-22）、植有紫花日本鸢尾的鸢尾池（图 2-23）、爬满藤本月季的组合式藤架凉亭等特色景观[2]，并吸引一定数量的外侨来此游览、野餐。据麦克利戈预计，随着园内设施的充实和 1918 年沪杭铁路的开通，极司非尔公园将会吸引更多的游客。

2）南部的拓展与建设（1917-1919）

917 年新购 25 余亩土地后，公园的南部界限基本确定。由于公园中部仍有几小块土地经磋商未能购得，另外，又有一条东西向小河横贯基地中部，将公园基地一分为二，河旁小路因是园西苏家角居民通往曹家渡的捷径，由于居民的强烈反对，工部局也难以获得。因此，建园工作无法自北向南依次开展，建园重点旋即转向南部并加快了工程进度（图 2-24）。

1 U1-1-928，上海公共租界工部局年报（1915 年），66B 页。

2 U1-1-929，上海公共租界工部局年报（1916 年），65B-66B 页。

南部的建设由西向东展开。1917 年和 1918 年分别筑建西侧和东侧，风景园景致初步呈现，园内东西两侧的土山与树林起伏连绵，园中央的草地与湖池宽阔延展。景点建设方面，于西侧依山保留原有中国民居和小亭，并添景而成“中国园”；将东侧起伏的地形向北引向相对高程为 16 英尺的高坡，延绵的长坡向西坡向一个沿岸种有茂密乔灌木的新开小湖，并对位于小湖北端的一座 6 开间中国式房屋进行整修，添置中国式家具，改造前庭庭院，筑成一处略具中国传统园林特征的公园茶室；中央宽广草地的中部偏南是原有的“陈家池塘（Ceylon Pool）”，为倒映出天空及四周景致，突出池塘周边地形的起伏变化，改造池塘岸线，形成山嵌水抱、曲折幽深的山水景观（图 2-25）。设施建设方面，自茶室向南设一条小径，连接靠近白利南路的原有公园林荫园路；在正对愚园路与白利南路交汇处的车辆转弯处新辟白利南路园门（图 2-26），成为公园南侧大门；向北建造一条经过多处林地的弯曲园路，以通往公园北部的月季园；跨

图 2-24 极司非尔公园南部景观（1932）

资料来源：《上海公共租界工部局年报》（1932）

图 2-25 极司非尔公园内的陈家池湖景

资料来源：上海中山公园明信片（老照片），上海长宁公园绿化建设发展有限公司

图 2-26 极司非尔公园主入口（白利南路园门，1930）

资料来源：《上海公共租界工部局年报》（1930）

界外小河及小路建造一座连接公园南北的石拱桥。至此，一条弯曲的宽阔园路，沿南部东侧，向北跨域中部，将公园的南北两部分联系起来。

植物景观方面的着力最多，成效非凡。为快速形成丰富的植物景观，尽量利用大规格、速生乔灌木树苗进行群植，并加快了植物引种、繁殖进度。1918 年时公园已有较好的植物景观，园内拥有 165 个品种的月季园异彩纷呈，丛植于草地上、树荫下的 12 个品种的 2 000 株百合花引人入胜，有 5 000 株之多的菊花展览更是令人瞩目。

1919 年，随着引种和培育花卉植物的增多，麦克利戈着手进行混合式花境的布置，并开始对园内植物进行命名。至此，极司非尔公园内丰富的植物景观不仅增加了游客的兴趣，也增强了租界园林管理者的信心。在 1919 年致工务处处长的一封信中，麦克利戈写道："可以肯定，游览公园已是上海市民的一种时尚。不仅公园内的游客人数与日俱增，更值得关注的是人们对公园中植物的兴趣正日益浓厚，这势必会推动上海公园的进一步发展"[1]。

3）以中部为重点的全面建设（1920-1927）

工部局先后于 1918 年 1 月将原南北向纵贯公园北部、占地三分的界外小路圈入公园，使公园北部成为一个整体；于 1921 年购得公园中心 2.939 亩土地后，公园中部的范围基本确立。至此，公园的边界基本定型，大体上形成中、北、南三个景区：中部景区为东西向横贯公园的界外小河与道路的两侧区域；北部景区为中部以北、极司非尔路以南的区域；南部景区为中部以南、白利南路以北的区域。1920 年后的建园重心逐步转向中部，在南北两个区域则进行植物调整、花卉布置等植物景观完善。

中部景区：1921 年将新近购买的近 3 亩土地辟作临时花坛，以开展园艺科普。1924-1925 年重点建设以种植高山植物和半高山植物为特色的"高山植物园(Alpine Garden)"。据历年的《工部局年报·园地报告》所载：高山植物园意在"模拟典型的山地景观，假山内曲折布置几条'好似经常年流水侵蚀而成的陡峭沟谷'，前端耸立着一面'自然天成'的峭壁，上有瀑布飞挂（瀑布的水源是自来水，故此处俗称自来水假山）。希望借此营造出近自然的半荒野环境，拥有多个阴、阳山坡，增填多种土壤，以适应多种山地植物的生长要求"[2]；至 1925 年，"这里已经有 11 960 株植物，植物种类多于其他所有公园。而且准备多收集中国各地的植物，尤其是高山矮生植物，以期形成类似牯岭或杭州等地的具有地带性植被特征的缩微山地景观。今年已经收集了相当数量的中国树木，如来自于牯岭的 450 株杜鹃花属植物。收集尽量多的中国树种是该地的目标……不久的将来，该公园将成为一个有益于学生和

1 U1-1-932，上海公共租界工部局年报（1919 年），52B-53B 页。
2 U1-1-937，上海公共租界工部局年报（1924 年），303 页。

其他非专业人士的中国树木标本园”[1]。

1926年，将位于公园中部界外道路以南、面积为4.03亩的沼泽地改造成水花园（Water Garden），保留原有芦苇、香蒲等各种草本植物丛生的沼泽地景观；1927年开挖多条沟渠，形成小岛林立、曲水环绕、芦苇丛生的水生植物主题景观，沿岸种植多种日本鸢尾等半水生植物，与水面上成丛成群的睡莲、马蹄莲（Arum Lily）、凤眼莲（Water Hyacinth）等水生植物一起，构成好似一片亚热带湿地的景观。

北部景区：1921年动工兴建公园西北端的动物园（图2-27），次年建成开放，并发行半年游园券。1923年在园东北建造一座喇叭形音乐演奏台，台宽17米、进深8米，台前有2 700平方米草地，可放置上千把移动式园椅，供欣赏音乐的游人使用（图2-28）。1925年在园艺试验场新建一排植物房以培植更多植物装饰公园桥（储备花园）各温室。

南部景区：1921年开始建设位处南部景区东北的日本（假山）园，次年日本横滨苗圃特派一名曾经任巴拿马博览

图2-27 极司非尔公园动物园

资料来源：《上海公共租界工部局年报》（1922）

图2-28 极司非尔公园内的音乐台

资料来源：上海中山公园明信片（老照片），上海长宁公园绿化建设发展有限公司

图2-29 极司非尔公园内的救火警钟

资料来源：上海中山公园明信片（老照片），上海长宁公园绿化建设发展有限公司

1 U1-1-938，上海公共租界工部局年报（1925年），303页。

会日本庭园的造园师前来协助工作[1]，种植多种植物尤其是一些珍稀品种的日本松，建成后的日本园如同日本式庭院，很受游客赞赏。1922年将山东路“救火警钟”[2]（图2-29）移至公园内中国亭前的草地上。1923年在白利南路进口处设置一处大型花坛。1926年将公园东南角新增地用作临时苗圃，次年堆坡形成起伏的自然地形，在较高处布置两个花坛，在山的南坡用一条梯田形斜坡将其与较低处分开，在低处布置另一花坛，植有多种乔、灌木和多年生草本植物群的西坡缓缓伸向湖池。

在增建景点的同时，园地部门对园内植物展开全面整理。通过间稀树林和在林前添植亮色植物，以改善植物群落及其景观；或种植常绿树木形成背景，以凸显花卉景观；通过布置更具艺术性的“草花园（Flower Gardens）”，以丰富公园的四季景色：春有黄水仙、百合花盛开，5月份有长带花境和各色月季花，夏有地毯式花台，11月份有菊花展览。

至1927年，公园面积陆续扩展到290余亩，园内主要景观也已全部形成，并配置了必要的管理和卫生设施。此时的极司非尔公园已成为上海植物种类最多、景观最为丰富的公园，最受游客青睐的游览与野餐地，同时也是园林、园艺植物科学研究与繁殖生产的重要基地，所附设的动物园是上海境内的第一个动物园。

3.功能与特色分析

1）公园定位：“真正的公园”

历年的工部局园地报告清晰地反映了极司非尔公园的辟建目的和发展定位，也即参照其他大城市的经验，将极司非尔公园建设成为以植物景观为主体，供城市居民安静休憩的自然风景场所——一个“真正的公园”。这既是上海近代城市发展的必然要求和结果，也是主事者园地监督麦克利戈于1909年利用休假期间考察美国和英国的城市公园以后，形成的强烈意识所致。1919年的园地报告分析认为：

“自极司非尔公园的大部分建成以来，关于是否有必要建设一些仅铺设草皮、种植树木和草本植物的公园是有争论的。一些年前，公共花园是唯一一处可供呼吸新鲜空气的地方，除此以外人们无处可去。无论过去还是现在，公共娱乐场内的一般游客都很少，去那里的主要是运动员及其景慕者。而虹口娱乐场的情况正好相反，一般游客人数要比运动人员多出两倍。这是因为，从人们游园的基本需求来看那里要比公共花园好得多，人们可以悠闲地散步，幽静地坐息，享受公园的真正乐趣。在游客心里，极司非尔公园的位置虽有些偏远，除了自然景致以外也没有什么特别的园景，但仍受到多数人的青睐。这说明公众对某公园缺乏热情的唯一原因是该公

1 U1-1-935，上海公共租界工部局年报（1922年），83-84B页。
2 这座钟是1865年美国纽约门尼莱商店所铸造的，于1881年运来上海悬挂在公共租界中央巡捕房，钟高1.2米，底口直径1.02米，重2.34吨。

园一无是处，难以引起公众的兴趣。毋庸置疑，随着人口的增多，人们对拥有可以享受自然风景的场所需求也会相应增加，这一点已从其他许多大城市的发展中得到证实。因此，相信那些关心上海公众利益的人们应该认识得到，面对快速增长的人口，为了他们未来的健康和娱乐诉求，提供更多的、能充分享受自然的公园是十分必要的。”[1]

1920年代的极司非尔公园，尽管远离租界中心，仍不失为一个受欢迎的游览地。每逢夏季周末，这里游客众多，已成为人们的重要野餐地[2]。公园内日益丰富的乔、灌木种类和几乎每周迥异的各式花卉景观，令那些真正的植物爱好者啧啧称赞，以至于人们已将该公园称之为“上海公园”[3]。由此可见，在一部分外侨眼里，这时的极司非尔公园几乎成了上海公园的代名词。

2）公园功能：郊野型游憩公园

1933年9月4日《上海时报》刊登的一篇题为“一起去极司非尔公园!”的文章，揭示了当时人们对极司非尔公园的认识及其主要功能：

“如今，让人们精神振作的最好方法就是去极司非尔公园散步半小时或者更长时间。那里有无数让人陶醉的水仙花、端庄高雅的紫罗兰、华丽高贵的风信子，还有那一片金黄色的郁金香，正散发着令人愉悦的气息……开花的树木饱满丰盛，还有那绿色的一片片灌木丛，冬季灰褐色的草坪也已恢复了新鲜活力，春天的气息充盈着整个空间。就是鸟儿也止不住地发出阵阵欢悦的歌声，人们更是想在此舒展手臂深深地呼吸这洁净新鲜的空气。在这充满美丽和绿色的公园里，丝毫没有城市中的那些尘埃、喧闹和拥堵。大量事实证明，这里每年都会受到上海市民的青睐，明媚的春光正吸引着大量游客来此踏青赏花。当夏季来临时，炎热的大街迫使人们去寻找凉爽的绿荫和微风的时候，游人的数量还将继续增大。

对于植物学家来说，极司非尔公园是他们快乐的源泉；对于那些熟知本国乡村自然风景的英国人来说，这里能够让他们因为看到石蚕状婆婆纳（植物名称）而感到高兴，也会让他们因为看到他们所知道的、在很久以前放学回家的路上采摘过的野生花卉而雀跃；对于那些疲惫的上海人来说，极司非尔公园会使他们的精神得到恢复，这样的精神就是上帝所赋予的户外的精神。”[4]

从以上引述中不难看出，20世纪二三十年代的极司非尔公园是上海城市居民春季踏青赏花、夏季纳凉避暑、终年逃避城市繁杂和呼唤“天赐精神”的野外休憩场所，发挥着类似今天城市郊野公园的作用。

---

1 U1-1-932，上海公共租界工部局年报（1919年），52B-53B页。
2 U1-1-935，上海公共租界工部局年报（1922年），81B-83B页。
3 U1-1-937，上海公共租界工部局年报（1924年），304页。
4 U1-14-1986，00019，上海时报，1933年9月4日。

3）公园特色：“植物的王国”

经过 10 余年的逐步建设，20 年代末极司非尔公园内的植物景观特征已十分鲜明。具体表现为：

（1）拥有若干植物专类和特色园区。公园有日本园、月季园、常式花圃、水生植物园、高山植物园、中国园等植物专类和特色园区。日本园以多种日本松、日本樱花等常绿和特色树木为主体；中国园以玉兰、桂花、海棠等中国传统庭院植物为特色；月季园内收集、展示世界各地的近 200 个月季品种，且时常更换；水生植物园内种植耐湿、半耐湿等湿生植物，挺水、浮水、沉水等水生植物种类丰富，各按其位、各处其所；高山植物园中乔木、灌木、地被植物更是种类繁多；常式花圃中一年四季花开不断，景象万千。

（2）四季花开不断。园内的主要花卉景致有：12 月至 3 月间温室内的开花植物，3 月至 4 月间的球根花卉及耐寒多年生草本植物，4 至 6 月间的开花乔灌木，6 月至 9 月间的花台花卉及半耐寒草本植物，10 月至 11 月间的天竺牡丹（大丽花）以及 11 月间的菊花[1]（表 2-5）。

表 2-5 极司非尔公园内的主要开花植物

月份	开花植物种类
正月份	一品红、小菖兰、海棠、驳骨丹、丹吉尔鸢尾
二月份	水仙花、四季樱草、报春花
三月份	各种地仙、藏红花
四月份	白玉兰、欧洲酸樱桃、木桃、风信子、早花郁金香、大岩桐
五月份	达尔文郁金香、春季花台植物、杜鹃、毛地黄、香豌豆、月季
六月份	广玉兰、睡莲
七月份	芙蓉、海红豆
八月份	茉莉、美人蕉、葫芦花、夏季花台植物
九月份	复叶羽栾树、热带花台植物
十月份	大丽花（天竺牡丹）
十一月份	菊花
十二月份	毛叶冬珊瑚、一品红、枸兰

资料来源：《上海公共租界工部局年报》（1933）

（3） 树木标本园独树一帜。凡就地能觅得的各种树木及灌木标本均在园内有种植，并从上海附近如杭州、庐山以及世界各地收集植物种子，通过播种繁殖丰富园内植物种类。以至于，极司非尔公园内树木种类繁多的树木标本园一直享誉上海滩，很受植物爱好者钟爱。

（4） 花卉布设、展示形式多样。园内的花卉布设形式主要分为花台、花坛、

1 U1-1-947，上海公共租界工部局年报（1934 年），477 页。

花境三种，花坛有常式花坛、艺术性花坛（地毯式花坛）和季节性花坛之分，花境有草花花境和混合式花境之分。花卉展示，通常与植物科普及培育交流相结合，按设施来分有温室展示和室外展示两种；按时间来分主要有以大丽花、菊花为重点的春季莳花会和秋季莳花会。除此之外，公园也以附设的园艺试验场和育苗温室为载体，开展蔬菜、棉花等作物研究与展示。

缘于以上基础和特色，极司非尔公园始终是上海近代公园的主角，影响深远。从以后的变化来看，经过之后发展缓滞期 10 多年的数次改建，该园的功能与景观风格发生蜕变，但该园拥有的树木和花卉品种之多、游览草坪之大、植物景观之丰富，仍一直据全市公园之冠。甚至，解放之后该公园的多次改扩建，如植物标本陈列室和牡丹园、梅园、桃园、桂花林、腊梅林、棕榈林等的建设，以及以高山植物园为基底的树木园充实，无不基于这一时期极司非尔公园所形成的植物景观特色。

2.2.4 汇山公园（Wayside Park）

1.公园初建与特色

汇山公园（Wayside Park）是公共租界在东区（今杨浦区西南部）辟建的第一个公园，也是租界内设施变动较小、景观维护良好的一个中等规模的综合性公园。原址位于韬朋路（Thorburn Road，今通北路）以东，东至华盛路（今许昌路），南沿汇山路（今霍山路），北邻新路（今吉林路）。1911 年 6 月 30 日公园建成对外侨开放，1931 年 9 月对华人开放，1943 年改名通北公园，1950 年交市总工会使用后改称劳动广场，后改建为杨浦区工人俱乐部。

应东区侨民的要求，1908 年公共租界工部局决定在此辟建大型儿童游戏场[1]，先后以 4.4 万两银两购得土地 45.51 亩，以其中 10 亩左右的土地用于园外北侧辟建新路。1910 年初开始由犯人进行填土，由于工程进展缓慢，在公园委员会要求下，工部局于 5 月份将填土工程发包给租界道路土方承包商 Chang Sung Kee，工程于 12 月完工，费用共计 12 058 银两。同年，园地监督麦克利戈完成公园的初步设计（图 2-30）并提交给公园委员会审核。1911 年 3 月 1 日设计获工部局董事会批准后[2]，建园工程立即付诸实施，进展很快。公园于当年的 6 月 30 日正式开放[3]，公园初建时面积不详，1925 年面积为 36.61 亩。由于有一长条型土地未征得，公园开放时尚有小部分尚未完成[4]。与其他公园仍用印度人不同，汇山公园的日常管理试行雇佣北方华人进行管理[5]。

1 U1-1-923，上海公共租界工部局年报（1910 年），234 页。
2 上海市档案馆. 工部局董事会会议录（第 17 册）[M]. 上海：上海古籍出版社，2001：530.
3 上海市档案馆. 工部局董事会会议录（第 18 册）[M]. 上海：上海古籍出版社，2001：546.
4 U1-1-924，上海公共租界工部局年报（1911 年），189 页。
5 上海市档案馆. 工部局董事会会议录（第 18 册）[M]. 上海：上海古籍出版社，2001：561.

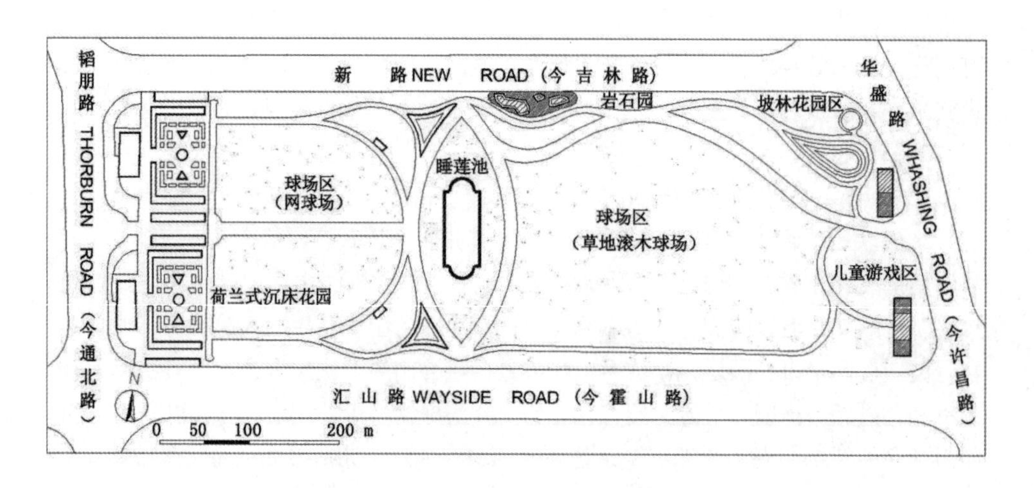

图 2-30 汇山公园设计平面图

资料来源：根据卷宗号 U1-1-976 载图绘制

初建成的汇山公园已改变了建造大型儿童游戏场的初衷，成为一个游览和体育运动并重的综合性公园。公园呈长方形，东西长约 270 米，南北宽约 90 米。公园内的空间布局十分清晰，以中间的菱形草坪和睡莲池为界，向西以中央主园路为轴线采用南北对称式布局；向东以大草坪为核心，沿环路依次布置景点，中间草地宽广，四周地形起伏，并用树丛进行空间划分，空间开闭对比强烈，呈现出一些英国自然风景园的特征。公园的功能和景观序列明确，自西向东依次布置荷兰式沉床花园、第一草地球场区（草地网球场）、菱形观赏性草坪和睡莲池、第二草地球场区（后用作草地保龄球场）、岩石园、坡林花圃、儿童游戏场等景区和功能区。

荷兰式沉床花园（Sunk Garden），位于公园西端，花园中央略微下沉，布置一组几何式花坛和灌木剪饰，花坛间的场地用红砖铺设。沉床花园两侧升高 1 英尺，设置成毛石围护的花境，花境外侧为草地和草本植物花境。花园的北部比南部高出 2.5 英尺（0.76 米），形成一片较开阔的台地，花园四周以黄杨矮篱围合。总体上，花园具有古典花园格调，花境中种有欧洲古典式（中世纪）花园中常见的花卉，如百里香（Thyme）、石竹（Pinks）、熏衣草（Lavender）、紫罗兰（Stocks）、蜀葵（Hollyhocks）、飞燕草（Larkspurs）、乌头（附子，Monkshood）等；沉床园的花坛中密植色泽明亮的开花植物，毛石墙上种植矮 Companulas，鲜红和桔黄色的旱金莲（Nasturtiums）沿壁垂挂；花坛、花镜中的各色花卉植物色彩绚丽，夺人眼目。

过荷兰式花园，主园路向东穿过一块可供六个网球场使用的草坪区，沿路两侧散植夹竹桃（Oleander）和栀子花（Gardenia）树丛，以及其他一些中型树木。再向东，通向一个钻石形（菱形）草坪区，草坪中央是一个长120英尺、宽40英尺的混凝土睡莲池（Lily Tank），池的两端呈半圆形。草地上点缀着常绿灌木群和柱状柏树（Cypress）。菱形草坪的四角是四个三角形花坛，每个花台种植500株以上的鲜红色开花植物。三角形花坛后面是由小路围合出的半月形灌木丛种植区，满植百合，间植钻天杨（Lombardy poplar）、石榴（Pomegranate）、桃树（Peach）、绣线菊（Spiraea）、海桐（Pittosporum）。

菱形草坪北侧向东，主园路弯曲形环抱大型运动草坪，道路弯曲处种有大树树丛。园路的一侧是岩石园（Rock Garden），由来自平桥矿场的大块青灰色石头散叠而成，在高低错落的石块之间有一条模拟小溪的干河床，河床终结于日本式鸢尾池（Iris Pool）。过鸢尾池，朝向东北，有小径引向一个隐蔽的花园，小径的一侧是种满各种玫瑰的起伏斜坡，另一侧稍宽平，分类种有各种灌木丛，游人若置身于此，仿佛蜿蜒于景色幽深的山谷。

在大草坪的东南底端，隔路是儿童游戏场（Children's Playground），设有涉水池、秋千、旋转飞椅（Giant Stride）、吊环、吊梯、摇木船和滑梯等活动设施，在一个乡村式小屋中还备有旋转木马，另一乡村式茅亭中配有多个座凳。

自儿童游戏场向西，一条平行于园界的笔直园路直抵睡莲池，园路两侧的树荫下交替设置多个凹陷的坐息处，路旁成荫的斜坡上广植紫罗兰（Violet）、樱草（报春花，Primrose）、棕榈（Palm）、玉簪（Funkia）、各种球根花卉等喜荫植物[1]。

2.布局完善

开放初期，公园的游客，尤其是儿童游客，并没有设想中的那么多。自1925年汇山公园始有游客量统计以后，1926年的游客人数也仅为24 606人次[2]，且以运动人数为主。由于来自游客的压力小，与虹口公园和公共娱乐场不同，汇山公园内景色宜人，更像是一个景致颇佳的游憩公园[3]。公园内的设施是逐年进行完善的：1912-1917年陆续完成睡莲池两端的雕塑和瓶饰，增建南侧的另一个荷兰式沉床园，进行部分园路的铺设并配置了座凳；1915年始设网球场，至1917年增至7块草地网球场；1918年利用东侧大草坪辟设2块草地滚木球场（1920年以后长期被杨树浦草地滚木球场俱乐部租用）；之后2年，随着运动设施和游客人数的日渐增多，园内相继建设乡村式凉亭、俱乐部用房、厕所、储藏房等景观和功能性设施，公园功能趋于完善，设施配套也较齐全。1925年园地监督在其递交的年度报告中不无得意地说：主要应归功于整齐匀称的设计布局，该公园虽然不大，却很有艺术魅力，而且便于维护。[4]

1 U1-1-924，上海公共租界工部局年报（1911年），189页。
2 U1-1-939，上海公共租界工部局年报（1926年），344页。
3 U1-1-930，上海公共租界工部局年报（1917年），72B页。
4 U1-1-938，上海公共租界工部局年报（1925年），318页。

2.2.5 顾家宅公园（Jardin Public de Koukaza，Parc de Koukaza）

1. 由兵营而公园的早期顾家宅公园（1909-1916）

顾家宅公园（Jardin Public de Koukaza，Parc de Koukaza）为今复兴公园旧址，俗称法国公园，是上海法租界公董局辟建的最大公园和享誉近代中国的名园。其范围西近马斯南路（今思南路），北邻环龙路（今南昌路）和早期法国总会（今上海科学会堂），南抵辣斐德路（今复兴中路），东含华龙路（今雁荡路）南端及其以东一部分地块。早期的顾家宅公园存在于1909-1916年，位置在今复兴公园的中北部，面积不详。1917年开始向南、向西扩展，至1919年底公园面积约为9公顷，后略有变更。1943年10月更名复兴公园，1944年改名大兴公园，1946年又复用原名，“文革”中一度改名红卫公园，但不久即恢复复兴公园园名，延用至今。

1900-1914年法租界强行越界辟筑包括顾家宅公园周边道路在内的道路达24条。其中，1900年筑吕班路（今重庆南路），1901年始筑宝昌路（今淮海中路）和华龙路与环龙路，以后又于1914年筑辣斐德路、莫利爱路（今香山路）和马斯南路（今思南路）等[1]。20世纪初，随同越界筑路，公董局以7.6万两银两购得吕班路以北、环龙路以南的华龙路两侧土地152亩，将其中的112亩租给法军建造兵营。法国驻军在此陆续建营房、火药库、马厩、射击场等军事设施。由于此地原是一片农田，并有一个名叫顾家宅的小村庄，从此这里被习称为顾家宅兵营。基地内除了兵营之外，1904年法国商人租用北端土地创办体育娱乐性质的法国总会（Cercle Sportif）[2]，主体建筑是具有新艺术运动特色的两层建筑，砖木结构、对称布局，背面朝向南昌路，正中为入口，正面朝向南侧的开阔庭院，周边辟有停车场、草地网球场[3]（图2-31）。以后，基地的南端建有公董局警务处俱乐部。

图2-31 早期的法国总会

资料来源：《上海近代建筑史稿》

法租界第二次扩张后，外侨住宅陆续向西迁移，兵营附近的外侨居民增多。之后，随着

1 杨文渊主编. 上海公路史（第一册 近代公路）[M]. 北京：人民交通出版社，1989：48.

2 该总会是早期的法国总会，1926年法国总会搬迁至霞飞路、迈尔西爱路新址（今淮海中路、茂名南路花园饭店的一部分）后，用作法童公学。

3 沈福煦，沈燮癸. 透视上海近代建筑[M]. 上海：上海古籍出版社，2004：257.

顾家宅兵营驻军的逐步减少，1908 年 7 月 1 日的公董局会议决定在此辟建法租界的第一个公园，并责成工务处提出建设方案。同年建园工程开工，聘用法藉园艺家柏勃（Papot）为工程助理监督。公园于次年 5 月落成，7 月 14 日法国国庆日开放，面积 123 亩。

早期的顾家宅公园局限在今复兴公园中北部，只有东北面开向华龙路的一道园门。1914 年周边的辣斐德路、莫利爱路、马斯南路等路段筑成前后，公园有所拓展，并在莫利爱路增建一园门[1]。因只对租界外侨开放，公园内游人不多，布局十分简单。公园主要由几何形花坛和大草坪构成，草坪边建有一座音乐台，后来增加了一座避雨棚[2]。1912 年，为纪念 1911 年 5 月 6 日在跑马厅上空作飞行表演因失慎而身葬的法国人环龙（Vallon），公董局决定把公园北面新辟马路命名为环龙路，并在公园西北部建立环龙纪念碑。

2. 公园的扩建与改建（1917-1927）

1914 年法租界再次向西扩界以后，顾家宅公园已处于法租界的中心位置，扩建、完善公园的工作随即开始。1917 年，在公董局新成立园艺小组委员会的积极推动下，拆迁、拓园工作的进度加快：拆除火药库后改建成草坪；扩大月季种植面积；将法国总会与公园交界处弧形的栅栏和女贞树篱退后，并改为直线型；拆除马厩，保留周边的悬铃木大树，在树下铺上沙子辟作儿童游戏场；整理大草坪西南的植物群，按排新增场地的种植；并计划租借马厩以西沿环龙路的一块面积约 6 亩的土地，用作管理和温室生产区；拆除公园西北占地 9 000 余平方米的马厩；向南在原公董局警务处俱乐部原址上开工建设以假山、溪河为特色的“中国园”[3]（图 2-32）。

1918 年公董局正式成立园艺委员会，以月津贴 150 两白银聘请法籍园艺师褚梭蒙（P. Jousseaume）为园艺主任，负责公园的大规模扩建和改建。1918 年初，公董局接到褚梭蒙提出的公园规划及报告后开会决定：拆除原公园中心大草坪边上的凉亭，改建成新的音乐台；将公园中部东侧近原射击场的原公董局属地用作温室建设和植物培育用地；将华龙路南段及其以东的一块土地划入公园，重新安排华龙路公园段的行道树种植，以形成新的林荫道景观；增建厕所；责成园艺主任开始对辣斐德路与吕班路拐角处进行精心设计，并另行聘请一位助理协助工作[4]。此后，工程进度加快，至 1919 年年底，除了因冬季恶劣天气中国园内假山附近的植栽工程未能完成以外，其他项目已全部完工。另外，为了美化公园夜景，开展夜间活动，对公园照明进行了专门规划。规划将公园供电分为两部分，一部分专供照明，分为

1 程绪珂，王焘．上海园林志［M］．上海：上海社会科学院出版社，2000：98.
2 程绪珂，王焘．上海园林志［M］．上海：上海社会科学院出版社，2000：98.
3 U38-1-2321，法租界公董局 1917 年报，87、170 页。
4 U38-1-2786，上海法租界公董局年报（1918 年），23、41 页。

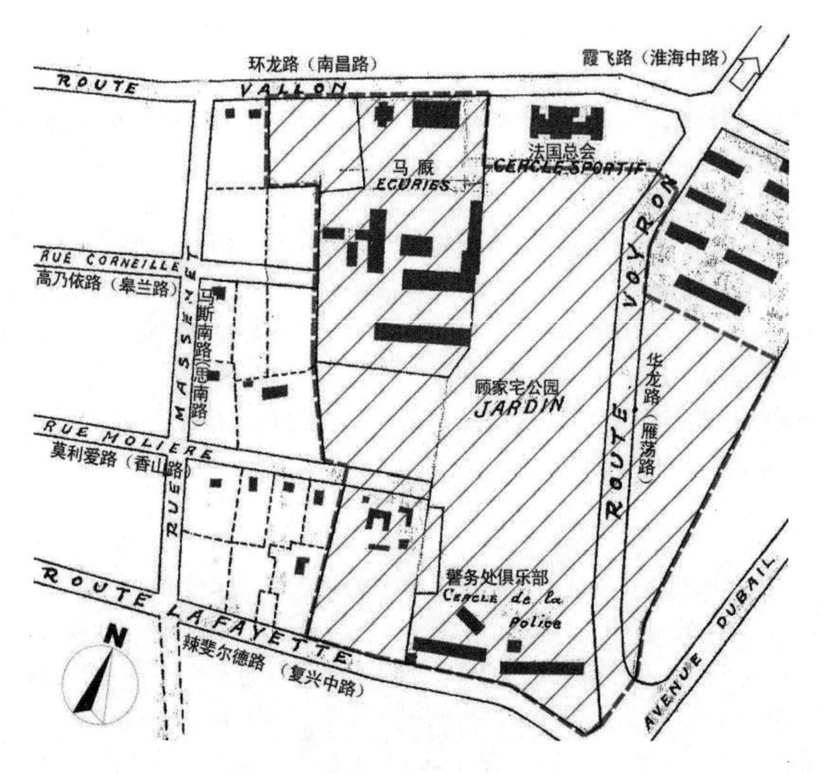

图 2-32 顾家宅公园的方位图（1917）

资料来源：根据 U38-1-2321、 U38-1-2322 绘制

日常照明和节日特殊照明两条线路；另一部分为三条补充线路，以供电影放映和灯饰使用，所有线路均下地埋设[1]。

至此，一个全新的顾家宅公园初步呈现。公园范围，向西包括原马厩（大致为今复兴公园的西界），北抵退界后的法国总会和环龙路，南邻辣斐德路，向东拓至华龙路以东（图 2-33、图 2-34）。园内布局也已落定：园西北以椭圆形图案式月季园（图 2-35）、环龙纪念碑为主体，向南为一块草坪和温室栽培区；公园中部视野开阔，以法式沉床大花坛为中心（图 2-36、图 2-37），南北各设一块草坪，南侧草坪为园内最大，面积近 9 000 平方米，是公园举行各种活动的主要场所；公园南部也即是“山石茂林、溪水缠绕”的中国园（图 2-38）；在吕班路、辣斐德路口和环龙路公园西北角新开两道园门。

1920 年公董局在市政总理处下设立公园种植处（1932 年后改为种植培养处），在警务处下设立公园巡逻部门，从此顾家宅公园进入了由公园种植处和警务处共同

1 U38-1-2786，上海法租界公董局年报（1918 年），36 页

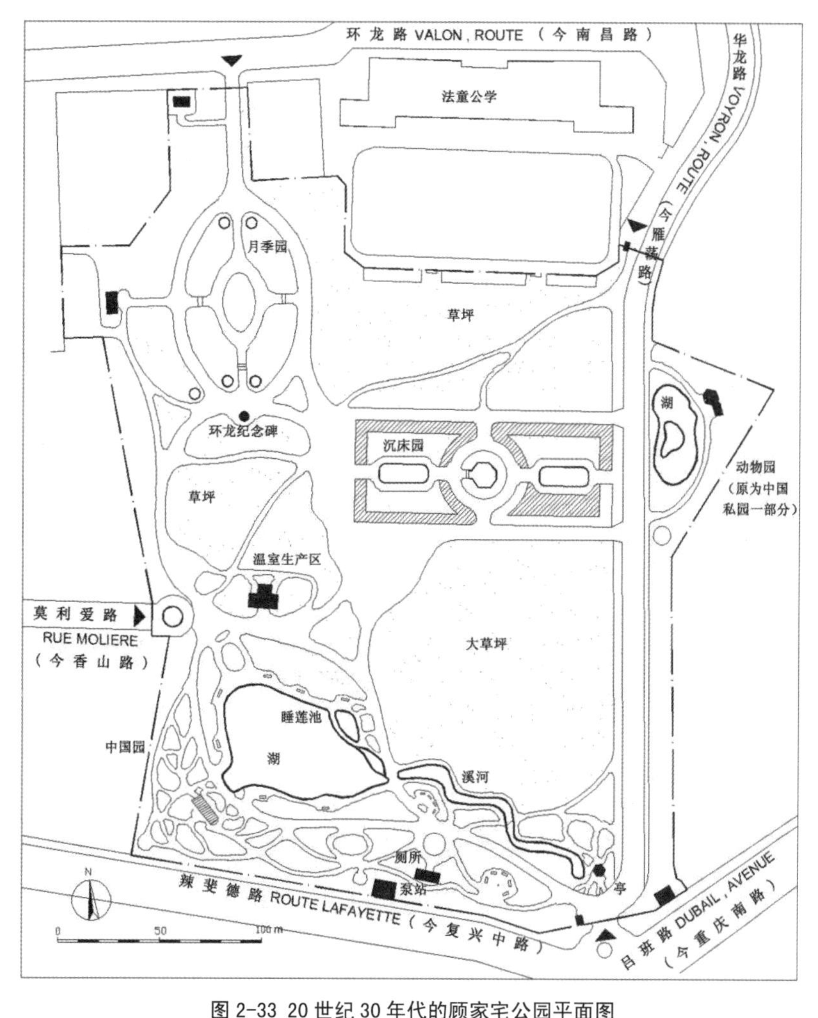

图 2-33 20 世纪 30 年代的顾家宅公园平面图

资料来源：根据《租界园林》版图 9-1936 年公园平面图与 U38-4-2202 所载 1939 年公园平面图绘制

图 2-34 顾家宅公园全貌（1918）

资料来源： 卷宗号 U38-1-2786

负责的日常管护阶段。同年，参照公共租界的公园管理规则，制定《顾家宅公园管理规则》，并开始实行发券入园。在公园场地的使用上，位于沉床花坛西端的草坪允许游客开展网球、排球等体育活动，花坛以南的大草坪主要用作公董局或经其批准的大型活动，如一年一次的法国国庆日庆典活动。

从以上的变化中不难发现，经过短暂而持续的扩建，顾家宅公园的规模不断拓展，功能日渐综合，景观走向复合，管理也步入日常化与制度化，一个真正的综合性公园基本成型。如果说20世纪初法租界西扩所致的兵营用地功能的变化，为顾家宅公园的建设提供了园址条件，那么届时稀少的游客则未能推动公园的早期发展。尔后几年，随着法租界的最后一次西扩成功，社会趋于稳定，界内外侨大众户外游憩的需求日渐增大，正是这种与日俱增的公众需求，以及法租界当局举行庆典礼仪活动的诉求，合力驱使着顾家宅公园的不断拓展，趋向定型。

图2-35 顾家宅公园内的月季园全景（1920）
资料来源：卷宗号U38-1-2788

图2-36 顾家宅公园内的沉床花坛全景（1919）
资料来源：卷宗号U38-1-2787

图2-37 顾家宅公园内的沉床花坛局部（1920）
资料来源：卷宗号U38-1-2788

图2-38 顾家宅公园内的湖景（1920）
资料来源：卷宗号U38-1-2788

2.2.6 凡尔登花园（Jardin de Verdun）

扩建顾家宅公园的同时，法租界也着手对“凡尔登花园（Jardin de Verdun）”进行改建。该花园位于霞飞路474号，即霞飞路以北、迈尔西爱路以西地块（今淮海中路、茂名南路）[1]，也即今花园饭店和部分长乐新村的原址。花园原址为1903年建造的德国乡村俱乐部花园，园内建有两幢德国式小别墅、茅顶圆亭、竹制小桥，还有网球场、棒球场、草地保龄球场和露天溜冰场[2]。1917年第一次世界大战接近尾声，作为“敌产”，法租界公董局趁机占用该俱乐部，改称为德国花园（Jardin Allemand）。

1917年6月11日的公董局会议决定，将德国花园更名为“霞飞路公共花园（Jardin Public de L'Avenue Joffre）”，于7月14日法国国庆日对外侨开放，并将其中一幢德国式小别墅用作酒吧，对外营业。为了能于1918年5月在此举行英法联盟纪念暨筹款活动，园艺委员会随即对花园进行整修，填没原有的小溪。花园开放以后，相继有外侨申请在此开展多种活动，如打网球、排球，放映露天电影，修建咖啡亭。起初公董局仅允准将园内西部草坪用作体育运动，后于1919年开始陆续增建网球场，园内网球场数量最多时一度达到18个。1919年时该园面积为61.9亩，1920年又以2.33万两银两购入6亩余土地，成为占据半个街坊的大花园，花园南邻今淮海中路，北邻今长乐路，东沿今茂名南路。为纪念法德凡尔登战役，同年公董局将其更名为“凡尔登花园”，并着手修建以供公董局“官方人员休憩”[3]的园亭。

与顾家宅公园不同，对外开放后的凡尔登花园主要服务于部分外侨，仍留有一定的俱乐部“私用”性质。除此之外，法租界内的一些草地球类活动、音乐会、花卉展览、魔术表演等娱乐活动也经常在此进行。该园仅存数年，1925年起园址被改作后期法国总会。

2.3 租界其他公共园地的开拓

于界外或界缘建设大中型公园之外，租界当局也在界内先后辟建过一些小规模的公共园地。早先出现的是为改善交通、供马车和乘客停息的附属于道路的小块空地，分别有转弯处（Carriage's Turn）、空地（Open Space）或小型空地（Piece）等称谓，名称不统一。随着小规模公园和儿童游戏场的增多，在1915年的《工部局年报·园地报告》中，工部局始用小型园地（Minor Open Spaces）一名通称规

1 U38-1-2785，上海法租界公董局年报（1917年），42页。
2 沈福煦，沈燮癸. 透视上海近代建筑［M］. 上海：上海古籍出版社，2004：258.
3 U38-1-2788，上海法租界公董局年报（1920年），20页。

模大致在 10 亩以内的各种园地。

从功能来看，公共租界内的小型园地主要包括两种：一种是位于居住集中区内以满足附近儿童日常游戏为主要功能，兼顾成人游息的小型园地；另一种是附属于道路，以供车辆、乘客和行人兼顾附近居民停息的小型园地。在 1915 年以后年份的工部局年报和公报中，小型园地所涵盖的内容并不完全一致。1925 年开始将 19 世纪末建造的华人花园、昆山广场包含在内，1930 年以后又将儿童游戏场单列，1937 年公共租界将儿童游戏场和儿童花园等名称统一改称儿童公园，此后，小型园地的名称几乎不再使用。由于公园数量少、园地类型相对单一，法租界的园地名称较统一，早期通称为公共花园（Jardin Public），后期称为公园（Parc）或广场公园（Square）。本书依据园地的主要功能将小型游憩性园地和附属于道路的短暂停息性园地分别称之为“小型公园”和“道路附属园地”。

2.3.1 小型公园的建设

1910 年前后，随着居住区的相对集中和外侨人口中妇女儿童人数的增加，辟建供少年儿童日常游戏的小型公园开始成为租界公共设施发展的重点之一。但是，受市政制度和地价等因素的影响，在界内择地建设小型公园又成为租界公共设施发展中的一个难点。与越界辟建大中型公园不同，租界当局在小型公园的选址和发展过程中每每左右为难、进退维谷，成效有限。

1. 昆山广场（Quinsan Square）：“城市之肺”的价值与窘境

进入 20 世纪，由于周边居民增多，昆山广场内很快人满为患。1908 年时，园地监督说：“每天有大量的儿童涌向该小园地，说明此地广受欢迎，也暗示着在人口密集的地区设置类似园地的紧迫性”[1]。1912 年的园地报告载有：“昆山广场中唯一值得一提的是儿童游戏场，夏天的每个傍晚都有四五百个常来此游玩的儿童，在秋千等儿童游乐设施上玩耍。很显然，考虑到上海的条件，无论私人的还是公家的花园，都是儿童玩耍最安全的地方，拥有儿童游戏设施的开阔场地能激发儿童的游乐兴趣，对儿童百益而无一害，无论从什么角度来看，增加儿童游戏场都将受到欢迎。现在该广场完全是一个儿童游戏场了。”[2]1914 和 1916 年的报告中更是说：“可以断言，没有一个地方能像这里具有这么高的使用频率，这里才是一个真正的‘城市之肺’。[3,4]”

20 世纪 20 年代昆山广场的价值和窘境更趋明显，园地监督不断地呼吁：“这

1 U1-1-921，上海公共租界工部局年报（1908 年），143 页。
2 U1-1-925，上海公共租界工部局年报（1912 年），61B 页。
3 U1-1-927，上海公共租界工部局年报（1914 年），72B 页。
4 U1-1-929，上海公共租界工部局年报（1916 年），66B 页。

里每天吸引有数百名儿童在此游玩，呼吸新鲜空气。要不然，孩子们就只能聚集在街上玩耍，极容易传染疾病，特别是在人口稠密的虹口地区，其后果真是不堪设想”[1]。“从游客使用频度来看，在上海，作为呼吸新鲜空气的场所这儿是最有价值的。居住在附近成百上千的儿童是该园地的直接受益者，因为这是他们唯一能呼吸到新鲜空气和自由活动的地方。着眼于儿童的健康，在租界内那些更为拥挤的区域为中国孩子提供类似园地将很有意义，甚至比在租界外建造娱乐场地或公园更具价值”[2]。

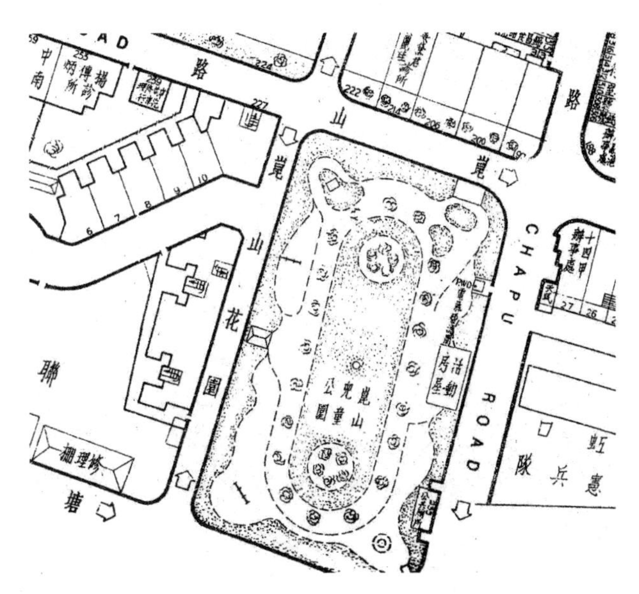

图 2-39 改造后的昆山广场儿童公园平面图

资料来源：《上海百业指南・上册一》

面对游客如此炽盛的局面和日趋恶化的交通环境与空气质量，1926年9月6日工部局修订了更为详尽的“昆山广场管理规则”。规则规定：所有游客必须从大门进入；园中的儿童园专供有双亲中的1人或保姆陪同的的儿童使用，其他人不得入内[3]。但拥挤状况并未因此好转。1928年8月，出于缓解游园压力、防止疾病传染，工部局园地部门用竹篱将公园分成两部分，东北部为儿童活动区，南面、西面划给成人使用，采用儿童与成人隔离使用的方式[4]。然而，结果却适得其反，儿童区比原先更为拥挤[5]。尔后不久，工部局遂取消隔离使用的方式，并对广场进行大规模改造[6]（图 2-39、图 2-40、图 2-41、图 2-42、图 2-43）：

（1）将公园四周围以竹篱，仅在昆山路乍浦路转角处开设唯一的一个出入口；

（2）环绕公园四周筑建一条宽 25 英尺的主园路，沿路内侧相间 15 英尺种植庭荫树，设置相当数量的园凳；

1 U1-1-932，上海公共租界工部局年报（1919 年），53B 页。

2 U1-1-937，上海公共租界工部局年报（1924 年），305 页。

3 上海租界时期园林资料索引（1868-1945）. 1985：104.

4 U1-14-1969 ，1928 年 9 月 7 日园地监督至工务处长的报告“昆山广场对成年人的开放”。

5 在 1929 年 11 月 22 日至 30 日，进行了一次青少年游客普查，共有 5614 位游客，平均每天 623.6 人，这清楚地说明了儿童游戏场的价值所在。见：U1-1-942，上海公共租界工部局年报（1929 年），265-266 页。

6 U1-1-942，上海公共租界工部局年报（1929 年），265-266 页。

（3）沿园地边界种植乔木和灌木丛，以提供一些隐蔽的休息处，并可防尘隔噪，增强园地的私密性；

（4）更新凉亭，在园内堆坡，添植庭荫树；

（5）总体上按儿童园的要求进行布置，添置秋千、跷跷板等儿童游戏设施。

长期以来昆山广场高居不下的使用强度和管理难度，从一个侧面反映出当时租界辟建儿童游戏场的基本情形：

第一，20 世纪 10 年代初昆山广场的“城市之肺”和儿童新天地的卫生健康价值，已被租界外侨大众和当局所充分认识，良好的价值和拥挤的游园环境从正方两方面显现出在租界内辟建类似儿童户外活动场地的必要性和紧迫性；

第二，20 世纪 20 年代租界公园使用的华洋矛盾渐趋激烈，华人使用公园的问题成为租界当局必须慎重考虑并予以解决的华洋关系问题之一；

第三，公园多种管理办法的出台与变更，以及 20 年代末的公园布局调整，无不说明迟至 20 年代末工部局在闹市区开辟的公共园地很有限，特别是适合儿童就近使用的公共小型园地。先前公共租界分别在西区、北区辟建的极司非尔和虹口两个大型公园，由于位置偏远，对于出行范围有限的儿童来说意义不大。

图 2-40 改造后的昆山广场儿童公园园景 1

资料来源：卷宗号 U1-14-1969

图 2-41 改造后的昆山广场儿童公园园景 2

资料来源：卷宗号 U1-14-1969

图 2-42 改造后的昆山广场儿童公园园景 3

资料来源：卷宗号 U1-14-1969

图 2-43 改造后的昆山广场儿童公园园景 4

资料来源：卷宗号 U1-14-1969

2. 公共租界小型公园发展的两难抉择

相对于综合性公园，小型公园通常以满足少年儿童游戏和成人居民日常游憩为主要目的，服务对象和功能单一，规模也不大，面积一般在1万平方米以内，宜建在住宅相对集中的区域，选址在位置适中、相对安静和安全的地方。由此，对当时的公共租界来说，这类公园的选址必须在界内合适的位置，地价也因此较高。有鉴于此，面对辟建小型公园的紧迫性，公共租界当局往往议而不决，举棋不定。

事实上，早在20世纪10年代初，无论外侨个人或社团均纷纷要求租界当局辟建小型公园，公园委员会也于1912年多次呼吁增加儿童游戏场。吁请未果的同时，在公共租界东区，部分外侨居民自发集资租赁土地自建了一处儿童游戏场。建成后不久，由于该园土地所有人发生变更，集资人担心从此将失去该园。于是，1916年7月14位居住在汇山地区的纳税人，紧急向工部局提呈集体签名的请愿书，要求工部局买进该地，并改造成为永久性儿童游戏场[1]，也即是以后的斯塔德利公园。在公共租界西区，1914年园地监督与公园委员会向工部局强烈建议："目前急需在西区增设至少一个儿童游戏场，当穿越静安寺及其相连的道路时，空气中弥漫着灰尘，马路上是疾驰的车辆，此项事务已刻不容缓。西区正日益成为租界的重要居住区域，现在当土地价格尚比较低廉的时候，应该购置一些开放空地为人们尤其是未来的居民辟建休息场所，否则将时过境迁。[2]"

在日益高涨的呼声中，租界当局开始着手小型公园的选址，但是事实上关于公园选址和土地取得方式方面的过多考虑却阻缓了小型公园的发展。选址方面，有关西区儿童公园选址的议论不决就是一个明证。有人曾建议，综合考虑到地价和方便进出等因素，宜购置位于愚园路附近附属于西区西童女校的20亩土地，用来辟建儿童游戏场。但工部局董事会讨论认为："愚园路的地产离西区的人口稠密区太远，无法完全满足目前的要求。"[3]以后，经工部局董事会会议讨论过的多个地块，或因规模太大，或因一时难以取得，均未果。

土地的取得方式方面，由于这时的公共租界工部局董事们已普遍认识到"租赁土地用作公用，往往促使邻近地区一起发展并使地价升高，当租借契约期满时，工部局将不可避免地面临或者购买该地，或者以更高的租金重新签订租约，或者在附近以更高的价格购买或租借另一块土地。"[4]在土地的租赁和购买两种方式上，这时的租界当局通常会选择后者，由此，购置土地的地价问题又成为辟建小型公园争论中的另一个焦点。

1 U1-1-929，上海公共租界工部局年报（1916年），63B页。
2 U1-1-927，上海公共租界工部局年报（1914年），70B，71B页。
3 上海市档案馆．工部局董事会会议录（第20册）［M］．上海：上海古籍出版社，2001：630.
4 上海市档案馆．工部局董事会会议录（第20册）［M］．上海：上海古籍出版社，2001：630.

综上所述，公园的选址、土地的取得方式与地价是公共租界小型公园建设的核心问题。面对群起的呼声，在选址的远或近、规模的大或小、土地的租赁或购买等的抉择中，租界当局每每陷入进退两难的境地。从建设实践和结果来看，快速发展期租界小型公园的发展非但未能一路高歌猛进，反倒显得有些“鸠形鹄面”。

3.公共租界东区的儿童游戏场

20世纪初开始，在公共租界东区，伴随着区内工业的迅速发展及其附近居住的外侨和务工的中国工人不断增加，辟建儿童游戏场和允许华人进园很快成为一个重要而又敏感的问题。基于这一背景建成的汇山公园，因距离西面的外侨居住区和东端以英商上海自来水公司（今杨树浦水厂）为主的工厂区均较远，园内儿童游客人数寥寥，主要用作外侨的草地运动场，也未能对华人开放。为此，关于华人公园问题，租界当局不断收到各种建议，内部也进行过多次讨论。1913年11月26日工部局董事会会议批准购地建造西区公园也即极司非尔公园计划时，对有关在东区建造一座新公园供华人使用的议题进行讨论，但会议以纳税人会议不可能在一年中同时批准这两个计划为由，予以否决。[1]后来有人提议购买汇中公司（The Central Stores, Ld.）位于马德拉斯路（Madras Road，今平凉路杨树浦港以东段），面积约33亩的“汇中花园（Palace Hotel Garden）”，但又以该地将开发成工业区遭工部局董事会否决。”[2]1921年6月8日总董提出“在今后某天研究另外开辟一个可能准许华人进入的公园问题是很有必要的”[3]。关于在租界内开辟华人公园或开放现有公园供华人使用的问题，也就此告一段落。

关于东区儿童游戏场的问题也不乐观，在东区外侨的强烈建议下，公共租界仅分别在东区的东西两端，以不同方式辟建了周家嘴公园和斯塔德利公园两个小型的儿童游戏场。

1）周家嘴公园（The Point Garden，1916-1927）

位于今杨浦区黎平路东南侧，东临黄浦江，面积3.949亩。这一带时称周家嘴，公园因此得名。1916年公园建成对外侨开放，1926年下半年至1927年间公园被废，土地改作他用。

早在1912年10月，英商上海自来水公司总工程师写信给工部局工程师，建议工部局租用编号为6067的册地辟为公园，他们只收相当于该地地税的租金，每年白银30两，并要求工部局维护好该地沿江堤岸。11月工部局总办回信表示对此事暂不予考虑[4]。

---

1 上海市档案馆. 工部局董事会会议录(第18册)［M］. 上海：上海古籍出版社，2001：690.
2 上海市档案馆. 工部局董事会会议录(第19册)［M］. 上海：上海古籍出版社，2001：595.
3 上海市档案馆. 工部局董事会会议录(第21册)［M］. 上海：上海古籍出版社，2001：665.
4 U1-1-929，上海公共租界工部局年报（1916年），62B，63B页。

延至 1915 年 8 月，在公园委员会的建议下工部局重新要求租用该地，不久工部局以年租金白银 30 两租得该地并着手进行建设。公园于次年 6 月 15 日颁布公园规则后对外国人开放。公园的布置较简单，以草皮为主，种植一些乔灌木，在其中一棵大树下设置环形坐凳，建有乡村式藤架一座，沿浦江边建造了木质护篱。以后又增建一处荫蓬和沙坑[1,2]。

1921 年，为改善外侨的公共活动设施和解决华人日益高涨的公园要求问题，工部局曾考虑购买周家嘴公园以北沿黄浦江的 144 亩土地，但后因耗资极大而放弃，转而决定购买周家嘴公园的土地[3]。当年，工部局以每亩 4 000 两的价格、共计白银 15 796 两购得 3.949 亩的公园土地[4]。

据工部局年报记载："这里夏季的气温总是比租界其他地方低几度，是租界范围内最凉爽的场所，每当夏日夜晚，公园内游人如潮"[5,6]。周家嘴公园夏季的开放时间很长，每年 5 月 1 日至 10 月 15 日的开放时间为上午 5 时至午夜，并有经工部局允准的外商在此出售软饮料。

2）斯塔德利公园（Studley Park）

今霍山公园，又名舟山公园，园址在虹口提篮桥，位于汇山路（今霍山路）和倍开尔路（Baikal Road，今惠民路）之间，今霍山路 102 号。该园因在二战中一度收容犹太难民而知名。

公园原为 1912 年前后当地外侨居民集资租赁辟建的侨民儿童游戏场所，场地租金和园地日常管理费由各儿童家长按季捐助，捐资丰盈，园内植物和活动设施也渐趋完善。后经附近侨民联名申请和租界纳税外人年会批准，1917 年工部局以 1.8755 万银两从

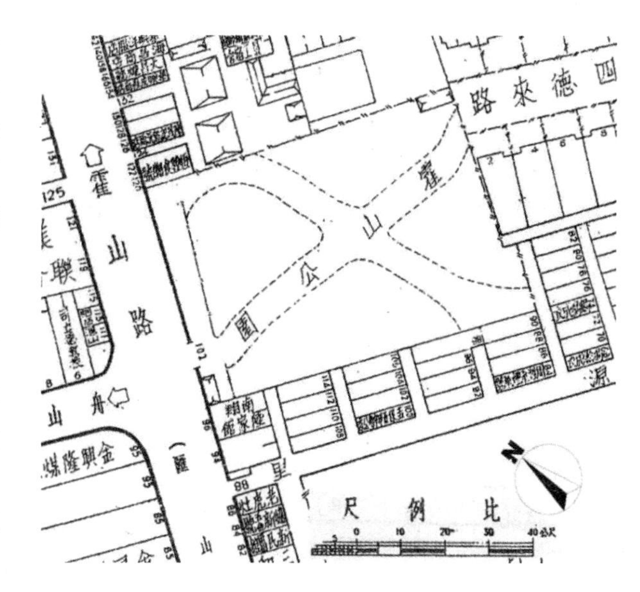

图 2-44 20 世纪 30 年代末的霍山公园平面示意图

资料来源：《上海百业指南·下册二》

1 U1-1-929，上海公共租界工部局年报（1916 年），66B 页。
2 U1-1-937，上海公共租界工部局年报（1924 年），305 页。
3 上海市档案馆. 工部局董事会会议录(第 21 册)［M］. 上海：上海古籍出版社，2001：702.
4 上海市档案馆. 工部局董事会会议录(第 21 册)［M］. 上海：上海古籍出版社，2001：26B.
5 U1-1-928，上海公共租界工部局年报（1915 年），65B 页。
6 U1-1-932，上海公共租界工部局年报（1919 年），54B 页。

英法土地投资有限公司购进此地，计 5.839 亩。同年 8 月工部局颁布该公园管理规则后对外侨开放，取名斯塔德利公园（Studley Park）[1,2]。20 世纪 20 年代初随同园外辟建的舟山路路名，公园改称舟山公园。

公园初建时园内只种植了一些花草树木，儿童游戏设施不多。但公园很受汇山路地区的儿童喜欢，并常由父母、侍从陪同，园内游客甚多。为此，园地部门相继于 1919 年为增加园内植物景观层次，在园内添种常绿耐荫灌木；于 1921 年搭建临时席棚，以供大量儿童及阿妈夏季遮荫；分别于 1925 年、1927 年建成凉亭、厕所和饮水喷泉（图 2-44）。二战爆发后，1939 年夏秋两季曾一度收容欧洲犹太难民[3,4,5,6,7,8]。

该园 1944 年 6 月 23 日随路更名为霍山公园，解放以后有过多次破坏和修建。为纪念二战中的难民收容事件，1994 年在园内新建一座犹太难民居住区说明牌[9]。

4.公共租界西区的儿童游戏场

1）愚园路儿童游戏场（Yuyuen Road Children's Playground，1917-1932）

始建于 1917 年，位于愚园路、地丰路（今乌鲁木齐北路）口西北，也称地丰路儿童游戏场。1932 年，工部局决定在此建造西童小学，公园遂于当年 12 月 20 日关闭，园内树木及设施搬迁至南阳路儿童游戏场，园址在今市西中学内。

1914 年，由于西区公园最终被定位在界外的极司非尔路，跑马厅以西、西摩路（今陕西北路）以东的居住密集区内，仍没有一处可供居民就近游憩的公共园地。辟建极司非尔公园的当年，园地监督和公园委员会即向工部局提出“目前急需在西区增设至少一个儿童游戏场”的建议。之后的 1916 年 2 月 23 日和 10 月 25 日的工部局董事会会议，先后讨论了西区的儿童游戏场事宜，分别提出在卡德路（今石门二路）和静安寺路之间购置土地，或租用跑马总会附属于马霍路（黄陂北路）平房的园地设置儿童游戏场[10,11]。出于人口密集区内地价过高和租地造园不经济的考虑，1917 年工部局只得在更远的地丰路，从新购进用来建造西区西童女校的 30 亩土地中析地 7 亩，以建造儿童游戏场。

愚园路儿童游戏场于当年建成对外侨开放。园内景致一般，仅在草坪上散植一

1 上海市档案馆. 工部局董事会会议录（第 20 册）[M]. 上海：上海古籍出版社，2001：610.
2 U1-1-930，上海公共租界工部局年报（1917 年），23B，72B 页。
3 U1-1-931，上海公共租界工部局年报（1918 年），70C 页。
4 U1-1-932，上海公共租界工部局年报（1919 年），54B 页。
5 U1-1-934，上海公共租界工部局年报（1921 年），72B 页。
6 U1-1-938，上海公共租界工部局年报（1925 年），316，318 页。
7 U1-1-940，上海公共租界工部局年报（1927 年），334 页。
8 U1-1-952，上海公共租界工部局年报（1939 年），511 页。
9 程绪珂，王焘. 上海园林志 [M]. 上海：上海社会科学院出版社，2000：182.
10 上海市档案馆. 工部局董事会会议录（第 19 册）[M]. 上海：上海古籍出版社，2001：649.
11 上海市档案馆. 工部局董事会会议录（第 19 册）[M]. 上海：上海古籍出版社，2001：685.

些洋槐和灌木，另建有一凉亭和秋千等儿童游戏设施。1927年该园曾一度被全部转交给军方辟作营地，新种树木被移植于它地[1]。1928年一小部分场地交由士兵基督教联合会用作娱乐中心，儿童游戏场面积减为5亩左右[2]。由于，该儿童游戏场隶属筹建中的西童女校，在工部局的历次园地统计中均未被计入。

2）南阳路儿童游戏场（Nanyang Road Children's Playground）

原址位于南阳路169号（该路今已不存），爱俪园以北（近南京西路）、奉贤路以南、西康路以西、铜仁路以东的范围内，占地5.488亩（图2-45）。1923年初夏公园建成后正式对外侨开放，取名南阳路儿童游戏场。该场地迟至1934年7月26日才对华人开放，是上海租界公园中最晚向中国人开放的公园。1937年更名南阳儿童公园。解放后改名南阳公园并进行过多次改造，1985年关闭，园址为今上海商城的一部分。

由于静安寺与卡德路（今石门二路）之间地区住有大量外侨，缺乏儿童游戏设施，距离已建成的愚园路儿童游戏场又太远，工部局董事会于1920年年初责成工务委员会及早留意在此寻觅一两块儿童游戏场地[3]。经过比较，1921年工部局最终以30 184两白银从业广地产公司购得位于小沙渡路（今西康路）以西的园址。选择这里的主要原因是该地的规模较合适，其周边都是些带有大花园的大型居住社区，不可能再开发建设，特别是南阳路的南侧。另外，南阳路并非快速交通道路，较安静，适合儿童在此安全活动[4]。

花园由大小两块草坪组成，小的一块位于入口处，呈圆形，种有针叶树群；里面大的一块呈椭圆形，为儿童游戏区，草坪上置有秋千、旋转飞椅、跷跷板等儿童游戏设施。另有饮水喷泉和两个凉亭，还有一个用作临时厕所的棚屋[5,6]。该园很受儿童喜爱，游客众多。以后，1925

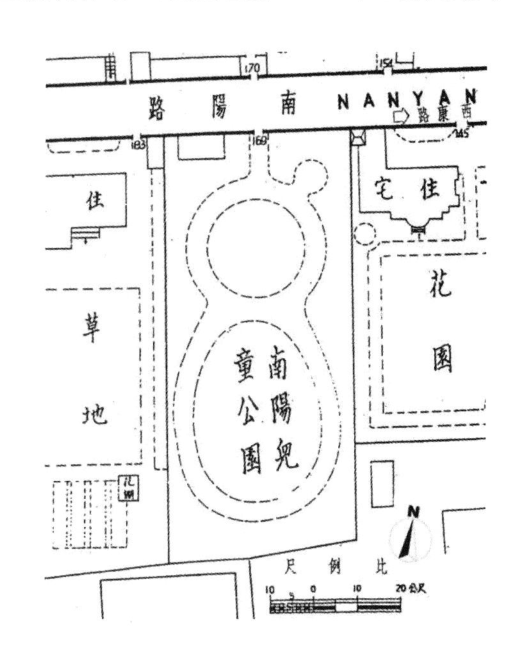

图2-45 20世纪30年代末的南阳儿童公园位置及平面图

资料来源：《上海百业指南·上册二》

1 U1-1-940，上海公共租界工部局年报（1927年），334页。
2 U1-1-941，上海公共租界工部局年报（1928年），277页。
3 上海市档案馆. 工部局董事会会议录（第21册）[M]. 上海：上海古籍出版社，2001：568.
4 U1-1-934，上海公共租界工部局年报（1921年），26B页。
5 U1-1-935，上海公共租界工部局年报（1922年），83页。
6 U1-1-936，上海公共租界工部局年报（1923年），358页。

年新建一座儿童厕所；1927 年该园一度被美国海军陆战队占用，移除了园内的所有植物，其中绝大部分被移植至极司非尔公园的新增地块。1928 年又恢复成儿童游戏场[1,2,3]。

5.法租界的小型公园：宝昌公园（Square Paul Brunat）

宝昌公园位于霞飞路（今淮海中路）、麦琪路（今乌鲁木齐中路）、白赛仲路（今复兴西路）的交汇处，占地仅 3.66 亩。1943 年 10 月随麦琪路更名为迪化公园（图 2-46），1954 年改名乌鲁木齐路儿童公园，1975 年改为街心绿地至今。

1923 年凡尔登花园被出售，次年 3 月，法租界公董局向西着手将霞飞路、麦琪路、白赛仲路三条道路交汇形成的中心三角形小岛辟建成公园，4 月建成，并以霞飞路的前路名宝昌路（Paul Brunat，Route）[4]将之命名为宝昌公园（Parc Paul Brunat）对外侨开放，主要用作儿童游戏场。

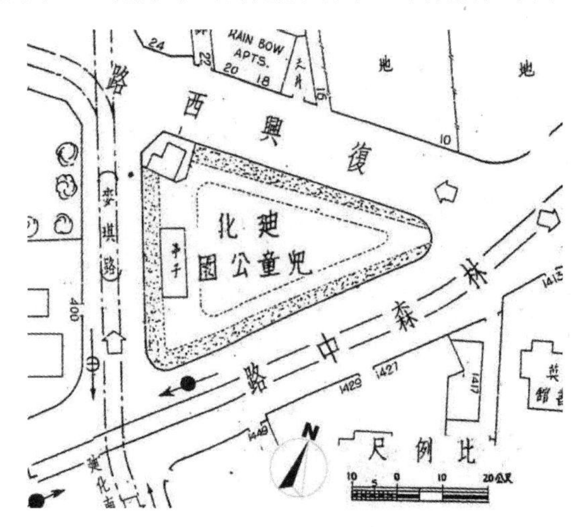

图 2-46 20 世纪 40 年代的迪化公园平面图
资料来源：《上海百业指南・下册二》

公园以麦琪路一边为短边，呈等腰三角形，周以竹篱，沿边开设三道园门。为避免儿童发生车祸，1925 年底，车辆来往较多的今淮海中路、复兴西路两道园门被封闭，仅留乌鲁木齐中路园门。绿化布置除在园边种植一些乔灌木外，其余铺满草皮。园内配有一个亭子和秋千、滑梯、跷跷板等儿童活动设施。

2.3.2 行道树与道路附属园地的快速发展

无论发展规模，抑或管护水平，1900-1927 年是上海租界行道树与道路附属园地发展的高峰期。

1 U1-1-938，上海公共租界工部局年报（1925 年），316 页。
2 U1-1-940，上海公共租界工部局年报（1927 年），334 页。
3 U1-1-941，上海公共租界工部局年报（1928 年），277 页。
4 今淮海中路，1906 年以 20 世纪初任法租界公董局总董 Paul Brunat 的名字命名，1915 年改以法国元帅 Joffre 的名字命名为霞飞路（Avenue Joffre）。

1. 公共租界的行道树发展

从整体来看，公共租界的行道树发展可分为 1900 年以前的缓慢发展期、1900-1927 年的快速发展期和 1927 年以后的衰退期三个阶段。快速发展期内又有两个发展高峰，也即 1904-1913 年前后在新扩界范围内的大量种植和 1923-1925 年前后在界外道路上的大量种植（图 2-47）。总体上，界内的行道树数量较稳定，而界外的行道树和路侧零星空地中的植物数量随着管理水平和城市发展水平的不同而变动很大。

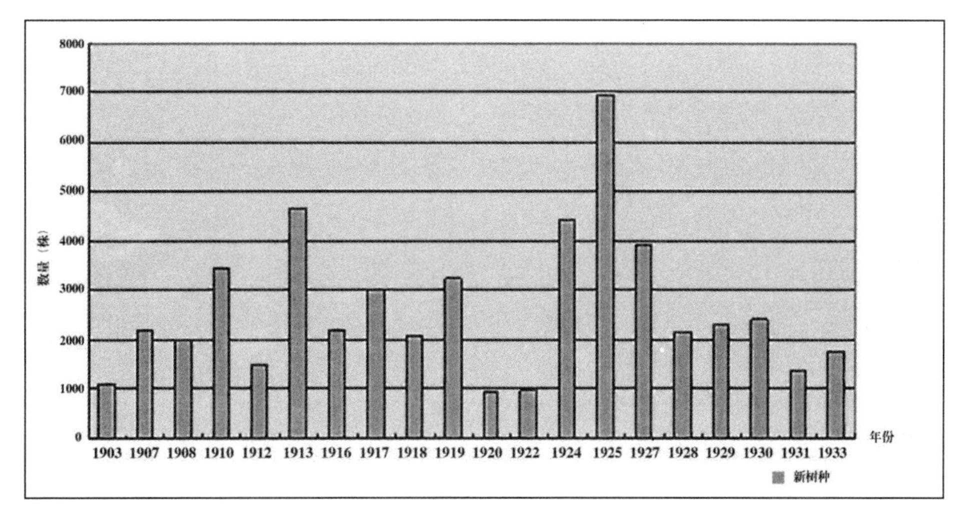

图 2-47 1903-1933 年间若干年份公共租界路边新植树木数量对比图

资料来源：根据各年份《上海公共租界工部局年报》整理绘制

1）第一次高峰

1899 年扩界以后，公共租界加快了市政道路的建设步伐，尾随而至的行道树种植随之进入第一个发展高峰。1903 年公共租界内外的行道树总数为 4 773 株，1904 年增至 5 556 株，1905 年达到 9 312 株，两年内翻了一番。1906 年包括行道树在内的路边树木总数已达 25 762 株；1910 年在路边新植树木 3 455 株、灌木 3 150 株、修枝 31 559 株；1913 年新植树木多达 4 690 株，是 1920 年前公共租界年内新植路边树木最多的一年。从 1912 年的分区路边树木统计表（表 2-6）中可以看出，1910 年前后数年西区是公共租界路边树木的建设重点，绑扎固定和立桩护树的树木数量均占总数的 60%左右。由于前十年新植路边树木很多，树苗的死亡数量也相应增加，1915 年前后进入以补植为主的发展阶段。1916-1919 年每年新植路边树木也均超过 2 000 株，1917 年行道树总量为 21 298 株[1, 2, 3, 4, 5, 6, 7, 8]。

表 2-6 1912 年公共租界分区种植、绑扎固定、立桩的路边树木数量　　单位：株

	绑扎固定	种植	立桩
西区	19 836	951	1 374
东区	9 523	396	660
北区	1 929	74	128
中区	1 430	69	211
合计	32 718	1 490	2 373

资料来源：《上海公共租界工部局年报》(1912)

行道树的快速发展不仅表现为数量的增加，更表现为树木种类的丰富和建设管理水平的提高。1899 年园地监督阿瑟刚上任就接管了行道树的管护工作，于 1900 年 11 月 12 日至 29 日去日本横滨等地考察苗圃，用 500 两白银购买将近 6 000 株适合点缀道路景色的树木和灌木，主要有栎树（Oaks）、榆树（Elms）、山毛榉（Beeches）、银杏（Ginkgo biloba）、樟树（Camphor）、栗树（Chestnuts）、泡桐（Paulownia imperialis）、梓树（Catalpa）等，与同年春季从英国订购的 1,800 株新树苗一起在靶子场苗圃进行培植。以后几年，这些新树种陆续被用于路边种植[9, 10, 11]。阿瑟还于 1903 年对公共租界的行道树进行了第一次详细普查。

1907 年以后，在新成立的公园委员会指示下，由麦克利戈领导的园地部门加强了行道树的建设和管理工作。由于电车轨道建设而滥伐行道树和界外居民肆意损坏行道树的现象严重，麦克利戈多次与相关方面进行交涉，增设行道树专管人员，并促成 1907 年和 1909 年上海道台两次颁布损坏行道树的禁令，一段时间内遏制了事态的进一步恶化[12, 13]。1910 年以后，针对台风等特殊气候、车辆碰撞以及蛀杆幼虫频发造成行道树的损坏增多，园地部门采取了一系列的管护措施。如通过对 10 年前种植的、业已长成大树的行道树进行整枝，抽稀、控制树冠，以避让逐渐增多的架空线路，并能减少树冠的风阻，从而增强了树木抵御台风的能力[14, 15]。

---

1 U1-1-916，上海公共租界工部局年报（1903 年），191 页。
2 U1-1-917，上海公共租界工部局年报（1904 年），226 页。
3 U1-1-918，上海公共租界工部局年报（1905 年），243 页。
4 U1-1-923，上海公共租界工部局年报（1910 年），236 页。
5 U1-1-926，上海公共租界工部局年报（1913 年），81B 页。
6 U1-1-929，上海公共租界工部局年报（1916 年），68B 页。
7 U1-1-930，上海公共租界工部局年报（1917 年），73B 页。
8 U1-1-931，上海公共租界工部局年报（1918 年），72C 页。
9 上海市档案馆. 工部局董事会会议录（第 14 册）[M]. 上海：上海古籍出版社，2001：564.
10 U1-1-913，上海公共租界工部局年报（1900 年），217 页。
11 U1-1-914，上海公共租界工部局年报（1901 年），238 页。
12 U1-1-920，上海公共租界工部局年报（1907 年），195 页。
13 U1-1-922，上海公共租界工部局年报（1909 年），239 页。
14 U1-1-924，上海公共租界工部局年报（1911 年），190 页。
15 U1-1-926，上海公共租界工部局年报（1913 年），81B 页。

然而，租界边缘与界外道路沿线的行道树仍时常遭到严重损坏。1913 年园地监督直抒胸臆地说：“尽管界外道路行道树的损坏没有达到 7 年前的程度，但像虹桥路上的行道树每次破坏都很严重……如果不是因为这种间断性的破坏，租界已经形成较健全的驱车林荫道系统，而现在的大多数道路上，要么是全部新种的行道树，要么‘老少并存’，从 9 个月到 8 年的树木都有”[1]。20 世纪 10 年代中期几年，随着行道树的增多，公共租界遭遇“树木种的越多损坏也越多”的困境，被毁树木年均为 500～800 株，占到行道树总数的 3～4%，每年新植的行道树中约 30%～40% 是为了补植已死亡的树木。至 1917 年公共租界的界内外行道树总数也才 21 298 株，到 1922 年时行道树数量下降至 20 722 株。依附于道路的各项市政设施和公共交通的快速发展，随同外来树种一起增多的病虫害，沿线乡民的恶意损坏，等等，无不对道路沿线的行道树构成很大威胁，让望治心切的园地监督也已感觉到有些力不从心。

但是，由于此时的公共租界，试图通过越界筑路以实现地域扩展的梦想不仅尚未泯灭，而且更为强烈，行道树的规模仍将会随之不断增大。

2）第二次高峰

1925 年前后，随同越界筑路的加速进行，公共租界掀起又一轮的行道树建设高潮。表 2-7 是 1920-1933 年历年工部局在路边树木方面的工作内容统计，从中可以发现，公共租界在 1920 年代中期的行道树建设和管理的工作量很大。仅 1924 年一年就新移植 7～8 年生的大树 4 452 株，行道树总数达 23 513 株，植有行道树的

表 2-7 1920-1933 年间若干年份公共租界行道树等路边树木种植与养护状况一览表　　单位：株

年份	1920	1922	1924	1925	1927	1928	1929	1930	1931	1933
种植	948	964	4 452	6 932	3 902	2 150	2 312	2 398	1 347	1 752
移植	791	870	1 999	795	379	287	459	559	224	65
加固	13 206	17 057	15 037	4 778	4 499	3 341	3 961	3 677	6 318	3 200
立桩	1 677	4 078	6 390	5 624	6 607		3 102	1 317	1 627	3 240
修枝	14 649	22 819	98 541	28 858	32 140	35 980	39 343	41 922	50 730	55 883
追肥	20 239	538	85	10 784	18 519	27 391	34 210			
编号		16 787	39 852	27 808	13 146	20 431	20 745	29 296	8 133	16 636
移除树木		442	1 259	1 469	556	652	936	1 033	1 050	616
补树洞（个）	18 636	7 902	61 919	14 649	6 735	3 278	1 231	8 793	8 844	9 519
捣鸟巢（个）	1 439	595	605	516		42	238		44	

资料来源：根据各年份《上海公共租界工部局年报》整理编制

注：1930-1933 年年均树干刷石灰水、深耕除草几千株

1 U1-1-926，上海公共租界工部局年报（1913 年），81B 页。

道路数达到116条[1]。1925年有行道树的道路数降至103条，而行道树总数则上升到28 222株，新种树木达6 932株。工部局平均每年的路边树木开资为4 000两白银，而1925年则投资6 000两，在西区的法磊斯路（今伊犁路）、麦克劳路（淮阴路，今已不存）和虹桥路种植新树，新种树木数和行道树总数均创历史之最（图2-47）[2]。至此，公共租界行道树已有柳树、乌桕、白蜡、青桐、槭树、梓树、皂荚、枫杨、榆树、泡桐、银杏、悬铃木、香樟、黑杨等十多个主要树种。

2.法租界的行道树发展

深受19世纪中期法国巴黎城市改造与美化运动的影响，较之公共租界，法租界对行道树的建设更为重视，并取得更大成效，形成自身鲜明的特点。巴黎改造的最突出表现就是对城市街景的塑造和控制，林荫大道的建设成为其城市改造的重要环节。林荫大道最重要的景观构成，除了统一后退红线、风格和高度相对一致的沿街建筑，当属树木形态整齐优美、种植间距相同的行道树。在这新起的远东都市，法国人也试图实现同样的梦想，将行道树的建设和管护作为市政园林乃至整个城市建设的重点。

1914年和1927年前后是法租界扩界历程中的两个重要转折点。1914年末的向西扩界是法租界最大的一次空间扩展，道路建设面广量大；1927年前后越界筑路和扩张受阻后，租界的市政建设重点回到界内，作为城市空间拓展先导的道路及其附属设施，其发展步伐也因此慢了下来。法租界的行道树发展与其空间拓展和道路建设基本同步，可依次分为三个阶段：1914年前的初步发展期，1914-1927年前后的快速发展期，20世纪20年代末开始的衰退与平稳期。

1914年第三次扩界以后，筑路工程迅即铺开，行道树随之在新扩界的范围内纵横延展。据公董局档案记载，1917年种植行道树519株、更换192株，同年年底法租界内共有行道树9 362株，分别为悬铃木3 232株、杨树5 252株、水杉611株、栎树157株、枫树47株、柳树36株、皂荚树21株、榆树4株、槐树2株[3]。1920年的行道树数量突破1万株，树木种类也增至十几个。20世纪20年代是法租界行道树发展的高峰期，树木数量连续几年以年均10%的速度递增，至1925年达到最高，总计18 305株[4,5]。1925-1929年间，行道树发展相对平稳，数量维持在1.8万株上下，主要工作转为树木的替换和维护（图2-48、表3-5）。

目前，尚未发现有关法租界内行道树分布和发展水平的详细资料。为明晰其发

1 U1-1-937，上海公共租界工部局年报（1924年），306-307页。
2 U1-1-938，上海公共租界工部局年报（1925年），318-320页。
3 U38-1-2785，上海法租界公董局年报（1917年），170页。
4 U38-1-2788，上海法租界公董局年报（1920年），243页。
5 U38-1-2793，上海法租界公董局年报（1925年），249页。

展水平，不妨进行以下大致推断：1914 年以后，法租界的面积约为 10 平方公里，如以 20%的道路密度计算，法租界内的道路面积为 200 公顷，以 1.8 万株行道树计取，则法租界内每公顷用地拥有行道树 90 株。如以平均道路宽度为 20 米进一步推算，法租界内道路的总长度为 100 公里左右；法租界的行道树种植间距一般为 7～10 米，除去道路交叉口和出入口，平均取 10 米间距较为合理，以每路两排行道树计算，则法租界种有行道树的道路长度为 90 公里。以此可以得出，20 世纪 20 年代中后期法租界内的道路有九成种有行道树，这个比例在当时是相当高的。当然，这仅是一种推测，与事实可能存在较大偏差，但多少也能反映出法租界行道树发展的大致情形和水平。

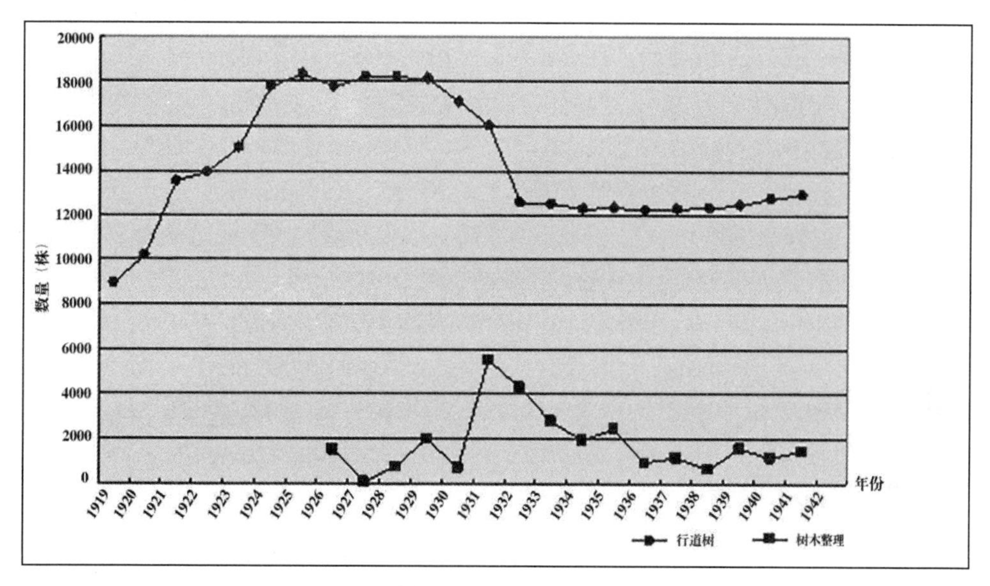

图 2-48 1919-1941 年间的法租界行道树及其整理数量变化图

资料来源：根据《上海法租界公董局工作年报》、《上海法租界公董局市政公报》相关资料整理绘制

3. 道路附属园地的发展

1900-1927 年间，上海租界在快速发展道路与行道树的同时，也随路建设过一些道路附属园地。

道路附属园地是租界小型园地（Minor Open Spaces）中的一种，依据位置和功能可细分为两类：一类是位于道路一侧，供附近居民或路人短暂休憩的开放式游息性公共园地，也即是解放后普遍开辟的街头小游园；另一类也是主要的一种，是指位于道路交叉口中心或四角供车辆和乘客停息的开放式交通性公共园地。道路附属园地的面积一般在数百至数千平方米之间，两租界先后辟建的面积近 1 亩及以上的道路附属园地共有 13 处（表 2-8、图 2-49），其中法租界仅有 1 处。这些道路附属园地后来大部分或面积缩小，或改作他用，今多已不存。

英美租界工部局于 1879 年在外滩辟建的外滩公共园地（公共景观带）可以视作为上海最早的道路附属园地，以后公共租界和法租界分别在虹口外滩、法租界外滩和苏州河沿岸进行临路、滨水的公共园地建设。20 世纪初，租界的市政道路和公共交通发展加快，当局开始进行公共交通配套设施的建设，提供车辆和乘客停息的开放式交通性公共园地随之出现。公共租界于 1900 年最早辟建静安寺路转车处园地（Bubbling Well Road Carriage Turn），以后又陆续在西区和东区建设白利南路园地（Brenan Piece）、白兰登堡转弯处园地（Blydenburgh's Turn）、汇山路转弯处园地（Wayside Carriage's Turn）等道路交叉口附近的公共园地。在居住集中区域，与道路建设相结合的居民日常游憩性园地肇始于 1902 年的愚园路园地（Open space near Yu Yuan Road Gardens），早期的汇山路转弯处园地、霍必兰路园地(Warren Piece)、静安寺路大西路交叉处园地(Minor Space at the junction of Bubbling Well and Greet Western Roads）以及法租界内的宝建路桃江路园地均属此类。由于功能不同，道路附属园地的布置比小型公园要简单得多。通常，以植物种植为主，或是一片草地、几株大树式的林荫草地型；或是仅突出一两种乔灌木，很少进行草花布置的丛林型。园内设施很少，一两条园路、几个座凳经常是园内仅有的游憩设施；园地四周一般围以竹篱，并用爬藤类植物进行装饰，或用低矮的灌木丛进行围合；不收门票，管理也相对粗放。择其要者简述如下：

静安寺路转弯处园地（Bubbling Well Road Carriage Turn）：1900 年建成，是上海最早的交通性道路附属园地，位于今南京西路华山路路口东南，面积不详。起初主要种植灌木，又称“静安寺路旁灌木丛”，分为互不连属的三部分，附近马车和乘客时常拥挤。1914 年合并成一块，铺设草皮，草地上种植几株大树；1920 年以后一度改为游憩性园地，供人活动；1928 年改作电车、公共汽车终点站。

愚园路园地（Open space near Yu Yuan Road Gardens）：辟建于 1902 年，是外滩等滨水园地以外上海最早的道路游憩性园地，位于当时的愚园东首，今愚园路常德路路口，占地 2.334 亩。该园地早期是以草坪为主的活动园地，四周以铁链围合。1907 年改建赫德路（今常德路）愚园路口时，将之包在道路中央，成为一个种有一些松树和黄杨的交通岛，从此又被称为赫德路转弯处（Hart Road Carriage Turn）或赫德路园地（Hart Road Piece）；1934 年改建成以游憩为主的园地，在草地中央铺设游步道，种有两排银杏，并设置铁链将园地分为四部分；1936 年因放宽马路，草地面积略有减少；1941 年再次改造，以灌木为主。

白利南路园地（Brenan Piece）：建于 1907 年，位于今长宁路万航渡路交汇处东南，平面呈三角形，面积 4.950 亩。以庭荫树、草地为主，设置一些座凳。该园地是租界道路附属园地中车辆、游客最多的一处，有效缓解了静安寺转弯处园地的拥挤程度。

汇山路转弯处园地（Wayside Carriage's Turn）：建于 1912 年以前，位于今霍山路杨树浦路口，面积 2～3 亩。起初主要种植灌木，被称为“汇山路旁灌木丛”；1916 年改造为游息性园地，模仿日本庭院风格，移除原有部分女贞树丛，塑造成植有各种矮生植物的小山丘景象；20 世纪 20 年代被附近中国儿童用作运动场，草地维护不良；1924 年将草地全部改为灌木丛，面积略有增加。

霍必兰路园地（Warren Piece）：始建于 1913 年，面积 6.951 亩，外滩、苏州河滨水园地之外租界最大的道路附属园地。位于今古北路长宁路路口东南，平面近三角形。园内多为地形起伏的疏林草地，又因紧邻苏州河，视野开阔。1916 年沿边筑石墙，并列植山楂树；1921 年因道路改造，面积略微减少至 6.395 亩；1923 年后基地被用作民生纱厂。

辟建霍必兰路园地时，1914 年公共租界工部局沿白利南路（今长宁路）、愚园路，向东分别在极司非尔公园南入口前和愚园路近静安寺处建造两处园地，即愚园路白利南路交叉处园地（Minor Space at the junction of Yu Yuan and Brenan Roads）和静安寺路愚园路交叉处园地（Minor Space at the junction of Bubbling Well and Yu Yuan Road），规模不大，面积均在 1 亩以内。

表 2-8 上海租界道路附属园地一览表

序号	中文名	英文名	辟建时间与位置	规模与特征
1	静安寺路转弯处园地	Bubbling Well Road Carriage Turn	1900 年，今南京西路华山路口东南	面积不详。早先称“静安寺路旁灌木丛”，后改成活动园地，1928 年改作电车、公共汽车终点站
2	愚园路园地（又称赫德路转弯处或赫德路园地）	Open space near Yu Yuan Gardens(Yu Yuan Road plot) Hart Road Carriage Turn （Hart Road Piece）	1902 年，愚园东首，今愚园路常德路路口	2.334 亩。草坪为主的活动园地，1907 年改为交通岛， 1934 年改建为游戏性园地，1941 年再次改造成以灌木为主的交通性园地
3	白利南路园地	Brenan Piece	1907 年，今长宁路万航渡路交汇处东南	4.950 亩。设置座凳，以庭荫树、草地为主的三角形园地，车辆、游客众多
4	白兰登堡转车处园地	Blydenburgh's Turn	1908 年前，今华山路	0.942 亩。种有乔灌木的乘客休息场地，1923 年被出租

（续表）

序号	中文名	英文名	辟建时间与位置	规模与特征
5	汇山路转弯处园地，又称杨树浦路转弯处园地	Wayside Carriage's Turn (Yangtszepoo Road Carriage Turn)	1912年前后，今霍山路杨树浦路路口	2～3亩。早先称“汇山路旁灌木丛”，1916年部分改造成“日本庭园风格”的活动园地，1924年因草地损坏严重，改为灌木丛，1932年后疑为苗圃
6	霍必兰路园地	Warren Piece	1913年，今古北路长宁路路口东南	6.951亩。租界外滩等滨水园地之外的最大道路附属园地，视野开阔、地形起伏，1923年后被用作工厂
7	静安寺路愚园路交叉处园地	Minor Space at the junction of Bubbling Well and Yu Yuan Roads	1914年，拟在今愚园路乌鲁木齐路路口东侧	1亩。铺设草皮，种植树木和开花植物新品种，沿周边竹篱种植紫藤
8	愚园路白利南路交叉处园地	Minor Space at the junction of Yu Yuan and Brenan Road	1914年，极司非尔公园(今中山公园)南入口前	1亩以内。三角形空地，铺设草皮、围以栏杆
9	平凉路园地	Ping Liang Piece	1921年前，今平凉路江浦路路口	1921年增加1.008亩，由四部分组成，面积分别为：0.842亩、0.737亩、2.561亩、0.568亩，总计4.758亩，1925年1.748和6.891亩。
10	静安寺路大西路交叉处园地	Minor Space at the junction of Bubbling Well and Greet Western Roads	1936年，今南京西路乌鲁木齐路交汇处以南	交通岛，原名“海岛”，面积4亩以上。西部为儿童游戏场，东部为小足球场
11	福熙路、威海卫路交叉处园地	Traffic Island at the junction of Foch and Wei-hai-wei Roads	1936年，今陕西北路、威海路、延安中路	交通岛，面积不详。几棵遮荫大树，铺设草皮，四周围以篱笆、种植常绿低矮绿篱
12	胶州路与爱文义路交叉处园地	Traffic Island at the junction of Kiaochow and Avenue Roads	1936年，今胶州路、北京西路	交通岛，面积不详。铺设草坪，四周植以常绿矮树，并围以篱笆
13	宝建路恩理和路路口园地（法）	Square Pottier	1918年，今宝庆路桃江路路口	0.975亩。法租界内最大的一处道路附属园地，原为欧洲人聚集场所，1918年下半年始建，次年春季建成，以大树和草地为主，疑以后园地扩大于1937年建俄国诗人普希金像

资料来源：根据《上海公共租界工部局年报》、《上海法租界公董局工作年报》关资料整理编制

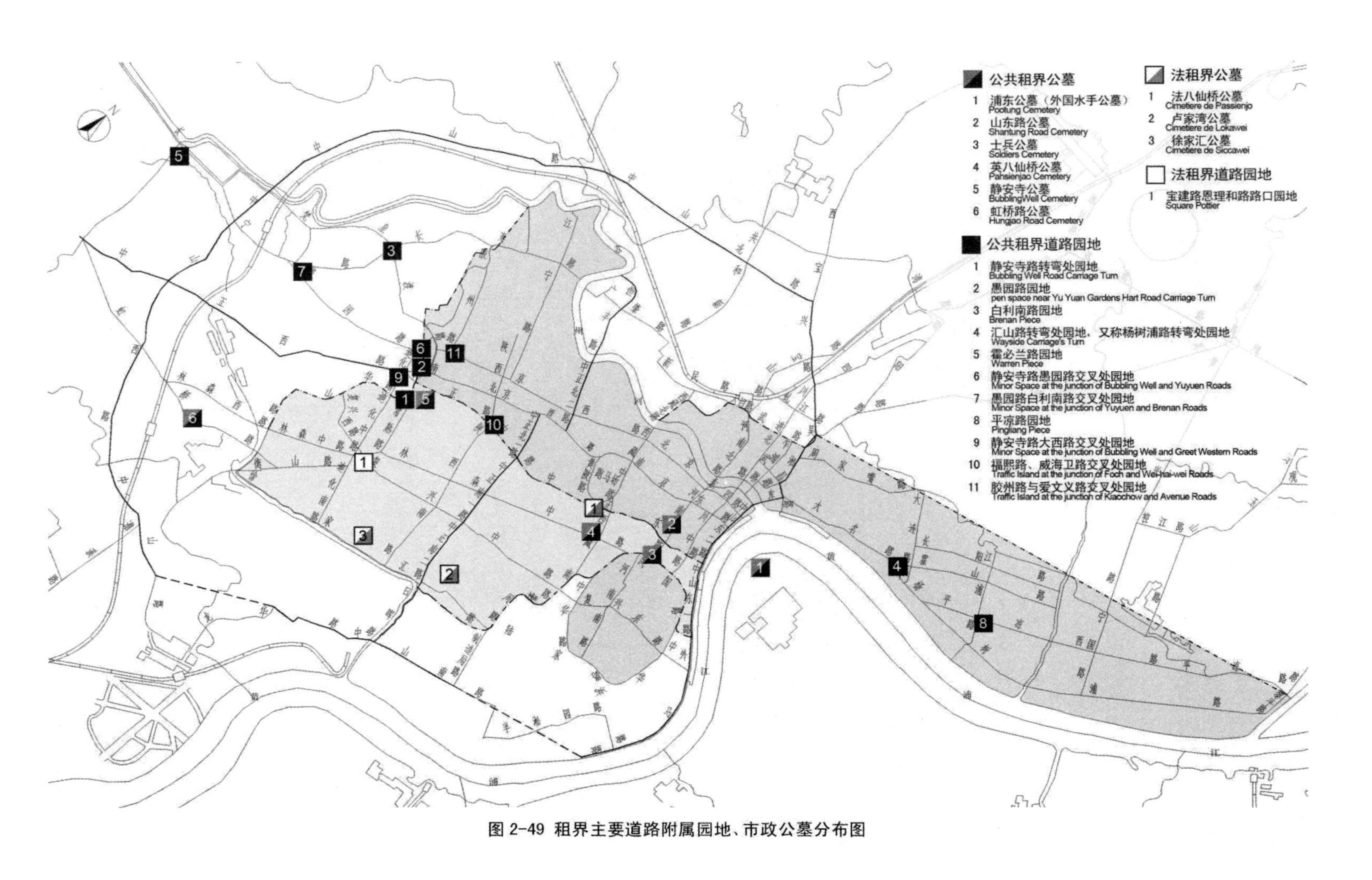

图 2-49 租界主要道路附属园地、市政公墓分布图

2.3.3 市政公墓的发展与维护

教会特权的消失和浪漫主义思想的兴起与蔓延，以及公共健康理念的出现，改变了人们对于死亡的态度，乡村墓地（Rural Cemetery）随之诞生。在英国，代表忧郁和再生的柳树取代死亡的面具成为坟墓的新标志（图 2-50）；在法国，古希腊、古罗马时期的城外殡葬习俗受到追捧，人们开始希望在草坪上而非空地上修建亲属和自己的坟墓。1801 年法国颁布了一项法律，要求社区购买边界之外的土地修建公墓，2 年后巴黎城东塞纳河边修建了第一座郊外公墓 Pere-Lachaise，笔直的林荫道为灵柩的运送和前来吊唁的人们提供了便利（图 2-51）。1831 年，城市改良者和园艺师共同努力产生的马萨诸塞州蒙特奥本墓地（Mount Auburn）是世界乡村墓地的起点，推动了美国公园墓地运动的发展（图 2-52、图 2-53）。在丘壑环抱的自然风景式墓地里，取代清教徒灰色墓石板的白色大理石在阳光照射下明亮而富于诗意，乐观而又自豪的人们在这忧郁与欢愉交织的环境中感受到的不仅仅是悲伤，教育与游览开拓了乡村式公墓的新价值，随之而来的园艺修饰却逐渐改变了墓地的自然风光，最终走向充满各种植物的纪念性花园。在这新型纪念性花园的影响下，西方城市里的旧公墓纷纷植树种草，透过铁栏成为城市中的

图 2-50 柳树-19 世纪 20 年代英国墓地的新标志
资料来源：《景观设计》（*Landscape Design—A Cultural and Architectural History*）

图 2-51 19 世纪初的法国 Pere-Lachaise 郊外公墓
资料来源：《景观设计》（*Landscape Design—A Cultural and Architectural History*）

图 2-52 美国蒙特奥本墓地一角
资料来源：《景观设计》（*Landscape Design—A Cultural and Architectural History*）

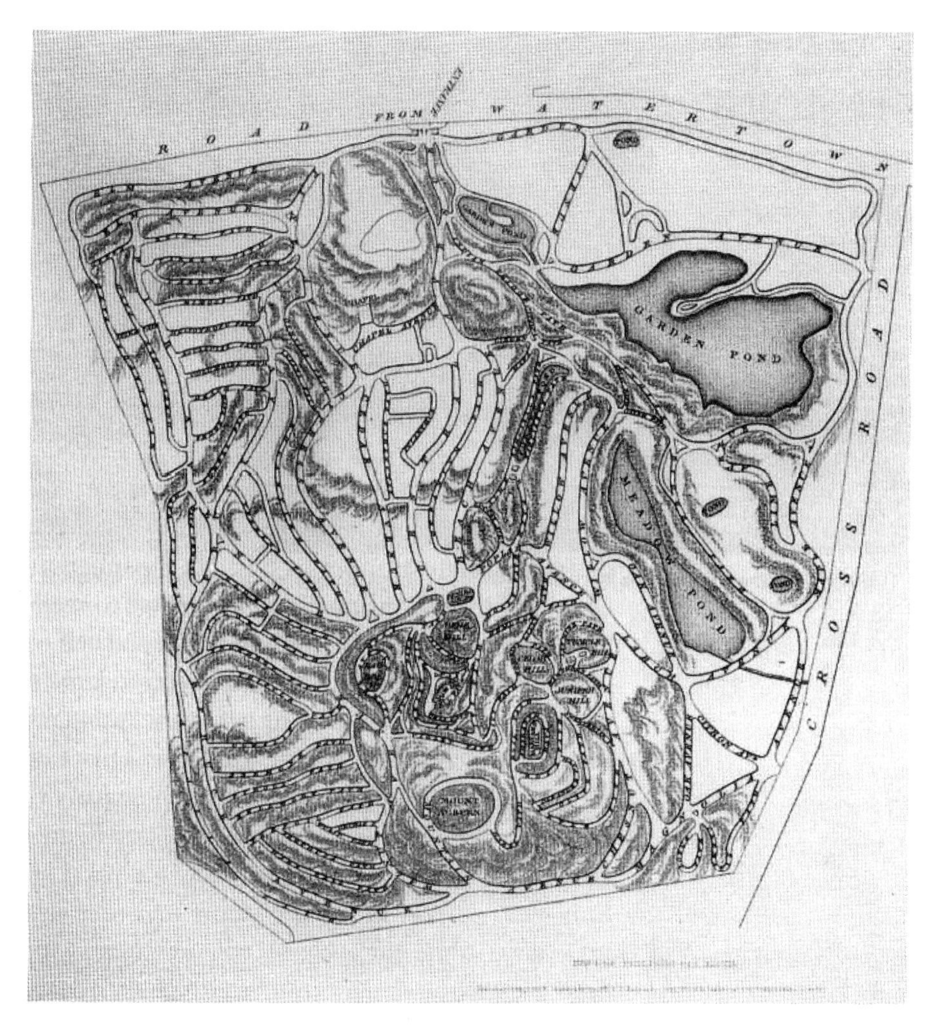

图 2-53 美国蒙特奥本墓地平面图

资料来源：《景观设计》(*Landscape Design-A Cultural and Architectural History*)

新风景[1]。以上种种，即是上海租界市政公墓以及风景式公墓发展的时代背景。

上海公共租界当局先后建设的主要公墓有 7 处，法租界有 3 处，20 世纪初总面积 170 余亩，1920 年代中期超过 300 亩（表 2-9、图 2-49）。八仙桥、静安寺、虹桥路等几个大型市政公墓在界外的选址与建设都要先于租界扩界，经过 20 世纪前 20 余年的拓展与管护，这些公墓均具有西方风景式公墓的部分特征。应该说，

1 Elizabeth Barlow Rogers. Landscape Design-A Cultural and Architectural History. Harry N .Abrams, INC., Publishers，2001：330-337.

它们的选址于郊外及其风景式景观特征的形成，是受到西方城郊公墓和乡村公墓的一定影响所致。

表 2-9　上海租界主要市政公墓一览表

序号	中文名	外文名	时间、位置	规模、概况
	公共租界			
1	浦东公墓（外国水手公墓）	Pootung Cemetery	1859 年始葬，1904 年满穴，今浦东陆家嘴浦东公园一部分	俗称外国坟山，英、法、美租界当局辟建，埋葬 1850-1865 年间死于上海的外国水手，面积 31.056 亩，1928 年 23.212 亩，1935 年 16.226 亩；1976 年 5 月迁入万国公墓
2	山东路公墓	Shantung Road Cemetery	1841 年始葬，1864 年工部局改建，1871 年满穴，今福州路汉口路山东中路山西南路	1904 年 9.149 亩，1907 年 9.091 亩，1928 年 8.646 亩，1935 年 8.414 亩
3	士兵公墓	Soldiers Cemetery	1862 年始葬，1865 年满穴，旧县城北门外城墙下	1904 年 4.535 亩，1908 年 4.361 亩，1928 年 4.361 亩
4	英八仙桥公墓	Pahsienj-ao Cemetery	1869 年始葬，英美租界新公墓，后称八仙桥公墓，1925 年满穴；今淮海公园中、南部及南市区体育馆	1904 年 43.694 亩，1908 年 48.25 亩，1935 年 45.463 亩；初期建临时苗圃。1929 年转交卫生部门后开辟少量墓穴，成立新公墓伊斯兰教徒公墓(Mohammedan Cemetery)，面积 2.787 亩，直至 1942 年
5	静安寺公墓	Bubbling Well Cemetery	1898 年始葬，共有墓穴 6214 个，解放时已葬 5353 穴，今静安公园	1904 年 59.751 亩，1907 年 60.539 亩，1908 年 61.085 亩，1928 年 61.085 亩；内设有殡葬礼堂、骨灰陈列室及火化间；1900-1913 年部分为临时苗圃
6	瘟疫公墓	Plague Cemetery	1900 年前建，1930 年代不存，东区，具体时间、位置待考	1904 年 3.632 亩，1908 年 3.389 亩，后无变动。《大教堂》(*Cathedral Compound*) 1879 年已有记载
7	虹桥路公墓	Hungjao Road Cemetery	1923 年获得土地 100.028，1924 年建，1926 年始葬；今虹桥路北番禺路两侧	1926 年 124.527 亩，1935 年 133.644 亩；一度将哥伦比亚路（今番禺路）以西部分的西北、和以东地块辟作苗圃
	法租界			
8	法八仙桥公墓	Cimetiere de Passienjo	1871 年始葬，1905 年满穴，今桃源路普安路路口以西、淮海公园中北部	面积 21.75 亩，法租界新公墓，后也称八仙桥公墓，英八仙桥公墓以北并以围墙相隔
9	卢家湾公墓	Cimetiere de Lokawei	1917 年建，今建国东路淡水路口西南	面积 17.1 亩
10	徐家汇公墓	Cimetiere de Siccawei	1927 年，今肇嘉浜路嘉善路口东北，又称外国坟山	6.9 亩，原为始建于 1921 年的张禹苗圃，现为上海客车厂用地

资料来源：根据《上海公共租界工部局年报》、《上海法租界公董局工作年报》相关资料整理编制

图 2-54 20 世 30 年代末的静安寺公墓平面图

资料来源：《上海百业指南·上册二》

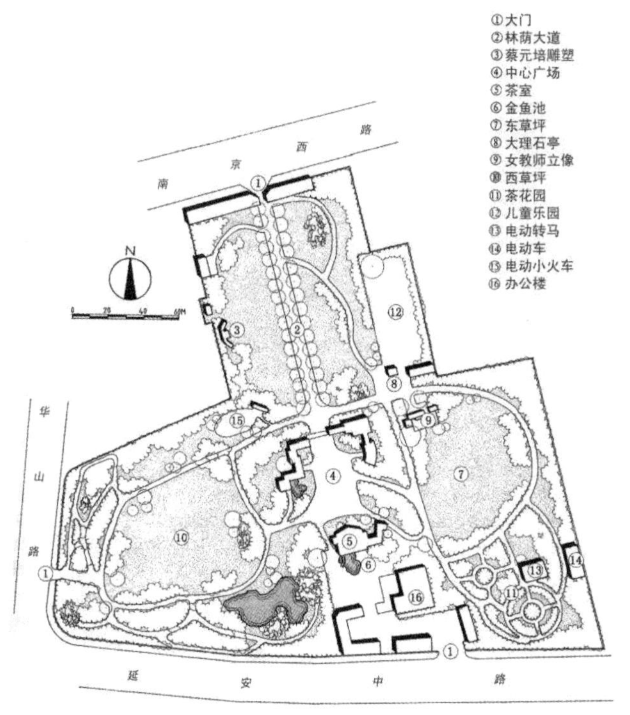

图 2-55 1978 年的静安公园平面图

资料来源：《上海园林志》

19 世纪末的租界公墓内已种有一些树木和草坪，公共部分由管理部门组织种植，墓穴周围由拥有者私人种植，因缺乏统一规划和管理，通常种植较乱。园地监督阿瑟接受公墓园地管理后，对公墓的种植及景观作出评价并建议:“从造园的角度来看，几个老公墓是非常差的，缺乏长远考虑，树木和灌木被各自的拥有者不加区别的进行种植，草木混杂，毫无美观可言。新公墓（静安寺公墓）也仅有少量的树木沿主路种植，我建议对公墓的植物进行调整，以使其整齐美观。在国内一些大的公墓内，树木必须得到负责人的同意后才能种植”[1]。之后几年，阿瑟依次对士兵公墓、静安寺公墓、山东路公墓和浦东公墓的植物进行较大幅度的调整，补充种植乔灌木，调整花坛和花境，植物景观很快成为各个公墓的主要特色。1904 年他还在静安寺公墓种植鸢尾及其他新近引种的多年生植物，进行展示。

1 U1-1-912，上海公共租界工部局年报（1899 年），197 页。

从景观角度考量，静安寺公墓是所有租界公墓中最好的。也因此，静安公园至今仍基本留有公墓时期的格局和部分大树（图 2-54）。公墓平面呈凸字形，主入口位于南京西路，门内一条宽近 30 米、长 100 余米的林荫大道，两旁列植 32 株高大悬铃木，浓荫蔽日；道路的尽端是殡葬礼堂和火化间；道路东西两侧是墓葬区，地势平坦，树群环植，东区北侧树林前是大理石骨灰陈列室（图 2-55）。1924 年公共租界辟建更大的虹桥路公墓时，所采用的布局与静安寺公墓相似，入口处为一散植大树的半圆形草坪观赏区，公墓林荫大道上种植常绿树木，从林荫道上分出支路通向各个墓葬区，墓葬区以铺设草坪为主，一些空地被辟作花坛和花境，公墓四周种有灌木绿篱和成排树木。法租界的几个公墓内，以草坪为主，树木不多，总共才有 300 余株树木，割草和少量草花种植是日常管护的主要工作。

19 世纪时的租界市政公墓由两租界各自的公墓委员会和工务部门管理，公墓园地的日常维护通过招标发包。1898 年开始，公共租界的公墓园地由园地部门负责。1904 年之后，市政公墓的安全和火化管理由工务部门（Engineers Department）分别移交给警务和卫生部门（the Health Department），建筑和庭院维护仍由工务部门负责[1]。1929 年 1 月以后，所有公墓的园地工作由工务处园地部门划归卫生部门[2]。法租界方面，1910 年后的公墓园地工作先后归专职园艺师、园艺主任和公园种植处负责。上海解放后，对几个面积较大、环境较好的租界时期公墓进行了有效利用，分别将八仙桥公墓改建为淮海公园，静安寺公墓改为静安公园，虹桥路公墓的一部分用作市政苗圃。

2.4　小结：快速发展期上海近代园林的特征（一）

（1）20 世纪前 20 余年，上海城市的扩张与繁荣为上海近代租界园林的大众化转向与快速发展提供了动力和基础：上海租界的激进式发展和快速膨胀致使城市人口、社会经济和空间形态发生结构性变化，日益壮大的中产阶级队伍和新型的社会结构成为城市大众公园发展的内在驱动力；租界当局财政收入日渐丰盈，市政机构与管理力量不断加强，成为市政园林发展的经济支撑和运作保障；依据经济发展和社会生活，城市空间出现同类聚集的功能分区，居住社区规模变大并向郊野延展，促进大众公园向郊区分布；上海与欧美国际海港的直航，缩短了上海租界园林学习借鉴西方现代园林的时间距离；道路交通等城市设施的延伸与发展，为市政园林的发展拓展出新空间，扩大了公园的服务范围与造园材料的来源，也便利于近现代园林观念与技术的传播。

1 U1-1-917，上海公共租界工部局年报（1904 年），127，223 页。
2 U1-1-942，上海公共租界工部局年报（1929 年），178 页。

（2）大众公园的快速发展不仅是租界园林大众化转向的标志，也是上海近代园林快速发展的重要内容。公共租界内新建公园的数量与规模较前一时期有明显增加，法租界的公园建设也稳健起步。包含不同类型和规模园地的公园体系初步形成，虹口、极司非尔和顾家宅三个以运动或游憩为主要功能的大型综合性公园均已建成，且趋于完善；儿童游戏场、动物园、植物园等专类公园相继出现并有所发展。公园随城市的扩展而分散布局，并体现出其在城市公共空间开拓和城市形态塑造方面的作用。

（3）随着租界的拓展和区域功能的分异与强化，供外侨民众日常休憩的小型公共园地有所发展。在儿童公园或游戏场方面，在外侨社团的呼吁下，公共租界先后建设几处小型园地，分别位于居住集中的西区和东区。在道路附属园地建设方面，公共租界也明显好于法租界，形成了随道路交通发展的附属园地分类和体系。但在总体上，这一时期租界小型园地的发展尚不能满足社会的需要。

（4）作为市政设施之一和城市美化重要手段的行道树，随市政道路的快速延伸取得很大发展，其建设规模和管护水平于20世纪20年代中期达到高峰。由于理念上的差别，公共租界的行道树种植数量大，强调树木的自然生长和遮荫效果，体现出一定的科学性；法租界则更注重行道树的形态和城市美化功能，客观上，其行道树建设水平、管护措施与景观效果要好于公共租界。作为另一种市政设施的市政公墓也有较快发展，新建或改建的几个大型公墓已具有西方乡村式或风景式公墓的部分特征，植物种植与管护受到重视。

3　快速发展期（二）：租界园林管理与技术的进步和华界近代园林意识的形成（1900-1927）

继上一章对上海近代园林大众化转向和租界公共园地拓展的分析，本章以快速发展期（1900-1927）园林的另一个重要表现——租界园林管理与技术进步和华界近代园林意识的形成与追求为重点展开讨论，关注历史条件和社会背景，以全面的数据统计分析为依据，注重横向比较和纵向分析，分别对租界的市政苗圃、园林花木生产、园地管护、管理机构与规则的发展，以及以植物引种驯化为重点的园林技术进步进行阐述，明晰租界园林管理与技术进步的具体表现及其作用；通过对私园代表——爱俪园的深入剖析、相关文献的引证辨析、园林花木业快速发展的论述，探明华界近代园林意识的成因与追求。从而在技术、制度和观念层面上，阐明上海近代园林大众化转向及其快速发展的特征与规律。

3.1　租界苗圃的建设与花木生产

3.1.1　苗圃建设与发展

上海公共租界和法租界的苗圃发展，受世界近代市政园林发展规律和两租界地缘相近等因素的影响，整体上有很多相似之处，但又具有各自的特点。受各自本国的影响，两者的管理模式、发展重点不尽相同，公共租界更注重园艺科学与技术应用，在苗圃分类和生产植物的多样性方面要好于法租界；法租界则侧重于苗木的具体应用，对树苗的树冠及其形状控制更为重视。在两租界市政园林中发挥着重要作用的诸位园地监督或园艺专家，对租界苗圃的建设与发展影响很大。因各自的专业背景和素养不同，由他们主持的不同时期的苗圃建设水平与生产重点往往存在较大差异，有的侧重于科学性、有的更注重实用性，有的在树木栽培上有心得、有的在花卉培育方面更有特长，这些特点在不同时期的租界苗圃建设和植物培育中均有所体现。

1. 公共租界的苗圃发展（Development of Nurseries）

市政专业苗圃和商业性苗圃的出现是市政园林发展的产物。与租界园地发展相适应，上海公共租界先后辟建过具有一定规模的苗圃和花圃共有 18 处（表 3-1、图 3-1）。不同时期工部局所属苗圃的发展规模、重点及水平存在较大差异，随同租界的兴衰，苗圃的发展也呈现出由生而兴、由盛转衰的演变轨迹。

进入 20 世纪，为满足日益扩展的园地规模与类型对植物材料的需求，在园林、园艺专家的鼓吹和推动下，公共租界的园林苗圃取得了快速发展。园地监督阿瑟(M.R.Athur)和麦克利戈（D.Macgregor）到任后均竭力强调苗圃的重要性。阿瑟一上任就向工部局提出："苗圃是最重要的，我们必须拥有合适的苗圃。如果要获得好的效果，别的不说，就马路上和花园里的树木而言，它们首先应该在苗圃内被合理的进行培育"[1]。麦克利戈更是认为"苗圃被认为是公园园艺特色的源头，如果没有苗圃培育出合适的乔灌木和草本植物，再好的公园设计也是毫无意义的。[2]"园地监督们的这些认识是极富见地的，至今仍具有指导意义。快速发展期内，公共租界市政苗圃的发展大致如下：1904 年前后工部局局属骨干苗圃主要有虹桥路和麦根路苗圃 2 处，面积 95 亩[3]；1907 年增加徐家汇路（1921 年改为海格路，今为华山路）苗圃，总面积 105 亩[4]；1913 年虹桥路苗圃扩大，局属骨干苗圃面积 120 亩[5]；1921 年达到顶峰，总面积 135 亩[6]。加上一些临时性苗圃，1904 年苗圃规模超过 100 亩，1921 年则近 200 亩。规模扩大的同时，公共租界市政苗圃的经营管理水平也有相应提高，主要表现为：

（1）形成了以骨干苗圃为主体的苗圃体系。至 20 世纪 20 年代，工部局初步形成了苗圃、花圃体系。这一体系以虹桥路苗圃、极司非尔园艺试验场（附属花圃）为苗木与花卉植物培育生产的主要基地，以附属于静安寺公墓、虹桥路公墓的临时性生产基地为补充。

（2）专业性苗圃增多，植物培育、生产水平较高。苗圃之间各有分工，最大的虹桥路苗圃主要负责乔灌木的繁殖、栽培，树木从播种到成熟甚至到能够作为行道树大苗出圃，均在此开展[7]，如该圃 1926 年的主要苗木就有悬铃木（Plantanus Orientalis)、伦巴底杨（Poplar Lombardy)、大叶杨（Poplar Large Leaved)、柳（Salix)、白蜡（Chinese Ash)、重阳木（Bischofia)、苦楝（Melia)、合欢（Acacia

1 U1-1-912，上海公共租界工部局年报（1899 年），197 页。
2 U1-1-927，上海公共租界工部局年报（1914 年），72B-74B 页。
3 U1-1-917，上海公共租界工部局年报（1904 年），244 页。
4 U1-1-920，上海公共租界工部局年报（1907 年），156 页。
5 U1-1-926，上海公共租界工部局年报（1913 年），33B 页。
6 U1-1-934，上海公共租界工部局年报（1921 年），25B 页。
7 U1-1-916，上海公共租界工部局年报（1903 年），190 页。

Mimosa)、柿（Persimmon)、漆树（Varnish Tree）等[1]；而储备花园和极司非尔公园等附属温室，则以培育生产夏季用花卉和室内展出植物为主；静安寺苗圃和哥伦比亚苗圃等临时性苗圃，被用作露地花卉和其他花坛装饰植物的栽培基地。拥有分工明确的苗圃基地，公共租界园地部门的专业性花木的生产效率和水平不断提高。

（3）苗圃发展与公共园地的发展进程相契合，具有较大灵活性。在发展时序和空间布局上，公共租界苗圃与公共园地的整体发展是同步的，而且具有相当的灵活性。为适应公园与行道树发展而辟建的虹桥路苗圃，是进行树木繁殖栽培的专类苗圃；靶子场苗圃和极司非尔公园苗圃则是随两个大型公园的建设而设立的；而其他一些临时性苗圃的辟建与消退也与园地的发展进程紧密相关。

总之，在由园地监督领衔的园地部门的积极谋划下，至20世纪20年代中期，公共租界已初步形成规模上大小结合、时间上长短不同、分工上各有侧重、空间上各有依托的苗圃、花圃体系。但从实际效果来看，仅通过一部分人甚至是几个人的努力而推动的市政苗圃，其发展是不充分的。事实上，大部分时间里公共租界内的苗木供应并不十分充足。

2.法租界的苗圃发展（Développement de Pépinières）

与公共租界相比，法租界的市政苗圃建设毫不逊色。公董局先后辟建过15处苗圃（表3-2、图3-1)，若以单位面积公共园地或人均的园林苗圃拥有量来论，后者则远迈前者。

19世纪时，公董局仅先后辟建过几个临时性苗圃。20世纪初叶，法租界内较大规模的园地建设与行道树种植掀起了苗圃建设的一个小高潮，向西在今建国中路、建国西路和肇家浜路两侧，先后辟建卢家湾苗圃（今建国中路重庆南路)、打靶场路苗圃（今建国西路陕西南路)、东石泉苗圃（今肇嘉浜路岳阳路附近）等树木培育苗圃，以及孔家宅临时性苗圃。以打靶场路苗圃为骨干苗圃，苗圃总面积达100余亩。

1914年以后，与公共租界相仿，在先后成立于1918年、1920年的园艺委员会和公园种植处的监督领导下，法租界内由园艺专家褚梭蒙（Tausseanme）等人主持的苗圃建设和管理很快走上正轨，新增巨泼莱斯、湾南、张禹和福开森4处花木栽培基地，苗圃和花圃总面积超过150亩。苗圃之间的分工日渐明确，打靶场路苗圃一度被称为第二附属苗圃（1920年后也称福履利路苗圃)，成为法租界公董局最重要的局属苗圃、花圃和植物培育基地，开展各种树木的幼苗繁殖和种植，并与第一附属苗圃顾家宅公园花圃一起，利用温室、暖棚等设施进行花卉及其他花坛装饰植

1 U1-1-939，上海公共租界工部局年报（1926年)，345页。

物的培育生产；卢家湾、东石泉、湾南、张禹等中小型苗圃以栽培树木为主；巨泼莱斯和福开森苗圃则用来栽培小灌木。至 20 世纪 20 年代中期，法租界内初步形成了不同规模与类别、生产上各有侧重的苗圃花圃体系，所培育生产的植物种类和苗木质量基本满足了法租界园地发展的需要。

表 3-1 上海公共租界苗（花）圃一览表

序号	名称	时间、规模	位置、特征
1	储备花园 (Reserve Garden)	1872-1931 年，4.2 亩	附属于公共花园，早期的花卉植物培育和引种驯化基地，兼作苗圃，1931 年改建成苏州路儿童游戏场；今公共绿地
2	新公墓苗圃 (New Cemetery Nursery)	1881-1888 年前后，公墓的一部分	临时性附属苗圃，又称八仙桥公墓苗圃；公墓于 1956 年改造为淮海公园，今淮海公园北部
3	圣·乔治苗圃 (St. George’s Nursery)	1890-1903 年	栽培树木为主，1903 年出清苗木，土地转作他用
4	靶子路苗圃 (Range Road Nursery)	1890-1904 年之间，老靶子场的一部分	今武进路海南路；租界早期的苗圃和花圃
5	施高脱苗圃 (Scott Road Nursery)	1900 年前至 1904 年，数亩	今山阴路；过渡性树木栽培苗圃
6	麦根路苗圃(Markham Road Nursery)	1900 年前至 1907 年，1.331 亩	今淮安路，近苏州河；20 世纪初的主要树木栽培苗圃之一
7	靶场苗圃（1933 年改称江湾路苗圃） (Rifle Range Nursery)	1900 年辟建，7 亩，近虹口靶子场	租界早期的主要树木繁殖、栽培苗圃，后改作虹口公园附属苗圃；1948 年改称第六苗圃，1949 年 6.75 亩，1956 年并入鲁迅公园
8	静安寺苗圃 (Bubbling Well Road Cemetery)	1900 年-1913 年，静安寺公墓的一部分	临时性苗圃，又称巴布林威尔苗圃、涌泉井苗圃，以栽培花坛植物为主；公墓于 1955 年改建成静安公园
9	虹桥路苗圃 (Hungjao Road Nursery)	1903 年始建；1904 年 94.4 亩，1911 年始有南北两块，北大南小，1921 年达 120.46 亩，后不断缩小，至 1935 年仅为 85.36 亩	虹许路以西的虹桥路南北两块，今西郊宾馆等单位；局属最大的苗圃和树木繁育基地，20 世纪 30 年代开始分区种植其他植物，并局部对外开放供人游览，成为重要的郊游地之一，春秋两季游客甚多；1946 年改称第一苗圃，20 世纪 60 年始建西郊宾馆
10	徐家汇路苗圃 (Siccawei Road Nursery)	1907-1924 年，14.46 亩	今华山路中段南侧；主要的树木栽培苗圃之一，1911 年开始进行花卉和其他花坛植物（常绿灌木）的繁殖栽培；1921 年随徐家汇路改名海格路苗圃

（续表）

序号	名称	时间、规模	位置、特征
11	极司非尔A苗圃(Jessfield "A" Nursery)	1914始建，10亩，极司非尔公园东北	初为公园温室，1915年后为上海园艺协会试验场，1930年改为附属于公园的主要局属花圃，也称兆丰公园或梵皇渡公园苗圃；1944年改称第四苗圃，1960年并入中山公园
12	哥伦比亚路苗圃(Columbia Road Nursery)	1924年建立，虹桥路公墓西北部分	今虹桥路北番禺路（哥伦比亚路）以西的原虹桥路公墓西北；临时性苗圃，培育菊花等植物；1944年改称番禺苗圃，1947年改为第二苗圃
13	极司非尔公园B苗圃(Jessfield "B" Nursery)	1929年始建，虹桥路公墓番禺路以东部分	今番禺路虹桥路路口东北，也称哥伦比亚东苗圃；培育盆栽菊为主的极司非尔公园专用苗圃
14	白利南路苗圃(Brenan Road Nursery)	1926年-1939年，极司非尔公园东南角一部分	今属中山公园；种植松柏科植物为主；1939年因公园扩建而废
15	平凉路苗圃(Pingliang Road Nursery)	1934年，1956年，50亩	今平凉路、贵阳路西北；又称乔丹苗圃，培植供应东区各园地所需的树木及花坛植物；1947年改称第五苗圃，1956年建造为上海电力学院
16	胶州公园苗圃(Kiaochow Park Nursery)	1934年建	胶州路昌平路西北；临时性苗圃，1937年并入胶州公园；1946年改称晋元公园，1956年建为静安区工人体育场
17	波阳路苗圃(Poyang Nursery)	1943年，近40亩	今杨浦区中心医院和波阳公园；1930年计划辟建乔顿公园，由于多种原因而未成园；1944年改为鄱阳苗圃，1946年与平凉苗圃合并为第五苗圃，1948年、1952年先后改建为医院和公园

资料来源：根据工部局相关档案资料整理编制

表 3-2 上海法租界苗（花）圃一览表

序号	名称	时间、规模	位置、特征
1	董家渡苗圃	1899-1907 年	今董家渡附近，法租界最早的树木栽培苗圃
2	顾家宅公园苗（花）圃	1902 年始建，公园的一部分	1902-1909 年前后为局属苗圃；后在今复兴公园西南建造暖棚培育花卉等花坛植物，成为附属于公园的局属主要花圃
3	卢家湾苗圃 Pépinière de Lokawei	1905 年前至 1927 年，17.7 亩	今建国中路重庆南路；局属主要树木栽培苗圃之一
4	打靶场路苗圃 Terrains du stand	1905 年，约 80 亩，法打靶场的一部分	1920 年后也称福履利路苗圃，今建国西路、陕西南路路口西南；法租界最重要的局属苗圃、花圃和植物培育基地；1944 年改名南海苗圃，1946 年称第三苗圃；近四分之一土地于 1958 年改建为儿童交通公园，其余地块 1960 年划给卢湾区体育场
5	孔家宅苗圃	1905-1907 年后	临时性树木栽培苗圃
6	东石泉苗圃 Pépinière Tonzazi	1909 年前至 1941 年后，18.75 亩	今肇嘉浜路岳阳路附近；局属主要树木栽培苗圃之一
7	巨泼莱斯苗圃 Pépinière Dupleix	1917-1941 年，3.6 亩	今安福路武康路，分南北两块；栽培小灌木为主
8	湾南苗圃 Pépinière Sud de la Crique	1921 年前至 1938+年后，12.3 亩	今肇嘉浜路大木桥路；局属主要树木栽培苗圃之一
9	张禹苗圃 Pépinière Tsiang Yu	1921-1933 年，6.9 亩	今肇嘉浜路嘉善路口东北；树木栽培苗圃，曾改建为公墓；现为上海客车厂用地
10	福开森苗圃 Pépinière Fergusson	1927-1941 年，6.6 亩	今武康路、湖南路；栽培小灌木为主
11	铁士兰路苗圃 Pépinière Destelan	1931-1941 年前后	今广元路；树木栽培苗圃
12	白利图路苗圃 Pepiniere Bridou	1933-1940 年	今吴兴路；临时性苗圃
13	浦东苗圃	1934-1938 年至 1940 年间，190 亩	浦东大将浦南，法租界最大的苗圃，但存在时间不长
14	高恩路苗圃 Pépinière Cohen	1934-1941 年后	今高安路；临时性苗圃
15	贝当苗圃 Pépinière Peitain	1937-1941 年后，30.94 亩	今衡山路；临时性苗圃

资料来源：根据公董局相关档案资料整理编制

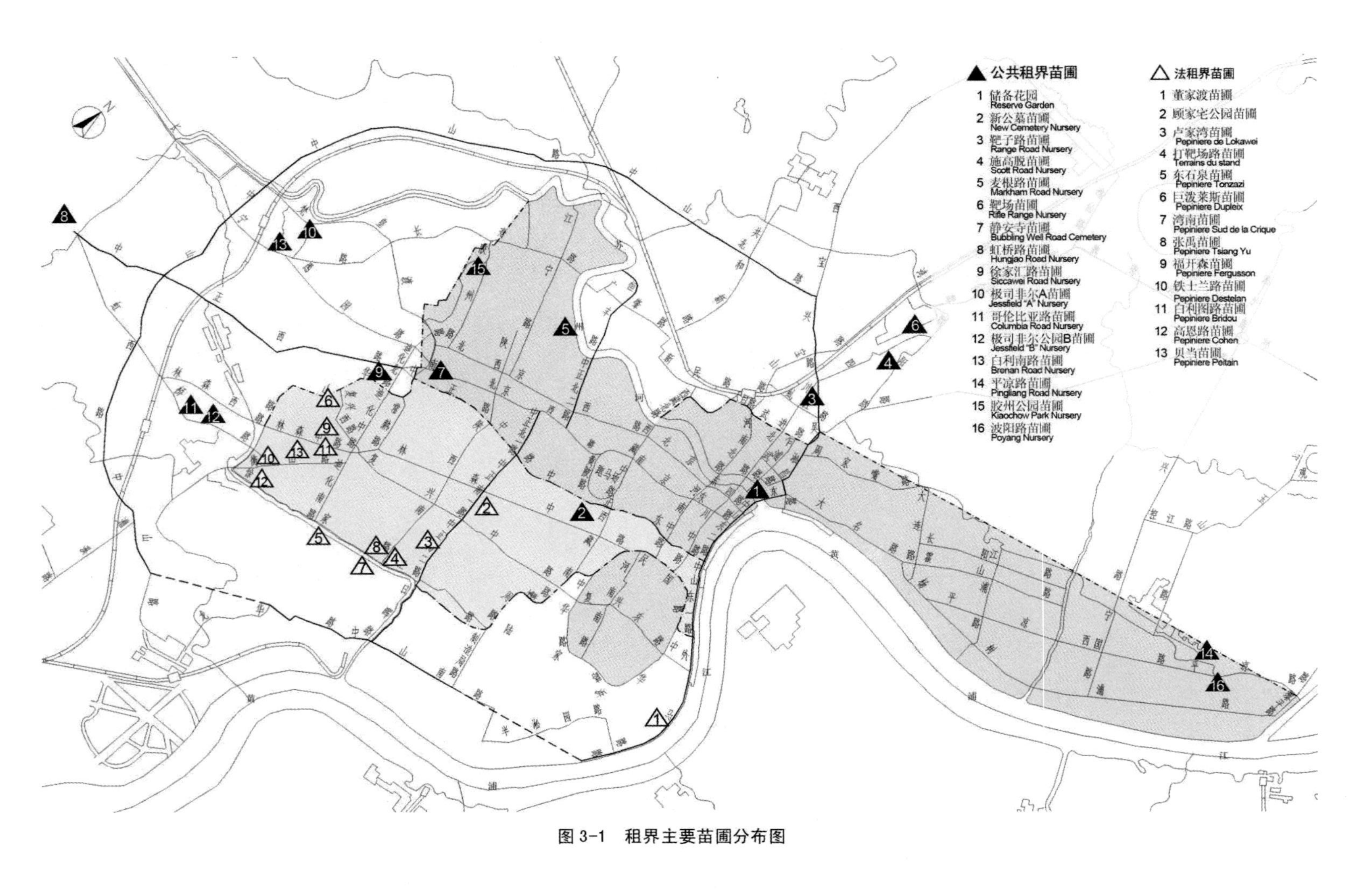

图 3-1　租界主要苗圃分布图

3.1.2 园林花木生产

为了更好地说明问题，以下关于租界园林花木生产的分析延及后一时期，即租界园林发展缓滞期，通过对前后不同时期花木生产状况的归纳比较，有助于进一步明晰快速发展期租界园林花木生产的发展水平和特征。

1. 花木生产概况

20 世纪以后，通过大量国内外植物的引种和卓有成效的苗圃建设，租界的花木生产进入了发展的快车道。租界园地建设所需的植物材料，绝大部分由其局属苗圃通过播种和扦插自行繁殖。公共租界于 1881 年仅繁殖苗木 300 株，1904 年单出圃的苗木就达到 2 500 株，1910 年出圃近 1 万株，以后年出圃树木大多维持在 5 000 至 1 万株。花卉及其他花坛植物的增幅更大，年培育量呈直线上升趋势（表 3-3）：20 世纪 00 年代每年出圃 3～5 万株，20 世纪 10 年代年均 7 万多株，20 年代每年 10～20 万株，30 年代达 30～40 万株。

表 3-3 若干年份工部局苗圃出圃苗木、花卉数量统计表 单位：株

年份（年）	树木			花卉等
	乔木	灌木	合计	
1908	2 750	4 881	7 631	25 650
1910	3 452	6 525	9 977	38 765
1916	2 653	2 835	5 488	95 273
1917	4 269	1 566	5 835	11 890
1918	2 606	3 828	6 434	59 245
1919	6 825	7 189	14 114	163 545
1920	3 675	5 264	8 939	50 597
1922	1 193	7 452	8 645	78 000
1924	5 417	2 317	7 734	71 592
1925	7 794	1 719	9 513	179 036
1927	3 587	3 086	6 673	114 287
1928	3 059	5 478	8 537	116 315
1931	2 164	6 350	8 514	414 786
1933	2 781	9 505	12 286	445 242
1934	1 573	7 572	9 145	581 702
1935	2 386	5 022	7 408	515 252
1937	1 404	5 533	6 937	317 436
1939	440	2 400	2 840	91 500
1940		1 288	1 288	186 993

资料来源：根据表中各年份《上海公共租界工部局年报·园地报告》整理编制

注：（1）由于缺乏苗木出圃数量，1916-1925 年的数据根据工部局园地部门每年各种植物的种植数量累加，一般情况会比局属苗圃植物出圃数量略大；表中未列年份的数据工部局档案或没有记载或不能计算得出；

（2）表中“乔木”包括乔木和大灌木，“灌木”主要指小灌木，“花卉”包括一年生和多年生草本植物。

法租界于1901年仅繁育苗木100余株，10年代公董局局属苗圃年均苗木存量3万多株，1921-1935年间年均存量6万多株，1935-1941年间年均存量达15万株，增幅巨大。法租界花卉及其他花坛植物种植量的增速也很快，20年代及以后，每年种植于法租界各公园、驻沪领事馆花园、公董局庭院等公共机构中的花卉等花坛植物在15～40万株，分别于1922年和1936年前后两次达到年种植35万株左右的高峰（表3-5)。两租界局属苗圃培育的植物种类日益丰富，仅常规生产的花卉种类就有香石竹、南美兰花、月季、西洋杜鹃、瓜叶菊、石竹、象牙红、香雪兰、郁金香、大丽花、一串红、三色堇、马蹄莲、金鱼草、唐菖蒲、紫罗兰、香豌豆、波斯菊、蜀葵等几十个种类，品种更是多种多样。

租界园地建设和花木生产的快速发展也带动华界花木业的发展。随着城市建设的发展、消费市场的扩大和栽培技术的改进，华界的园林花木生产于20世纪20年代进入兴旺时期，花木的产量与种类不断增加，一些产区和生产单位还培育出了自己的特色品种。香石竹、唐菖蒲、崇明水仙、文竹等成为市场上的畅销产品，悬铃木也成为华界行道树的主要品种[1]

2.发展规律分析

通过对公共租界和法租界各苗圃的植物培育情况进行统计汇总与对比分析，发现两处租界各有特点和规律。

公共租界内乔木（含大灌木）培育的高峰期在1919-1926年间，1926年以前的乔木出圃量要高于以后各年；灌木（主要指常绿、落叶小灌木）的出圃量分别在1910年、1920年和1933年前后三个时间段较高，整体上以1933年前后为多（图3-2)；至20年代末，公共租界内的花卉及其他花坛植物的培育量还很有限，进入30年代后，其培育和出圃量骤然增加，于1934年达到最大，1937年以后逐渐减少（图3-3)。归纳起来，公共租界局属市政苗圃植物生产的大致规律为：20年代中期以前的苗圃以培育生产乔木为主，并分别于1910年前后和1920年前后两个时间段进行了一定数量的灌木生产；20年代中期以后乔木栽培数量呈直线下降趋势，装饰性的灌木和花卉等植物的培育量呈明显上升趋势，尤以30年代中期的数年为最大。这一变化趋势基本上反映了公共租界园地的发展规律，即1910年至1927年为公共租界园地的大量建设与快速发展期，1927年以后则进入了以园地维护和修饰为主的缓滞发展期。

---

1 程绪珂，王焘．上海园林志［M］．上海：上海社会科学院出版社，2000：502.

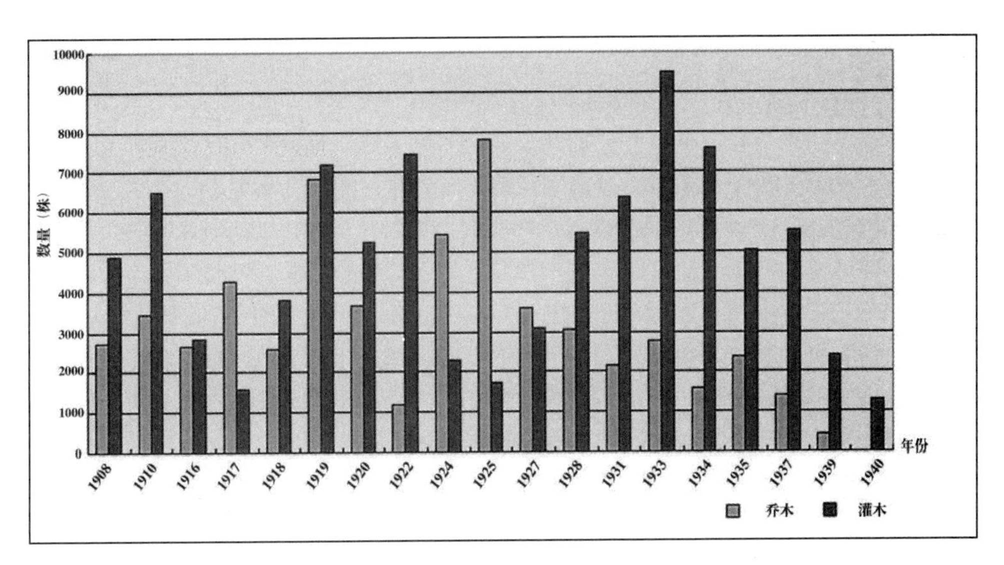

图 3-2 若干年份工部局苗圃出圃苗木数量变化图

资料来源：根据工部局相关档案资料整理绘制

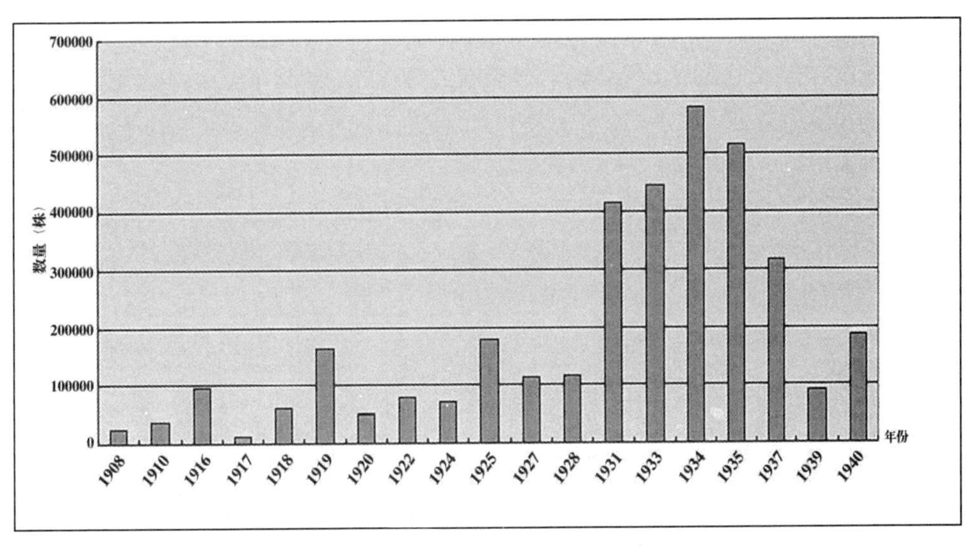

图 3-3 若干年份工部局苗圃出圃花卉数量变化图

资料来源：根据工部局相关档案资料整理绘制

法租界内的植物培育生产进程要晚于公共租界，10 年代后期才进入高速发展阶段。公董局局属苗圃中树木的年存量（包括当年繁殖的幼苗在内的各种规格的乔灌木树苗）呈波浪形起伏趋势：1933 年以前，以 1923 年前后几年的年苗木存量为最大；1933 年以后，年苗木存量呈直线上升趋势，并于 1940 年达到顶峰。年苗木存量的多少受当年的苗木繁殖量、出圃量和幼苗死亡量三方面因素影响，从公董局年报和公报中记载的一些年份的用苗情况来看，每年的树苗出圃量是极其有限的，特别是 1930 年以后。1920 年以后法租界内的苗圃规模和植物培育技术有了很大提高，死亡率不会很高。因此，各苗圃中的年苗木存量的增减基本上代表了当年苗木的繁殖量大小。存量的明显增大说明当年的苗木繁殖量大，反之则说明当年的苗木繁殖量小，甚至没有进行扩繁。由此可以认为，法租界苗木繁殖和栽培的快速发展期应该在 10 年代后期至 1923 年前后、1932-1936 年两个时间段（图 3-4）。从 1930-1941 年公董局局属苗圃的乔木和灌木的存量变化图来看（图 3-5），灌木的发展速度和存量要远远大于乔木；1930-1934 年乔木生产量增长很快，1934 年以后法租界几乎不再培育乔木类苗木；1932-1936 年灌木类苗木生产发展迅速。法租界种植于各公共机关的花卉及其他花坛植物的数量，整体上前后差距不悬殊，但也分别于 20 年代初和 1936 年前后形成两个高峰期，尤以后者为甚（图 3-4）。

从以上的变化分析中可见，法租界内的植物材料生产分别于 20 世纪 10 年代末至 1920 年代中期、1930-1936 年间两个时期取得了迅速发展，在后一个时期中尤以灌木类植物的发展为迅猛。与公共租界类似，这一变化趋势也基本反映了法租界园地的发展规律，即 10 年代末至 20 年代中期为法租界园地的大量建设和快速发展期，之后于 1930 年前后出现过一次短暂的较快发展后也进入以园地维护与修饰为主的缓滞发展期。所不同的是，法租界 1932 年以后的苗木繁殖量过大，超出了常规，带有很大的盲目性。

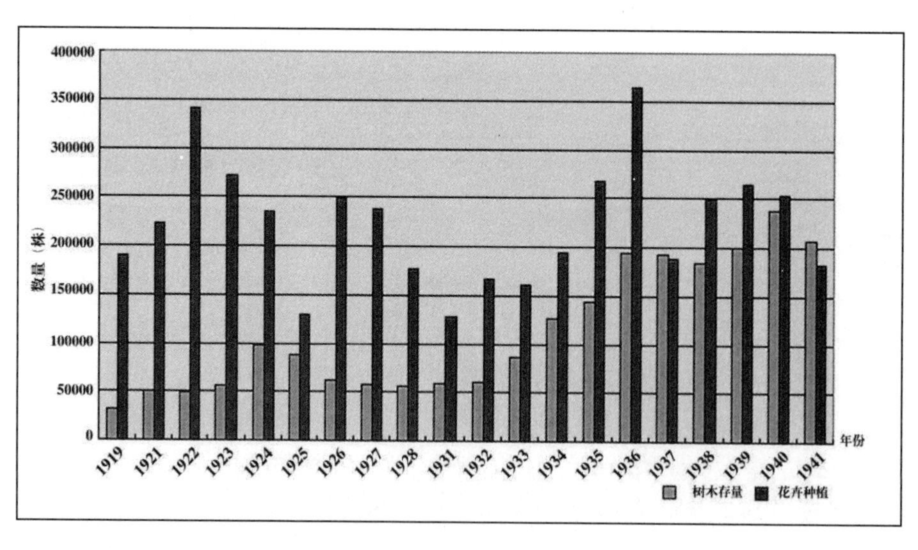

图 3-4 1919-1941 年法租界苗圃苗木存量和花卉种植变化图

资料来源：根据公董局相关档案资料整理绘制

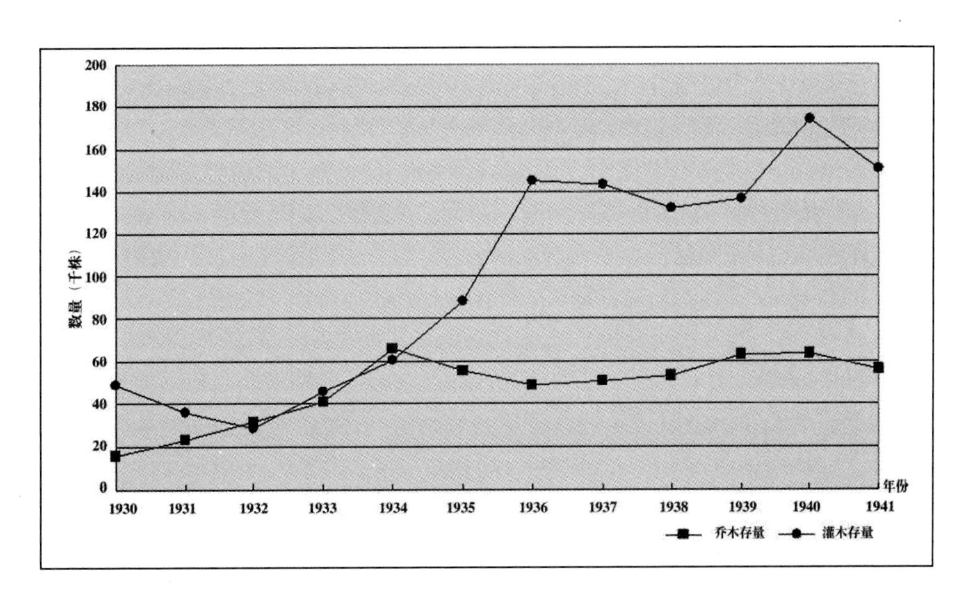

图 3-5 1930-1941 年法租界苗木乔灌木分类存量变化图

资料来源：根据公董局相关档案资料整理绘制

3.2 租界园林管理体系与制度的建立

3.2.1 园地管护范围与内容的扩大

1. 公共租界园地管护的范围与内容：对两份园地报告的比较分析

19 世纪时，公共租界内的园地类型不多，除了以体育活动为主的公共娱乐场以外，其他园地的规模也都不大。公园以外的园地，主要包括外滩园地、苏州河河滩园地、公墓等，其日常管护工作全都招商外包，管护质量不高。

1899 年工部局在工务处下设园地监督（Superintendent of Parks and Open Spaces）一职，为行政兼技术职务。第一任园地监督阿瑟上任后，发觉外包园地的管护质量和效率不高，遂提议收回自管。1901 年秋季至 1902 年，园地部门相继全部收回原承包出去进行管护的工部局庭园、教堂场地、滩地、靶子场和各个公墓[1 2]，园地管护的范围和内容相应扩大。园地监督每年须撰写工作报告——园地报告（The Report of Superintendent，Parks and Open Spaces），对园地部门一年的工作进行总结，列入工部局年报向纳税外人大会报告。1923-1940 年间的园地报告单列，之前和之后年份的园地报告作为工务处工作总结的一部分归入工务处报告。为使上

1 U1-1-914，上海公共租界工部局年报（1901 年），217 页。
2 U1-1-915，上海公共租界工部局年报（1902 年），209 页。

海能与其他地方进行比较，园地监督十分强调全面而权威的园地工作量统计[1]，1905年以后的园地报告也日趋详尽、全面。

为全面了解快速发展期公共租界园地管理工作所涉及的范围、内容及其水平，以下选取1909年[2]和1929年[3]两份园地报告进行分析对比，前者处在公共租界园地快速发展期的前半期，后者则在缓滞期的初期，两者基本能反映这两个时期公共租界园地的建设和管理状况。

1909年报告的内容条目依次为：植物引种驯化（Introduction and Acclimatization of Plants）、栽培试验（Experimental Cultivation）、公园改进（Improvements）、游戏场地（Play Grounds）、虫害及防治（Entomological）、公共花园（Public Gardens）等公园和虹口娱乐场（Hongkew Recreation Ground）及其游客统计、滩地（Foreshores）、白利南路园地（Brenan Piece）、工部局局属建筑各庭院（Municipal Buildings）、路边树木（Trees on Roads）、苗圃（Nurseries）；1929年的条目依次为：公园扩充（Parks—Extensions）、植物引种驯化、公园入口建筑（Park Entrance Buildings）、极司非尔等公园、小型园地（Minor Spaces）、市政苗圃（Municipal Nurseries）、路边树木（Roadside Trees）、露天音乐会（Open Air Concerts）、游客统计（Visitors to Parks，Gardens and Children's Garden）、园地管护工作细目。以上两份年报各自的条目众多，但报告的框架和所涉及内容基本一致，可以分别归入园林研究与试验、公园扩充与改进、路边树木与苗圃、园地管护范围与工作量、游客统计分析五个方面。鉴于公共租界公园于1928年对华人开放后才将游客统计正式纳入园地报告，路边树木与苗圃方面的内容在其他章节中已有统计分析，以下仅对园林研究与试验、公园扩充与改进、园地管护范围与规模三方面内容进行分析论述。

通过比较分析后发现，快速发展期的园地管护具有管理科学理性、管护范围大、涉及内容多等特点。

1）园林研究广泛而深入

在研究范围方面，1909年的园林研究全面而系统，主要有三方面内容：以植物引种驯化为主的园林植物育种研究，以肥料试验和土壤改良为主的园林植物栽培研究，以虫害及其防治为主的园林植物病虫害研究；1929年的研究范围小，主要集中在植物引种驯化方面。

在研究深度方面，总体而言，公共租界园地部门始终十分重视园林科学研究工作，且较深入，特别是植物的引种驯化（后文另有专门论述）。相比较而言，1909

1 U1-1-918，上海公共租界工部局年报（1905年），240页。
2 U1-1-922，上海公共租界工部局年报（1909年），172-174页。
3 U1-1-942，上海公共租界工部局年报（1929年），264-271页。

年前后一段时期的研究更为深入、实用，侧重于乔灌木类观赏植物的引种和驯化；20年代中期以后，植物引种则注重装饰性草本植物的引种和栽培。这从1929年的园地报告中可窥见一斑："近来的植物引种主要限于购买一年生、二年生和多年生展示植物，有许多寿命不长、不适合在上海种植，有些是有价值的如康乃馨和格拉迪斯石竹（Dianthus Miss Gladys Cranfield）。3年前开始培育格拉迪斯石竹，现正进行大量繁殖并进一步驯化。最近也购买了一些特别的展示植物种子，如Sweet Wivelsfield石竹，一种正在英格兰传播的一年生耐荫植物，它是美国石竹（Dianthus Barbatus（Sweet William））与奥沃狄康乃馨（Carnation Allwoodii）的杂交种。"

2）公园管护不断拓展改进

与1909年相比，1929年公园管护范围的最大变化是极司非尔公园（Jessfield Park）及动物园的增加，少了公共娱乐场，两者的管护面积大致相同。整体来看，公共租界内公园和小型公共园地的面积于20世纪20年代初至1927年超过1 000亩，达到历史最大；1901-1920年和1928年公共娱乐场退租以后的面积均在650～700亩（表3-4）。

表3-4 1900-1930年上海公共租界公园、小型园地及面积一览表　　单位：亩

年份	公园、小型公共园地及面积	面积合计
1904	外滩、苏州河滩地、公共花园32.177、储备花园5.060、华人公园6.216、公共娱乐场402.524、虹口娱乐场229、虹口公园（昆山广场）10.272	685.249
1913	外滩、苏州河滩地、公共花园27.978、储备花园4.211、华人公园6.216、昆山广场10.272、公共娱乐场402.524、虹口娱乐场266.235、汇山公园37.433、白利南路园地4.950、霍必兰路园地6.951	766.77
1921	外滩、苏州河滩地、公共花园27.978、储备花园4.211、华人公园6.216、昆山广场10.272、公共娱乐场402.524、虹口公园299.262、极司非尔公园200、平凉路园地4.753、斯塔德利公园5.469、汇山公园36.608、白利南路园地4.950、霍必兰路园地6.395亩、白兰登堡转弯处0.942、周家嘴花园3.949、南阳路儿童游戏场5.488	1 019.017
1928	外滩、苏州河滩地、外滩公园（公共花园）27.978、储备花园4.211、苏州路公园（华人公园）6.216、昆山广场9.536、虹口公园265.700、斯塔德利公园5.469、汇山公园36.608、极司非尔公园291.413、南阳路儿童游戏场5.488	652.619

资料来源：根据表中各年份《上海公共租界工部局年报》整理编制

注：因历年年报均无外滩、苏州河滩地的面积统计，表中合计面积不包括以上两处园地

在公园建设和改进方面，两者各有侧重，且差距较大。1909年年报中关于虹口娱乐场的建设，载有："今年最大的发展是5月初虹口娱乐场的布置完成，简易的园路、排水和卫生设施等仍没有建设，这些设施并非是根本的，一旦有经费这些项目就可以进行。相反，维持好场地，使其价值和利用率日益增加，十年后再建设这些东西也不迟。"可见，1909年正值公共租界园地的快速发展初期，其重点是进

行公园的场地整理、植物种植和基本设施的初步建设，公园建设很具理性。而20世纪20年代后期，公共租界园地的建设高峰已过，随着各公园的相继对华人开放，公园游客数量骤增，园地部门的工作重心转向公园管理与美化，公园内的游憩场地与管理设施不断增多，植物景观日趋细化。1929年年报中有关极司非尔公园的记载清晰地描述了这一现象："为了清点人数，确保游客购票入园，于极司非尔公园的白利南路、极司非尔路入口处新建入口建筑……极司非尔公园已实施多种公园发展计划，主要包括：扩大现有（几处）湖面；细分水花园；重新布置灌木林；重建一个月季花园；新增一些园路；调整入口。入口的重新布置必须对现有栎树林进行一些改动，也许会有些令人惋惜，但考虑到种植常绿乔灌木并不会影响栎树的美观，相反可以增加进口处的光亮，尤其是可以改善冬季落叶后的阴沉景观。"

3）园地管护规模逐渐增大并达到历史最大

工部局园地部门除了代表工务部门负责公共园地的管理工作外，还承担了其他部门建筑庭院的园艺、维护与整修工作。

20世纪10年代中期以前，这一工作并不很多。1909年仅有教堂、总办公大楼、公济医院、维多利亚看护宿舍、静安寺、新闸、老闸、哈尔滨路巡捕房和华童公学等几处庭院，1914年在所有工部局附属建筑庭院中铺设草坪不到1 500平方米[1]。1910年前后，工部局园地部门的工作重点是公共园地管护，其范围和面积主要有大小公园面积约计760亩、局属苗圃面积约计120亩、市政公墓面积约计150亩和其他庭院100～300亩，园地管护的总面积为75～85公顷，管护行道树数量在1.5万株左右。

10年代中期以后，随着公共租界公共机构的不断增多，园地部门的管护范围随之增大。以统计较为全面的1929年为例：

（1）工务部门21处，面积1 270亩[2]：极司非尔公园、虹口公园、汇山公园、斯德特利公园、公共花园、公共运动场、昆山儿童公园、南阳儿童公园、愚园路儿童公园、华人公共花园、储备花园和温室、外滩滩地、苏州河滩地、赫德路园地、虹桥路苗圃、哥伦比亚路苗圃、极司非尔B苗圃、污水处理场三处（北区、东区、西区各一处）、工部局行政大楼；

（2）万国商团2处，面积242亩：愚园路223号万国商团宿舍、靶子场；

（3）卫生部门7处，面积165亩：肺病疗养院、隔离医院、乡村医院、中国巡捕医院、靶子路育婴堂、大西路63号房产、江湾路露天游泳池；

（4）教育部门12处，面积198亩：北四川路西童男学、西区西童男学（地丰路10号）、蓬路28号西童女学（1914年从西童公学分出）、西区西童女学（愚

1 U1-1-927，上海公共租界工部局年报（1914年），74B页。

2 此面积根据工部局1928年报（283-288）结合1927年报（281-283）和1935年报（229-36）相关内容进行整理统计。

园路 70 号)、榆林路 17 号西童女学(1927 年 5 月公平路分校和部分蓬路分校迁入)、托马斯·汉璧礼女学、托马斯·汉璧礼男学、爱尔近路华童公学（14 亩)、育才公学、聂中丞公学、汇山路华人小学、格致公学；

（5）巡警部门 26 处，面积 160 亩：巡捕房八处（静安寺、狄思威路、哈尔滨路、虹口、老闸、普陀路、新闸路、杨树浦），东区警务处材料储藏所、华德路监狱、厦门路监狱、少年感化院、锡克运动场（Sikh Sports Ground)，巡警宿舍 13 处（狄思威路 3 号、467 号、556 号、626 号、627 号，公平路 24 号，杨树浦路 76 号，胶州路 47 号、59 号，新闸路 153 号，康脑脱路今康定路 51 号，卡德路 48 号、49 号)；

（6）火政部门 1 处，面积 4 亩余：杨树浦火政分处；

（7）工务部门工场 1 处，面积 12 亩余：通州路工场；

（8）私有场所 2 处：教堂庭院、公济医院（General Hospital)。

不包括外滩、苏州河滩地和两处私有场所的面积，以上各部门面积总计为 2 050 亩左右，加上 1929 年前园地部门兼管的公墓面积约计 260 亩，估计 1929 年之前几年的管护面积应在 130～150 公顷。可以肯定，公共租界园地管护规模于快速发展期最后几年达到历史最大，所管护的园地面积在 130～150 公顷，行道树 2～2.5 万株。另外，以上工作每年的中国工人用工量大致为 10～12 万个工日。

2.法租界园地管护的内容与特点：对种植培养处历年工作量的统计分析

20 世纪 10 年代后期，顾家宅公园的扩建与改建标志着法租界大型公共园地建设的开始，园地管护也随之起步。

与公共租界不同，法租界公董局年报和公报中有关园地的内容不多。20 世纪 10 年代的年报，仅在公董局董事会会议记录中载有少量有关公园、苗圃、行道树方面的内容。1920 年开始，列入年报中的园地内容有所增加，主要是年度园地统计报表，由种植培养处（原公园种植处）主任提交，统计列目分为：路边树木与各公共机构中的树木和灌木数量；各苗圃中的树木和灌木存量；各公共机构的花卉种植量。以后，于 1932 年 1 月“修改移植树木及代办种植工程应收费额案”时，增加了代办收费一项；1936 年开始，增加了游客统计方面的内容。公报中的园地内容更为简单，仅是逐月记载的各公共机构花卉栽种数量、整理道路树木情况和各公园的游客量。

通过对 1917-1941 年法租界树木花卉管护工作的逐年分类整理与汇总，大致可明确法租界园地管护的内容（表 3-5)。

表 3-5 上海法租界树木花卉管护工作量统计汇总表　　　　单位：株

年份	路边树木		公共机构树木		苗圃树木存量		公共机构花卉种植			
	行道树	树木整理	树木	灌木	树木	灌木	公园	领事馆园	局属机构	合计
1917	9 362	711								
1919	8 986	910			31 500					190 000
1920	10 221				31 390					
1921	13 537		1 807		50 622		190 780	6 800	24 750	222 430
1922	13 935		1 694		49 479		189 400	1 250	150 820	341 470
1923	15 028		1 806		56 536		158 260	1 340	112 180	271 750
1924	17 784		2 018		97 874		127 840	17 740	88 470	234 050
1925	18 305		2 049		88 069		61 715	2 580	65 450	129 745
1926	17 804	1 519	2 346		62 211		177 740	12 680	58 285	248 705
1927	18 167	40	2 271		57 416		159 780	10 000	67 625	237 405
1928	18 165	748	2 394		55 687		109 380	13 390	53 985	176 755
1929	18 145	1 989	1 961				119 560	14 950	28 490	163 000
1930	17 063	713	2 093	16 741	15 300	48 870				
1931	16 034	5 530	1 961	18 775	23 121	35 742	96 920	11 860	19 160	127 940
1932	12 622	4 342	2 010	19 424	31 769	28 124	107 823	19 306	40 120	167 249
1933	12 525	2 788	3 768	15 934	40 678	45 659	115 850	16 950	28 060	160 860
1934	12 316	1 911	4 200	13 821	66 338	60 419	146 110	5 740	42 200	194 050
1935	12 353	2 421	3 040	19 548	55 563	88 295	215 065	15 581	37 434	268 080
1936	12 251	932	4 332	24 950	48 944	144 896	314 079	17 883	32 353	364 315
1937	12 323	1 140	3 105	25 404	50 374	143 040	151 300	7 296	30 287	188 883
1938	12 342	637	3 331	38 686	52 913	131 864	191 155	3 736	54 082	248 973
1939	12 489	1 577	3 161	42 734	62 660	136 621	201 629	7 358	56 160	265 127
1940	12 797	1 168	3 297	38 989	63 640	174 103	138 947	56 300	57 446	252 693
1941	12 963	1 430	4 062	63 092	56 038	150 811	117 870	4 490	60 796	183 156

资料来源：根据 1917-1941 年《上海法租界公董局工作年报》相关资料整理编制

注：(1) 树木整理主要包括道路行道树的新植、移植和去除死树的数量合计，其中移植主要是道路拓宽、改变线型等市政建设要求和应路旁住户要求的移植。

(2) 表中树木包括乔木和大灌木；灌木为中小灌木，苗圃中灌木一栏含当年繁殖小苗和温室培育的多年生花卉植物等。

(3) 公共机构是指以顾家宅为主的各公园、法国驻沪领事馆、各局属机构及公墓。其中局属机构主要包括公董局、中法国立工学院、法国总会等的建筑庭院和花园，各期花卉种植数量变化较大。

通过对表 3-5 中前后年份工作量比较，结合公董局公报的相关记载，可以归纳出 20 世纪 10-20 年代法租界园地管护的特点。

1）以行道树的培育与管理为重点

法租界 10 年代的行道树数量在 1 万株以下，20 年代的行道树发展迅速，数量逐年增加，于 20 年代后期达到历史最大的 1.8 万余株，以后则呈递减趋势。与同期公共租界的行道树数量相比，法租界 20 年代年均 1.5～1.8 万株的行道树规模已与前者相差无几。

行道树数量占法租界公共园地全部乔木数量的比例一直在 80%以上，可以说法租界内的大树绝大多数都是行道树，行道树的培育和管理也因此成为法租界园地管理的最主要内容。行道树的日常管护工作主要包括树木的引种繁殖、栽培和树形控制，成荫树的修剪与养护，以及死树的移除和替换等，管护工作量大而琐碎。这从以后 1935 年行道树数量仅为 1.2 万余株的的行道树管理中也可窥见一斑：移除死树 751 棵，换植树木 1 158 棵，新植树木 352 棵，因路政、私人请求移除树木 41 棵，路政改造移位树木 61 棵，因私人请求移位 58 棵，合计 2 421 株[1]。

2）公共园地的规模逐渐扩大但兼管园地的规模不大

20 世纪 10 年代后期开始，法租界的公共园地管护规模不断增大。至 20 年代后期，以顾家宅公园、早期的凡尔登花园和局属苗圃为主体的公共园地管护面积合计约为 24 公顷。除了以上直属园地和行道树以外，在法籍园艺师褚梭蒙的主持下，公董局种植培养处还先后承担了法国驻沪领事馆花园、公董局建筑庭院、1924-1929 年的法国总会花园（第二代总会）、1926-1928 年的中法国立工学院庭院以及八仙桥公墓等机构庭院的园地管护工作，公墓面积 2 公顷，其他 8～10 公顷。与公共租界相比，法租界园地部门兼管园地的规模不大。

3）园地日常维护中的花卉用量大且以大型公园为核心

法租界的园地管护面积不及公共租界的一半，但其花卉用量却与之相当，并一度要多于公共租界，可见法租界园地日常维护中的花卉用量之大。20 世纪 20-30 年代，法租界园地的年花卉种植量变化不大，大多维持在 15～25 万株。但在使用分配上，却明显偏重于顾家宅公园（法租界内唯一的大型公园），每年种植于该公园的花卉数量一直占总量的一半以上。20 年代顾家宅公园面积占种植培养处管护园地总面积的四分之一，花卉用量却占到总量的 50～70%，公园单位面积的花卉种植量更是其他园地的 3～7 倍。

---

1 U38-1-2803，上海法租界公董局年报（1935 年），158 页。

3.2.2 管理机构的建立

1. 公共租界的园地管理机构

1）市政机构

工部局的内部机构分为决策、咨议和执行三部分。工部局董事会是工部局的最高决策机构，它通过董事会决议的方式，对公共租界内一些规章作出决定，平衡预算，同时也决定工部局的机构设置、人员聘任，以及对各级人员职责的履行进行监督。董事会由纳税人大会选出，完全对纳税人大会负责，在每年的纳税人大会上须作年度工作报告，接受纳税人大会的监督和评定。凡涉及全局性的问题以及超过《土地章程》授权问题的决定，诸如捐税税率的确定、新开税种的决定、公债的发行、重要规章的出台、警务人员配额的确定等，必须进过纳税人大会投票表决，予以批准，才能视为合法有效。这种源于英国本土的施政模式，维系了工部局同纳税人之间的关系，保证了工部局整个系统的正常运作[1]。

在董事会的领导下，针对不同的管理工作，工部局下设多个咨询性质的专门委员会，形成层级分明的两级管理层次。随着租界的不断扩大和发展，不同阶段的委员会数量、规模、性质通常变化较大。数量上，由早先的道路、警务与财税两个简单的小组委员会很快发展到十多个规模不一的常设委员会。此外，还根据管理需要随时增设多个非固定的特别委员会，它们有的隶属于相关的常设委员会，有的直属于工部局董事会。早期的委员会除了承担咨议、决策工作以外，也参与一部分具体事务的管理工作，以后随着工部局总办领导下的执行部处的设置完备，则主要发挥智囊团作用。

在工部局各执行部门中，警务处和工务处的机构最为庞大。工务管理方面，早在 1863 年 6 月，工部局聘任克拉克（C.B.Clark）为工部局工程师，以后相继由梅恩（C.Mayne）、戈弗雷（C.H.Godfrey）接任，全面负责租界内的市政建设。工程师对工部局所有市政工程的管理负责，在得到工务委员会批准后可对工务处内部工作作适当安排，保证工务处工作的顺利进行[2]。1894-1899 年工务处先后下设管理电灯、沟渠、道路、机械、采石场等的专职人员，以及园地监督一职。20 世纪以后工务处的机构设置日趋复杂和专门化，1931 年以后的工务处(Public Work Department)下设有 9 个部门，即行政部（Executive Branch）、土地测量部（Land Surveyor's Branch）、构造工程部（Structure and Architecture Branch）、建筑测量部（Building Surveyor's Branch）、沟渠部（Sewerage Branch）、道路工程师部（Highway Engineer' s Branch）、工场部（The Workshop Branch）、园地部

1 上海市档案馆. 工部局董事会会议录（第 1 册）[M]. 上海：上海古籍出版社，2001：1.
2 史梅定. 上海租界志 [M]. 上海：上海社会科学院出版社，2001：217.

(Parks and Open Spaces Branch，也译作公园及空地部)、会计(Accounts)[1]。

2）园地机构

19 世纪时，公共租界内各种公共园地的管理并不统一，由隶属于工务委员会的各公共花园委员会和工部局工程师分别进行管理。行道树的管理由道路部门负责；从上海娱乐基金会租用的公共娱乐场由专门的管理委员会负责管理；分别于 1868 年和 1890 年辟建的公共花园和新公共花园（华人公园）则分别由各自的花园委员会负责管理；各公共花园内的安全秩序管理工作则由警务部门承担（图 3-6）。19 世纪 70 年代后，公共租界开始配置专门的园艺师，由来自英国的园艺师科纳担任，并兼任公共花园委员会干事和华人公园委员会成员，具体负责以公共花园为主体的园艺事务管理。到 19 世纪末，公共租界设公园管理员数人，管理员并不固定负责某个公园，而是轮流值班。

进入 20 世纪后，随着公共园地的增多，工部局先后设置园地监督和园地部门等专职岗位和机构，陆续配备公园总管、职员等管理与技术人员。园林管理机构设置和职能范围不断扩大，层次日益清晰（图 3-7）。相应地，其管理也日趋规范。

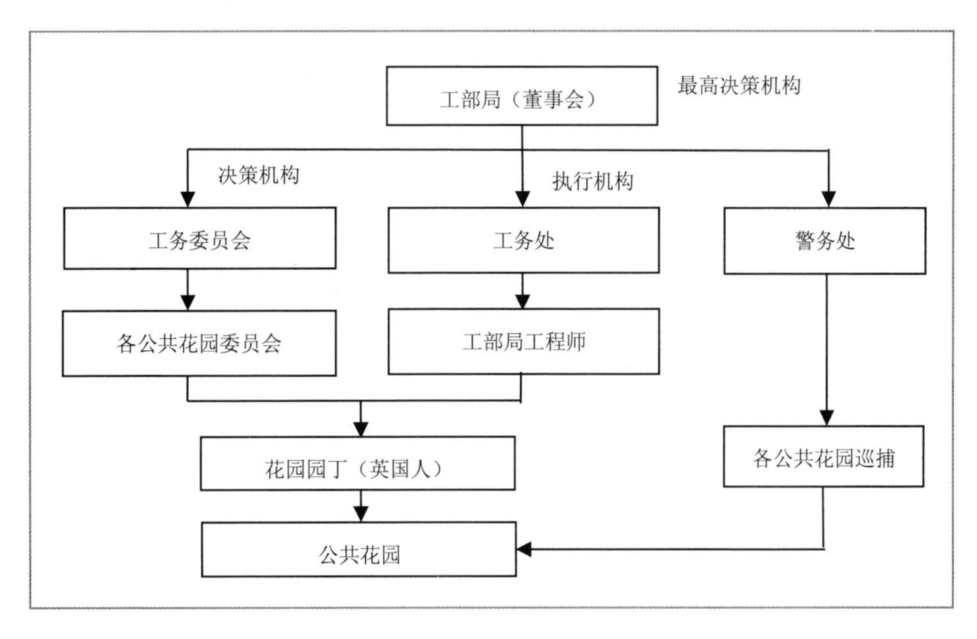

图 3-6　19 世纪的工部局园林管理系统图

资料来源：根据《工部局董事会会议录（1-28 册）》相关资料整理绘制

[1] 唐方．都市建筑控制—近代上海公共租界建筑法规研究［D］．上海：同济大学博士学位论文，2006．

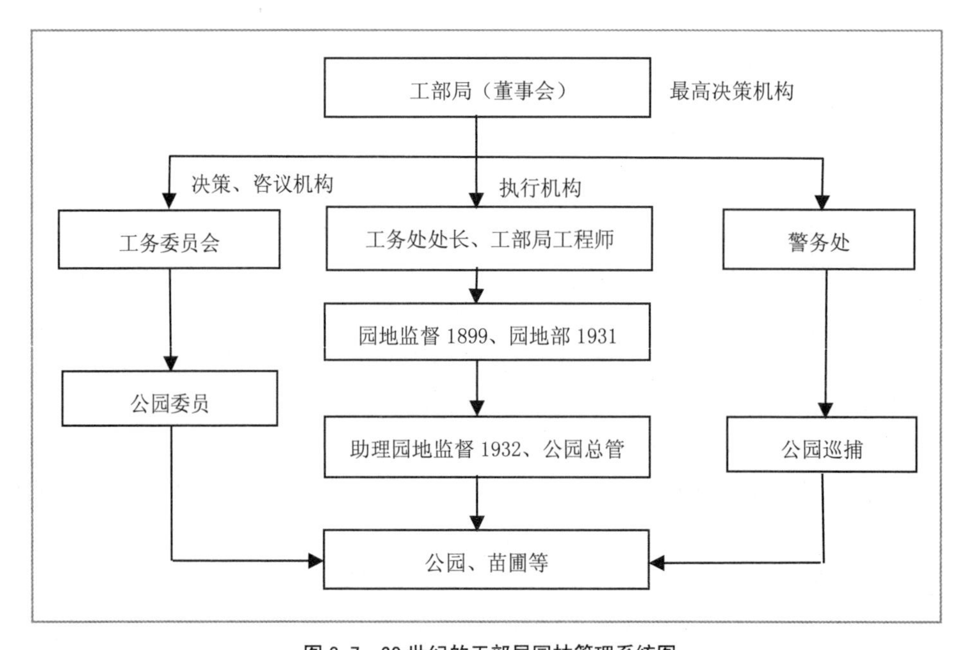

图 3-7　20 世纪的工部局园林管理系统图

资料来源：根据《工部局董事会会议录（1-28 册）》相关资料整理绘制

园地监督（Superintendent of Parks and Open Spaces）：19 世纪末公共租界已有 3 个公园，工部局为迎接公园建设的高潮，于 1899 年取消已不合形势的原各公共花园委员会，在工务处下设园地监督一职，专职管理公共园地。20 世纪初工部局陆续收回原承包出去的各种园地，包括行道树、工部局局属建筑庭院以及公墓等。自此，公共租界的园地建设和管理工作开始步入正轨。园地监督前后共三任：第一任是来自英国皇家植物园（邱园）的园艺家阿瑟（A. Arthur），1899 年 6 月至 1903 年在任；第二任是来自苏格兰的园艺家麦克利戈（D. Maogregor），1904 年接任直至 1929 年 10 月年迈退休，在位长达 25 年；1929-1941 年由另一位名叫科尔（W. J. Keer）的英国园林专家担任。园地监督为行政兼技术职务，先后在工部局工程师与工务处处长的领导下，以及工务委员会和公园委员会的咨询与顾问下开展工作。工部局董事会给予园地监督的权利通常是较充足的，第一任园地监督上任后，董事会就认为"阿瑟先生具有充分的资格主管公园事务，因此就没有任何必要由董事会来干预他们的有价值的并具有公共精神的服务"[1]。园地监督每年须写工作报告，列入工部局向纳税外人大会的年度报告，临时或阶段性工作报告则载入工部局市政公报（Municipal Gazette），使其工作受公众监督。

公园委员会（Parks Committee）：为适应公共园地的快速发展，园地监督麦克

1 上海市档案馆. 工部局董事会会议录（第 14 册）[M]. 上海：上海古籍出版社，2001：495.

利戈上任后不久就向工部局提议要成立单独的园地管理部门，董事会讨论后认为“在目前是不切合实际的”，决定“再次将园地交由对园艺感兴趣的由纳税人组成的特别小组委员会管理”[1]，并于1906年3月成立专门性的公园委员会，隶属工务委员会。在20世纪前20多年的公共园地快速发展期，公园委员会发挥了重要作用。公园委员会由工部局董事会董事和工务处或工务委员会负责人，以及局外的相关人员组成，开始有3名成员，以后增至5人。公园委员会每年开会数次，工部局工程师和园地监督亦可列席会议[2]。凡举确定建园方针、审查设计方案、制定公园章程、分配场地使用权等，皆由该委员会提出建议，再由工部局审定实施。涉及购地、增加预算之类事宜，须提交工部局董事会批准，若数额较大，则须经纳税外人会批准。在园地的财政拨款和警务管理方面，财务处长和警务处长分别具有很大的参议权。由于公共娱乐场和虹口娱乐场受到上海娱乐基金会的很大资助，因此有关这两个园地的重要决策，一般由公园委员会和该基金会举行联席会议讨论决定。

20世纪20年代中期开始，公共租界的园地发展趋于缓滞，公园委员会所面临的主要问题转向对华人开放后的公园管理，因为是“一个具有政治性的问题，而且是需要董事会研究的问题”[3]，成员相继离任。为此，工部局董事会决议于1928年春撤销公园委员会，将公共园地管理的日常事务交由工务委员会处理。以后，工部局于1931年进行机构重组时，在工务处下设园地部，负责公园、苗圃等园地的管理工作。

2.法租界的园地管理机构

法租界的园地管理机构设置与公共租界大体相同，主要由公董局工务部门负责管理，并有专门的委员会进行咨询，重大事务则由公董局董事会和纳税人会议决策。

法租界园地专职管理人员和管理机构的设置要晚于公共租界，早期的行道树和公墓等园地也分别由道路部门和相关委员会进行管理。1862年公董局成立以后，园艺事务列入公共工程处的事务之一。因租界地域狭小，公共工程处仅聘工程师1人，园艺管理不专业。1900年，该处下设供电处和给水处，园艺事务仍由工程师兼管。1909年建成早期的顾家宅公园的次年初，公董局公共工程处任命法国人塔拉马（Thalamot）为专职园艺师，负责公园工作。

园艺委员会（Comite des Jardins）、**园艺主任**（Le Chef des Jardins）：1917年，公董局成立园地管理的专门机构园艺小组委员会（Sous-Comite des Jardins），并在公共工程处设园艺主任一职，仍有塔拉马担任。次年，升格园艺小组委员会为正式的园艺委员会，主要由公董局董事组成，后期的委员会成员中又增加1名法国副领事。

1 上海市档案馆．工部局董事会会议录（第16册）[M]．上海：上海古籍出版社，2001：625.
2 U1-1-919，上海公共租界工部局年报（1906年），360页。
3 上海市档案馆．工部局董事会会议录（第23册）[M]．上海：上海古籍出版社，2001：732.

公园种植处（Bureau des Parcs,Jardins et Plantations）：1919 年，公董局成立公园种植处，隶属公共工程处，从法国聘请园艺专家褚梭蒙（Tausseanme）为主任。次年年初，公董局董事会决定将园艺事务与工程处分离，将公园种植处升格为公董局的直辖处，由市政总理处管辖。

以后随着公董局机构的调整，20 世纪 30 年代公园种植处被改为种植培养处，后又与公共工程处一起被划入技政总管部。法租界的园地管理体系大致如图 3-8 所示。

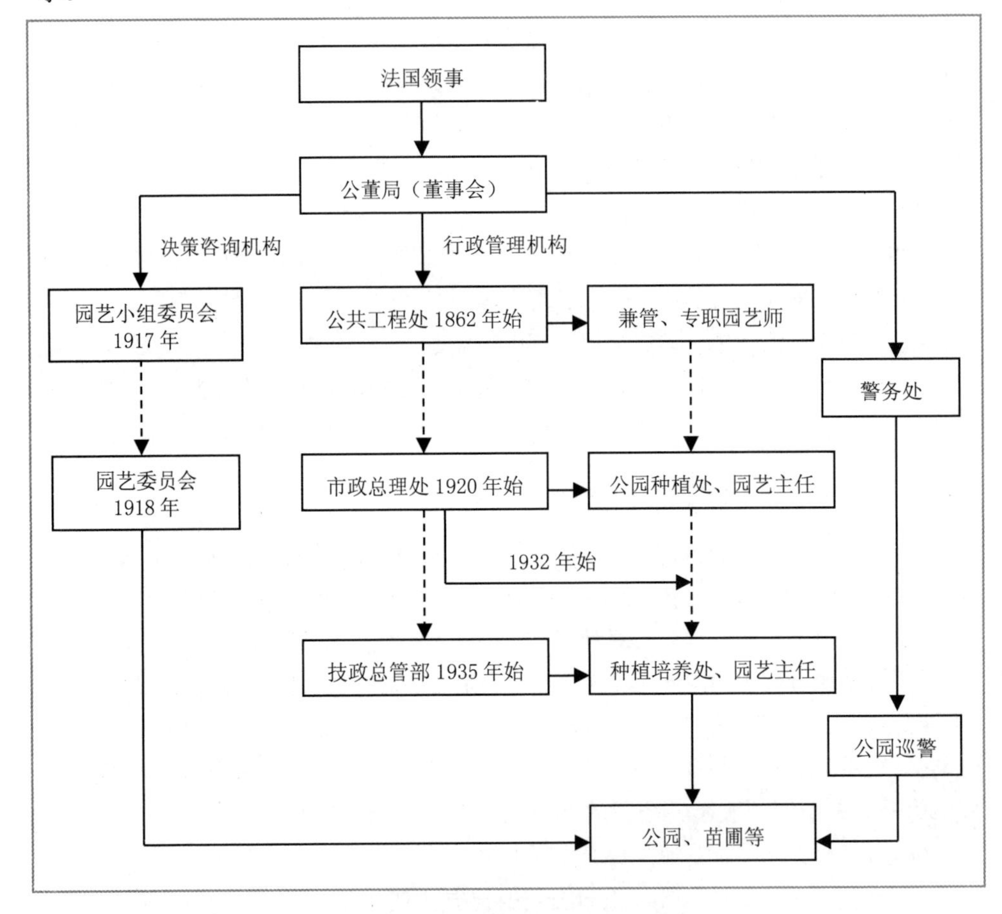

图 3-8 公董局的园林管理体系及其演变图

资料来源：根据《上海法租界公董局工作年报》相关资料整理绘制

3. 人员配备与管理

早期的公共花园园中仅有欧籍技工和工头 3 人，粗重活均由中国“苦力”的临时工承担。数年后，一些中国工人已掌握了技术，为节省费用，才开始雇用工资低廉的中国工头。

为适应园林的发展，以后陆续配备公园总管和一些职员。20 世纪初虹口娱乐场、极司非尔和顾家宅等大型公园建成后，公园管理员由原来的轮流值班制改为专职负责制。大公园通常设管理员 1～2 人、办事人员 2～3 人、园警 2～3 人、工头 1～2 人，小公园一般由邻近大公园管理员兼管，有的设办事人员 1～2 人，唯有供中国人使用的华人公园仅有 1 名苦力维持日常工作。

两租界的公园管理员、主任都是外国人，直到 1928 年后才允许部分中国人充任。各公园的工人除工头外，大公园只有固定工人数人，日常管护工作主要靠使用临时工。在租界园地的管理中，中外人之间、不同职务及级别之间等级分明，工资差距极大，外籍管理人员的工资通常是华籍工头以下人员的 20～40 倍（表 3-6）。在早期租界园地的人员工资构成中，外籍管理人员的工资占主体，如 1908 年占到九成以上。

表 3-6 1908 年度工部局园地人员工资表

职务	国籍	年薪（两）
园地监督	英	3 800
公园总管	英	1 980
公园管理员	英	1 800
值更	印度	270
文书	中	150
工头	中	113
园丁	中	87
马夫	中	73
厨工	中	70
仆人	中	36

资料来源：王绍增，《上海租界园林》，P22

注：（1）当时工务处处长、工部局工程师的年薪为 7 000 两左右；

（2）普通外国园地管理员的工资在工部局总办领取，不在园地经费中开支；

（3）工部局的中国职员工资最高者为各处的翻译和秘书，年薪为 700 两左右。

3.2.3 公园管理规则的细化与修订

19 世纪的租界公园规则局限于对游人身份、游览行为、游览活动安排等作出规定。以后，随着公园类型、活动内容和游人需求的增多，公园管理不断面临新问题，管理规则随之逐步细化。公园对华人开放前，公共租界分别于 20 世纪 10 年代中期和 20 年代中期，进行过两次较为集中的公园管理规则修订。通过 1917 年与 1913 年的公共花园及储备花园管理规则对照（表 3-7）、1926 年与 1911 年的汇山公园管理规则对照（表 3-8），基本能看出 20 世纪 10 年代和 20 年代公共租界公园管理所面临的主要问题，以及管理规则上所作出的相应变化。

表 3-7 1917 年与 1913 年公共花园及储备花园管理规则对照表

序号	1913 年规则	1917 年规则	备注
1	本园备作外国公众专用	本园备作外国公众专用	相同
2	狗和自行车禁止入内	早上 6 点至半夜 12 点半公园对外开放	新增
3	凡园路以外的场所不得推婴儿车	衣冠不整者不得入内	范围扩大
4	禁止捣鸟巢、摘花和其他一切损坏花草树木的行为，儿童父母和游客应协助劝阻儿童的上述恶作剧行为	狗和自行车禁止入内	相同
5	任何人不得进入音乐台及其围栏	凡园路以外的场所不得推婴儿车	相同
6	乐队演出时照看儿童的阿妈不得占用园凳、园椅	禁止捣鸟巢、摘花和其他一切损坏花草树木的行为，儿童父母和游客应协助劝阻儿童的上述恶作剧行为	相同
7	儿童无外国人陪同，不得进入储备花园	任何人不得进入音乐台及其围栏	相同
8	衣冠不整的印度人不得入内	乐队演出时照看儿童的阿妈不得占用园凳、园椅	相同
9		儿童无外国人陪同，不得进入储备花园	相同
10		警察奉命执行以上规章	新增

资料来源：《上海公共租界工部局年报》（1913、1917）

表 3-8 1926 年与 1911 年汇山公园管理规则对照表

序号	1911 年规则	1926 年规则	备注
1	本园由公园委员会全权负责管理	本园备作外国公众专用	不同
2	本园开放时间为：5 月 1 日至 10 月 15 日为早上 5 点至下午 6 点；10 月 16 日至 4 月 30 日为早上 6 点至下午 7 点	本园每日白天开放	大致相同
3	除非外国人的佣人，华人不得入内	衣冠不整者不得入内	范围扩大
4	衣冠不整的印度人不得入内	马匹、车辆及自行车禁止入内	相同
5	儿童和阿妈无成人陪同，不得进入荷兰花园	凡园路以外的场所不得推婴儿车	相同
6	马匹、车辆及自行车禁止入内	禁止牵狗入园	不同
7	凡园路以外的场所不得推婴儿车	禁止捣鸟巢、摘花和其他一切损坏花草树木的行为，儿童父母和游客应协助劝阻儿童的上述恶作剧行为	相同
8	不戴口罩和无牵引的狗不得入内	儿童和阿妈无成人陪同，不得进入荷兰花园	相同
9	禁止捣鸟巢、摘花和其他一切损坏花草树木的行为，儿童父母和游客应协助劝阻儿童的上述恶作剧行为	禁止曲棍球、足球、棒球、高尔夫球等类似球类活动	相同
10	禁止曲棍球、足球、棒球、高尔夫球等类似球类活动	草地网球场由园地监督安排使用，场内须穿橡胶底靴或其他运动鞋	相同
11	草地网球场由园地监督安排使用，场内须穿橡胶底靴或其他运动鞋	警察奉命执行以上规章	相同
12	场地由园地监督视草地情况安排使用，相关布告将张贴在公园入口处		
13	禁止射击、划船、燃放爆竹和游泳		
14	不得在园内拍打地毯		
15	警察奉命执行以上规章		

资料来源：《上海公共租界工部局年报》（1911、1926）

从上述的对照中不难发现，快速发展期租界公园的管理规则呈现出不断细化、趋于完善的总体特征。

1）既有原则又注重变通和实用

为维护公园的环境完好和使用安全，对游客的公共行为规范进行引导，租界公园管理规则的完善经过了从制订到不断细化的漫长过程，逐步形成了既讲原则也注重变通和实用的管理规则。关于公园开放时间的管理规则修订就是一个典型的例证。公园性质和游客量是决定公园开放时间的两个主要因素。体育性公园通常依据夏季和冬季两个运动时期调整开园时间，一般仅限于白天开放，虹口公园因有音乐演出，其夏季的开放时间一般延至午夜。早期的游憩性公园，由于夜间游人并不多，大多全天对游人开放。20 世纪 10 年代中期开始，随着夜间游客的安全事故和破坏园景行为的多发，游憩性公园开始限定开园时间，小型公园的开放时间一般限于白天，有音乐演出的公园，如公共花园、极司非尔公园、顾家宅公园，以及几个游客众多的小型公园，如昆山路广场、斯塔德利公园，则延至午夜关闭。

2）逐步形成通则条文

尽管租界当局并未颁布过公园管理通则，但以上的规章比较显示，各园的规章中不仅含有针对不同公园及其活动的专门性细则，也有适用于所有公园的通用性条文，这些通用性条文已具有公园管理通则的印迹。以公共花园和汇山公园的管理规则为例，两者两种不同性质的公园，管理上各有侧重。公共花园是游憩性公园，游客众多，其规则对有关华人入园的问题特别敏感，以音乐台和园凳、园椅等游憩设施的公平利用为重点；汇山公园与公共娱乐场、虹口公园在功能上较为相似，主要供外侨俱乐部开展草地滚木球和网球运动，兼顾外侨的户外游憩，它们的管理规则侧重于运动草地的保护和运动场地的有效使用分配。但两者针对游客及其行为的主要管理条文则基本相同，这些条文可视作租界公园管理规则中的通则条文。譬如，鉴于外国游民和酗酒水手等在公园中过夜、滋事事件屡有发生，20 世纪 10 年代中期工部局遂将“禁止衣冠不整的印度人入园”的印度人扩大至所有人，从而出现了“衣冠不整者不得入内”的通则条文。

关于“禁止狗入园”的公园管理规定也于 20 年代成为租界公园的管理通则条文。很长时间，公共花园以外的公园一直实行“不戴口罩和无牵引的狗不得入内”的规定。1920 年前后，鉴于上述规则的执行十分困难，违规行为时有发生，并造成多起事故，极司非尔公园率先颁布禁止所有狗入园的专项规定，1922 年 10 月经公园委员会建议，工部局董事会同意将该公园禁止狗进入公园的规定推广到所有工部局公园和儿童游戏场[1,2]。

---

1 U1-1-935，上海公共租界工部局年报（1922 年），80B 页。
2 上海市档案馆. 工部局董事会会议录（第 22 册）[M]. 上海：上海古籍出版社，2001：595.

3）以灵活的园规条文来缓和华洋矛盾

租界公园规则的制订与修改，反映了外侨文化生活的一个侧面，也透露出上海华洋共处文化氛围在民国时期的微妙变化[1]。随着华洋关系的变化，在关于游人身份等公园管理的一些敏感性问题上，租界当局通常采用不断修改园规条文及措辞的办法来“缓和”矛盾，避免矛盾激化，显得较为灵活。

19世纪末时，鉴于华人要求入园的呼声日高，公共花园的管理规章中开始出现措辞较为谨慎的“本园备作外国公众专用”的字样，以后陆续建成的游憩性公园也都采用了这一条园规，并一直延用至租界公园对华人开放。其间，为顾及华洋关系，在1913年公共花园的修订章程中删去“衣冠不整的华人不得入内”的条款[2]，并从1923年开始“向有限的华人官员和华人顾问委员会委员赠发进入所有工部局公园和花园的优待入园证”[3]。1915年以后，虹口娱乐场、汇山公园等各体育性公园的修订规章中也都删除了“华人不得入内”的条文，改为措辞相对缓和的“本园备作外国公众专用”条文。

3.3 租界园林的设计与技术进步

源于掠夺和探险，由西方开启的洲际广泛交流借鉴，是世界现代化的成因，也是结果。工业发展与技术进步是世界现代化的一对孪生姐妹，人们从工业发展所带来的物质丰盛中体会到技术的能量和意义。在科学技术的推动下，世界园林开始了现代化进程。园林文化与技术的平民化是世界园林现代化的重要标志之一，早先通过植物考察与探险而得以丰富的植物种类和知识，开始大量应用于实际生活，并改变了人们的审美趣味。对以植物为主体的园林新材料、新方法、新设备的探求成为西方现代园林发展的主心骨。

上海租界的城市建设，管理当局无不以西方发达的城市为依傍，由观念而技术，从方法到材料，吮吸着其母国的文化和科技成果。就园林而言，一方面，租界园林的拓展对技术不断提出新要求，促动西方园林技术理念的引进与消化；另一方面，先进的理念与技术又促进租界园林的进一步发展，从而形成了租界园林快速发展的新局面。以下，以公共园地集中、园林科研与技术领先的公共租界园林为重点，讨论20世纪前20余年上海租界园林在规划设计理念、工程与养护技术、园林科研与科普等方面所取得的成绩与进步。

1 熊月之主编，罗苏文，宋钻友著．上海通史（第9卷民国社会）[M]．上海：上海人民出版社，1999：407.
2 上海市档案馆．工部局董事会会议录（第18册）[M]．上海：上海古籍出版社，2001：672.
3 上海市档案馆．工部局董事会会议录（第22册）[M]．上海：上海古籍出版社，2001：632.

3.3.1 园林规划与设计

1. 园林规划理念

受制于租界的畸形发展，也由于主持租界园林工作的管理者和技术人员缺乏整体定位的规划意识，上海租界园林与整个租界城市建设一样，谈不上有过什么像样的规划。不过，通过到西方发达城市考察学习，结合长期的工作实践，有关人员也曾提出过一些具有规划意识的设想，并通过积极的建议，在实践中得到一定程度的体现。其中，公共租界园地监督麦克利戈和工务处分别提出过的两项建议颇具现代规划思想，助推了租界公共园地的理性发展。

1）关于行道树发展的意义与建议

在 1917 年的园地报告中，麦克利戈利用很长的篇幅论述了行道树的作用、国外发达城市的管理与经验，分析上海行道树种植的不利条件，并对城市道路、沿街建筑和行道树的发展提出具体建议[1]。

有关行道树的卫生意义，麦克利戈写道："在城市中，若条件允许应尽量多种行道树，因为它们有助于改善卫生、增强城市魅力……这些好处早在 1872 年就已被纽约市所认识到，其卫生局曾建议立法授权并要求公园部门在所有街道等公共空间进行树木种植。建议得到当地医疗协会的呼应，该协会形成的决议称：'可以肯定，在街道上广植行道树是缓解城市夏季高温、降低儿童死亡率的最有效方法之一。'"

有关行道树的城市美化作用："城市不仅是商业和制造业的中心，也应是卫生的和人们乐于居住的区域，由此，树木将是一个美丽城市中最永恒的要素。首开城市树木栽植的巴黎被认为是世界上最美的城市之一，宏伟庄严的林荫大道更是受到众多游客的啧啧称赞。正是树木将宽阔的街道变成宜人的风景，柔化建筑的坚硬线条使其更为美观。华盛顿特区计划建设的、由多排大树组成的林荫大道，其壮观景象也许将是无可比拟的。"

关于上海种植行道树的不利条件："尽管上海的空气中硫磺含量要少于曼彻斯特和匹兹堡这样的城市，在那里的公园中有 20 年树龄的阔叶树也在衰退，然而这里的条件也是恶劣的，地下水位很高……种植土中含有大量的碎砖石和其他杂物，没有什么营养可言，而且几乎毫无例外地人行道都很窄，人工铺设的路面阻止了种植土壤的通气和多余水分的蒸发。空中线路对行道树树形的影响更大，为不影响交通，行道树的定干高度应控制在 18 英尺以上，与上空线路间的垂直距离仅留有 15 英尺，一棵能提供较好树荫的行道树其树冠高度要远大于此。通常为了保护这些线路，不得不对行道树进行过度甚至无序的修剪。"

---

1 U1-1-930，上海公共租界工部局年报（1917 年），73B-74B 页。

为此，麦克利戈提出自己的看法和建议："为使树木获得必要阳光，应对路幅宽度和两侧建筑高度进行控制，如道路宽度为68英尺，两侧建筑的高度就不应超过35英尺；如沿街建筑的高度为65英尺，路幅宽度至少应为125英尺。""现有行道树总数为21 298株，鉴于目前的市政建设阶段及条件，这个数量是合适的。但是，上海用于路旁行道树等树木种植、维护的经费支出相对来说是不足的，1917年为白银4 000两。而在巴黎，用以维护86 000株树木的拨款每年有近160 000英镑。"

2）关于城市公园规模与布局的设想

经过广泛的比较分析，工部局工务处于1926年向工部局董事会提出在公共租界内增建公园，并进行合理布局的建议[1]。

建议首先将公共租界与世界各大城市的公园面积与人口之间的比例进行比较：当时，英国伦敦郡的公园面积为6 675英亩，平均每英亩680人；大都市地区有公园面积15 901英亩，每英亩476人；纽约市每英亩693人，商业密集的曼哈顿行政区每英亩1 576人；柏林每英亩1 840人；巴黎每英亩576人。包括公共娱乐场在内，上海公共租界当时的公园面积为161.5英亩，以界内所有人计每英亩高达5 500人，若单就外侨人口计算则为每英亩185人（当时公共租界内的外侨人数计29 877人）。

建议认为，英国城市规划中公园用地占城市总用地的比例一般为4%，以此为标准，公共租界应再有面积62英亩的公园（公共租界面积33 503亩，合5 519英亩）。鉴于公共租界的东西距离约为9英里，考虑到公园的合理服务半径，界内宜增建面积为20～40亩、合计面积约30～60英亩的9个小型公园，将公园间的相隔距离控制在1英里左右，沿东西向均匀分布。从以后的发展来看，20世纪30年代公共租界内新建的胶州公园、计划中的鄱阳公园，以及几处数亩地大小的儿童公园，其选址应该受到该建议的一些影响。

受制于每况愈下的租界局势，无论规模还是布局，30年代的公共租界当局不可能，也没有条件将这一理想化建议真正付诸实践。即便如此，这一建议所包含的现代规划理念和合理成分却是难以否定的。

2. 园林设计程序与过程优化设计

1）设计程序与设计概况

早期的租界公园均由工务部门负责人或土木工程师进行设计，如公共花园就是由时任工部局工程师的克拉克所设计，设计比较简单。20世纪后，工部局投资的公园由公园委员会主持进行设计，通常先由公园委员会提出建园主旨和初步意见，转交园地监督进行具体设计，设计方案经工部局工程师审核和公园委员会审查同意

1 上海租界时期园林资料索引（1868-1945）. 1985：159.

后，上呈工部局董事会会议批准。上海娱乐基金会捐助的公共花园、虹口公园和极司非尔公园，其建园方针和设计主旨则由基金会与工务委员会或公园委员会举行联席会议商定。法租界公园设计的审批程序也大致相同。

在具体设计方面，1904-1928 年在任的工部局园地监督麦克利戈和 1919-1930 年在任的公董局园艺主任褚梭蒙，分别主持了各自租界内的大型公园设计。麦克利戈长达 25 年的任期正是公共租界园林的快速发展期，早在 1909 年虹口公园的建设初期，他利用休假时间专程赴英、美考察公园建设，并撰写了关于公园发展设想的报告提交给工部局[1]，之后陆续主持完成了极司非尔公园、汇山公园、愚园路与南阳路儿童游戏场等公共园地的设计与建设，对近代上海园林发展的影响颇大。在法租界，褚梭蒙主持完成了顾家宅公园改扩建设计与建设工作。以上两位的后继者科尔和顾森则分别设计了各自管辖范围内的其他后续公共园地。此外，公园内的建筑一般则由工部局或公董局的工程师主持设计。

客观地说，上海租界公园的设计水平并不很高。主要有三方面的原因：一者，由于大型公园的设计决策和审批程序复杂，园地监督的设计经常受到干扰，其真实意图与水平得不到很好体现；二者，大型公园的建设过程一般较长，变故很多，设计修改不断，基本上是边建设边设计，影响了设计的完整性。如虹口娱乐场最初聘请英国伦敦的风景园林师斯塔基进行规划设计，具体操作时，受到土地、资金和功能调整等因素的影响，原设计被不断调整，结果几乎面目全非。又如极司非尔公园的设计，建园伊始仅有一个大体的设想，以后由于土地等问题一直不具备进行完整设计的条件，只得边建设边设计；第三个原因则来自设计者自身，由于承担公园设计的园地监督或主任都是园艺植物方面的专家，公园规划设计方面的素养不高，尤其在公园规划布局和园林风格营造方面，给租界公园的设计和建设造成明显缺陷。

2）植物景观的过程优化设计

上述设计师们的植物科学背景深刻影响了上海租界公园的特征，植物科学技术及其应用始终是上海租界公园的特色和重要支撑。

他们大多认识到，自然式公园中的优美树丛景观须经多次设计与调整才能达成，因此过程优化设计尤为关键。极司非尔、虹口、顾家宅等大型公园中的片林景观很大程度上得益于过程优化设计，这些公园的设计通常能应时、应地，根据不同的景观要求，选择不同的植物，注重乔木与灌木、速生与慢生和大小规格间的合理搭配。

极司非尔公园东南部植物景观的设计与营造就是一个很好的例证，公园的每次设计调整既能着眼于远期景观，又能兼顾近期效果，有的利用有一定观赏效果且速生的大规格苗木，如悬铃木，先进行单一树种的大量群植，以后适时地通过对树林进行间稀或

1 U1-1-922，上海公共租界工部局年报（1909 年），172 页。

在林前添植亮色植物逐步提升植物群落景观；有的则先采用小乔木和大灌木进行大量密植，俟一二十年后其他特色树种生长成形后再对其进行间疏或移除；而对一些不适合进行密植的树木，如雪松，开始时种植较稀，为形成松类植物群落景观，过程中则在树间空地用灌木或地被植物进行满覆[1, 2]。而在虹口公园中，为使植物能自由生长，保持完好形态，1913 前后数年每年都对植物加以调整，渐次完善了植物景观[3]。

3）园艺布置：草花园设计

受欧洲传统和近现代园林的影响，花卉与开花小灌木的展示很受租界当局园地部门重视，成为近代上海租界园林的一大特色，影响至今。展示分为室内和室外两种，室内以温室为载体（将在后文讨论）；室外展示，也即现在上海园林部门习称的园艺布置，主要有花坛（Flower Bed）和花境（Flower Border）两种形式。至 20 世纪 20 年代，租界公园中的花坛、花境形式已多种多样，花坛有几何式与自然式、独立式与组合式、高设式与地毯式、地栽式与盆栽式等多种区分，花境有草花花境与灌木花境之分；从所选用植物的种类来分，又有单一植物与混合植物的花坛花境区分。大型公园中通常同时具有多种形式的花坛、花境，以春秋两季为重点，四季花开不断。如 20 年代初的极司非尔公园中就有春天的黄水仙和郁金香、5 月份的长长的花境和各色月季花、夏天的地毯式花台、11 月份或花坛种植或盆栽的菊花展览[4]。

在繁多的园艺布置形式中，下沉式几何花坛和草花园（大型草花花坛）是最具特色的。下沉式几何花坛是顾家宅公园和汇山公园内的重要景致，前文已有论述，不再赘述。这里仅对草花园的设计与布置作一分析：

公共租界园地部门所称的草花园（Flower Gardens）包括地毯式混合草花花坛和独立式混合草花花坛两种形式，前者是草花园的主要形式，后者为独立设置的高设花坛（Raised Flower Bed）。地毯式花坛（Carpet Bed）又称毛毡花坛，是文艺复兴以后欧洲园林中的一种主要装饰性景观，通常设置在大草坪上，以低矮的砖石围边，以草地为底，将花卉密植成几何图形，酷似地毯。地毯式混合草花花坛不同于一般的地毯式花坛，更强调植物种类和品种的多样性，图案设计复杂，管理繁复，但视觉效果尚佳。无怪乎，园地监督在 1923 年的报告不无自豪地说：“总的来说前几年的草花园是成功的，而且更具艺术性。归功于花园里大面积花坛的应用，通过间种颜色各异的植物，从而构成了色彩斑剥的奇异图案。当然，这种做法比种植单一植物要来得复杂，即便是花费较多的时间和精力也是值得的。草花园本应是通过间种颜色各异的植物以形成和谐统一、美丽如画的逗人景致，而不是用来生产培育

1 U1-1-931，上海公共租界工部局年报（1918 年），67C-69C 页。
2 U1-1-936，上海公共租界工部局年报（1923 年），357-358 页。
3 U1-1-926，上海公共租界工部局年报（1913 年），80B-81B 页。
4 U1-1-937，上海公共租界工部局年报（1924 年），304 页。

花卉或大植物的，这些尽可以在菜园里进行。外滩公园中由 7 000 株郁金香所形成的图案和由香罗兰（墙花 Wall-flower）、毋忘草、金盏花、三色堇所织成的窗格式图案更是夺人眼目；极司非尔公园入口处与外滩公园中的地毯式花坛一样，惹人喜爱；而在虹口公园新花园内种植的大丽花、猩红色鼠尾草、百日草、血苋、马缨丹、山牵牛、塞耳麦草以及各种温室盆栽植物色彩纷呈，蔚为壮观。在展示高水平培育的独立式花坛中，由种植在花坛两边、具有 75 个品种之多的大丽花、矮牵牛、金鱼草和菊花所形成的花坛，景观效果最佳。[1]”

3.3.2 温室技术：储备花园内的温室改进

储备花园是租界内以温室及其技术见长的一个独特公园，其发展历程大致可分为前后三个阶段：1872-1900 年的生产性苗圃、花圃阶段；1900-1920 年的植物培育与展示、科普相结合的全盛阶段；1920-1931 年的展示、衰退阶段。园内温室，从无到有，从优到废，代表和见证了上海租界园林温室技术的发展状态和水平。

19 世纪时，储备花园是早期公共租界内最重要的花卉苗木基地。虽然水平不高，功效不大，但园内蕨类植物温室的建造却开启了近代上海园林温室技术乃至园林科技的发展历程。20 世纪前 20 年，在两任园地监督的促动和主持下，储备花园内先后进行老温室改进、新温室建设和花园布局调整，温室技术和花园面貌发生了质的变化。园内植物培育与科普展示并重，一时成为公共租界内植物培育和园林科研的核心以及租界外侨的园艺兴趣中心。

老温室改进与新温室的建造：20 世纪初，园地监督阿瑟卓的工作有成效地展开了植物引种与繁育、温室改进、苗圃生产与管理、花境布置、各园地的养护管理等园林工作。在温室改进方面，改造老温室，将蕨类植物温室单纯用作室内植物生产和园艺展示布置，并与工部局工程师共同主持新温室的建设。新温室的材料和设备全部从英国订购，是爱丁堡·麦肯齐和蒙库尔公司(Messrs.MacKennzie&Moncur of Edinburgh)的产品，该公司也提供了特别适合热带气候条件的柚木，用作温室的框架和木造部分。据称，1903 年建成的新温室“非常现代，加温设备先进（热水加温系统），实用且面积大，造价也不算昂贵。[2]”

花园改造与大温室及其内部景致的建设：鉴于公共租界大型苗圃已陆续建设起来，第二任园地监督麦克利戈大刀阔斧地对储备花园进行了改造。

1908 年，用树篱将花园分为操作区和对外开放的装饰花园两部分，拆除一个老温室布置成灌木花坛和花境；调整阿瑟所建新温室的内部布置，将棕榈类植物进行小规模群植，并进行常年不断的花卉展示，以致景色鲜亮富有吸引力，春冬两季

1 U1-1-936，上海公共租界工部局年报（1923 年），357 页。
2 U1-1-916，上海公共租界工部局年报（1903 年），190 页。

游客众多，“俨然已是一个冬花园”[1,2]。

图 3-9 20 世纪初期的储备花园外观

资料来源：卷宗号 H1-1-10-11

注：图中间的雕塑是位于外白渡桥南堍西侧的“马嘉理纪念碑（Augustus Raymond Margary）

1910 年，拆除业已破损的盆栽植物房、办公室和种球储藏室，耗银 12 500 两建设更大的温室（图 3-9）。大温室与蕨类植物温室成直角，长宽分别为 40 和 35 英尺，高 28 英尺，高出老温室 8 英尺，为更高的椤类植物提供了生长空间。考虑到与伦敦相比上海的光照较强，可适当减少采光玻璃面积，温室采用外贴人造石的砖砌山墙，一方面可供蕨类植物攀爬，另一方面又可延长建筑的使用寿命。温室不用桁架，采用较大柚木的梁架式结构，屋顶由铸铁圆柱支撑。采用热水系统设备进行加热，房内步道将采用 12 英寸见方的瓷砖铺设，温室内部装置、开启装置和假山工程一应俱全[4]。大温室内部的景观营造更为讲究，可谓华荫如盖，花满山谷，流水淙淙，一派热带风情（图 3-10）。内设大小两个植床，中间以一组架子相间隔。位于主入口处的大植床，地形波动起伏，两侧高中间低，高处种植棕榈等高大植物形成夹景，低处间植各色花卉，山谷幽幽。位处北部的小植床中散植着椤类植物，起伏的地表上满覆铺地柏（Selaginella），其间点缀着爬满蕨类植物的散石，植床中央是一个不规则的小水池。北端山墙上留有多处凹穴，穴中种植的各种蕨类植物爬满山墙，构成一道浓浓的绿色背景。山墙中间建有一石洞府（源于古希腊的洞府），有水帘下泻，构成全园的视觉焦点[5]。

图 3-10 储备花园大温室的室内布置与景观

资料来源：《上海公共租界工部局年报》（1911）

花园的再次改造：1910 年后，随着储备花园大温室和外侧新公园桥的落成，麦克利戈随即对整个花园进行又一次调整。布局力求规则匀称，将沿吴淞江的园路和台地式护岸改为规则直线型；为使植物展示更显自然，对几个温室进行了不同程

1 U1-1-921，上海公共租界工部局年报（1908 年），141 页。
2 U1-1-922，上海公共租界工部局年报（1909 年），172 页。
4 U1-1-923，上海公共租界工部局年报（1910 年），234-235 页。
5 U1-1-924，上海公共租界工部局年报（1911 年），189-190 页。

度的改造。此时的储备花园，不仅园景设计与布置独特而具吸引力，其温室的设计和建造水平已与英国国内相接近，游人和询问植物问题的来访者络绎而至。

可惜，好景不长。20世纪10年代末开始，极司非尔试验场内更好的温室条件和邻近大公园的良好小气候，以及外滩空气质量的恶化[1]，共同促使储备花园日渐丧失温室植物的培育功能。1925年以后，储备花园内不再培育植物，而是进行纯粹的温室装饰展示，温室内的展示植物则由极司非尔公园试验场内的植物温室供应，通常在临近花期时才将植物移植过来。随着生产、科研功能的丧失，储备花园的管理工作日渐松懈，以致有"不速之客"时常占据温室，妇女、儿童因害怕而不敢入园，储备花园的展示功能也因此逐渐衰退，花园内的所有温室于1931年被拆除，园址改作儿童游戏场。

3.3.3 园林工程技术与养护技术

大体上，租界园林工程施工、园林养护的程序和技术是欧洲园林在上海的移植。但由于距离遥远，自然条件相异，在造园材料选择和技术应用上，上海租界园林与欧洲现代园林并不同步。租界园林的主要建设者，中国花匠和工匠们，对舶来技术的不同理解及其根深蒂固的传统技术经验，也影响了西方园林技术在上海的应用与发展。受不同社会条件的影响，两租界的园林材料和技术的选用存在较大差异，法租界园林的总体发展进程滞后于公共租界，技术水平也相对落后，但在工程施工和园林养护的某些方面也形成了自身的特色。总之，要对近代上海租界园林的工程、养护技术与水平下一个定论是困难的。然而，它毕竟是与中国传统园林全然不同的体系，从比较的角度作一些分析大致是可行的。

1.植栽工程

1）树木种植与移植工程技术

批量进行大苗种植、大树移植和草坪建植，对中国传统园林来说是一个新事物，也是租界园林中工程量较大、技术含量较高的植物种植工程。

在大苗种植方面，租界园地部门通常能采用适用技术。租界园地部门认识到，上海地下水位高和土壤易板结是影响植物栽种成活的主要因素，与通过光合作用由叶片毛孔进入植物体内的碳不同，氮元素则主要由植物根部皮孔吸收，一旦根部结水，土壤不通气，植物很快就会死亡；租界内新植行道树一般为7～8年生、树高18英尺树冠完整的大苗，扎根较深，受地下水位影响大。为此，工部局园地部门

---

1 1910年代末外滩附近空气质量的恶化对储备花园的植物培育与生产产生了致命的影响，1918年园地监督认为："对于幼小植物的栽培，尤其是那些具有软质、多毛叶的植物，储备花园是能找到的最差的地方了。不久的将来应把该处收集的大部分植物迁移到位处空气相对洁净地区的温室中去见：(U1-1-931，上海公共租界工部局1918年报，69C页)"。结果，至1918年储备花园中百分之八十的温室展示植物已被迁移到极司非尔公园进行栽培。

曾于1918年在愚园路的一小段人行道侧进行试验，掘沟深至2英尺6英寸（上海地下水位高度一般为地面下3英尺），埋设排水管，上覆营养土后栽树种草，取得了很好效果。后因成本高，未能大面积推广[1,2]。公园中的树木种植，通常依据树木根系深度和耐水性特征，结合地形塑造，因高就低地进行种植，成活率很高。

在大树移植方面，早在1904年填滩扩建公共花园时，公共租界曾移植过几株重达3吨的带土球大树；1922年因重建四川路桥，将一株连同土球重达20吨的悬铃木（当时上海最大的悬铃木之一）从华人公园移至公共花园，移植后生长良好。1910年代后期开始的大量行道树移植，真正开启了租界园地的大树移植工作，并摸索形成了一些技术措施：通常选择在合适的季节进行移植，树木修剪量不大，树冠能得以完整保留；如若必须在植物生长季节移植，为减少树叶对水分的蒸发确保成活，则进行大量修剪，甚至截顶处理。整体上，由于园地部门对大树移植环节的较好控制和移植后的细心养护，多数情况下行道树移植是成功的，损失不大，截顶后的行道树尽管开始时看上去不太美观，但几年后仍能长成庭荫大树[3,4,5]。

2）草坪建植工程技术：草地保龄球场的做法

租界公园中的草坪主要有观赏性草坪和运动型草坪两种，面积多数很大。从草坪建植与管护技术的角度，运动型草坪的要求较高，其中又以草地保龄球场（Bowling Green）的要求最高。虹口、汇山等公园内辟有多个保龄球场，由于采用了较好的技术，球场质量曾受到许多运动员和行家的赞许，汇山公园的保龄球场曾被评为是远东最好的球场，而且连续使用了几十年。1922年虹口公园新建草地滚木球场时，园地监督向工部局汇报说："在上海建草地保龄球场主要有两个不利因素：一是缺乏好的草皮；二是地下水位太高，极易造成场地沉降。该园16年前实施的另一个草地保龄球场采用了类似的做法，至今仍状态良好，唯一要做的工作是进行追肥和对磨损草皮的随时修补。新近施工的球场在做法上比之有一些改进，相信经过一两年后这一球场也会非常好。"以下是虹口公园新建草地保龄球场的工程做法（图3-11）：

先将场地整体下挖2.5英尺，再往下每隔10英尺挖深6至9英尺铺设一根排水管，然后将坑底夯实、滚平。其上是草地球场的基础，依次为：

（1）1英尺厚小石块垫层，手工捣实；

（2）3英寸厚粗碎砖垫层；

（3）3英寸厚细碎砖垫层。

1 U1-1-931，上海公共租界工部局年报（1918年），70C页。
2 U1-1-933，上海公共租界工部局年报（1920年），53B页。
3 U1-1-937，上海公共租界工部局年报（1924年），306-307页。
4 U1-1-935，上海公共租界工部局年报（1922年），84B页。
5 U1-1-937，上海公共租界工部局年报（1924年），306页。

分层夯实、滚平，将最上层的细碎砖滚碾成几近粉末，然后将草朝下反铺一层草皮。再往上是三层填土：先是一层厚 6 英寸的填土，这种填土是以在动物粪便水中浸泡两个月以上的肥土为主，掺拌一些粒径半英寸的碎石子和半英寸见方的骨料及有机物而形成的；滚平压实后再填 3 英寸厚的肥土，填土同上，只是混合料更细洁；最上层的填土也是 3 英寸厚，采用混有骨粉、木炭、有机物和石灰的土壤。滚平压实后，在整个表面撒上一层细砂和木灰，然后进行铺草。选择最好的草皮切成标准的正方形，并用模具将其修成同一厚度，要像铺地瓷砖一样整齐划一。以上所用填土掺料后均需翻腾四次，以确保掺和均匀。

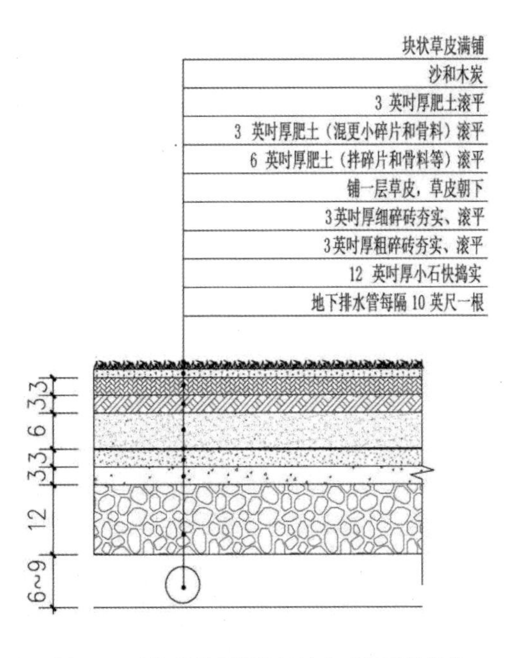

图 3-11 上海公共租界草地滚木球场工程做法

另外，鉴于球场的建设与维护费用昂贵，草地保龄球场的使用租金也较高，一般为每场地每月 5 英镑[1]。

2. 土建、假山（土山）工程

上海租界园地内的建筑量不大，风格比较混杂，谈不上有很高的技术含量。早期的租界公园内一般有数处茅亭，比较常见的音乐亭早期都是具乡野风格的茅亭，后期被改建成钢筋混凝土结构，中间一段时期内也曾采用过来自欧洲的铸铁亭子。对华人开放后，公园内各种风格的功能性建筑设施开始增多，通常对一些先期建造的小桥、厕所、管理用房和原先保留的当地民居进行改造，或新建或安置几座由外侨捐赠的娱乐性建筑。总体而言，租界园地中的建筑数量不算多，规模有限，技术含量也不高。除了前文已述的温室，租界公园中最为现代、技术含量最高的两处建筑设施，分别是虹口公园内 1915 年建成的运动跑道和 1922 年的圆顶音乐台。至于租界后期陆续建造的公园围篱、围墙、收费设施等，可以说是租界园林给上海近代

1 U1-1-935，上海公共租界工部局年报（1922 年），80B 页。

园林带来的一个特殊“礼物”，并成为未来中国公园长期挥之不去的奇异之物。

租界园地内的园路、活动场地的筑造材料与技术，整体上，与市政道路的发展是同步的，并体现了欧洲现代园林以透水材料为主的园林铺装特色。早期以碎砖石为主，后期一部分园路和场地的面层材料改为水泥灰或沥青。

地形塑造方面，上海租界园林大体上呈现了英国自然风景园的风貌，地形不高但有起伏，并与河溪型水系相结合。在公共租界园地中有多个土石相间的岩石园，其中的虹口公园南端入口处的岩石园和汇山公园北侧的岩石园是麦克利戈的作品，筑造手法娴熟，效果较好。近代上海园林中也曾出现多处日本筑山庭，据载汇山路转弯处小型园地内曾模拟日本传统庭院，筑造过低矮的起伏地形，估计水平不会很高；极司非尔公园南部东侧日本园内的置石和植物配置，因出自行家之手，手法与风格地道。此外，复兴岛浚浦局花园内的日本式假山与水体体量适宜，组石有章法，风格协调，具有日本传统大型山水园的风貌；六三园内也有置石，留有日本筑山庭和枯山水庭园的踪影。土洋结合的中国式假山在租界园林中也有体现，但水平较低。极司非尔公园南部西侧中国园内的假山，是一些以湖石为主的峰石点缀和湖石花坛围边，谈不上是中国式的掇山理水；顾家宅公园南端的中国假山倒有几分中国传统园林的筑山意趣，用石量大，也有主峰配峰之分，飞瀑、河湖、水涧、小桥一应俱全，但却纹理不通，所谓“百尺形、千尺势”的中国画画理和掇山意趣已荡然无存。

3.行道树管护措施与技术

上海租界当局十分重视行道树的建设，从引种培育到种植管护，先后形成了一套管理办法与和技术措施。

由于街道狭小、因道路改造引起的树木移植频繁、人为破坏严重等原因，租界当局作出过种种保护行道树的规定。其中较为具体的，如 1932 年 7 月公董局临时委员会会议作出的规定：在公共通道上挖坑种树时必须离开道路路缘石 1.5 米；电线杆、喷泉、加油器械等设施必须设在离树木 1.5 米以外；屋檐及人行道与道路路缘石的水平距离不得小于 1.2 米；树木间距控制在 7～10 米之间；任何建筑申请图纸必须标明附近行道树的位置，等等[1]。工部局对于行道树的保护也作出过相应规定，包括促成上海道台颁布保护界外行道树的告示、设立专管人员、对恶意破坏者的责任追究、立桩保护、更换枯树、树木的编号登记等管理和技术规定。

行道树的立地条件很差，土壤易板结，排水不畅，生长空间又受到各种城市管线的限定，因位于人流集中的道路上时常遭受人为损坏。为此，租界园地部门进行过不同层面的技术研究，形成了一系列关于行道树种植、保护的技术措施。其中，实效明显的有：

1 史梅定．上海租界志［M］．上海：上海社会科学院出版社，2001：444.

强化修剪：合理及时的修剪是租界行道树管护的一项主要技术措施。行道树树苗生长三四年后就开始对其定型修剪，为控制树枝生长、形成优美树形打下基础；针对台风和虫害，除了进行立桩护树、虫害防治，一年内分别于春冬两季进行各有侧重的树木修剪，其中春季修剪以防台为主；为不影响交通和架空线路，日常的整枝也很受重视。

土肥管理：厚实的路基和混有沥青的大小石块使植物根系生长极其困难，为改善树木根部通气，增强土壤肥力，园地部门经过多种探索后形成种植时更换种植土、经常松土、及时追肥等技术措施，有效地促进了行道树树木根系的发育生长。

提前种植：园地监督认识到："在路边植树以提供树荫、界定道路范围古已有之，按一定间距事先成行种植合适的行道树是形成景观林荫大道的最重要方法。[1]"为了给城市道路尽早提供树荫，公共租界于20世纪20年代末曾一度先于道路建设进行行道树种植，取得了不错的效果。

不同的认识和要求：公共租界和法租界当局对行道树的作用和形态的认识是不尽相同的，今天静安公园主干道（原静安寺公墓大道）与淮海中路（原霞飞路）上悬铃木的迥异姿态就是一个很好的诠释。工部局园地部门认为："在较寒冷地区，行道树树形被修剪、控制得整齐划一，其整齐的外观要比能提供树荫更受重视，相反，在上海这个夏季几近热带的地区，形成最大树荫应是行道树种植的首要目标。因此，这里的行道树，应让树木自由生长，以便形成像静安寺公墓大道那样的林荫道。[2]"而法租界园地部门则受法国国内城市的影响，强调行道树的外形必须基本一致，通常采用"三主枝、六分枝、十二分叉"的"开杯式"整枝造型模式。这一模式，因其对行道树树形、树荫和病虫害等的有效控制，在以后的上海乃至全国得到广泛应用（图3-12）。

图 3-12 上海公共租界和法租界行道树的形态对比

1 U1-1-942，上海公共租界工部局年报（1929年），267页。
2 U1-1-933，上海公共租界工部局年报（1920年），53B页。

4. 虫害（Insect Pests）防治

进入20世纪，伴随着新引种植物的增多，租界内的植物病虫害也相应增加，尤以虫害为重。为此，租界园地部门耗费大量精力开展了植物虫害的防治工作。

对园林植物危害最大的是一种蛀干幼虫和一些甲虫类。20世纪初时，蛀干幼虫猖獗，租界园地部门采用的药剂防治与人工捕捉相结合的办法取得过一定成效。这一办法，一方面于冬季在树干上涂抹稀柏油、混有药剂的石灰水；另一方面，先后进行二硫化碳（Bisulphide of Carbon）、砷酸铅、麦克杜格尔的灭虫净（McDougall' s Katakilla）等杀虫剂的试验与应用，在苗圃中用农药喷洒幼树，并辅以人工捕杀。

20世纪20年代的害虫种类明显增多，危害也更为严重。1924、1925年的园地报告均有大幅记载，如：

"6月初悬铃木长出的嫩叶开始腐烂，枝条呈现出秋季的景象，监测发现这是一种小型钻孔幼虫所为，在上一年主芽发育时，它们就已进入，并破坏了周边的所有组织，致使植物在生长季节时的营养无法输送。吹绵蚧壳虫（Tcerya Purchasi）是新增植物害虫天敌中的一种，外裹白蜡，在对卫矛、海桐和其他同类其他常绿植物上发现造成危害的外裹白蜡的一种害虫，1925年将对此进行密切关注，一旦出现，就喷洒"巴黎绿"（乙酰亚砷酸铜）。11月份还发现一种"炮眼"甲虫对草莓植株造成破坏，这种害虫8月份开始活动，很快就能毁损植物的叶子，至少能使植物虚弱，染上真菌性铁锈菌类病毒。在中国西部有商业价值的植物蜡来自于一种白蜡虫，这种蜡虫非常猖獗，毁坏了几英里的女贞树篱。由于有外裹蜡衣的保护，一般的杀虫剂对其不起作用。至今发现的唯一有效的是酒精，用酒精溶解蜡后再将其杀死。红蜘蛛（Red Spider）、粉蚧（Red Scale）和蚜虫（Aphide）非常多，但在受害的植株上经常喷洒常用杀虫剂烟草水的效果较好[1]。"

"1925年，一种释放有害气味的"Doctor"甲虫或蝽几乎酿成一场灾难，为此，一段时期内每天都有收到市民的咨询申请，要求我们园地部门提供根除方法。另有一种小型甲虫，咀嚼植物叶片中的非纤维部分，对月季造成很大破坏。"[2]

从20世纪20年代的总体情形来看，面对日趋严重的植物虫害，在实际操作上，租界园地部门仍能积极应对，加强了病虫害的监测，并在专家的帮助下不间断地进行过多种试验，防治结合，多手段并用，降低了虫害和病害的危害程度。

---

1 U1-1-937，上海公共租界工部局年报（1924年），304页。
2 U1-1-938，上海公共租界工部局年报（1925年），316页。

3.3.4 园林研究与科普

上海近代的两个博物院，即上海博物院（亚洲文会北中国支会）和徐家汇博物院，是上海开展植物研究和科普的最早机构，主要从苏皖两省收集植物，制成标本后对外开放展示。应该说，这些工作与园林植物及其应用并无多大关系。

真正开启园林植物应用研究的机构是上海租界的园地部门。它们一方面建造温室、辟建专业苗圃为研究提供基本条件，另一方面，通过多方联系开辟植物引种途径，并开展植物育种与栽培技术方面的试验研究，还与园艺部门合作进行园林植物以外的园艺等农作物研究，取得诸多成果。所取得的成果中，以公共租界的园林植物引种驯化成果最为显著，不仅丰富了租界园地的植物种类，也对上海近代花木业的发展和花木市场的繁荣起到一定的推进作用。

1. 园林植物引种驯化[1]

19世纪60年代末，为满足公共花园、行道树和公墓的建设需要，公共租界开始进行一些零星的园林植物引种工作，树木和种子大多从英国订购，少量树苗来自日本，也有一些由外侨中的园艺爱好者馈赠。

1899年，履任伊始的阿瑟提出引进、培育适合上海地区生长条件的植物种类和改良植物品种的主张后，旋即着手乔灌木和花卉植物的引种驯化工作。次年，他就从英国订购1 800株树苗，并赴日本横滨等地考察苗圃，了解到能从日本苗圃中引种的乔灌木种类，购买行道树树苗6 000株。至1904年，在阿瑟的主持下，公共租界先后引进多种花卉植物，植物培育能力也有很大提升。每年培育出圃各种植物达4～7万株，不仅为公共花园、华人花园，还为局属各公墓、教堂、工部局庭园、护理妇女宿舍等提供植物材料。

1905-1914年是公共租界植物引种驯化工作的鼎盛期[2]。在麦克利戈持下，园地部门先后与香港、新加坡、特立尼达、新西兰等植物园建立联系，向英、美、日等国的公司邮购植物种子。麦克利戈还利用休假从国内的杭州、庐山牯岭等地收集植物种子，以后又陆续与哈佛大学阿诺德植物园、英国皇家园艺协会，印度劳埃德（the Lloyd Botanic Garden，India）植物园以及澳大利亚和加拿大建立了联系。从此，公共租界内的园林植物种类与品种快速增多。树木方面，1907年的新栽培树木种类达到60多种，至1914年，仅在徐家汇路苗圃一处进行批量栽培的树木种类多达100余种，极大地丰富了上海的园林树木种类；花卉方面，通过播种、扦插、嫁接繁殖以及杂交手段，选育出一批花期长、花色明亮、多花的矮生植物，并于1912年前后开始大量应用于花坛、花境的布置。在草坪草种方面也取得一定成果，如

1 关于公共租界园地部门引种的主要植物种类详见附录5.
2 U1-1-936，上海公共租界工部局年报（1923年），356页。

1905年春季进行了包括英、美最好的坪用草在内的15种草种播种，因上海气候类型与英、美不同，夏季高温高湿，这些草起初生长良好，7月份后却大多相继枯死，但仍发现早熟禾（Poa Nemoralis）和红孤茅（Festuca Rubra）两种生长良好的草种[1]。以后，有麦迪森（J. Madsen）和托格（E. Toeg）两人从事过上海草坪草的专门研究，并于1924年出版《上海草皮的选种》(*Celebrities of the Shanghai turf*)一书[2]。

20世纪10年代中期以后，园地部门的工作重点逐步转向植物繁殖和栽培，除了引进一些一两年生和多年生的草本植物，其他植物引种不多。20年代，适逢在国外学习植物学、园艺学的中国留学生纷纷回国，着手进行中国的植物学研究[3]，麦克利戈与他们中的一部分取得联系后获得一些原先难以获得的植物种子，如国立南京东南大学[4]的教授Wong Young Chun先生[5]，曾提供过多种植物种子[6]，丰富了租界园地内中国相关植物区系的植物种类。30年代以后，引种工作基本停滞，见于记载的仅限于第三任园地监督于1930年获得的30余种植物种子，分别来自新加坡、香港、广东、加拿大、澳大利亚和英国皇家园艺协会。

植物驯化工作并非易事，费时多，工作繁重，而且其结果往往以失望居多。关于植物引种驯化的困难和心得，园地监督麦克利戈于1923年如是说：

“许多新引进植物须在荫蓬中度过三个夏季，一般要繁殖至第三代或第四代才能适应当地环境。根据适者生存的原则，须在每一代中筛选出那些更能适应当地环境的植株，进行不断的繁殖、栽培和筛选，直至得到适应性强的植株。这一工作并非易事，通常，经过每一代的进化，这些植株已拥有某些完全不同于其最初母本的某些形性状，不需要任何保护条件就能自然生长，但通常其观赏特性也会随之改变，观赏品质下降，而因有悖于引种驯化的初衷，而不值得再栽培应用。影响植物驯化的其他因素还有土壤和植物的栽植朝向，为了适应植物的生长，必须改变土壤的物理形状，添加一些其他成分，久而久之植物对一般的土壤就难以适应；有些植物须种植在高爽的北坡，另一些则适合在朝南的谷地种植。除此以外，还有个时间问题，对每一次试验都要作耐心、细致的记录，以获得适用的培育知识。简言之，照搬英国的园艺栽培手册在1万里以外的地方进行国外植物的驯化和栽培是行不通的。[7]”

租界园林对早期中国野生植物资源的引种驯化和栽培应用也有一定的推动作用。中国野生植物资源丰富，西方一些国家为丰富本国的植物资源，经常派遣植物

---

1 U1-1-918，上海公共租界工部局年报（1905年），240-241页。
2 王绍增. 上海租界园林［D］. 北京：北京林业大学硕士学位论文，1982.
3 U1-1-935，上海公共租界工部局年报（1922年），81B-82B页。
4 1921年6月6日成立，1927年后改为国立中央大学，其园艺系的前身属南京高等师范学校。
5 疑为国立南京东南大学农科的著名教授陈焕镛。
6 U1-1-937，上海公共租界工部局年报（1925年），317页。
7 U1-1-936，上海公共租界工部局年报（1923年），356页。

专家来中国收集植物种子，如珙桐、滇玉兰等许多中国珍稀植物就是被英格兰首先引种驯化，以后再扩散到世界各地的。租界园地部门曾多次将这些经大量繁殖后的中国植物引回上海，如从英格兰引种的红蕾荚蒾（Viburnum Carlesii，忍冬科荚蒾属落叶灌木）和亮叶忍冬（Lonicera Nitida，忍冬科忍冬属常绿灌木）。这类植物在英格兰很常见，当时被认为是上海引种最成功的植物之一，引种以后种植于极司非尔公园[1]。

公共租界园地部门还与上海园艺协会合作，在极司非尔园艺试验场，开展以长丝棉、各种蔬菜和麦类为主的农作物引种选育工作，试验主要围绕确定播种时间、选择优良品种、确定产量评估方式等方面开展[2]，取得过一些成果（表 3-9）。

表 3-9 上海公共租界园地部门开展的农作物植物引种选育试验

年份	试验内容与方法	试验结果
1912－1913	对 14 种不同的长丝棉花进行试验，选育适合上海生长的品种。品种包括目前所知最长丝的“海岛”棉、“美洲高地”棉和中国东北棉，棉种由美国农业部 F. Ayscough 所赠；将长丝棉与本地棉进行杂交，	长丝棉的生长周期要比本地棉长，为此须提前播种，从而影响冬季其他作物的生产。通过杂交获得一种丝长和生长周期适中的新品种
1917	选育试验：对本地 Cotton、Sweet Pea（76 种香豌豆）、Oil bean 等食用、油料作物进行杂交培植等。	取得阶段性结果
1919	对几种蔬菜品种的生长量进行测定评价	生长量与热量间的相关性分析
1918	选育试验：对蔬菜进行广泛试验，主要有茄子(Egg plant)、白豆（White bean）、Capsicium、菜豆（French bean）、卷心菜（Cabbage）、甘蓝（Turnip）、胡萝卜（Carrot）、马铃薯（Potato）及各种棉花等	在单位面积各种蔬菜的产量、生长周期等方面得出较好的试验结果
1926	选育、栽培试验：对美国农业部赠送的小麦、大麦种子进行播种试验，并施用活性污泥、硝酸纯碱等肥料	取得阶段性结果

资料来源：根据历年《上海公共租界工部局年报》整理编制

2. 栽培技术研究

受当时世界农业科技发展的影响，租界园地部门十分强调园林植物的科学栽培。在栽培技术方面，早在 1904 年，园地监督阿瑟就确立试验研究的方向为：坪用草改进；杂交选育优良植物；引种、驯化外来优良植物；复合肥料试验等[3]。麦克利戈接手后，研究工作开展得平实细致，涉及土壤分析改良、复合肥料应用、虫害防治方法、播种扦插及嫁接的适宜节令与方法等多方面内容，并以土壤分析改良和复合肥试验应用为重点，成效显著。麦克利戈认为土壤分析是基础，其目的是要了解土壤缺乏何种矿物

1 U1-1-942，上海公共租界工部局年报（1929 年），264 页。
2 U1-14-1986，00139-00141，1919 年 5 月 13 日园地监督至工部局工程师 Harqur 先生的信：关于极司非尔公园试验园。
3 U1-1-917，上海公共租界工部局年报（1904 年），225 页。

元素及其程度和用什么样的人工肥料进行改良。1918年，他将先前几年农业化学家斯坦利博士（Dr.Stanley）对上海土壤所做的分析结果，与英格兰皇家农业协会试验农场的土壤分析结果，进行对照分析后发现：两者的可溶性柠檬酸含量相同；上海土壤中的碳酸钾含量要远远高于英国农场土壤，但是就植物可吸收的含量而言，前者还不到后者的一半；上海土壤中的氮、磷含量比英国农场要少得多。麦克利戈进一步认识到，与英国农场的轻质砂土不同，上海的土壤是粘性土壤，尽管上海的土壤中富含植物养分，但却难以被植物吸收。为此，麦克利戈主持开展过多种试验，以寻求改良土壤结构和肥力的各种物理和化学方法（表3-10）。

表3-10 上海公共租界园地部门进行的主要栽培试验

年份	试验内容与方法	试验结果
1900	改良苗圃土壤；采用不断移植方法	促使树木生长；树木成活率和质量提高
1909	各种肥料的有效性试验	
1913	对高温高湿气候不利于植物生长的观察和分析	有助于选择试验植物遮荫材料
1914	镭射废弃物作为肥料试验	获得较完整知识，将对镭射水进行应用
1915	与英国主要实验中心取得联系，对植物培植地进行通电实验	电流对树木生长有较大促进作用
1916	分别以过磷酸盐、碳酸钾和硫酸铵作为肥料对棉花等进行栽培对比试验	取得较理想结果
1919	农家肥料和土壤试验	
1922	对高温干燥气候有助于增强土壤肥力的观察和分析	由于缺乏地表水，浅根性植物被迫要将根系向下伸展，新生根将在土壤深层腐烂从而肥沃土壤；和霜冻一样，干燥、高温的环境也会使土壤团粒碎化，从而改善土壤的物理结构
1923	活性污泥用作肥料的试验；利用污泥进行蔬菜栽培试验	
1924	活性污泥和粉碎垃圾用作肥料的试验。用两份沙一份污泥混合物进行草坪追肥；以粪便和活性污泥为肥料的棉花栽培对比试验；污泥中增加硝酸纯碱的试验；将活性污泥和草木灰按20:2磅混合，应用于大豆栽培；利用粉碎机将垃圾进行粉碎，添加一些碳酸钙用作肥料的试验	活性污泥的试验结果令人满意，用作草坪追肥效果好；以活性污泥为肥料的棉花产量要大；由于分解时间短，液态活性污泥作为肥料效果更好；粉碎垃圾的肥料效果几乎与农家肥一样好
1925	将活性污泥添加入粉碎垃圾或农家肥的试验；将农家肥或粉碎垃圾深埋入土壤，把活性污泥用作液态肥追肥的试验	三年来的试验结果表明，将活性污泥深埋将会增加土壤的粘度．用作追肥容易引起虫害。今年的改良试验结果较理想
1927	深埋活性污泥的大豆栽培试验；施用于疏松土壤或沙质土壤的肥料试验；每方土地施用30磅活性污泥和3英寸厚的半腐烂垃圾用于饲料作物生产的试验	试验结果好，并进一步证实将其深埋会造成土壤变粘、将其用作追肥会引起害虫泛滥的结论
1929	对乔、灌木种植地中耕除草（深耕）的作用观察和分析	经常性的深翻土壤确保了土壤疏松和通气良好，有助于保持土壤湿度，根除杂草，更经济

资料来源：根据表中各年份《上海公共租界工部局年报》和《上海公共租界工部局市政公报》相关资料整理编制

其中，也不乏一些有效方法，如通过每隔3年在土壤中施用一些石灰，深耕后，于土壤底层施用新鲜厩肥，于表层施用腐熟肥的办法，可有效改善土壤的物理结构及其通气和传热性能，促进矿物成分的分解和肥料的渗透，从而增强土壤肥力[1]。最难能可贵的是，农家肥以外，麦克利戈还对大量活性污泥和粉碎生活垃圾用作肥料的前景与方法进行积极探索，针对多种花卉、蔬菜进行大量对比试验后，得出复合肥料的成分与配比、施用对象与方法等一系列土壤改良方法，有效提升了上海植物的栽培水平。

3.咨询与科普

上海租界园地部门重点开展了技术咨询、集中展示与观摩、悬挂动植物标牌等园林咨询与科普活动。

1900年后，向租界园地部门进行植物和花园咨询的来信日渐增多。1910年麦克利戈对200封询问园艺问题的公众来信予以一一答复，并对送来的305个植物样本作了鉴定和命名。其中的部分样本和从宁波附近收集的植物样一起，还被送到美国哈佛大学阿诺德植物园（Arnold Arboretum）去进行鉴定[2]。1912年新办公室建成后，前往储备花园询问植物问题和花园咨询的外侨为数甚多，1914年平均每天要接到3～4份申请[3]。园林之外，还有许多有关中国植物的经济价值方面的咨询申请，如可产油的、产蜡的和提炼染料的植物等[4]。

始于19世纪60年代，租界内的一些园艺爱好者零星组织过一些自发性的园艺展览与观摩活动，活动的地点不固定，多数在英国领事馆、公共花园和外滩滩地等地。进入20世纪后，在租界园地部门和园艺组织的共同组织下，园艺展示与观摩活动走上正轨。以花卉展示为主的观摩活动，分为定期的“莳花会”和公园内的不定期展示两种。莳花会中，尤以上海园艺协会（外侨组织）组织的每年一次的菊花会影响最大。1920年代以后，莳花会大多在极司非尔公园内举行，所展示的菊花和大丽花品种多样，花色和造型多姿多彩，深受观摩者青睐。除了常设花坛花境，租界园地部门经常在公园内，与园景相结合，或利用花圃或开辟临时用地，进行不定期的开花植物展示。依据展出植物的情况，不定期展示主要分为同一种植物的多品种集中种植和多种类植物混合栽种两种类型。前者如1920年工部局园地部门在极司非尔公园内一块草坪上的香豌豆展示，在临时搭建的荫棚下，按花色分类种有60个已命名的香豌豆品种，以后又相继展出500盆盆栽秋海棠、大岩桐[5]；又如1925年该公园内进行的大丽花品种对照展示，种植了包括许多新品种的530株大丽花和50年前的大丽花品种，观摩者众多，很受关注和欢迎[6]。多种类植物混合栽种展示的效果也很好，如1921年极司非尔公园内的多种植物展示，园地部门将公园中部

1 U1-1-931，上海公共租界工部局年报（1918年），70C页。
2 U1-1-923，上海公共租界工部局年报（1910年），237页。
3 U1-1-927，上海公共租界工部局年报（1914年），71B页。
4 U1-1-928，上海公共租界工部局年报（1915年），65B页。
5 U1-1-933，上海公共租界工部局年报（1920年），51B页。
6 U1-1-938，上海公共租界工部局年报（1925年），317页。

新购土地辟作临时花坛，种植香豌豆（Sweet Pea）、金鱼草（Antirrhinum）、紫罗兰（Pansy）、福禄考（Phlox）、马鞭草（Verbena）、罂粟（Poppy）等多种植物种类及品种，展示的同时，还为英国妇女协会园艺分会成员开展了园艺操作演示和讲座[1]。因此，以上定期和不定期的集中展示对提升上海市民的园艺水平起到了很大作用，不仅为园艺爱好者提供观摩机会，满足许多私人花园园主对园艺操作知识的需要，还为小规模花卉生产者提供了挑选植物品种的机会，增强了他们订购小苗的判别能力。

为了科学地进行植物引种，麦克利戈于1905-1906年利用业余时间，按植物进化系统，对公共租界内的栽培植物编制过一份名录，但不久它像一本“埋葬的书，在搬运的过程中一度消失了，直至极司非尔公园进行植物引种和编制植物标签时，它才找到。[2]”在上海历史上，这一失而复得的名录应该算是首个具有科学意义的园林植物名录。1915年前后，以月季园和高山植物园为重点，麦克利戈着手陆续对极司非尔公园内的植物进行标牌制作，标明植物的学名、种类、生物学特性和生长习性。以后，园地部门又陆续对动物园内的动物进行过科学命名与标签制作。这一做法，因对动植物爱好者尤其是青少年具有很好的科普教育作用，受到游客的普遍赞同。以至于后来，因极司非尔公园衰颓所造成的动植物标牌很快消失一事，引发了许多人的关注和愤慨，如1941年5月的一份《大美晚报》上刊登过一篇名为“极司非尔公园看上去是个空壳子”的文章，其中有“为什么没有名字？”的发问，对该园动植物标牌的消失深表遗憾与不满[3]。

3.4　华界近代园林意识的形成与追求

在租界园地引领和社会精英们的倡导下，上海华界的近代园林观念逐步形成。受制于多种因素，华界近代园林意识的形成过程曲折而复杂。这一过程在总体上大致可分为萌发、成长和整合三个阶段，即开埠至19世纪末以营业性私园为主体的萌发期，20世纪初开始至抗战前夕的成长期，1945-1949年民国末期的整合强化期。其中，以北伐战争胜利和上海特别市政府成立的1927年为界，成长期又可以分为前后两段：1927年以前表现为近代园林意识的裂变与初步成型；1927年以后则在政府主持和倡导的园林实践中趋于整合。

由于政治经济紊乱，20世纪前20余年的华界市政园林，除了随同市政道路建设取得一定发展的行道树以外，几乎没有任何作为，与租界园林的快速发展形成巨

1 U1-1-934，上海公共租界工部局年报（1921年），73B页。
2 U1-14-1986，00139-00141，1919年5月13日园地监督至工部局工程师Harqur先生的信：关于极司非尔公园试验园。
3 U1-14-1986，上海公共租界工部局公报，1941年5月7日。

大反差。或许正是这一巨大的落差，一方面催化了近代园林意识在一些有识之士思想中的强烈涌动，并通过交流、砥砺而趋向成型；另一方面，于政治动荡的短暂间隙，华界民间园林取得一定发展，形成民间园林花木业发展的新局面，促使诸如爱俪园等一些私园，在反本与探新中不断裂变，以致最终走向集萃式的园林风格。

3.4.1 私园的反本与探新：爱俪园的多元杂汇

清末民初，上海地区以上海县域为主体，由新起的显宦、巨商、买办和地主新建了一批非经营性的私园[1]，包括当时名扬上海的丁香花园、松柏园（辛家花园）、爱俪园、课植园等。总体上，它们都是西风东渐后的产物，大多以中式为主，掺杂有一些西式造园元素与手法。这些私园，一方面，受世俗侵蚀，物质享受重于意境诉求；另一方面，受西风影响，对西式园林的表现又稚嫩幼拙。若以文人园的内涵来评判，它们大多布局零乱，手法机变百出，可谓乏善可陈。但是，如果从园林的功能拓展、形式变异甚至文化革新角度来看，它们有些颓废的表现仍不失为一次身着传统外衣、反本复古式的创新，经由实践的砥砺，为后世园林留下一些宝贵经验与教训。素有“海上大观园”、“海上迷宫”之称的爱俪园是这一类私园中的极端者，规模之大史上罕见，景物之多可与皇家的圆明园作类比，学界常将它作为海派园林的一个典型。

1. 园景概况

爱俪园俗称哈同花园。园址西起哈同路（今铜仁路），东近西摩路（今陕西北路），南临福煦路（今延安中路），北达静安寺路（今南京西路），占地据 1947 年实测为 174.818 亩[2]，系英籍犹太人哈同所建。哈同全名为欧司爱哈同（S. A. Hardoon），其妻罗迦陵原名俪蕤，园名从夫妇名中各取一字以“爱俪”命名，寓伉俪情深之意。园由乌目山僧黄宗仰设计，故有庙宇色彩。黄宗仰，常熟人，自幼好学，年二十出家但有济世之志，曾创办中国教育会并任会长，游历甚广，结识许多名人志士，章太炎、孙中山等与哈同的相识就由其引介。清光绪三十年（1904）冬黄宗仰游学东瀛归国，在沪作短暂停留，恰逢哈同购地百数十亩准备建园，应邀为之筹划。建园工程耗时六年，至宣统元年（1909）秋完工。

全园分内外两部分，内园在园北及西北部；其余为外园，分为入口景区、大好河山景区、渭川百亩景区和水心草庐景区（图 3-13）。名家郑逸梅先生曾见过《爱俪园全景之写真》的册子（留世甚少），画册属非卖品，以照片形式记载园景 83 个，每张照片之后均有黄宗仰的简短题识，郑先生为此撰写了《哈同花园设计者黄中央》

1 上海地区民国私家园林名录，详见附录 1.

2 上海档案馆档案，卷宗号 Q1-11-579.

一文，对园中多数景物作了简单评述。据该文及《上海园林志》记述，此园的景点与分布大致为：

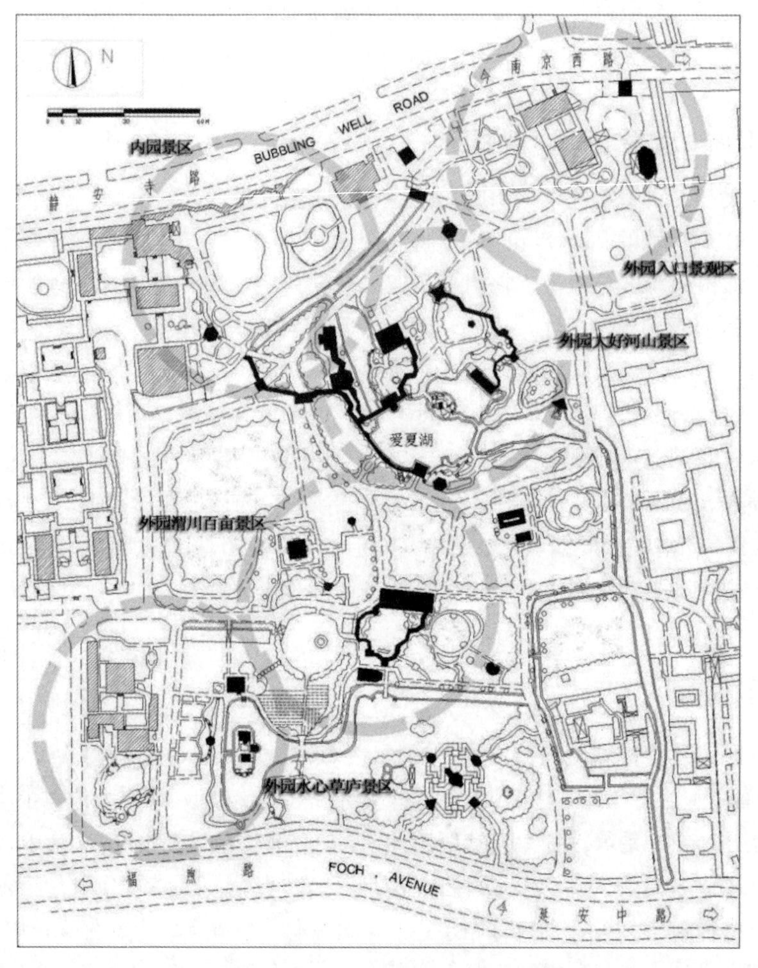

图3-13 爱俪园平面图

资料来源：根据卷宗号Q1-11-579载图绘制

主园门面北沿静安寺路开设，园额系书法家高邕所书。入门即是外园的**入口景观区**，第一景名“海棠艇”，小楼一椽，辅以两翼，状似海棠，以艇名之，寓意“以小舟应接宾朋”。其后有看竹笼鹅、苣兰室、黄蘗山房、接叶亭、柳湾、舞絮桥、森立坌来坊等诸景。过此，向西有西式建筑名“欧风东渐阁”，入阁即内园，有景点20余处，即黄海涛声、红叶村、俟秋吟馆（日式建筑）、待雨楼、椒亭、风来啸亭（疑又称听风亭）、仙药阿（主人居所）、戬寿堂、天演界剧场、环翠亭、驾鹤亭（半面亭）、文海阁、西爽斋、涌泉小筑等景，过涌泉小筑的圆洞门即为外园。园中部为**大好河山景区**，以爱夏湖为核心，水面辽阔，湖周土阜、假山蜿蜒，景色为全园最佳。环湖有观鱼亭、拨云亭、扪碧亭、蝶隐廊、岁寒亭、绿天澄抱（瓦屋数楹）、冬桂轩、诗瓢、昆仑源（三字刻于石上，有喷泉数起）、串月廊、引泉桥、九思庼、延秋小榭、飞流界、挹翠亭、水芝洞、小瀛洲、方壶、堆碧、北洞天（舍俐石塔）、慢舸（载我舟）、太华仙掌（湖石石峰）、云林画本（仅见树石，无屋）、引仙桥、饮蕙崖、铃语阁、涵虚楼、六鳌远驾、平波廊、苍髯上寿（奇石古松）、藏机洞、石坪台、山外山、逃秦处、万生囿、赊月亭、小苍莨亭（锦秋亭）、题扇亭、肄蕤等景。园南部为**渭川百亩景区**，有横云桥、笋蕨乡、千花结顶（七层方塔，层层喷水）、石笏嶙峋、卍字亭、松�绿荫、梅壑、绛雪海、望云楼等景观。园西南及西部为**水心草庐景区**，有湖心亭、九曲桥、兰亭修禊、柳堤试马、阿耨池、阿耨北舍（曼陀罗华室）、藏经阁、崇礼堂、燕誉堂、肄成茅蕤、芬若椒兰、慈淑楼、迎旭楼、卷影楼、一带春、淡池、思潜亭、淡圃、泻春潭（涉否）、万花坞、渡月桥、烟水湾等景。外园景点总计达60余处。外园东南部以外尚有养生池、频伽精舍、家祠、鉴泓亭、春晖堂等处。东西两侧还有仓圣明智大学和仓圣女校等[1,2]。

爱俪园中过往、居留的名人极多，有文人墨客、显宦巨商，也有革命志士，也曾奉养一班遗老在此教习古礼。民国二十至三十年哈同夫妇去世后园渐荒芜，抗战爆发后被日军占为营地，后又遭火灾，园景更趋颓败。抗战胜利后，国民党上海市政府曾一度在此拟建公园，也曾计划在哈同领养子女捐献的15亩（园东南）土地上计划建图书馆、美术馆甚至中正纪念堂，均未果。解放后，利用园址建中苏友好大厦。

2. 园林分析：集萃式园林风格

爱俪园地域甚广，功能混杂，景物极多，布局散漫，纵有能诗善画的黄宗仰的筹划参与，总体上已失却文人园的形骸。黄宗仰曾有记："兹地莽旷，若铺西草数弓，种矮树数本，小亭三五，错落其间，如海上所谓公园者，是非余所知也。抑五步一楼，十步一阁，隐嶙巍峨，望若仙居，亦且逊谢不敏。或者以生平游历所至，凡名声之接于目而会于心者，就景生情，次第点缀，则其庶几乎！[3]"由此可见，黄僧的本意是要营造一座传统式园林，但由于他并非专门造园师，只能凭游历记忆而集仿各地胜景，或许爱俪园的园景能做到局部有序，但整体失衡的集锦式风格从一开始就已成定局。此外，黄宗仰虽在此煞费心机地经营了六年，但是广袤达百十亩的传统园林绝非区区几载就能营造得体。另外一个重要原因来自哈同夫妇与黄宗

1 郑逸梅. 艺林拾趣 [M]. 杭州：浙江文艺出版社，1990：230-241.
2 程绪珂，王焘. 上海园林志 [M]. 上海：上海社会科学院出版社，2000：59.
3 郑逸梅. 艺林拾趣 [M]. 杭州：浙江文艺出版社，1990：233-234.

仰各自审美趣味的差异，一个是英籍豪富和租界政局的要人，一个是由贫民而骤然成富妪的佛教徒，另一个则是融通俗佛两界的艺僧，悬殊的身份差异必然造成审美价值取向的迥异，爱俪园的多元与集萃也正是不同审美观念间妥协与会通的合理结果。

图 3-14 爱俪园涵虚楼

资料来源：《上海近代建筑史稿》

大好河山景区的景致应该较多体现了黄宗仰的原本设想，山嵌水绕的山水格局、峰岩山石景象的构造、亭廊绵延的繁密建筑具有晚清江南私园的特征，也是黄宗仰的艺术修养所致。然而长逾百米的僵直长廊、涵虚楼的逼迫水面（图 3-14）、引泉桥上过高的西式铁艺栏杆（图 3-15）等也都是黄僧不谙造园艺术的表现。渭川百亩景区中的园景以空旷见长，偏于西式，随意设置的大草坪和几何状花坛花圃，列植、群植的树木，僵直的河岸线，等等，或许体现了哈同本人的园林趣味，但无序的空间组织、僵硬的园路和河流、无由的景物点缀却缺了英国自然风景园的基本特征。水心草庐一区，宗教建筑居多，具浓重佛教气息，是女主人罗迦陵的主要活动场所，有景物杂陈、布局零乱而不成系统的弊端。内园为居住生活区，建筑密集，建筑风格与布局手法华洋混杂，既有装设繁琐豪华的中式建筑如天演界剧场（戏台）（图

图 3-15 爱俪园引泉桥

资料来源：《上海近代建筑史稿》

图 3-16 爱俪园天演界剧场

资料来源：《上海近代建筑史稿》

3-16)，也有简朴的日式建筑如俟秋吟馆（图 3-17)。听风亭的风格更是华洋杂处，亭子的屋顶为中国传统式样，而柱子却是西方的科林斯柱式(图 3-18)

内园和整个爱俪园的集萃风格是参与营造者间不同价值观碰撞、交融的产物，也是华洋互市后上海园林的主流风格。应造园的目的和条件不同，清末民初的上海园林在造园手法、园林形式、文化内涵等方面有多种表现，总体水平不高，存在“重色不重艺”的流俗倾向。然而，它们尚显幼拙的表现却是主动变革的自然结果，也是敢于吸纳外来因素，并进行融糅探新的必然代价。或许，正是因为它们在跨越传统士大夫园林藩篱的同时，能兼收并蓄，体现出合乎时代的探索精神，学界才将这一时期的上海园林称为“海派园林”。

图 3-17 爱俪园俟秋吟馆

资料来源：《上海近代建筑史稿》

图 3-18 爱俪园听风亭

资料来源：《上海近代建筑史稿》

3.4.2 初步形成的近代园林意识：对相关文献的分析

上海乃至整个中国近代园林意识的形成与上海的“租界公园开放斗争运动”休戚相关。连续不缀的斗争运动，在激发半殖民地、半封建社会形态下的民族解放思想和民权意识的同时，也推动了上海华界社会近代园林意识的整体形成。从 19 世纪 70 年代的《请园弛禁》[1]开始，上海社会各阶层，尤其是“以天下为己任”的社会精英们，纷纷撰文呐喊，均或多或少地先后投入到了这场“无硝烟的战斗”。

1.《上海之公园问题》

作家郑振铎于 1926 年 12 月 28 日和 29 日撰写的姊妹篇《上海之公园问题》[2]和

1 最初刊登在 1878 年 6 月 21 日《申报》第二版。

2 郑振铎. 上海之公园问题. 引自:倪墨炎选编.《名人笔下的老上海》[M]. 北京：北京出版社，1999：125-129.

《上海的居宅问题》首登于1927年《文学周报》第4卷，特别是前者，曾引起社会的强烈反响，乃是上海和中国近代园林发展史上具有重要意义的论述。

该文包括“都市之呼吸”、“上海与伦敦”、“被放逐于乐园之外”和“我们将窒息而死乎”四部分内容，分别对城市公园的重要意义、上海公园的现状及原因、争取租界公园开放和建设更多公园的行动步骤展开论述。

作者放眼世界，认为：“大都市里，房屋密密层层的鳞比而立，欲求一个碳酸气减少的地方给我们舒畅地呼吸一下的，除了公园之外，还有什么地方！到了午饭之时，或午饭之后，或下午散工之后在公园里走走，睡在草地上听听鸟声，或在林荫下散散步或坐在池边柳下看着燕子在粼粼的水面上打圈子，都可以把你的疲劳忘了，而给你以新的活力与新的勇气与新的趣味。这就是都市的呼吸，这就是大都市要有公园的一个大原因！”

那么上海的情况怎么样呢？文章将上海与伦敦比较后认为：“即以著名的烟雾失弥天的伦敦来说，比之我们上海，我们将如何地自惭我们市政的不修！伦敦的大公园至少在二十个以上……都是极大的“绿场”，此外还有什么‘Field’，什么‘Green’，什么‘Ground’，更是多至不可枚举……实际上，上海只有五个公园[1]……更不幸的是我们只能在墙外望望园里的春色，在墙外听听园里的谈笑声。”“现在，我们可明白上海为什么公园如此的稀少的原因了！享用公园的只不过二三万个客民……以五个公园而容纳二三万个客民，当然是不会嫌不足的。”

为此，作者呼吁人们要热烈地持久地举行着“公园运动”，然后，要着手于运动公园的增设，要求在适中地点再建造十个以上的公园。“这是我们应该做的事，这是我们行使市民权的第一步！”

作者用寥寥两三千字，将城市公园的作用与意义、上海公园的落后现状及其原因、人们该如何作为等阐述得清清楚楚。文字激扬，分析透彻。在唤起市民继续投身收回公园乃至整个租界的民族意识和民主思想的同时，文章已涉及到近代公园的一些深层次问题，如设立公园的真正目的、公园的使用方式，以及公园的类型、数量与分布等，并已朦胧地意识到建立城市公园体系的必要性。

2.《道路旁植树之利益》与《都市美化运动与都市艺术》

在文化精英们竭力鼓吹的同时，一些出国留学或考察归来的“涉园人士”更是纷纷撰文，阐述城市园林之性质、意义和建园的种种措施。

1926年3月2日《申报》刊登的一篇作者署名为乙种酬的文章——《道路旁植

---

1 《上海之公园问题》一文中提到的五个公园指公共花园、极司非尔公园、昆山路儿童游戏场、顾家宅公园、虹口公园。

树之利益》[1]，对行道树的作用作了较透彻的分析。文章认为城市中广植行道树的利益主要有四方面："有益卫生：树木以营同化作用之故，吐出氧气、吸收碳气，足以使空气清洁，又树木吸收地中之水蒸腾于空中，能使土地干燥减少微生物之繁殖；点缀风景：道路之旁植有树木，浓枝密叶、绿荫深翳，足以与人美感而增高尚幽逸之情致；裨益行人：道旁植树绿荫蔽天，夏日行人经其下可减炎阳之炙肤，冬日可免寒风之砭骨；固结道路：树木之根有盘结泥土之功能，可免石砾透露障碍行人。"可见，作者对城市行道树的功能和作用已有较全面的认识，见解深度与当时的租界园地监督麦克利戈已十分接近。

1926年12月15日《申报》刊登的另一篇署名张维翰的文章——《都市美化运动与都市艺术》[2]，深受"田园城市"思想和城市美化运动的影响，对建筑、街路、招牌广告物和树园逐一进行分析，阐述城市美化的必要性。文章在广泛介绍欧美各大都市市政建设成就和管理经验的基础上，陈述自己的见解。如有关"街路"设置形式的阐述："就美观而言，环状街路系统与短形街路系统皆未免为单调的，宜附加以若干曲线，又街路交叉点宜设置广场，饰以花坛、林园、喷水池、雕像等，并于附近设置小公园及儿童运动场。"在"树园"一节的分析中，对以植物造景为核心的现代造园的分类与形式、城市美化的意义与审美价值，及其与传统园林截然不同的受众群体，进行一一阐述。

该文博物洽闻、擘肌分理，蕴含的现代城市园林系统思想清晰可见："在冷硬的、人工的都会里，绿叶成荫之街路树，构代建筑物、雕像及喷泉等处背景或前景之树丛，广场及街角之林园，清新的公园，以及人家庭前之花木、窗旁之花盆，此皆安慰人心之美的要素也。舍村落而移住于都会者，见路旁之树木能不忘街头紊乱而回忆花香鸟语之田园光景乎。人有称都会树园为'都会中之乡村'者，以田园之雅趣移植之于热闹之街衢，其有益于都市美明矣。昔日豪华贵族构邸宅于都会中央，高墙厚壁围绕广大庭园，所谓都会中之田园者惟贵族能有之，今则树园的民众有之。"

以上发表于20世纪20年代中后期的几篇文章观点鲜明，意识超前，代表了当时社会精英和上层阶层的较高认识水平。诚然，社会近代园林意识的形成并非社会精英们能一呼百诺，不同社会阶层与利益群体对近代园林的认识还会有时间与水平上的差异，先进理念的实践条件尚不完备。然而，意识一旦形成，终将会以其理性的光芒引领出现实的发展。

1 《申报》，1926年3月2日。
2 《申报》，1926年12月15日。

3.4.3 华界园林花木业的发展

1. 园林花木生产的发展与转向

与华界市政园林的难以起步大相径庭，20 世纪前 20 余年间的上海民间花木业日趋鼎盛，并与租界市政苗圃着重发展苗木生产相错位，侧重于花卉及盆栽植物的栽培生产。这种民间与政府间各有侧重的花木生产共同构成了近代上海多元共存、生产互补的花木业发展格局。

20 世纪初开始，租界园地部门陆续从国外引种驯化花坛类和切花类植物，通过露地或温室进行大量繁殖生产，极大地丰富了上海地区的室内外花卉与盆栽植物种类。华界各地的花农和园艺农场纷纷从租界引种栽培，一些基础较好的园艺农场逐步形成了自己的特色栽培品种，如原以生产香花和木本观赏花卉为主的赵家花园，不仅迅速扩大了露地花卉和盆花生产规模，还拥有多个独具特色的花卉品种。市郊先后出现几个特色花卉产区，如梅陇一带很快成为上海地区温室鲜切花生产基地，崇明县也在原来水仙培育的基础上发展风信子生产，并具有相当规模。

花卉种类的明显增多和迅速走向市场也推动了花店的发展。20 世纪初时，一个略通园艺的英籍牙医罗埃士在南京东路近外滩处开设过一家大英花店，独家经营香石竹等西洋切花的零售业务，并代客加工花篮花圈，备受外国人的青睐[1]。不久，中国人开设的花店增多，并纷纷移向南京路一带的商业地段，经营也转向销售西洋切花和加工花篮花圈，冬季主要出售盆景和温室盆花，价格较高，营业额亦相当可观。1916 年的工部局年报曾略显夸张地感叹道："上海十年前还没有的花卉，现在已和欧洲一样在本地生产、销售，而且价格十分便宜。数量众多的花店中，除了四家由外国人经营以外，绝大多数是由中国人自己开设的。[2]"

20 世纪 20 年代以后，随着园林花木需求的进一步增长，新的园艺农场不断涌现，并于 1930 年代中期达到顶峰。1934 年时仅上海花树业同业公会下共有园艺农场 110 处[3,4]，1936 年时拥有资本 1 万银元以上和场地 40 亩以上的大户园艺农场有江苏农场、黄氏畜植场、管生农场、生生农场和上海种植场等 5 处，其中江苏农场和黄氏农场各有土地 90 亩和 80 亩，资本均为 2 万银元。

伴随着园艺农场纷纷转向以园林应用为导向的花木生产，并日趋专业化、规模化，花木业同业公会应用而生，花木交易市场取得进一步发展。1920 年前后，为满足浦东地区花木业发展的需求，该地区的四县联合成立了浦东花业公会。但浦东的花木购销仍依托浦西的花树市场，该会所起的实际作用不大。之后不久，应新起

1 程绪珂，王焘. 上海园林志 [M]. 上海：上海社会科学院出版社，2000：511.
2 U1-1-929，上海公共租界工部局年报（1916 年），64B-65B 页。
3 程绪珂，王焘. 上海园林志 [M]. 上海：上海社会科学院出版社，2000：510-512.
4 抗日战争以后，受两次战争的影响园艺农场损失严重，到解放前夕，全市复业和新建的园艺农场共 80 处。

园艺农场的共同要求，上海花树公所与浦东花业公会于1929年9月合并改组为上海花树业同业公会。同业公会采用委员制，委员会有15名执行委员和4名候补委员，并于陕西北路设立取名北公所的分支机构。19世纪随同上海花树公所成立设立的花木批发市场，早先设在老西门外万生桥畔（今方斜路上）阿德茶馆。民国期间，受花卉成交量不断增加和战争的影响，在同业公会的主持下，花树交易市场曾四易其址，先后在唐家湾（今唐家湾路）、南阳桥（今东台路）、斜桥制造局路130号花神庙旁、静安寺大西路（今延安西路）东兴园茶楼租地建房，辟设市场。

从更广泛的意义来看，由一批大型园艺农场引领的上海私营花木业，以盈利为目的的实用化、商业化转向与发展，带动相关行业同步发展的同时，也在一定程度上推动了近代上海郊区农业产业结构的改变，以及部分郊区农民由乡民向市民的转变。

2. “翻花园”行业的出现

这一时期，诸多由园艺行家自办或领衔的园艺农场，一方面着力培育特色花木品种，另一方面，也利用其丰富的造园植物材料和较雄厚的技术力量，开始承接私家花园和政府庭园的营建工程。当时，行业内将那些承接庭园工程，通过销售或采购造园材料，从而盈利颇丰的私营苗圃或园艺农场习称为“翻花园”，而将另一些以出售植物材料为主的小型园艺农场与苗圃称之为“拆花园”。

上海近代出现的“翻花园”行业不同于传统的“花园子”，其竞争和盈利意识要浓厚的多。“翻花园”的造园实践一般以中国传统园林为主体，掺合多种造园元素和手法，局部模仿租界内西洋园林风格，形成既不同于传统庭园又不同于西洋、日本庭园的园林特征与造园流派。总体上，由于缺乏理论知识，又受恶劣竞争环境的影响，“翻花园”的造园手法多样，造园风格杂烩，承建项目的水平普遍不高，通常既丧失了中国传统园林的艺术性，又不具有西方近代园林的科学性。但是，作为园林发展中的一种过渡形式，其勇于接受新事物的思想，不乏创新的造园手法和局部颇具水准的“嫁接”景观，对后世造园还是产生了较大影响，如“翻花园”所积累的施工组织和管理经验，经其转化的租界公园中的植物合理密植与园艺布置手法等，至今仍为上海园林界所用。

除了从事“翻花园”的园艺农场，有一些大型园艺农场则专营盆花出租和室内绿化装饰业务，如创办于1923年的大陆农场，一度为大新、先施、永安、新新四大百货公司摆花，月出租盆花曾多达数万盆，引领了近代上海租摆花行业的发展。

为了更好地承接“翻花园”或租摆花业务，各大园艺农场和专业苗圃十分重视自身的装饰，有的还自办起花卉展览，吸引了不少市民前往观瞻。无形中，这些经装饰的园艺场和专业苗圃，一定程度上，以另一种形式的游憩场所弥补了华界市政公园的稀缺，对上海市民近代园林意识的形成也有积极影响。

3.5 小结：快速发展期上海近代园林的特征（二）

（1）在由园地监督或园艺主任领衔的园地部门推动下，两租界的市政苗圃与花木生产发展迅速，管护手段和技术也相应更新，于20世纪20年代中期达到或接近最高水平。两者的生产和管护各有特色，从植物生产的角度来看，公共租界重视以乔木为主体的树苗培育，法租界则以花卉生产和应用为重点；就园地管护的范围和重点而言，公共租界的范围大、管护全面，法租界以行道树和花卉使用为重点，管护范围较小。

（2）租界园林管理取得较快速的发展，初步建立了由工务部门领导、相关委员会监督咨询的分工、分级管理体系。园林建设的财政支出有所增加，园地管护范围不断扩大，公园管理规则趋于细化。园地监督或主任园艺师等行政兼技术职位的设置，在助推租界园林的理性发展和技术进步方面，作用明显。

（3）园林技术的全面进步是租界园林达到发展高峰的主要表现，尤以公共租界园地部门所进行的植物引种驯化最为突出，其成果不仅对公共租界园林，对法租界和整个近代上海的园林建设与行业发展具有极大的推动作用。租界园林取得全面发展的原因是多方面的，但其根本原因应归于这一时租界园地部门所具有的进取精神和科学态度，这种精神和态度既是早期西方现代园林在近代上海的投射和上海租界园林走向高峰的象征，也是快速发展期租界整体发展水平的体现。然而，在近代上海的特定历史条件下，这种精神并不具备长期维持的环境，理性精神一旦丧失，也就是租界园林随同整个租界一起趋向衰退的开始。

（4）华界政府主导的市政园林建设尚未真正起步，但华界社会的近代园林意识已基本形成。在前一时期营业性私园的基础上，华界近代园林的观念和意识得到进一步深化。一方面，以爱俪园为极端案例的具有历史主义倾向的非营业性商人私园，在传统的惯性下进行着传统与时代间的艰难调整，在其益见杂烩的功能和形式背后，隐藏着新兴商人对近代园林的新认识和新追求；另一方面，租、华两界市政园林实践的现实反差引发了有识之士的反思和自省，他们付诸于笔端的民族解放意识和现代园林理念，虽然尚显功利、幼拙或过于理想，在客观上却引领华界社会近代园林意识的整体形成。

（5）华界的园林花木业发展迅速。华界整合后，随着上海市民近代生活观念的形成和对园林花木消费的增加，受租界园林的技术引领，上海近代花木业迅速崛起，花木生产、销售企业和园林工程施工企业不断增多，花木业同业公会的组织协调作用日益明显。快速发展、日趋健全的华界园林花木业，与租界当局主导下的园林花木生产形成互补局面，共同推进着上海近代园林的整体发展。

4　缓滞期：租界园林的发展缓滞与华界园林的曲折发展（1927-1945）

在纷乱的社会背景下，上海园林整体步入发展缓滞期（1927-1945），并呈现出两种不同的发展轨迹，租界园林缓慢发展而归于停滞，华界园林短暂初兴后迅即停止。

本章将对缓滞期的租界园林和华界园林进行分别讨论。租界园林方面包含两部分内容，一是租界公共园地的建设与发展，二是租界园林管理的演变。首先以已有大中型公园的改建和少量增建的公共园地为对象，分析租界公共园地的发展状况和水平，明晰其由盛至衰的整体特征；其次，以租界园林管理对策的变革为重点，论述园地管护规模、管理机构和管理规则的演变。华界园林方面，以民国上海市政府期间的市政公园和园地规划为重点，阐明华界市政园林短暂初兴所取得的发展成果及其意义，讨论内容依次为以公共学校园为重点的市政公园的零星建设、城市规划中的公共园地祈求、市政园林管理机构与制度的初步建立、群众绿化活动的兴起与成果。

4.1　城市裂变与衰退：上海近代园林的困厄

4.1.1　城市裂变与衰退

20 世纪 20 年代中期至抗日战争胜利的近 20 年期间，五卅运动、北伐战争、“一·二八”抗战、“八·一三”淞沪抗战、太平洋战争等一系列重大事件影响了上海的历史进程，赓续十多年的频仍战火和政权更替致使上海百业受损、发展停滞。

1. 1927-1937 年的城市发展与式微

1927 年至 1937 年抗日战争全面爆发间的 10 年是上海近代城市发展史上的一个重要阶段。

政治方面，1927 年国民党上海特别市政府成立，上海华界地区包括南市、闸北、吴淞、浦东等地区在行政上取得统一。自此，在前次五四运动、五卅运动等中国民族革命运动对租界制度产生冲击与动摇的基础上，经长期不懈的斗争，租界的权限受到进一步限制和削弱，上海人民和国民政府取得了制止租界扩张、收回租界司法权等权益，租界公园也因此向华人开放。

20 世纪二三十年代的上海不仅是国内最重要的金融中心和工业中心，也是闻名世界的国际性城市。经济方面，1929 年国际经济危机以后，外国资本凭借其有利地位加大在上海的投资和竞争；南京政府采取的裁厘改税、修订税则、改革币制等措施推进了上海民族工业经济的艰难拓展；地价级差加大，房地产业步入黄金时代；邮政、电话、电报业等进一步拓展；周边农村经济也随之改变，形成与城市经济互动发展的局面。

总体上，北伐战争胜利后，上海的城市建设随同政治经济变革取得了一定程度的发展，在城市内部，无论是租界还是华界已基本建成区域范围内的道路和公共交通网，各自的市政设施随之均取得一定发展，特别是闸北的崛起，加快了上海城市北部的城市化进程。对外交通与运输方面，航运、铁路、公路等对外交通事业继续发展，上海境内新建成一批干、支公路，上海到杭州、苏州、无锡等城市的公路陆续开通，1933 年南京火车轮渡完成后沪宁铁路与津浦铁路联运效率大大提高，沪宁、沪杭甬铁路业务得以继续拓展，空中航线相继开通。1930 年前后，上海特别市政府着手进行的“大上海计划”堪称是这一时期城市建设方面最重要的事件。该计划划定市区东北方向黄浦江以西、淞沪路以东、江湾翔殷路以北、闸殷路以南地区为新上海的市中心区，按照城市功能进行区域划分，作出市中心区域的道路系统计划与全市道路系统计划。以后，围绕该计划，陆续建成中山北路、其美路（今四平路）、黄兴路、三民路、浦东路等一些主干道路。

但是，1931 年“九・一八”事变尤其是“一・二八”淞沪战争等一系列国内国际形势的变化，影响了上海的政权变革，致使南京国民政府和上海市政府在 30 年代中期以后放慢了收回租界各项权益的步伐[1]。1934 年经济危机的驾临中国，给上海造成沉重打击，此后的城市发展日渐式微。由于内外交困的不利形势，大上海计划的实施十分有限，至 1937 年抗日战争爆发时便宣告终止。

2. 1937-1945 年的城市沦陷与衰颓

1937 年“八・一三”淞沪抗战以后，上海华界和整个上海相继沦陷，城市发展日趋衰微，最终陷入了历史上最黑暗的深渊。

鏖战 3 个月的淞沪抗战对上海造成空前的浩劫，日军飞机狂轰滥炸，大批工厂、民宅被毁，闸北、南市房屋被延烧一空，几被夷为平地，昔日繁华之工商业景象荡

1 熊月之. 上海通史（第 7 卷民国政治）[M]. 上海：上海人民出版社，1999：303-314.

然无存[1]。之后，上海华界沦陷。日本侵华后，一方面，实行 “以华制华”的殖民统治，扶植傀儡政权，至 1945 年 8 月 16 日在上海先后产生过各色伪政权：上海市大道政府，中华民国维新政府督办上海市政公署，维新上海特别市政府，汪伪中华民国上海特别市政府；另一方面，在经济领域实施广泛的掠夺与统制，劫夺重要物资，滥发军票，扶植伪政权发行货币。由此，上海华界金融停滞，工商业萧条，交通阻断，政治、经济颓废衰败。

1937 年“八·一三”淞沪抗战至 1941 年太平洋战争爆发期间，上海租界成为了日军占领区中的“孤岛”。相对稳定和安全的租界内，不仅上海华界和邻近省区的人民纷纷逃来，国际上一些难民如大量犹太人也蜂拥而至，给租界带来大量廉价劳动力的同时，巨额资金和财产也随之流入。而欧战的爆发，也引起英国领地资金向上海的流动。随着人口和资金的极度增长，市场需求大幅上升，租界经济逐步复苏，并有所发展，上海由此进入了经济畸形繁荣的“孤岛”时期[2]。但是好景并不长，由于原材料和产品销售受阻，日军及其傀儡政权横加干预，投机活动猖獗而物价飞涨，工人阶级更趋贫困，上海的孤岛经济畸形繁荣二三年后便迅速滑落。

1941 年底太平洋战争爆发，日军进驻公共租界，上海完全陷落。因法国维希政府投降了德国成为日本的“盟友”，日军未进占法租界。之后，随着 1943 年 8 月汪伪政府对上海公共租界和法租界的“接受”，在上海存在百年之久的租界走向了历史的终结。日本独占上海后，更是变本加厉地推行其“以华制华”、“以战养战”的政策，实行竭泽而渔式的经济掠夺和严厉的思想文化控制，上海的发展由此从衰微趋于停滞。

4.1.2 园林发展的困境与衰落

1. 租界园林发展的困境与转向

经过快速发展期的建设，20 世纪 20 年代末时上海两租界已拥有像极司非尔公园、虹口公园、顾家宅公园等几个大中型公园和一些小型公园。1928 年 8、9 月间公共租界和法租界公园大多对华人开放后，各公园内游客拥挤不堪、摩擦不断，几个大中型公园很快不敷使用。不仅如此，由于前一时期辟建的小型公共园地大多已沦丧或改作他用，在公共租界居住人口密集的西区、北区和工厂密布的东区，以及法租界的西区，供市民日常休憩的公园设施依旧缺乏。诚如工务处所建议的那样，公共租界内还须自西向东增建几处面积为 20～40 亩的中小型公园，才能完善公共园地的空间布局，满足居民的游憩需求。

1 熊月之. 上海通史（第 7 卷民国政治）[M]. 上海：上海人民出版社，1999：337.
2 熊月之. 上海通史（第 8 卷民国经济）[M]. 上海：上海人民出版社，1999：293.

然而，特权削弱后的租界当局既无力在界外占地建园，受经济利益的驱动和多种需求的制衡，也已无心于界内辟地增园。事实上，20世纪30年代初的数年间，工部局董事会会议中曾数次论及增建公园事项，但是，当讨论到利用租界内已有闲置地皮辟建公园时，董事们首先考虑到的是经济上不划算；当论及购置新地辟建公园时，董事会或予以否决，或仍然停留在于界外或界缘建园的梦想当中，并试图通过华董与大上海市政当局交涉来获得土地。关于辟建公园的地点变来变去，迟迟得不到决策。由此可见，30年代租界当局的决策者们已失却前一时期进行大规模园地建设的热情，甚至像19世纪时公共娱乐场那种租地辟园的动力也已失去。

失去拓展热情和动力的租界园林，面对益见增大的游客压力，出现发展缓滞与转向的情形是无奈也是必然的。公共租界方面，当局在修订、细化管理规则的同时，对已有公园进行着持续的功能拓展与设施增建，致使各公园的格局和景致逐渐走向无序乃至异化；在众多外侨和外侨社团的呼吁下，仅在界内居住集中区零星建设几处多为临时性的小型园地；公园以外的行道树、苗圃等市政园林日渐萎缩；园地管护范围与内容不断缩减；园林技术创新精神日渐丧失。上海沦陷期间拥有特殊政治形势的法租界，其园林的衰退情形要略好于公共租界，但整体上也已失去前一时期积极向上的态度和勇于破除困难的实践精神。简言之，1927年以后的上海租界园林，已由前一时期的外向开拓日益走向对枝节的修饰，总体上呈现出由盛而衰的演变趋势，发展日趋停滞，并于1943年以后，随着租界的终结和日伪的蓄意破坏走向衰落。

2.华界市政园林的起步与萎落

1927-1937年期间，伴随着上海华界统一政权的建立和市政设施的发展，华界社会的近代园林追求发生了质的变化，市政园林建设一时成为朝野共识，并取得较快发展。

市政公园建设方面，20世纪30年代初期以公共学校园为主体的多个公园在南市、闸北、江湾等地相继建成。以政府为主体的公园建设，注重实用与科学，游憩、教育功能并重，造园手法和风格趋于现代化。公园发展之外，在市政道路建设和植树节活动的带动下，华界的行道树建设与城乡植树造林成果较大。受市政园林建设的促进和租界园林管理的影响，华界市政园林管理也开始起步。基于上海华界的整体发展，华界市政园林有了超越租界园林的祈求和可能，政府主导的“大上海计划”规划与建设蕴含西方的城市公园系统思想，具有高超的国际视野和鲜明的时代性。

诚然，受制于动荡的国内形势和政府财力的支绌，这时的华界公园建设，成果还很有限，无论类型与规模抑或功能与建设水平，均不及租界公园，也不能满足渐趋多元的社会需求，更不能与上海的形象和地位相映衬。“大上海计划”中有关现代园林的设想是远大的，行动却是迟缓的。国民政府所面临的内外困境使得这些先进思想和远大理想的实现，随同整个“大上海计划”，困难重重，步履维艰。更不幸的是，即便是仅有的少量成果也最终葬送在1937年日本军国主义的铁蹄之下。随之一同沦丧的还有那几处业已建成的市政公园和颇具规模的植树造林成果，以及一度高涨的群众绿化热情。

4.2 租界大中型公园的功能调适与衰颓

至1928年8、9月间，上海租界公园大多先后对华人开放。为缓解拥挤压力，租界当局遂着手对各公园进行拓建。受制于园林建设资金的支绌和游客需求的迅猛增长，这时的租界公园建设只能是疲于应付但又必须是持续的局部改建，以至于至30年代中期，租界公园的拓建纷纷走向无序，乃至异化。

4.2.1 外滩公园的演变与再次改建

外滩公园的前后变迁大致反映了上海近代租界园地由兴至盛、由盛而衰的演变轨迹。20世纪的前20余年，在维持原有疏林草坪景观格局的基础上，外滩公共花园内进行过几近极致的设施改良和功能扩展，但其大众属性尚不曾丧失。1927年以后的公共花园，在多种因素的作用下，活动功能与设施被持续拓展，最终于1936年工部局对其进行了彻底改造，致使公园格局与园景面貌发生很大变化，与19世纪时相比，已判若两园。

1928年公共花园始称外滩公园（The Bund Garden），于6月1日对华人开放后，游人趋之若鹜。为此，之后两年公园进行了不断增建：相继布设4个“中国十二生肖（Chinese Twelve-pointed Star）”图案的地毯式花坛，将草花园四周围以矮铁栏杆；为清点人数、确保游人购票入园，于北京路入口处新建入口建筑；将原位于门外的“常胜将军”纪念碑迁移至园内北部，环基座布置花境[1]。又于20世纪30年代初，为隔音阻噪，在沿马路的园西一侧堆土造丘，种植花草灌木（图4-1，图右上方为新建植物隔离带）；为了安全起见，沿黄浦江和苏州河边设置铁栏杆（解放后改建为防护墙）；拆除园西北茅亭。

20世纪30年代中期的外滩公园内更是拥挤不堪，1936年全年游人量逾160万人次，日最高游人量高达1.6万余人次[2]，超出1920年代初期近2倍。鉴于园内活动设施的不敷使用和园景的时常受损，外滩公园于1936-1937年间进行第二次大规

1 U1-1-942，上海公共租界工部局年报（1929年），264页。
2 U1-1-949，上海公共租界工部局年报（1936年），534，535页。

模改造（图 4-2）：

（1）再次拓宽园内道路，将中部圆形草坪改为一组阵列式花坛；

（2）将业已拆除的茅亭及其周边改造成岩石园；

（3）分别在园西北角新建一座亭式小卖部，在东北另建一座八角松木凉亭；

（4）拆除园北水池中假山，改装成十二道喷泉；

（5）拆除音乐亭仅留石台基，另建一座木结构休憩凉棚，临时兼作音乐亭。

至此，园内活动场地和设施的肆意增设致使外滩公园的布局已与初期大相径庭，自然风貌的园景几乎荡然无存。

以后，随着 1941 年年底太平洋战争的爆发，园内一度驻扎日军，肆意践踏花草，公园被严重破坏。1943 年，汪伪政府接管公共租界后拆除了园内的常胜军纪念碑和马嘉理纪念碑。抗日战争胜利后，上海市政府工务局园场管理处接手，对公园进行了修复。1948-1949 年，上海解放前夕公园再次遭到国民党军队的破坏，园景再度荒芜。

图 4-1 外滩公园一角

资料来源：卷宗号 H1-1-31-204

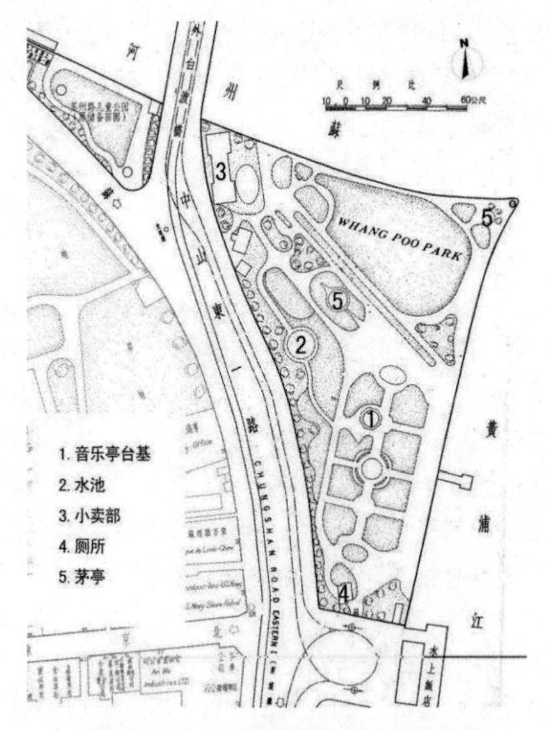

图 4-2 20 世纪 30 年代末的外滩公园平面图

资料来源：《上海百业指南·上册一》

4.2.2 虹口公园的多功能综合

为满足不同需求和平衡多方利益，20 世纪 20 年代中期以后的虹口公园逐步成为以体育活动为主体的多功能综合性公园。

1. 游客压力与措施

以公园对华人开放的 6 月 1 日为界，对 1928 年内前后各几个月虹口公园的游客量进行比较后发现（表 4-1）：开放后比开放前的月平均运动人数净增 16 196 人次，增长幅度达 255%；月平均游览人数尽增 45 430 人次，增幅为 248%。由此可见，虹口公园对华人开放后的游客压力骤升，尤以相对有限的体育运动场地承受的压力最大。

表 4-1 1928 年虹口公园游客量及公园开放前后游客量对比表　　单位：人次

运动项目、游客类型	1 月 1 日至 5 月 30 日	6 月 1 日至 12 月 31 日	合计
高尔夫球	4 718	11 897	1 615
曲棍球	1 681	1 128	2 809
足球	1 729	4 507	6 236
网球	1 985	21 813	23 798
棒球	195	1 444	1 639
草地保龄球	184	3 009	3 193
运动人数合计	10 492	43 798	54 290
观光游客人数	80 980	402 267	483 247
合计	91 472	446 065	537 537

资料来源：《上海公共租界工部局年报》（1928）

面对日益增多的体育运动需求，工部局对虹口公园采取了两项新的管理措施：

（1） 以“先到先用”为原则修订公园管理规则，并加强了监督管理；

（2） 为提高场地使用效率，实行运动场地的俱乐部申请派给制度，鼓励运动人员参与各种运动俱乐部。

2. 设施拓建与布局调整：走向多功能综合与景观多元

加强管理以外，虹口公园以扩展体育运动场地为重点，进行了不间断的改造：

体育运动场方面，主要于 20 世纪 30 年代初分别在公园西部和东北进行两次较大规模的拓界，最大限度地扩充体育运动场地。1929 年，新建 1 块草地保龄球场、4 块硬地网球场；1931-1933 年间，拓展公园东北部，增建多个运动场地；1934 年，扩大园西南部，增辟保龄球场，增设钓鱼项目。1936 年又将靶子场西边狭长地带并入园内，公园面积达 288.4 亩。至此，虹口公园已拥有足球场 3 个、草地保龄球场 5 个、草地网球场 75 个、硬地网球场 6 个、曲棍球场 2 个、棒球场 1 个、篮球场 1 个、九穴高尔夫球场 1 个，此外还有排球场和专供练习用的跑道等运动设施（表 2-4）。

其他设施和景观改造方面。1928 年，在园内增设园凳、废纸箱；新建配备自动检票机的检票亭；在音乐台附近再增辟 1 处儿童游戏场，配置秋千、跷跷板（See-saw）、旋转飞椅（Giant Stride）等设施。1931 至 1933 年间，陆续布置公园东北部新增运动场周边的景观。1934 年，为改善公园景观，进行大规模绿化改造，种植 8 万余株乔、灌木，整修公园人行道。1935 年，改造大门的出入通道，在入口处增筑圆形大花坛。

概言之，虹口公园于 1928 年至 30 年代初对园内活动场地与设施进行了大规模扩充。之后，围绕这些场地，于 1934-1935 年以植物景观为重点对园景进行改造，园景有所改善。由此看来，这时的虹口公园，一方面，不同功能区域间的划分成为该时期的建设重点，园内空间不断细分，不同活动区域的限定和分隔方式多样，不同功能区的景观多元并置，甚至杂芜；另一方面，为满足和协调多样化的活动需求，加强了硬质景观与管理服务设施的建设，并通过管理规则的不断细化和系统化来确保公园的正常运转。虹口公园已由之前的运动与游览并重、设施与景观一体的风景式运动型公园，演化成为以体育活动为主、多种娱乐活动相结合的分区式综合性公园。

1937-1938 年战争期间，公园内的植物等损失严重。1939-1940 年，“工作主要集中在运动场区域，在公园的复原工作上几乎没有费什么劳动力”[1]。1943 年，汪伪政府将园东部原租界万国商团靶场等用地划入园内，虹口公园的面积一度达 318.08 亩。抗战胜利后，国民党军、警多次入园进行军事演习，公园植物和设施损毁严重，后虽经国民党上海市政府及淞沪警备司令部多次发文制止，但此类事仍屡有发生[2]。1945 年 12 月 11 日改名为中正公园，直到解放初期，园景再没有重大变化。

4.2.3 极司非尔公园的蜕变

如果说时至 1927 年的极司非尔公园仍具有以植物景观为主体的“郊野式”风景园风貌，1927 年以后，随着公园的一部分被辟作军营，为满足游客剧增后的多样化需求，极司非尔公园又一次被分解，功能和设施益见多元，景观逐步走向雕琢和杂烩。

1. 布局调整与设施拓建

1927 年初北伐国民革命军逼近上海，公共租界匆忙增加在沪兵力，于是在极司非尔公园增建两处兵营，建联排式营房，围以竹篱，并在极司非尔路和白利南路分开设出入口。南营房位于园东南部，1928 年停用，1931 年拆除。北营房位于公

1 U1-14-1969，1939 年 9 月 25 日园地监督致工务处长的信。
2 程绪珂，王焘. 上海园林志 [M]. 上海：上海社会科学院出版社，2000：285.

园西北与动物园的邻近处，迟至 1940 年 10 月，随英军全部撤出上海并入公园。1927 年辟建营房后的每个周日，公园内先后举行过各种鼓的展览和多次军乐音乐会，吸引了大量游客。

1928 年，应英国妇女协会的要求[1]，将公园西南角面积近 10 亩的地块辟作儿童游戏场，四周围以竹篱，在白利南路上单独开设出入口（1933 年关闭，在园内新辟一门）。园内安置秋千、跷跷板、旋转飞椅和一个饮水喷泉；并将园内的一个水池用作航模池，沿水池周边设置踏脚石和石凳。

1929 年，对已显简陋的动物园进行大规模改造，新建较雅致的瑞士建筑式山羊棚、驴舍以及热带馆（一个可以加热的小型冬花园〈Winter Garden〉）等动物房舍，并应用标准的动物学命名法对动物进行命名。另外，又陆续增建一些园路和多个凉亭。1930 年前后，将园艺试验场改为极司非尔路苗圃，由工部局直接管理。

图 4-3　极司非尔公园的茶点亭

资料来源：《上海公共租界工部局年报》（1934）

图 4-4　极司非尔公园的大理石台

资料来源：《追忆—上海近代图史》

为应对游客需求的多样化，1932-1933 年园地监督曾先后向工部局提出在公园内放映露天电影[2]、增设快艇模型池、建轻便小火车等多种设想，均未获批准。1933 年，拆除公园南部东侧的中国式建筑茶点亭，次年重建一个具日式风格的茶点亭（Refreshment Pavilion）（图 4-3）。1934-1935 年，移出公园南部东北的原中国式凉亭，扩展场地后建造一座古典式大理石园亭（依据功能宜称之为大理石台，图 4-4）。该园亭由爱士勒夫人（Mrs. Edward Ezra）所增，建成后遂取代原来的音乐台，音乐表演次数和听众人数随之增多。

随同活动场地的增辟，植物园

1　1922 年英国妇女协会主席就曾来信建议在公园中为孩子们提供一处进行非组织运动的场地和一个浅水池，但建议一直未被采纳。

2　上海档案馆档案，卷宗号 U1-14-1986，00076-00078 页。

景也有相应改变。1929年为弥补因北营房的建设而取消的月季园、鸢尾池景观，新建北月季园。1930年前后，将园艺试验场改为极司非尔路苗圃，由工部局直接管理。1936年扩充改造南月季园；为增加活动草地，开始逐年移除园内树木和灌木。1938年向西北扩建高山植物园，并在其南部西侧筑造一座土山、开掘一整形水池，规则式种植树木。1939年，为掩埋公共租界的垃圾，在公园东南角堆放12 000吨垃圾，用预先掘起的1 600土方和从附近水池中掘起的400方河泥进行覆盖，形成一个土山，与其北部原有土山构成连绵山形。

战争时期，公园没有停止对外开放，因游客前往郊外各区及苏州河以北各公园受到限制，极司非尔公园内更是人满为患。园景损坏严重，威胁游人人身、财物安全的犯罪事故频发，为此又增建了一些维护与管理设施。

总体上，这一时期的极司非尔公园内，植物种类有所增多，花卉展示水平也有提升，但是其建设的真正目的并不在此，而是要应付日益增多的活动需求。前一时期以景色为标准的公园分区已不合要求，为满足活动需求的区域划分越分越细，不同活动区域的面积越来越小，活动与管理设施越见多样庞杂，公园景观最终因流于琐碎而失却统一格调。

2. 公园蜕变：分解与杂凑

1）布局分解

20世纪初的世界园林进入了以城市公共园林为主体的发展阶段，以满足公众的游憩需求、净化美化城市环境、缓解社会矛盾等为功能追求，但世界各国的造园手法、园林风格不尽相同，各有特点。以占主流的欧美来论，其现代园林的初期发展呈现出理性与感性的相互交融，以植物应用为代表的现代科学占据了主体地位，古典复兴和浪漫主义式的造园思想时有涌现。总体上，这一时期的世界园林兼具实用和表征两种功能，更多地表现为折衷主义风格。极司非尔公园的初期规划将全园划分为三个区域，即展现自然风景的野趣园、体现科学精神的植物园、展示欧洲传统文明和现代成就的整形式装饰部分，形成“一园三区”格局，具有折衷主义风格追求。应该说，这一规划是园地监督麦克利戈考察英、美城市公园建设后的深刻体会与应用，体现了20世纪初欧美城市园林发展的主流思想。

然而，这一公园规划的落实必须要有足够的用地规模作为保证。由于租界的特殊性和公园位处界外的尴尬，极司非尔公园并不具有这样的建园条件。公园经过长达十多年的间断性扩建才初具完形，横亘于公园中部的界外小河与道路迟迟不能购得，将公园拦腰截断为本应是一个整体的南北两部分，并最终导致规划整体格局的夭折。从此，公园以旱桥及其横跨的界外小路为界[1,2]，南北发展日趋分异。南部地

1 程绪珂，王焘. 上海园林志［M］. 上海：上海社会科学院出版社，2000：105-106.
2 1949年初旧河道和小路被划入公园范围，石拱旱桥作为历史的见证保留至今。

形起伏自然、空间宽敞开阔，北部植物景观丰富、空间曲折紧凑，最终形成了公园局部完整而整体离散的景观格局。1927 年南、北营房的辟设更是雪上加霜，将公园北部截成相互隔绝的两个区域，又一次离解公园，使得位处西北的动物园几乎成了园外之园。

2）景物杂凑

民国二十年（1931 年）出版的《上海县志》中载有："极司非尔公园……为公共租界公园中之最优美者。园中布置合东西洋美术之意味（共）冶于一炉。有吾国名园之幽邃，有日本名园之韵味，而园中大体格局，又莫不富于西方之情趣"[1]。这一看法基本上反映了 20 世纪 20 年代末时公园的最佳面貌，但仅是公园局部的特征。就整体而言，一方面受到浪漫主义造园思想的影响，另一方面为了弥补公园布局的离析，又受制于建设资金的不足，20 年代以后的公园建设与调整中的景观杂陈风格已初显端倪，不仅将中国的石像生、石狮子、灯笼和救火警钟等均作为重要的景观设施进行布置，更主要在于对它们的布置位置及其与周边景物的关系缺乏很好把握，公园景观的整体协调性日渐丧失。20 世纪 30 年代中期以后，公园发展日趋被动，为保持吸引力，园内多种风格的建筑设施堆砌并置，如英国乡村式的建筑小品、日本传统建筑式样的茶点亭、希腊式的大理石花棚及大理石塑像、瑞士建筑风格的动物笼舍、遗存的中国民间建筑等，公园空间被进一步碎化，日益异化的空间与景观不断蚕食着原本以植物景观见长的自然风景园景致，乡野牧歌式风光几近消失，公园整体景观最终走向中西并置、古今杂陈的杂烩风格。

4.2.4　汇山公园的扩充

因附近驻军增多，1927 年汇山公园一度被用作士兵活动场地。园内，睡莲池的池壁被加高改作士兵游泳池，延用至 1929 年 7 月才改回睡莲池；部分草地被用作篮球场地而遭到损坏。

1931 年汇山公园对华人开放后，游客量逐年增加。据记载，该园 1935 年时的游客量达到 19.88 万人次，比 1926 年的 2.46 万人次增长了 7 倍。相应地，公园内的活动设施和几何形花坛等装饰景观大幅增加。公园改造以 1933 年最为显著：分别在睡莲池附近布置花圃 1 处，其他各处铺设花坛 3 处；重新布置园内东北部花圃；建造木质园门及看守人棚舍；用水泥灰铺设园路；重新设计儿童游戏场[2]。1934 年在此举行露天音乐会，每隔一星期的星期二举行军乐会。

该园虽无冬季运动，但夏季体育运动和比赛逐渐增多，仅 1934 年，在上海举

1 程绪珂，王焘. 上海园林志［M］. 上海：上海社会科学院出版社，2000：106.
2 U1-1-946，上海公共租界工部局年报（1933 年），418-419 页。

行的草地保龄球埠际比赛共 19 次，其中有 13 次在此举行[1]。因此，园内运动场地数次被扩充。至 1940 年，园内共有草地保龄球场 5 处、草地网球场 7 处，分别派给 1 家保龄球总会和 5 家网球总会使用[2,3]。

尽管园内的活动内容与设施逐年有所扩充，与同期公共租界的其他公园相比，汇山公园中疏朗的布局、开阔的视野、鲜艳悦目的整形花坛仍给游客留下深刻印象。工部局园地部门曾评说："该园面积虽小，但多数人认为在本局管理下的各公园中，以该园为最足吸引游客。[4]"

4.2.5 顾家宅公园的美化

1. 公园美化与扩展

因限制华人入园，20 世纪 20 年代中期以前顾家宅公园内的游客数量有限，活动设施不多。1925 年，法租界就园凳的数量和放置位置通过公开征集方案后，在园内添置了一些园凳、园椅，之后又陆续进行饮料销售、摄影、露天电影放映等承包招标，并制定了相关管理规则。

公园于 1928 年 7 月 1 日修订颁布更为细化的公园管理规则后对华人开放，入园人数随即迅速增加。由于公园规模相对较大，至 30 年代初的数年间，园景的变化并不大，仅 1932 年 7 月法商电车、电灯公司获准在公园大草坪下建造 4 个占地面积共 11.57 亩的地下蓄水池，临近复兴中路处增建 1 座占地 409 平方米的泵站。

1934-1935 年间，为应对进一步增大的游客压力，公董局对顾家宅公园进行了大幅度的调整与美化。功能性设施方面，在公园西南增加园路和庭荫树，在小溪上架桥，沿湖形成一条环路；增加园凳、儿童游戏场地与设施；在园西新建绿廊、棚架；为防止游客逃票，更新加固公园四周的竹篱，将公园南侧沿辣斐德路的竹篱改建成水泥围墙，其余竹篱局部设置成双排。景观美化方面，为使空间更为通透，移除花坛上和大树下阻挡视线的灌木丛，代之以低矮地被植物；添置花钵、花篮等植物栽培容器，增加大丽花、绣球、杜鹃、美人蕉、菊花等花卉的种植量；扩建公园西北的月季园，使其更为鲜亮[5]。

改造后的顾家宅公园面貌一新，新增的活动设施和园景对中国游客更具吸引力，呈现出游人炽盛景象。相应地，公园门票收入也从改造前的年均 3 000 元左右迅猛增至 1936 年的 18 620 元[6]。

---

1 U1-1-947，上海公共租界工部局年报（1934 年），472-473 页。
2 U1-1-966，上海公共租界工部局年报（1940 年），520 页。
3 U1-1-970，上海公共租界工部局年报（1942 年），95 页。
4 U1-1-947，上海公共租界工部局年报（1934 年），472-473 页。
5 U38-1-2802，上海法租界公董局年报（1934 年），287 页。
6 U38-1-2804，上海法租界公董局年报（1936 年），180 页。

逐年大幅递增的门票收入刺激了公园管理者，使之更倾心于“细节上的改善和追求”[1]。为防止日军飞机轰炸南市、炸毁动物笼舍而危及附近居民安全，1937年10月22日上海市立动物园管理处致函法租界公董局，愿无偿将动物移交顾家宅公园[2]。11月2日公董局欣然同意接受所有动物，遂着手改建华龙路以东、公园东北角的一块三角地，建造大型铁笼。该地原为中国私家花园的一部分，后被公董局用来豢养由外侨赠送的少量小型动物。1938年6月23日动物园正式对外开放，单独售票，吸引了大量游客。包括动物园，1938年的公园总面积达到157.7亩。受战争影响，1938年以后租界内华人骤增，顾家宅公园和动物园内一时人满为患，仅公园不包括动物园的游客量1939年比上一年净增200万人次。公园管理者在加强管理的同时，进行了又--轮的活动场地与设施，以及装饰性花坛的扩充（图4-5）。为此，取消公园内的植物培育区，在福履理路（今建国西路）扩建温室，以生产更多的花卉等植物供应各公园。

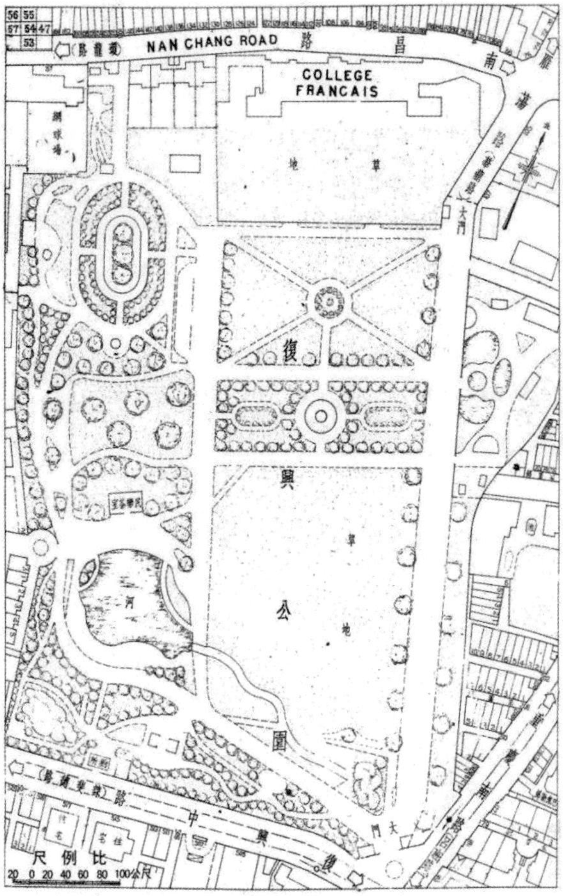

图4-5 20世纪40年代后期的复兴公园（顾家宅公园）平面图
资料来源：《上海百业指南·下册二》

租界结束后，汪伪上海市政府于1945年5月接管公园，将动物迁往中山公园动物园合并饲养。1948年市工务局鉴于复兴公园中的动物笼舍仍可使用，遂决定恢复复兴公园的动物园，迁回中山公园动物园部分小动物以外，又增添一些动物，于1949年2月再度开放（直到1965年，该园动物才迁至西郊公园）。华龙路以西的公园主体，除1937年拆除的音乐亭和1950年拆除的环龙纪念碑外，其余大体上都得以保留[3]。

1 U38-1-2805，上海法租界公董局年报（1937年），150页。
2 U38-1-2846，上海法租界公董局市政公报，1937年11月10日。
3 程绪珂，王焘．上海园林志［M］．上海：上海社会科学院出版社，2000：99.

2.景观特色：混合与杂陈

早期的顾家宅公园内游人稀少，空旷寂静，由于有较密集树丛的柔化，规则与自然景致间的结合尚不显生硬，整体上具有自然风景园的风貌特征。20世纪30年代以后的不断精心修饰，使得公园中规则与自然两部分“面对面”地对峙起来。若以欧洲古典园林为标准来审视，近代后期的顾家宅公园则存在以下问题：

第一，空间大而不宜、缺乏有机序列。对任何一种空间艺术来说，空间的变化与有序列的收放是基本要求。法式园林中，通常通过多种空间和景物的设置与转换，构成由建筑（宫殿或府邸）而花园再林园的基本空间序列。然而，无论从哪一个园门入园，顾家宅公园都缺乏这种有度的变化和序列。有组织地形成一些透景线，并系列性地设置视觉焦点，是意大利台地园和法国规则式园林的基本特征之一。但顾家宅公园中几乎找不到一条这样的视线。更为严重的是，公园中最为重要和精彩的沉床式大花坛却找不到一个合适的俯视视点（图2-36）。

第二，园路主次不当、游线组织紊乱。顾家宅公园内的园路设置和游线组织存在诸多问题，诸如无谓弯曲的曲线型园路、嘎然而止的直线型园路、园路与活动场地的随意相接、紊乱而缺乏系统的园路组织、随遇而安的景点设置等，使得初来乍到的游人无所适从。

第三，风格日益混杂、景物拼凑杂陈。就总体布局而言，该园存在诸如水体面积过小、草坪或场地与树丛的面积比不合理等弊端；从局部来看，特别是中国园，掇山理水技法不纯，山水关系欠佳，园路设置与景物不匹配；从细部来看，园内英国式的、法国式的、中国式的景物杂陈，乡村式的、古典式的、折衷式的建筑小品并置，景观风格混杂。

4.3 租界公共园地的少量增辟与发展停滞

这一时期，在众多外侨的呼吁下，租界当局在界内的居住集中区内零星建设过一些多为临时性的小型园地。公园以外，如前文所论及，这一时期租界内的行道树、苗圃等市政园林已停滞不前，园地管护范围与内容缩减，园林技术创新的精神日渐丧失。

4.3.1 公共租界中小型公园的辟建

1.胶州公园：公共租界西区的体育公园

胶州公园（Kiaochow Park），原址临近公共租界西界，南临昌平路，北近新加坡路（今余姚路），东临胶州路，西南界延平路。

1920年代末时公共租界西区的胶州路地段居住着大量工厂雇员，人口稠密，要求辟建游憩性公园的呼声很高。经1930年7月23日的董事会会议讨论，工部局准备买进新加坡路菜场的一块面积34亩的土地用于新建公园，但却因资金过大而未果[1]。得知工部局的意向后，上海妇女协会来函提议有必要在老勃生路和小沙渡路（今西康路）附近建造一个公园。不久，工部局采纳了该建议，于1931-1934年先后拨款85余万两购置位于新加坡路南、胶州路以西的占地56亩的土地。除了用于延长和拓宽昌平路、延平路的部分土地，其余土地用于辟建公园。1934年11月15日，儿童园先行开放，1935年5月12日公园整体建成开放，定名胶州公园，面积45.9亩[2]。

公园建设过程中，由于西区缺乏体育运动设施，受面积所限，胶州公园的布局又不可能像虹口公园那样，将游息与运动两种功能进行有机地融合，后经工部局董事会讨论后决定，在此建造具有各种体育活动场地的永久性的“一流露天大型运动场”[3]。由此，胶州公园就变成为一个以运动为主的体育性质的公园。布局上，根据园址的长方形特征，沿较长的东西向将公园分为西、中、东三个相对独立的部分（图4-6）。

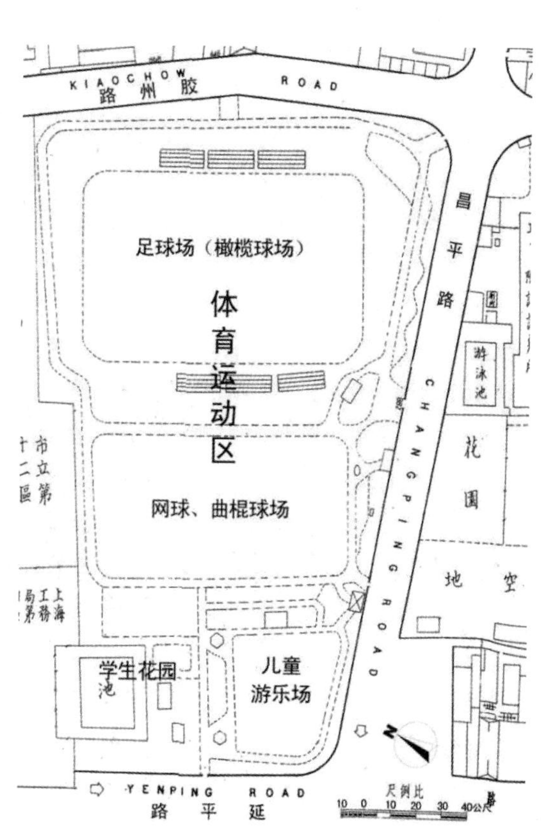

图4-6 20世纪30年代末的胶州公园平面图

资料来源：《上海百业指南·上册二》

西部占地较小，其南面为儿童游戏场，北面为学生花园，两者之间用灌木丛进行分割。儿童游戏场内的设施主要来自刚停园的新加坡公园，四周用乔木和常绿灌木环植。学生花园其实是植物标本园，园内种

1 上海市档案馆．工部局董事会会议录（第24册）[M]．上海：上海古籍出版社，2001：628.

2 U1-1-948，上海公共租界工部局年报（1935年），515页。

3 上海市档案馆．工部局董事会会议录（第26册）[M]．上海：上海古籍出版社，2001：402.

有乔灌木 63 科、243 种，另有市民赠送的广玉兰、山朴等树木多株；搜集种植本地野生花卉等植物 150 多种，三色堇、菊花（塔菊）、月季等开花灌木很具特色。园内树木均悬挂标牌说明，吸引了包括学生在内的很多游客。学生园的北端为公园管理用房和植物温室，附近空地种有一些热带乔灌木。

中部和东部是体育运动区。东部草坪内设有足球或橄榄球场地，夏季也可作为棒球场。足球场长 345 尺、宽 225 尺，四周围以铁栏，球门柱后装有链网，两旁设木结构大看台，可容纳观众 500 人。因基本符合国际比赛标准，各国球队曾在此比赛多次。中部草地用作网球、曲棍球场，曾设置过多达 22 个草地网球场。曲棍球场长 290 尺、宽 165 尺，场地四周以低矮竹篱围合。中、东部草坪区的四周环绕宽 10 英尺的煤屑园路，路外沿围墙是一条不很宽的绿带，植臭椿、柳杉、梨树、乌桕子、栾树、胡桃、榉、桧柏、白皮松、当归、正目、七叶树、棕榈、枫杨、白蜡、栓皮栎、印度栎、银杏、日本茶花、云实等。东部与中部由小路间隔，路旁植樱桃数行。东、中两区内的各运动场地一般以灌木绿篱相隔，场地间也有数处土丘，上植各种乔灌木[1,2]。公园设有多个出入口，昌平路和胶州路各有两个，另有一门在西侧的延平路，开向儿童游戏场和学生花园。

胶州公园内曾先后举行埠际曲棍球比赛和脚踏车比赛多次。1940 年，夏季有 32 个网球俱乐部、冬季有 21 个曲棍球和足球俱乐部使用园内场地，参加运动的人数分别为足球 4 422 人、曲棍球 1 936 人、棒球 689 人、草地网球 9 307 人，全年游人量超过 29 万人次[3]。运动以外，1934 年 12 月工部局在此设立公共租界唯一的气象测量点，测量公布气温、降雨量等气候数据；1937 年 5 月英国侨民庆祝英皇加冕时在此举行过一次规模较大的儿童游园会[4]；为便于集中管理，1940 年工部局曾考虑将胶州公园辟作维持中国乞丐组成的乞丐营基地，后因另外找到了安置乞丐营的地方，胶州公园才“幸免遇难”。总的来看，虽然胶州公园曾经一度是公共租界内的主要运动场所之一，但它在工部局决策管理者的眼里并不很重要，总体面貌不佳。1940 年的一次工部局董事会会议也认为：“对于通常逛公园的人来说，胶州公园并不是很受欢迎的地方……即使是进行有组织的比赛活动，这个运动场也是最少受到欢迎的。[5]”

1937 年 10 月，国民政府军八十八军五二四团团副谢晋元率 400 多名官兵孤军守卫四行仓库，给予日本侵略军以重创。该部在完成掩护大部队撤退任务以后，被公共租界当局收缴武器并软禁于公园西北的新加坡路 44 号营地。1941 年 4 月 24

1 U1-1-947，上海公共租界工部局年报（1934 年），464-465 页。
2 U1-1-949，上海公共租界工部局年报（1936 年），530-531 页。
3 U1-1-953，上海公共租界工部局年报（1940 年），519-520 页。
4 上海市档案馆. 工部局董事会会议录(第 27 册) [M] . 上海：上海古籍出版社，2001：501.
5 上海市档案馆. 工部局董事会会议录(第 28 册) [M] . 上海：上海古籍出版社，2001：595.

日，谢晋元被刺身亡，遗体葬于44号营地。1946年7月，上海市政府第四十次市政会议决议整修谢晋元之墓。次年，将胶州公园改名为晋元公园。解放后，该园划归上海市总工会，面积为47.21亩。1956年更名为上海市工会联合会江宁区工人体育场，1960年改为静安区工人体育场[1]。

2.计划中的鄱阳公园

20世纪20年代末时公共租界东区要求辟建游憩性公园的呼声也很高。为此，1930年工部局工务处长和工务委员会先后提出要在公共租界各区辟建"临时公园"，尤其在东区，仅有一个中等大小的汇山公园。由于向工部局董事会提议将东区菜场的160亩辟作公园未果，1931年工务处长提出购买海洲路、鄱阳路（今波阳路）交汇处附近的两小块土地，与工部局在那里已有的几小块土地合并建造体育娱乐公园。

工部局采纳了该提议，于1933-1934年间先后购入两小块土地，与原有土地连成一片，总面积19.72亩，计划辟建鄱阳公园（Poyang Park）。因场内地势低洼，又先后拨款填土。1935年工部局年报中的园地报告载有："在本市东区有一块土地，鄱阳、桂阳（今贵阳路）、腾越、海州路之间，先前计划购买建造公园。其中约有70%的土地现已购得，正在填土，希望在1936年能对部分着手布置"[2]。1935年前后，园地监督科尔曾进行过该公园的设计，可能是由于战争的原因，"计划中的鄱阳公园"终未成园。1936年以后的工部局资料中再也没有出现过关于鄱阳公园的记载。

在筹建鄱阳公园的同时，工部局在鄱阳公园基址以北、贵阳路以西的平凉路沿线购得近50亩土地辟建平凉路苗圃（今上海电力学院）。1944年，伪上海特别市政府工务局出售平凉路苗圃21.28亩土地[3]，并将鄱阳公园基地改为鄱阳苗圃。1946年初，国民党上海市政府将鄱阳苗圃和平凉苗圃合并为第五苗圃[4]，此时鄱阳苗圃面积为27余亩。1948年调拨苗圃部分土地建造上海市第二劳工医院（今杨浦区中心医院），苗圃面积剩13.5亩。1951年，市人民政府决定将第五苗圃（鄱阳苗圃部分）改建为公园，于1952年5月对外开放。以后又有所增建，今为波阳公园。

除了以上两个公园，工部局也曾于1931年计划成立由总董和工务处长等组成的公园特别委员会，以调查用以增辟公共园地的土地，但终久没能成立。实践中，随着界内道路的改造，工部局仅增辟过几处小型道路附属园地，以及将虹桥路苗圃的一部分稍作整理后对外开放。此外，公共租界再也没能增建1处具有较大规模的公共园地。

---

1 程绪珂，王焘．上海园林志［M］．上海：上海社会科学院出版社，2000：376.

2 U1-1-948，上海公共租界工部局年报（1935年），516页。

3 上海档案馆档案，卷宗号Q432-2-863，5页。

4 上海档案馆档案，卷宗号Q215-1-597，上海市工务局36年度工务实施统计年报，49页。

3. 儿童公园与游戏场的少量增建

20 世纪 30 年代初的公共租界各区，儿童游戏场地仍十分缺乏。西区仅有南阳路儿童游戏场 1 处；北区也只有每日拥挤不堪的昆山路广场；1931 年 9 月 1 日汇山公园与舟山公园对华人开放后，东区本已紧缺的儿童户外活动场地更是不敷使用；中区则无一处具有儿童游戏设施的活动场地。

1931 年园地监督信誓旦旦地说："本年为本局施行其在公共租界内增辟园地之起始。[1]"从实际建设来看，其言辞未必有些过于自信与理想化。至 1941 年，除了胶州公园以外，在市民请求和上海妇女协会协助下，工部局先后建成的园地不过是几处多半为临时性的儿童游戏场地。

1）新加坡路公园（1931-1934）

新加坡路公园（Singapore Park）位于新加坡路（今余姚路）、赫德路（今常德路）交汇处。1930 年公共租界工部局买进沿新加坡路的 25 亩土地，准备将其中的一部分辟作公园和运动场地。

考虑到该地坐落在人口稠密地区，儿童众多，工部局遂先划出 2.5 亩辟建儿童公园，次年春季开始种植，并于 4 月 25 日对外开放，取名新加坡路公园。公园划分为安静休息区和儿童活动区，休息区内散植一些成荫乔木，并种植蔷薇与牡丹、大丽花等花卉，建有一座小温室；儿童活动区内游戏设施较多，有秋千 11 座、跷跷板 4 座、沙坑 1 个，另有 1 个避雨棚，周围种有多丛常绿灌木丛[2,3]。

开园后，园内儿童游客甚多，附近华人学校的学生和成人游客也时常光顾该园。但这一情形未能长久，1933 年工部局决定在此建造华人女子中学（后为市第一中学），1934 年 7 月又决定在此建游泳池，公园于是年年底关闭，园内植物和儿童游戏设施被迁至新建的胶州公园儿童活动区。

2）苏州路儿童游戏场（1931）

苏州路儿童游戏场（Soochow Road Children' s Playground）位于外白渡桥南堍西侧，由始建于 1872 年的储备花园改建而成。随着工部局局属苗圃的增多和温室植物培育向极斯非尔公园的转移，以及外滩环境的日趋恶化，储备花园先前的温室植物培育和展示功能均已丧失。1931 年工部局决定在此建儿童游戏场，以作为公共花园的补充。改建工程于 5 月动工，由于园内有较好的植物基础，改建内容不多，拆除温室后增设秋千、跷跷板、滑梯、跳板、沙坑等儿童活动设施和 1 个长亭，沿苏州河一带设置安全铁丝网围篱。工程很快完工，取名苏州路儿童游戏场，于 9 月 1 日对外开放，面积 4.17 亩，1937 年 3 月更名为苏州路儿童公园。由于中

1 U1-1-957，上海公共租界工部局年报（1931 年），264 页。
2 U1-1-943，上海公共租界工部局年报（1930 年），239 页。
3 U1-1-944，上海公共租界工部局年报（1931 年），264 页。

国阿妈习惯性地将外侨儿童带入公共花园，该园初期游客不多，以后几年才逐渐增多[1,2]。

租界结束后，1945年下半年改名苏州路公园，次年8月又改名河滨第一公园，同时将华人公园更名为河滨第二公园。

3）广信路和大华路临时儿童游戏场（1934-1937、1938）

1934年的工部局年报载有："临时儿童游戏场——本年五月间广信路（东区）及大华路（西区）均辟有临时儿童游戏场，此种设备系经上海妇女协会之协助而成，其地系由各地主慨允免费借用。两处游戏场均围以竹篱，设有临时厕所，并搭建席棚，藉以保护儿童使勿为日光及雨所侵。各该儿童游戏场与其他儿童游戏场不同之处在于除显然患传染病者以外，无论有无父母或保护人携带，均可入内[3]。"两处儿童游戏场工程于1934年5月动工，当月开放。园内各配置了常规的儿童游戏设施，布置和绿化都很简单。

广信路儿童游戏场（Children' s Playing Centres—Kwanghsin Road）位于杨树浦路广信路（今广德路）口，东沿广信路，北临杨树浦路。由于土地须作他用，1936年2月26日开始一度对游客停止开放，但于次年6月15日再行开放，最终于8月14日关闭。

大华路儿童游戏场（Children' s Playing Centres—Majestic Road）位于大华路（今南汇路）、麦边路（今奉贤路）交汇处，即今北京西路、南京西路、江宁路、泰兴路范围内，面积不详。地块为原大华饭店（前麦边花园）的一个球场，产权属沙逊公司所有。1938年6月6日，沙逊公司致函工部局要求归还土地以作他用，该园遂于6月21日关闭[4,5]。

4）静安寺路儿童游戏场（1936—1939）

静安寺路儿童游戏场（Children' s Playing Centres—Bubbling Well Road），即前述道路附属园地中的静安寺路大西路交叉处园地（Minor Space at the junction of Bubbling Well and Greet Western Roads）的西侧部分。

位于静安寺路（今乌鲁木齐路以东的南京西路）、大西路（今乌鲁木齐路以西的南京西路和延安西路）交汇处，即今南京西路乌鲁木齐路交汇处以南的三角地，原名"海岛"，面积在4亩以上。1936年，该场地被分成东西两部分，东侧为运动场，西侧为面积稍小的儿童游戏场。儿童游戏场内配有常规的儿童游乐设施和席棚、临时厕所等设施，种有少树木花草[6]。1938年的工部局年报中尚有"该游戏场常年

1 U1-1-944，上海公共租界工部局年报（1931年），264页。
2 U1-1-947，上海公共租界工部局年报（1934年），474页。
3 U1-1-944，上海公共租界工部局年报（1931年），465-466页。
4 U1-1-949，上海公共租界工部局年报（1936年），527页。
5 U1-1-950，上海公共租界工部局年报（1937年），561页。
6 U1-1-949，上海公共租界工部局年报（1936年），527页。

正常开放”的记载，但之后的1939-1942年年报中均无记载，估计该场应于1939年年初废止。

除了上述几处临时性的儿童游戏场，工部局分别于1928年、1932年在极司非尔公园和虹口公园增设过两处附属儿童游戏场。1937年3月为统一园名，工部局将局属各儿童游戏场地改称儿童公园。至20世纪30年代末，公共租界内独立的儿童公园仅存4处，即西区的南阳路儿童公园、中区的苏州路儿童公园、北区的昆山路儿童公园和东区的舟山公园（斯德特利公园），面积均在5亩上下。

4.3.2 法租界中小型公园的辟建

1925年凡尔登花园园址出让后的十数年间，法租界的公共园地发展情形与公共租界并无二致，仅辟建了1处面积1公顷的贝当公园。受试图再次扩张疆域冲动的影响，30年代末至40年代初法租界的情形发生了变化，先后增辟小型的凡尔登广场公园和中型的兰维纳公园。但在整体上已是强弩之末，与前次快速发展期相比，并无大的建树。

1. 贝当公园（Parc Petain，衡山公园）

贝当公园即今衡山公园（图4-7），位于广元路、衡山路、宛平路口。

1925年1月凡尔登花园停止对外开放后，公董局在此购得1万余平方米的低洼地，准备辟建公园。次年，用来自疏浚徐家汇河的河泥陆续填高场地，铺设草皮，种植一些树木。当时适逢北伐战争，租界内法国驻军大增。为此，1927年4月25日公董局工务委员会决定将该园改为贝当路蔬菜园（Jardin Patager de L'Avenue Petain），种植蔬菜以供应驻军。蔬菜种子和肥料分别由外侨Mr.Azadian和当时法租界最大的农产品供应公司

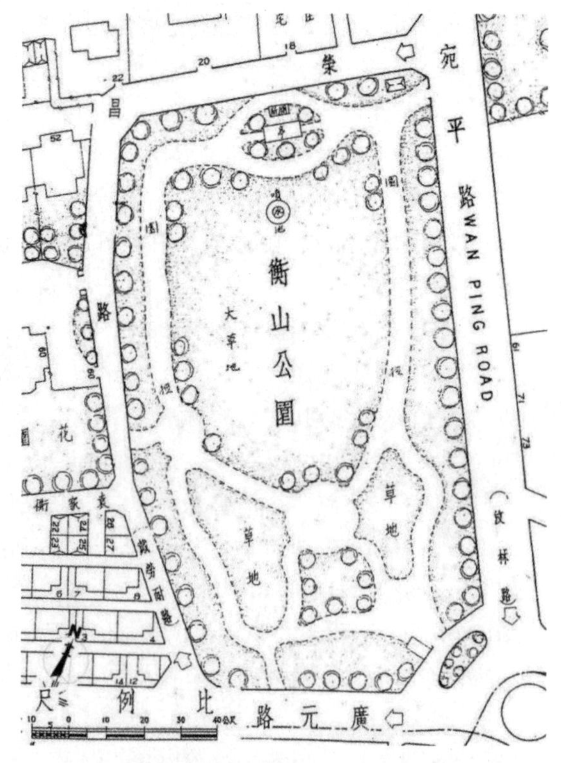

图4-7 20世纪40年代的衡山公园（贝当公园）平面图
资料来源：《上海百业指南·下册二》

“神圣农产公司”免费提供，当年6月21开始向海陆两军供应各种蔬菜，并连续供应至1931年底[1,2,3,4]。

1932年后，该园逐步恢复成公共园地，一度称为“伊登公园（Parc Eden)”。1935年3月4日的公董局会议决定大幅度整修公园后，种植培养处旋即新建由水泥柱和竹篱组合成的围篱，以及贝当路公园入口的旋转式栅门。5月18日的公董局临时委员会会议要求加快公园整修进度，并决定将公园更名为“贝当公园（Parc Petain)”，年底时公园整修工作基本完成[5]。贝当公园于次年的3月1日正式对外开放，实行购票入园，当年入园人数为22 179人次[6]。受战争影响，1937年的公园游客量减至20 021人次。以后，为吸引游客，种植培养处增加了贝当公园的花卉装饰，1938年至1942年的年均种植花卉达1.5万多株。该园1940年的游客人数达64 473人次，1941年更是达到87 765人次，游人数一直位居法租界小公园之首。

该园于1943年10月改名衡山公园。解放后曾长期停止对外开放，1987年恢复开放后有所修整。至今，公园植物基本保持原有布局，园内仍保留了三株百年大香樟，两株在大门西，一株在园东侧树丛中[7]；园中央占地1 000平方米左右大草坪与周边高大乔木、各色灌木花卉相映成景。

2.凡尔登公园广场（Square Verdun，1939-1951）

由于座落在环龙路的早期法国总会已显得人多地窄，1923年公董局购得凡尔登花园北端的近15亩土地用以建造更大的总会，次年开始建造新的总会建筑。为此，凡尔登花园于1925年1月停止对外开放，其南端占地40余亩的花园及活动场地一并租给总会使用。

图4-8 后期法国总会建筑

资料来源：《上海近代建筑史稿》

新的总会建筑座落在今茂名南路58号。建筑面积6 000平方米，高2层，是一幢细部装饰具有装饰艺术特征、整体风格为法国新古典主义

1 U38-1-2795，上海法租界公董局年报（1927年），179、204页。
2 U38-1-2796，上海法租界公董局年报（1928年），215页。
3 U38-1-2797，上海法租界公董局年报（1929年），275页。
4 U38-1-2799，上海法租界公董局年报（1931年），264页。
5 U38-1-2803，上海法租界公董局年报（1935年），24、26、158页。
6 U38-1-2804，上海法租界公董局年报（1936年），180页。
7 程绪珂，王焘. 上海园林志［M］. 上海：上海社会科学院出版社，2000：138.

式的“三段式”建筑。平屋顶，设屋顶花园，建筑坐北朝南，面向大花园（图 4-8、图 4-9）。1924-1931 年间，法国总会花园一直由公董局种植培养处进行花卉种植和管护。

鉴于界内的数几个公园已拥挤不堪，1939 年初公董局决定将法国总会花园南端面积约 12 亩的土地辟为公园。对场地稍加整理后，于当年 4 月对外开放（图 4-10）。因位于公园西北侧的住宅区已取名凡尔登花园（今长乐新村），遂命名为凡尔登公园广场（Square Verdun）。该园的游人颇多，当年的游人量为 27 045 人次，1941 年达 49 108 人次。公园于 1942 年 2 月关闭[1, 2]。

1947 年，上海市政府工务局、教育局先后提出收回凡尔登公园辟作公园或体育运动场所，但因法国方面反对而未果。解放后，该园一度被建成体育公园。1954 年市人民政府接管总会建筑改作文化俱乐部，后改属锦江饭店。1989 年后，建筑和花园成为今花园饭店的重要组成部分。

3. 兰维纳公园（1941，Square Yves de Ravinel）

今襄阳公园，位于今淮海中路 1008 号。南临淮海中路，西接襄阳北路，北界新乐路。

图 4-9 后期法国总会花园

资料来源：《老建筑的趣闻》

图 4-10 20 世纪 40 年代的法国总会与凡尔登公园广场平面图（原凡尔登花园基址）

资料来源：《上海百业指南・下册二》

1 U38-1-2807，上海法租界公董局年报（1939 年），208 页。
2 U38-1-2809，上海法租界公董局年报（1941 年），175 页。

1938 年前后，公董局辟建劳尔登路(今襄阳北路巨鹿路至长乐路段向南至霞飞路的延伸段时，购得附近几块农田作为该局新址，面积共计 35.31 亩。之后几年，由于当时二战正酣，新址建设被搁置。1941 年 8 月，公董局决议把这块土地建成公园工程于 9 月开工，先后种植了从附近苗圃移植的 500 多株树木和 8 000 余株灌木大苗，至 12 月公园南部基本完工，局部对外开放[1]。全园于次年 1 月 30 日对外开放，为纪念二战中阵亡的法国驻沪领事馆原外交官兰维纳，公园取名兰维纳公园，并在园内建立一座大理石的兰维纳纪念碑（1949 年被拆除）。

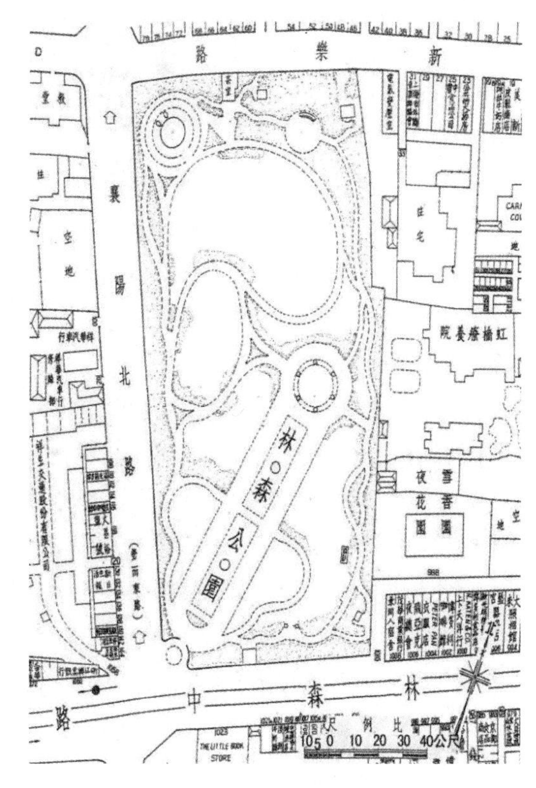

图 4-11 20 世纪 40 年代末的林森公园（兰维纳公园）平面图

资料来源：《上海百业指南·下册二》

公园基地呈长方形，南北长 200 米、东西宽 110 米（图 4-11）。公园南部以园路和树丛为划分为多个空间，北部为集中的草坪区，空间上南分北聚。入口位于襄阳北路淮海中路交汇处，入园是一条西南至东北对角线方向的长 120 米宽近 20 米林荫大道，大道两侧列植大悬铃木。林荫大道的近端两侧是地毯式草花花坛，远端以一圆形亭为焦点（以后改建为绿色琉璃瓦结顶的六角亭）。公园北部的主体是一块占地 4 000 多平方米的大草坪，四周环以园路，园路外林木环植，草坪中间植有划分空间的少量树丛。草坪西北的活动场地中央是一圆形喷水池，直径 10 多米，池中央有一座喷水假山。公园内的小路多数呈圆弧形，园路交汇处布置多处花坛。整体上，兰维纳公园的布局呈规则对称式，但规则中又有变化。园内树木较多，空间旷中有奥，旷处不乏有花坛、花镜和特色树丛的点缀，园景并不单调。兰维纳公园虽然有些姗姗来迟，但却是上海租界内较为精致的一个园林作品。

该园于 1943 年 7 月改名为泰山公园，1946 年 1 月更名林森公园时面积 33.57 亩，1950 年 5 月被改为襄阳公园至今。

---

1 U38-1-2809，上海法租界公董局年报（1941 年），174 页。

4.3.3 其他市政园林的发展停滞与衰退

1. 行道树与道路附属园地的衰颓

1）行道树的衰退

1927 年以后上海租界的行道树数量不断减少，进入发展衰退阶段。引起行道树数量下降的原因主要有两方面：一方面，由于界外道路管辖权的转移，对原有一些界外和界缘道路上的行道树管理不力，严重受损后不再替换；另一方面，随着机动车辆的增多和公共交通的发展，租界内原有道路的线型、宽度和转弯半径均已不能满足要求，市政道路进入改造高峰期，影响市政建设的一些老树、病树和幼树陆续被去除。另外，机动车和台风对行道树造成的损伤，以及部分影响道路两侧住户通风采光的行道树的被移除，也是租界行道树数量下降的一个直接原因。

公共租界内，随着越界筑路受阻和界外土地控制权的逐步丧失，建设重点又回到界内，界外的行道树也因此而几乎损伤殆尽。1931 年的园地报告中称："种于界外马路上之树木近数月来所受损害已无从补救，白利南路上的树木几乎全行摧毁，或将其树皮剥去，或用他种故意摧折办法。在极司非尔路、华伦路及其他路上之树亦继续被人将树枝割截或折断"[1]。同时，由于苗圃内行道树大苗的存量已很少，只能补植一些小规格树苗，成活率很低。特别在东区，每年有大量的新种树木死亡。仅 1933 年 9 月的两次台风就吹折行道树 3 443 株[2]。加上人为的恶意破坏、车辆的伤害、因道路扩建所造成的树木移植损失，20 世纪 30 年代公共租界的行道树逐年减少。上海沦陷期间几乎不再新种树木，路边树木数量锐减，到 1939 年仅存行道树 6 200 株。

法租界的行道树发展也进入了衰退后的平稳期，行道树数量有明显下降。由于对行道树的重视程度要高于公共租界，日占时期的政治情形也要好于后者，法租界行道树的受破坏程度和衰颓趋势较之公共租界明显要小，表现要平稳些。20 世纪 30 年代，随着界内行道树的长大成型，很多已对沿路住户产生不良影响，申请移植或移除行道树的请求越来越多。为此，法租界当局展开两方面工作：一方面，于 1929 年至 1933 年对行道树进行集中整理（图 2-48），1931 年砍伐树木达到 3 412 株，1932 年也有 1 060 株；另一方面，于 1932 年 1 月颁布了"修改移植树木及代办种植工程应收费额案"，试图通过大幅度提高移植树木的收费标准（表 4-2），来阻止私人要求移除或移植行道树申请。经过几年的调整，法租界内 1932 年以后的行道树数量趋于稳定，至 1941 年期间每年一直保持在 1.25 万株左右。

1 U1-1-944，上海公共租界工部局年报（1931 年），270 页。
2 U1-1-946，上海公共租界工部局年报（1933 年），422 页。

表 4-2 公董局移植他种树木费额表

树木大小	旧定费额		现定费额	
	移植后尚能生长者	移植后不能生长者	移植后尚能生长者	移植后不能生长者
高一公尺粗三公寸以下之树木	4 两 50	8 两 50	8 两 00	16 两 00
高一公尺粗三公寸至四公寸之树木	6 两 50	16 两 50	10 两 00	25 两 00
高一公尺粗四公寸至五公寸之树木	8 两 00	25 两 00	12 两 00	30 两 00
高一公尺粗五公寸至七公寸之树木	11 两 00	33 两 00	15 两 00	40 两 00

资料来源：《上海法租界公董局市政公报》（1932）

2）道路附属园地的几乎不存

20 世纪 20 年代末时，租界内的道路附属园地相继被毁，或改作他用。之后，随着界内道路的纷纷拓建放宽，十字交叉路口增多，租界当局开始推广使用“安全岛”，出现了位于道路中心的交通岛式园地。公共租界于 1936 年辟建过几处交通岛式园地：静安寺路大西路交叉处园地（Minor Space at the junction of Bubbling Well and Greet Western Roads）、福熙路、威海卫路交叉处（Traffic Island at the junction of Foch and Wei-hai-wei Roads，今陕西北路、威海路、延安中路交汇处）园地、胶州路与爱文义路交叉处（Traffic Island at the junction of Kiaochow and Avenue Roads，今胶州路、北京西路路口）园地（表 2-8，图 2-49）。与前一时期通常位于道路交叉口四周的公共园地不同，这类园地的游憩功能已基本缺失。即使是这种园地，这一时期的法租界内也未曾辟建过 1 处。

2. 市政苗圃的发展停滞与花木生产的重心转移

1）市政苗圃的发展缓滞

这一时期，公共租界的苗圃发展具有明显的衰退趋势。1925 年以后工部局局属核心苗圃虹桥路苗圃用地的丧失和性质的改变，充分反映了公共租界苗圃发展的困境：1925 年所筑的麦克老路（淮阴路，今已不存）占去了苗圃一部分；1927 年上海纸猎俱乐部租用虹桥路苗圃部分土地用作障碍赛道，工部局又在此新建电话分所与肺病疗养院，苗圃规模迅速缩小，至 1928 年 1 月苗圃面积缩小了将近一半，树木存量急剧下降和回缩；1930 年 1 月 1 日上海纸猎俱乐部租地期满，但园地部门并没有将障碍赛道改回苗圃，而是利用赛道并对各转弯处丛植草本植物和灌木，营建成“盘曲草径”的植物专类园对游客开放。其他苗圃的情形也与虹桥路苗圃大致相同。1930 年时工部局局属骨干苗圃的面积减少到 108 亩，仅是前一时期最大规模的一半。以后，虽然工部局于 1934 辟建了临时性的胶州公园苗圃和专供东区园地的平凉路苗圃（表 3-1，图 3-1），但由于多个苗圃相继关闭或改作他用，苗圃规模仍继续递减，仅维持在 70-80 亩。

与公共租界形成鲜明反差，法租界 1930 年以后的苗圃发展迅速，但带有很大的盲目性。法租界当局在界内西端（今徐家汇附近）利用路侧的空地增辟几处临时性树木栽培园的同时，又于 1934 年在浦东开辟面积达 190 亩的大型苗圃，苗圃规模明显增大，短时间内繁殖了大量幼苗（表 3-2，图 3-1）。若从苗木的供需平衡角度来分析，这一时期法租界内乔木类苗木的培育主要以满足园地的日常维护为限，需求量并不大，局属苗圃的重心也已转向灌木和花坛植物的培育，苗圃规模无需再扩大。之后不久，几处依附于道路的苗圃大多很快不存，而浦东的大型苗圃，也由于法租界开辟浦东的梦想破灭，而随即关闭。

2）花木生产的重心转移

为给各园地提供更多的装饰植物，公共租界当局对虹桥路苗圃的花木生产格局作出调整：1929 年开辟爬藤作物种植区；1930 年以虹桥路为界，路北区域专种乔灌木，路南区域则专门种植各种花坛植物。至此，虹桥路苗圃已从原先的树木专类苗圃逐步演变成多类植物生产的混合型苗圃。

事实上，虹桥路苗圃的功能演变并非出于偶然，而是公共租界园林花木生产重心转移的直接结果。正如上文的分析，与前一时期相比，20 世纪 20 年代中期以后，尤其是 30 年代中期数年，公共租界苗圃的乔木栽培数量呈直线下降趋势，装饰性的灌木和花卉等植物培育量明显上升。树木栽培数量的大幅度减少说明新增园地不多，而装饰性植物的增多则是为满足妆点已有公共园地的需要。与之前园林花木生产格局的这一颠倒情形，正是 1927 年以后公共租界园林整体发展趋于停滞的又一个表征。

法租界内的植物培育生产进程要晚于公共租界，1930 年前后有过一次短暂较快发展后，也进入了以园地维护与修饰为主的缓滞发展和衰退期。而 1932 年以后过大的苗木繁殖量超出了常理，是法租界妄图再一次扩界的产物。

4.4 租界园林管理体系的定型与管理重心的转变

为适应公共园地的发展缓滞，缓解公园陆续对华人开放后的游客压力，租界的园林管理作出了相应的调整。一方面，园地管护的范围和规模有所缩小后趋于稳定，每年的园林经常性支出变化不大，园林管理机构虽随同整个市政机构的调整有过一些变化，但仍基本上延续了上一时期的体系；另一方面，受游客压力和园地经济收入的驱动，园地管理的重心转向公园内的园景修饰和公园管理规则的细化修订。事实上，无论管护规模和管理机构的定型，还是管理重心的转移，无非是租界园林发展缓滞的一种结果，及其在管理上所作出的有限调适。

4.4.1 园地管护规模的稳定和园林管理机构的定型

1. 管护规模的缩小和趋于稳定

快速发展期末时，公共租界的园地管护规模达到历史最大，管护面积130～150公顷，行道树数量2～2.5万株。1929年以后，随着公共娱乐场的退租和公墓工作向卫生部门的转移，园地管护范围与面积随之缩小，面积降致100～120公顷。这一数据，依据当时的割草面积也可大致推断出：1929-1933年间园地部门每年割刈的草坪面积一般为40～45公顷，英式园地的草坪量较大，一般要占总面积的30%～40%，而且据历年年报记载，为了保护草皮，这一时期的草坪割草次数较20世纪初明显减少，大多为每年一次，多者一年两次。由此，能推断出20世纪30年代的公共租界园地部门的园地管护面积应稳定在100～120公顷。行道树方面，由于界外树木的近乎损伤殆尽和界内植树量的逐年减少，1930年以后公共租界内的行道树数量锐减，至1939年时仅存行道树6 200株，行道树的管护工作量也因此明显减少。

相形之下，20世纪30年代中期以后法租界园地部门的管护范围有所扩大。至1942年，法租界先后增加贝当、凡尔登广场、兰维纳等中小型公园，面积计3.5公顷；苗圃面积一度增加了近14公顷；其他园地变化不大，仍以领事馆花园、公董局局属建筑庭院以及法国总会、法国拍球总会、中法国立工学院、公墓等为主，规模维持在10公顷以内。因此，法租界园地部门所管护的园地面积应在50公顷左右，每年的用工量为5～7万个工日，较前一时期有所增大。但若除去盲目发展的苗圃面积，这一时期法租界的园地管护面积与20世纪20年代后期几乎相当，总规模在35公顷左右。1932年以后，法租界当局的行道树管护工作量要略少于20年代，行道树数量由上一时期的1.5～1.8万株降至1.25万株左右，并基本稳定。

2. 园地经常性支出少但较稳定

长期以来，租界的园地建设和日常维护经费并不充足。自1863年至1933年，工部局共支出市政工程经费白银7 923.20万两，占同期总支出26 438.94万两 的29.97%[1]。从工部局财政统计数据来看，每年的工务支出占工部局经常支出的比例一直在20%～35%之间（图4-12）。当时，作为市政建设支出的一部分，在市政建设支出或市政机构经常总支出中，租界园地建设和维护经费所占的比例始终很小。

1 张鹏．都市形态的历史根基—上海公共租界都市空间与市政建设变迁研究［D］．同济大学博士学位论文，2005.

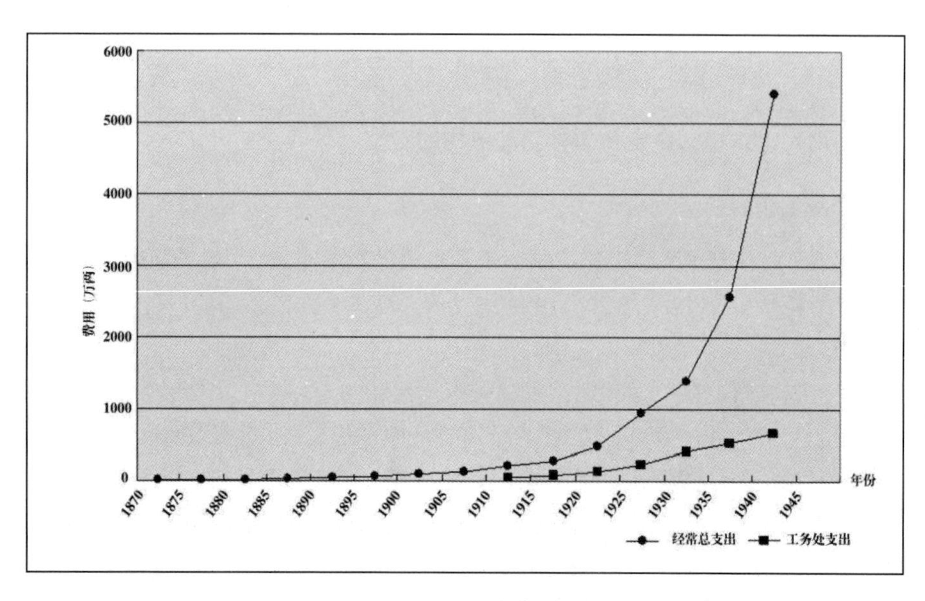

图 4-12 上海公共租界 1875-1940 年间的年经常总支出和工务支出变化图

资料来源：根据《上海租界志》第 364-366 页相关内容绘制

19 世纪公共租界开辟的几个公共园地，或由外侨社团捐助，或采用租用方式，建设性投资十分有限。20 世纪的前 25 年是两租界园地的快速发展期，由于所辟大型园地选址都位于地价低廉的界外或界缘，土地投资不大。以极司非尔公园为例，长达 20 余年的总建设费用为 100 万两左右，仅占工部局 1904-1925 年总支出 8 000 余万两的 1.25%。建园购地费和集中建设费以外，工部局的园林维护经费也不多。19 世纪末，公共花园和华人花园的年维护费用在 1 000～1 500 两之间，公共娱乐场等园地的外包费用 1 200 两，总计在 3 000 两以内，占工部局经常总支出 50～100 万两的 0.3%～0.5%。工部局 1906-1915 年十年间的年均经常总支出约 220 万两，用于园地维护的经常支出占总支出的年均比例为 1.36%。

从表 4-3 中可以发现，租界公园对华人开放后，公共租界各年的园地经常性支出前后变化不大，基本维持在 20～30 万银两每年。园地经常性支出占工部局年度经常支出的比例始终在 1%～2%，这一比例与快速发展期的 1.36%大致相当。总之，从绝对数量或与支出总量的相对比例来看，这一时期公共租界的园地日常维护费用并不充足，但还算比较稳定。

表 4-3　1928-1938 年度工部局园地经常支出及其占局经常总支出的比例　　单位：银两

年份	园地支出	工务支出	园地百分比	局经常总支出	园地百分比
1928	185 110	2 424 281	7.64	11 620 593	1.59
1929	203 002	3 219 059	6.31	9 440 066	2.15
1930	214 216	4 152 537	5.16	13 942 470	1.26
1931	226 923	4 150 409	5.47	16 715 099	1.36
1932	257 406	5 390 366	4.78	22 949 578	1.12
1933	274 438	5 438 515	5.05	24 107 357	1.14
1934	296 452	5 385 244	5.50	25 243 935	1.17
1935	329 184	5 341 824	6.16	25 545 568	1.29
1936	308 371	4 982 346	6.19	26 660 181	1.16
1937	275 200	4 108 970	6.70	24 985 583	1.10
1938	259 127	3 569 428	7.26	26 551 931	0.98

资料来源：局经常总支出与工务支出数据采自《上海租界志》343-346，园地数据采自各年《上海公共租界工部局市政公报》

由于缺乏直接数据，根据相关资料进行推测认为，法租界的情况应与公共租界大致相当。租界园地增多后，临时工用工量也随之增大，其工资成为园地工资支出的主要部分。这一时期，法租界的年均临时工用工量约为公共租界的一半，分别为 5 万个工日和 10 万个工日左右，法租界园地部门每年的临时工工资和工资性支出也应该在公共租界的五成上下。结合两租界园地的年工资性支出占各自园地经常支出的比例均在六到七成（表 4-4）的情形，断定法租界的园地经常支出也约为公共租界的一半，应当不会有太大的偏差，这一比例与当时较长时期内公董局与工部局年度经常总支出的比例是相一致的（图 4-12、图 4-13）。因此，法租界园地经常支出占总支出的比例与公共租界应该比较接近，其占总支出的比重也不会超过 2%，支出不多但比较稳定。

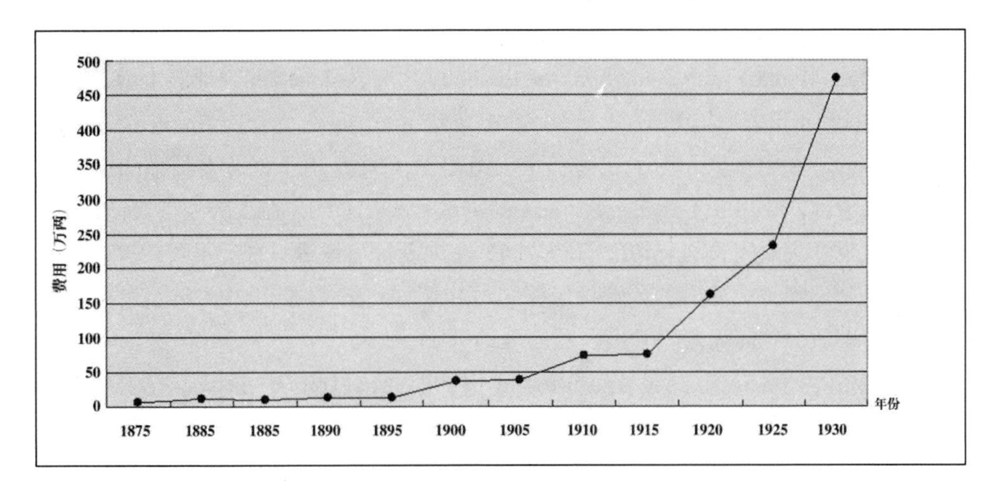

图 4-13　上海法租界 1875-1930 年间的年经常总支出变化图

资料来源：根据《上海租界志》第 364-366 页相关内容绘制

表 4-4　1931 年度工部局园地部门的日常开支费用表　　单位：银两

项　目	白银（两）	合　计	百分比%
工资（中外）、医药费、杂费	151 974.07	158 042.09	66.58
车贴	6 068.02		
工具更新、维修	4 601.45	45 987.90	19.38
草皮、桩头、绑扎、土方、黄沙、石子、肥料	14 065.41		
油漆、修理	7 367.46		
苗木、种子、花盆等	7 041.66		
草席、竹篱	6 228.23		
动物园动物饲养	6 683.69		
制服	2 873.13	33 316.06	14.04
运费	3 463.63		
水电柴火费	17 256.54		
印刷、文具纸张、保险、电话费	1 851.08		
厕所必需品	1 860.56		
露天音乐会	4 112.03		
杂项	1 899.09		
总计		237 346.05	100

资料来源：根据 1932 年 12 月 7 日《上海公共租界工部局市政公报》整理（转引自《上海租界时期园林资料索引（1868-1945）》，192 页）

3. 管理机构和体系的定型

缓滞期的租界园林管理延用了上一时期的模式与架构（图 3-7、图 3-8），管理机构与体系已基本定型。这一时期公共租界园地部和法租界种植培养处的出现，也都是在原有机构的基础上，随着各自市政机构的调整所作出的归属上的变化，并无本质改变。园地部和种植培养处的大致情况如下：

园地部（Parks and Open Spaces Branch）：为了调查增辟园地的土地，工部局董事会曾于 1931 年 6 月开会决定成立特别公园委员会（Special Parks Committee），并由总董和工务处处长牵头组建[1]，可能是由于工务委员会的反对或其他什么原因，最终未能成立。当年，工部局进行机构重组，在工务处下设园地部，由园地监督牵头负责管理一切工部局公园、空地及行道树等。之后不久，园地部被并入道路工程师部。随着公园管理工作的日趋繁重，工部局于 1932 年始设园地助理监督一职，协助园地监督开展公共园地的管护工作[2]。

种植培养处（Service d' Entretien des Plantations）：1931 年 7 月公董局华员大罢工后，各级机关大行裁员，公园种植处于 1932 年改为种植培养处，由法国人顾森（Cansun）继任园林种植处主任，直至法租界结束。1935 年，公董局行

1 上海市档案馆. 工部局董事会会议录(第 25 册)［M］. 上海：上海古籍出版社，2001：464.
2 上海市档案馆. 工部局董事会会议录(第 25 册)［M］. 上海：上海古籍出版社，2001：575.

政机构改组，撤销督办办公室（成立于1928年）、市政总理处和公共工程处，成立总管理部、市政总理部和技政总管部，公共工程处和种植培养处被划入技政总管部[1]。

4.4.2 园地管护重心的转移及其相应变化

1.对花卉等植物装饰的日益重视

“种植培养处将致力于公园改造和继续扩大花卉种植，花卉很受中国游客喜欢”[2]。1935年种植培养处主任的这一表述，表明20世纪30年代法租界园地建设与管护工作重心将发生转移。

早在20世纪20年代，法租界的园地维护已呈现出花卉用量大，且以大型公园为核心的特征。进入30年代，虽然法租界公共机关的年花卉种植量与上一个十年的情形大致相当（表3-5），多在15～25万株，但在使用分配上对顾家宅公园的倚重越见明显。这一时期该公园的面积占法租界园地总面积的比例有所下降，由原来的四分之一降至五分之一以下，花卉用量占总数的比例却由20年代的50%～70%增至60%～80%，与其他园地相比的单位面积花卉种植量更是成倍增长，由原来的3～7倍提高到6～16倍。表4-5是1939年法租界各公共机构每月的花卉栽种情况，不仅反映出上述数量上的明显差距，同时也可看出各园地花卉种植在时间分布上的差别。总体上，其他园地的花卉种植数量少，通常每年只突出一两个月的春花或秋花景观，而顾家宅公园中则是一年四季草花不断。究其原因，1930年以后法租界对顾家宅公园内花卉装饰的愈发重视，固然与该公园拥有地毯式花坛有关，但也不尽然，或许投中国游客所好，牟取更多门票收入，也是一个不便言明的重要原因。

如前文分析，这一时期公共租界苗圃内灌木和花卉等植物的培育量明显上升，从20世纪20年代的每年10～20万株增至30年代的30～40万株，尤以30年代中期的几年为最多（表3-3）。公共租界内各单个公园的用花量虽不及顾家宅公园，但总体趋势与法租界并无两样，这从公共租界苗圃内各种植物培育生产量的变化中可以清晰洞见。

以上租界园地中花卉等装饰植物用量和使用分配的变化，从另一个侧面表明，1927年以后的租界园林发展已明显转向，进入了以园地维护和修饰为重心的缓滞发展阶段。

---

1 史梅定．上海租界志［M］．上海：上海社会科学院出版社，2001：237.
2 U38-1-2803，上海法租界公董局年报（1935年），158页。

表 4-5　1939 年上海法租界各公共机构栽种花卉表　　　　　单位：株

月份	顾家宅公园	贝当公园	凡尔登公园	领事馆	公墓	其他各处	合计
2	3 410	——	——	——	——	195	4 055
3	500	5 360	2 550	——	——	——	8 410
4	1 615	5 360	2 550	——	——	320	9 845
5	15 574	1 600		1 580	370	7 747	26 871
6	1 790	——	730	——	——	1 286	19 946
7	404 220	——	——	1 200	60	7 670	49 150
8	31 990	——	——	——	400	4 880	37 270
9	10 008	——	——	——	——	410	10 418
10	10 874	520	550	798	1 160	921	14 823
11	550	288	——	——	212	5 765	6 815
12	49 000	——	——	3 780	800	23 944	77 524
合计	181 671	13 128	6 380	7 358	3 002	53 138	265 127

资料来源：根据《上海法租界公董局市政公报》（1939）整理

2. 园地收入的增加以及两租界的不同态度

租界园地部门的收入包括：公园门票收入，公园内饮料亭、摄影亭等商业服务设施的出租收益，垂钓、球场、音乐演出的收入，以及园林苗木出售和代办种植收费等等。其中，公园门票收入最大，占两租界园地部门收入的 80%～90%；园林苗木出售和代办种植收费主要限于法租界。公园实行入园收费以前，租界园地的收入很小，在租界财政收入中几乎可以忽略不计。1928 年租界公园对华人开放并实行入园收费制度后，随着游客数量的迅猛增长，租界园地收入增长显著，开始在租界的财政收入中占有一定比例。但比重很小，抗日战争前两租界的园地收入占市政当局年经常收入的比例均在 0.5%以下（表 4-6，表 4-7）。

由于公园游客量的进一步增大和入园门票的几次涨价，20 世纪 30 年代租界园地收入的增幅较大，相对于园地经常性支出的增长，从公园开放前的几近零收入，增长到占园地支出的三分之一左右。“孤岛时期”两租界园地收入的增长趋势存在很大差异，法租界的增长幅度要明显大于公共租界，1938 年以前的收入前者仅是后者的一半，1938-1939 年前者则高于后者，1940-1941 年两者几乎相同。法租界的园地收入占公董局年度经常总收入的比例也迅速提高，从 0.5%增至 1%左右。“孤岛时期”两租界园地收入上的差异，主要应该归咎于战争给两租界园地所带来的不同影响。

这一时期，两租界园地部门对待园地收入的态度是不同的。相对而言，法租界要比公共租界更加重视部门的经济收益。

为吸引更多游客，公董局于 1934-1936 年对界内唯一的大型公园顾家宅公园展开持续改造，公园游客量和门票收入由此取得显著增长。1936 年的统计结果显示，不计 7 月 14 日法国国庆日免费开放的入园人数，该公园年游客人数达 1 396 078

人，门票收入比上年增加了 3 000 元，达到 18 620 元[1]。之后几年，公园不断增大活动场地和草坪面积，甚至允许游客在公园中采摘水果。至 1940 年，该公园的年游客量突破 300 万人次，门票收入比 1936 年翻了将近 10 番[2]。

表 4-6 工部局 1930-1942 若干年度园地收入及其占总收入的比例　　单位：银两

年份	门票收入	园地收入	园地支出	收入占支出的百分比	局经常总收入	园地所占百分比
1931	68 053.28	75 109.99	226 923	33.10	14 795 038	0.51
1933	64 682.82	73 879.26	274 438	26.92	22 111 660	0.33
1936	95 376.77	115 684.12	308 371	37.51	23 651 711	0.49
1938	68 691.40	76 323.78	259 127	29.45	24 691 687	0.31
1939	128 143.20	142 381.33	——	——	30 492 395	0.47
1940	200 419.70	222 688.55	——	——	46 371 845	0.48
1941	315 824.60	350 916.22	——	——	89 071 695	0.39
1942	353 232.30	392 480.33	——	——	166 237 514	0.24

资料来源：局经常总收入数据采自《上海租界志》343-348，园地数据采自各年《上海公共租界工部局市政公报》

注：因资料不详，1938-1942 年各年园地收入中的其他收入项按占总收入的 10%折算得出。

表 4-7 公董局 1930-1941 年度园地收入及其占总收入的比例　　单位：银两

年份	门票收入	公园其他收入	代办种植等收入	园地总收入	局经常总收入	园地所占百分比
1930	16 070	2 836	4 500	23 406	4 920 906	0.48
1931	17 911	3 161	4 500	25 572	5 622 301	0.45
1932	22 782	4 020	4 449	31 251	6 038 521	0.52
1933	17 489	3 086	15 450	36 025	6 809 595	0.53
1934	14 640	2 583	9 476	26 699	9 673 552	0.28
1935	15 809	2 790	6 593	25 192	9 690 605	0.26
1936	18 620	3 286	9 278	31 184	9 576 229	0.33
1937	22 961	4 052	8 351	35 364	9 873 652	0.36
1938	78 861	13 917	13 703	106 481	11 791 008	0.90
1939	113 366	20 006	11 834	145 206	13 622 171	1.07
1940	178 399	31 482	19 934	229 815	——	——
1941	281 524	49 681	18 690	349 895	——	——

资料来源：局经常总收入数据采自《上海租界志》366-367，园地数据采自各年《上海法租界公董局工作年报》

注：（1）公园其他收入按门票收入占公园总收入的 85%折算得出；

（2）1930 和 1931 年的代办种植等收入为估计值，根据 1921-1932 年该项收费的几个零星数据均在 4 000～4 500 两，而确定为 4 500 两。

---

1 U38-1-2804，上海法租界公董局年报（1936 年）。

2 U38-1-2808，上海法租界公董局年报（1940 年），167-168 页。

改造公园的同时，种植培养处还开展了为私人移植、种植的代办工程。1932年代办工程中的材料供应和工程施工收费为 2 847 元，1934 年以后数年增至年均 8 000 元左右，1941 年的收费接近 2 万元[1,2,3]。这一收益很小，还不到租界公董局年财政总收入的千分之一，但对作为公用事业单位的园林管理部门来说，却是一项额外的收益。

与法租界不同，公共租界园地部门对公园门票收入并不很关注，也未曾开展过其他收费性项目。因此，在这一点上，不论由于何种原因，两租界的园地管理还是存有一定差异的。

3. 管理人员明显增多

随着工作重心向维护和修饰的转移，租界园地的管理工作量日渐增大，园地部门的管理人员也相应增加。1936 年时，公共租界园地部门人员有外国管理人员 8 人、华籍办事员与库房管理员 24 人、公园管理员和花匠与领班 68 人、门警等 68 人，每周临时工 812～972 人[4]。因游人量的骤增，"孤岛时期"租界各公园的员工数量明显增大。通过对 1942 年 3 月 11 日工部局市政公报所载的各公园员工数量进行统计汇总（表 4-8），可以了解当时公共租界各公园管理人员的大体配备情况。较之战前，这一时期的员工总量有大幅增长，大小公园间的人员配备差距悬殊。

表 4-8 1942 年上海公共租界主要公园人员配备表

公园	管理人员	警卫员	工役人员	总人数
外滩公园	14	4	31	49
华人公园			1	1
昆山广场		2	3	5
虹口公园	5	2	21	28
汇山公园		3	11	14
兆丰公园	47	2	124	173
舟山公园		2	2	4
南阳路儿童公园	1		19	20
苏州路儿童公园	2		4	6
胶州公园	15		37	52

资料来源：《上海租界时期园林资料索引（1868-1945）》

与管理人员相比，缓滞期租界园地的临时工用工量增幅更大。20 世纪 30 年代的游园旺季时，极司非尔公园的日临时工曾多达 300 余人[5]。1933 年度公共租界园地部门的工资中，外籍员工仅为 47 363 两白银，华籍员工及临时工工资达到 128 071

1 U38-1-2800，上海法租界公董局年报（1932 年），229 页。
2 U38-1-2802，上海法租界公董局年报（1934 年），278 页。
3 U38-1-2809，上海法租界公董局年报（1941 年），175 页。
4 1936 年 6 月工部局公报，转引自：上海租界时期园林资料索引（1868-1945）. 1985：194.
5 程绪珂 王焘. 上海园林志 [M] . 上海：上海社会科学院出版社，2000：575.

两，占到工资总量的六成以上。这一工资构成与20世纪10年代恰好相反，可见缓滞期公共租界园地的临时工用工量的增幅之大。法租界园地管理人员和临时工用工量的变化情况也基本相同。

4.4.3 华洋同园后租界公园管理规则的修订及变化

发展缓滞期租界园林管理的转变，莫过于华洋同园后在公园管理上的重大变革了。1928年6月1日、8月1日和9月1日两租界公园大多向华人开放后，租界公园遇到许多前所未有的新问题，诸如游客骤增且分布极不均匀、游人素质良莠不齐、游憩设施不敷使用、园景损坏严重等。不断扩增游憩设施的同时，租界当局在公园管理方面作出两项重大改变：对公园管理规则进行不断修订；多次调整公园门票类型与票价。从效果来看，管理规则的修订在规范游人行为、维护公园设施方面的作用明显，而门票制度的修改和几次提价，并未能达到租界当局籍以缓解公园压力和矛盾的预想效果。

1.管理规则的不断修订

与上一时期相比，1928年以后租界公园管理规则的变化具有修订频繁、内容细化、强制性条文增多、违章处罚加重等特征，这从顾家宅公园管理规则的变化中可窥见一二。

参照公共租界的公园管理规则，1920年3月25日公董局首次制定《顾家宅公园管理规则》，实行发券入园。条文数量和内容与公共租界早期的公园规则相近，不同之处主要在于对公园范围内华龙路的车行限速，初为每小时10公里以下，同年4月20日的规则修订后改为8公里每小时以下。以后，顾家宅公园的规章分别于1924年4月10日、1926年5月17日和1927年1月15日作过几次修订，其中，1926年的规章中始有对公园开放时间的限定，规定的闭园时间较晚，都在午夜以后[1]。整体上，1928年以前顾家宅公园管理规则的内容较简单，几次修订后的变化不大。

不同于之前的历次修订，1928年6月26日颁布的顾家宅公园规章，修改幅度很大。该规章经公董局董事会讨论形成决议后，由法国驻沪总领事签署对外公布，成为之后法租界公园规章的基本模式。以后，分别于1929年6月26日、1934年12月17日和1936年3月25日进行过三次局部修改。其中，1934年修订的规章增加了临时入园券的出售规定，并将晚间闭园时间提前；1936年修订后的规章增加

1 U-38-1-2325，上海法租界公董局市政公报（1920年3月25日，1920年4月20日，1924年4月10日，1926年5月17日，1927年1月15日）。

"本章程可由公董局董事会随时修改之"的条文内容[1]。由于恰逢贝当公园建成开放，1936 年修订的规则也被应用于该新建公园，由此成为了法租界内的"公园管理通则"。

从 1936 年《法租界公园章程》与 1924 年《顾家宅公园规章》的条文内容比较中可见（表 4-9），与 1924 年的规章相比，1936 年章程中新增和修改的条文明显增多，包括入园条件、游园时间、行为控制、违规处罚和管理权限申明等多个方面，内容齐全，职责明确。

表 4-9 1936 年与 1924 年上海法租界公园管理规章对照表

序号	1924 年顾家宅公园规则	1936 年法租界公园章程	备注
1	以下情况禁止入园：未着西服的华人，照看外国孩子的阿妈和佣仆除外；醉酒者或穿着不体面者；穿和服者；尽管戴有口套和牵引的狗；所有交通工具	凡持有常年入园券者概准其进入公园，此券可向法公董局捐务处或华龙路顾家宅公园门口购之；凡持有临时券以供游览一次者，亦准其进入顾家宅公园及贝当公园，此券可向华龙路顾家宅公园门口及贝当路贝当公园门口购之，每券计值大洋一角	新增
2	禁止在两个大草坪和湖周围以外的草地上运动和行走	此项常年券及临时券限为个人执用，不准售借，并应于入园时呈请担任监察进口之公董局人员核阅之	新增
3	严禁捣鸟巢、采摘花朵或其他损害植被的行为	凡小孩在 12 岁以下者可准免购票券，但应由成人伴之入园	新增
4	游客和照看孩子的大人有责任阻止儿童的恶作剧行为	公众仅可于指定之进口处入园，验券应由特定人员执行之	新增
5	警察奉命执行以上规章	公园开放时间系为：自 4 月 1 日至 10 月 31 日，晨 5 时至晚 11 时半；自 11 月 1 日至 3 月 31 日，晨 6 时至晚 7 时。但在必要时公董局保留有中止开放之权	新增
6		凡小贩、乞丐、衣服不洁者、患有传染病者概不准入园，狗即装有口套及有人牵带者亦不准入园，一切车辆，除小孩车、残废人车及携在手中之小孩脚踏车外，亦概不准入园；但穿有制服之巡捕得坐脚踏车入园，执行公务	相近
7		凡小孩游戏及公众散步仅可在未围绕之大草地上为之	相近
8		一切足以妨碍他人享用公园之行为概予严禁	相近
9		严禁在花坛上、树丛内行走，并严禁采花、损草、攀树、探巢、损坏公用之荫舍与椅凳、钓鱼、行猎等；除得有公董局特准外，亦不得组织湾棍球、网球、足球、篮球，以及类似之游戏	部分相同
10		凡一切纸屑与任何废物概应置之于园内特设之垃圾桶中	新增
11		无论任何性质之演说或示威概予严禁	新增
12		凡入园之人有所受伤、损失者，公董局无论如何概不负责	新增
13		凡有违反本章程者，应处以 5 角以上、50 元以下之罚金	新增
14		公园守卫人以及巡捕等均有资格检证关于本章程之违章事件。本章程可由公董局董事会随时修改之	新增

资料来源：1924 年 4 月 10 日和 1936 年 3 月 25 日的《上海法租界公董局市政公报》

1 U-38-1-2325，上海法租界公董局市政公报（1928 年 6 月 26 日，1929 年 6 月 26 日，1934 年 12 月 17 日，1936 年 3 月 25 日）。

2.入园门票制度的施行与票价调整

租界公园的入园收费始于极司非尔动物园，1922 年工部局批准发行了该园的半年游园券，每张售价 3 元[1]。当时，由于它是上海近代的首个动物园，园内游人群集，以至于售票收入基本能维持该园的日常开支。

租界公园真正的门票制度始于公园对华人开放。1928 年 6 月 1 日公共租界内同时对华人开放的公园有极司非尔公园及其动物园、虹口公园、外滩公园、昆山路广场、外滩及其他滩地、白利南路园地，其他园地以后几年也陆续开放。开放当年各公园的游人数猛增，仅 6 月龙舟节 1 天外滩公园的入园人数多达 16 436 人次，6-12 月的游人总量逾 67 万人次，平均日游人量近 3 200 人次，相当于开放前夏季高峰的日游人量。为此，公共租界随即修订了包括公园门票在内的各公园管理规则，将入园票分为两种：一种是季票，票价 1 元，各公园通用；另一种是门票，票价 10 枚铜元，限于单个公园一次使用。同时也相应调整提高了各公园露天音乐会的座位票票价，并采取部分免票的措施。如对 12 岁以下的儿童实行免票入园（儿童的标准以后改为身高 52 英寸，后又提高到 55 英寸），对学生团体也有免票入园的相关规定。

一年后，工部局发布通告，将虹口公园、极司非尔公园、动物园和外滩公园的门票价增至二角一张，季票票价不变。票价调整后，各公园凭门票入园的游人数锐减，而凭季票入园的游人数激增。以极司非尔公园为例，1928 年 6～12 月，凭门票和季票入园的游人数分别为 107 764 人次和 104 974 人次，季票略少于门票；1930 年的年游人量分别为 89 028 人次和 265 978 人次，凭门票入园的人数比例从约 50% 降至 25%，而凭季票入园人数比例则升至 75%。由此可见，1930 年前后租界公园入园票类型及其价格的调整，如同一只“看不见的手”，对控制游人总量和调节游人分布具有很大作用。

有鉴于此，租界当局多次有区别地调整提高了各园的入园票价。1937-1941 年间的租界“孤岛”时期，因公共租界北区和东区的公园已无法使用，极司非尔公园、外滩公园和顾家宅公园内一时人满为患。为了控制游客数量与分布，公共租界以极司非尔公园为重点，分别于 1938 年和 1939 年连续两次提高季票票价，法租界也于 1941 年初，以顾家宅公园为主体，提高各公园的入园票价。1938 年 5 月 12 日的公共租界工部局董事会会议，对 1938 的公园调价问题进行了长时间讨论，参会人员各抒己见，各种观点层出不穷：

工务委员会主席马素先生（董事）谈及工务委员会的建议：“公园季票每张 2 元，所有公园均可通用；每张 1 元者除极司非尔公园外，其他公园均通用。” 奚玉

[1] U1-1-935，上海公共租界工部局年报（1922 年），81B.

书先生（华董）对此建议表示反对，并认为由于战争目前虹口和杨树浦的公园已经削减，若再以增加门票费给以限制必然引起公众舆论的批评，为此他提出一项折衷方案：一种为1元，只用于极司非尔公园；另一种也是1元，用于所有其他公园但不包括极司非尔公园。财务处长认为目前的月季票价格太低与单张门票价格不成比例，与买临时票的人相比季票持有者占的便宜太多。麦克诺登将军（副总董）对目前的1元月季票能否阻止不受欢迎的人入园表示怀疑。工务处代理处长认为此目的并未达到。财务处长提出，为达此目的也许最好是取消季票，而保留经常的单独门票。但总董认为，这样做将会特别对儿童及其他每日游园者负担太重。作为另一项提案，麦克诺登将军提出，保留0.20元的临时门票，并为能进入所有公园采取统一的2元季票价。奚玉书先生再次提及，收取门票的目的不是阻止而是鼓励入园游览。冈本乙一先生（董事）认为将季票价从1元增到2元也不会引起大的困难。但总董答道，假如公众负担2元钱如同负担1元钱并无大的难处，收取较高的2元门票将仍然无法起到减少不受欢迎的游客数量的作用，并认为公众已经对活动范围受到限制感到恼火。江一平先生（华董）提出另一项3种不同季票价的建议：2元票可进入所有公园，1元的只可进极司非尔公园，另一种1元的可进除极司非尔公园外其他所有公园。

经投票，最后会议决议采取江一平先生的建议，自1938年6月1日新季票期开始时生效。[1]

从公园不应收费、维持现有票价到各种不同的票价调整方案，会议先后提出七种意见。尽管最后的表决结果与最初的提价提议并没有什么本质区别，但从中不难发现，因地位和角色的不同，各董事会成员的态度也截然不同。总董、副总董和一名华董对提价持反对或只作小幅度提价的意见，而工务委员会主席、财务处长、工务处代理处长和日籍董事等多数人则坚持要按原提议进行提价。一年后的1939年5月17日，工部局董事会会议决议再次提价，将各公园通用的季票票价增至3元，保持不包括极司非尔公园在内的其他各公园通用季票的票价不变，仍为1元，无形中又一次提高了极司非尔公园的门票票价。以后的情形表明，以上两次季票提价并没有真正起到“控制极司非尔公园游人量”的作用。由此，有董事则认为“这一事实证明，一个有特色的公园，其游客数量并不仅仅取决于该公园门票价格的高低。”

从抗战后租界当局多次调价的结果来看，在战火纷飞的年代，票价不可能成为影响单个公园游人量的唯一因素，甚至不是主要因素。公园所处的位置和所属租界的政治形势，才是影响其游客数量的真正原因，这从极司非尔公园与顾家宅公园1939年以后游人量升降各别的趋势中可清晰洞见（图4-14）。与单个公园游人量的

---

[1] 上海市档案馆．工部局董事会会议录（第27册）［M］．上海：上海古籍出版社，2001：568.

有增有减不同，即便有当局的数次提价，“孤岛时期”两租界公园的总游人量不降反升，并高居不下。这一现象进一步表明，对当时上海巨大的总人口来说，区区几个租界公园实在是杯水车薪。

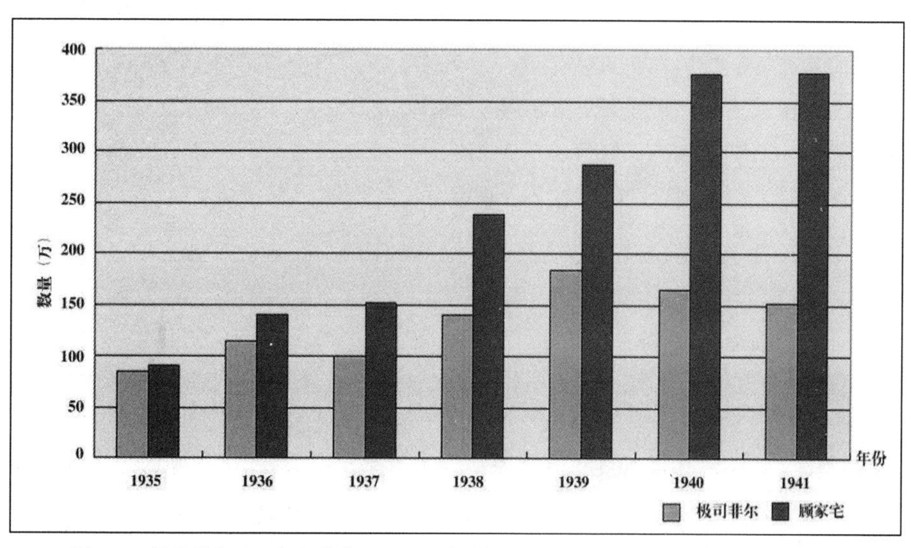

图 4-14 极司非尔公园与顾家宅公园（均含动物园）1935 年以后各年的游客量增长图

资料来源：根据各年份《上海公共租界工部局年报》和《上海法租界公董局工作年报》的相关数据制作

公园管理章程以外，租界当局所制定的其他园林法规、制度，无论是其广度还是深度，都是很有限的。在园林绿化方面，仅法租界公董局作出过一些规定，主要有：于 19 世纪 80 年代制订的砍伐、迁移公共树木须经批准并作赔偿的规定，后来又规定公共树木只能申请迁移，不得砍伐；于 1922 年修订的赔偿标准，规定迁移胸径 7.5 厘米以下的公共树木，每株按不同规格分别赔偿白银 3～15 两[1]；于 1932 年 7 月制定的路旁植树及移植树木章程。这些规章仅限于行道树管理，几乎未涉及园林绿化管理的其他方面。

总之，上海租界的园林管理制度算不上完备，应该殆无疑义。但是，它作为上海近代园林管理的开启者，仍有其首创性和一定的借鉴意义。类“公园法”《上海洋泾浜北首租界章程（第六款）》的出台，几乎是与英美等近代公园肇始地相同步的。由华洋隔离而华洋同园的公园规章制订与修改完善，也留下了租界公园管理有章可循的进步轨迹。在日常管护经费并不充足的条件下，租界园地部门仍能让多数园地拥有较好景致，引来中外游人趋之若鹜。这些进步，对当时华界以及上海整合后的园林管理，都起到过一定的借鉴作用，有些内容对今天也不乏指导意义。

1 程绪珂，王焘. 上海园林志［M］. 上海：上海社会科学院出版社，2000：581.

4.5 华界市政园林的短暂初兴

1927年民国上海特别市政府建立，长期割裂的华界第一次走向整合，在超越租界的民族意识和业已初步形成的近代园林意识的作用下，由民国上海市政府主导的市政园林建设、规划与管理初步兴起。不幸的是，不久日寇侵略上海沦陷，园林建设旋即停止，短暂发展的成果横遭炮火肆虐，园林发展陷入低潮。

4.5.1 公园观念的转变：对两个“公园理想模式”的比照分析

以下两段关于“学校园”的设想具有一定典型性，其园林观念分别代表了民国初期和20世纪20年代末华人对近代园林的认识水平。从内容上看，这两种园林观念既有一定的前后延续性，又有各自鲜明的特征。

宣统三年（1911年）6月14日的《教育杂志》上登载有《理想的学校园》一文，文字描写相当细致，充分展露了作者心中的公园理想：

上海有某绅者，筹百万金，画千亩地，建一宏敞之公园为士之游览之所，园场十里，广厦万间。一想象之，不觉心旷神怡，而向往非已焉。

园分若干部，其东为动物园，珍禽异兽，罔不搜罗。又东为植物园，春华秋实，万紫千红，一若与少年争丽者。东之北小山一座，松竹交翠，怪石森然，登颠而望，院宇如鳞，山麓有清水一泓，小艇数十艘，而待池心飘然五六叶争向前来，是名曰：赛船。所园东南为舞剧场，穹窿之宇高九仞……其西南为图书馆，分男女大中小学，及教育、法政、实业、军警等门，而图书报章诗歌小说及东西文，则另室以存之，室计百数十间，间七幢。馆之北为演说台，又北为辩论室，而间以各学校成绩品之陈列所，更北行为音乐室。古今中外器毕具焉。又北为书画所，一入其间，声如春蚕之食叶，王右军、吴道之之遗风有未泯者。又北为博物、标本室、为理化实验室、为工艺模型室、为运动器械室。室之东为游戏场，场径约里许，平台木马拱杆千秋，即百双。又东为足球场，适位于园之中央，附设台球、木球、网球，百余处；其西北则为跑马场，形椭圆周行约二里，与游戏角球场适成品字，园之北设男女休息处各一。柳荫为盖，碧草成茵，介乎跑马场与小山间，而品茗处、购物所附焉[1]。

1928年，上海特别市政府下文要求市属相关部门，在南市和北市分别以文庙（原孔庙）和宋园（原宋教仁墓）为基地，筹建公园及图书馆。市教育局随即提交了“市立第一公共学校园迁移文庙设施意见书”[2]，就公园的功能、设施与园景向

1 李希文．理想的学校公园(第三年第六期)．29-31．转引自：李德英．公园里的社会冲突——以近代成都城市公园为例[J]．史林，2003（1）：2．

2 上海档案馆档案，卷宗号Q215-1-8121，SC0043—0048，《市立第一公共学校迁移文庙设施意见书》。

市政府提出较为详尽的设想：

文庙全部地面，除保存殿阁，建筑音乐厅、图书馆、博物馆、演讲厅等以外，其余空地当布置园景、栽种各种花木、饲养一切动物，以供一般民众及学生游览研究之用。关于园中应用花木的苗圃及学生园艺实习区可于附近另觅空地重设之，使文庙成一花坛、草地、座椅、假山、茅亭、回廊、荷池、喷水池、标准钟楼、温室、动物园等，各应自然的形势适宜支配，以期无伤雅趣。计划园景应行注意者约有下列数点：

温室：温室须建观赏室、高温室、普通温室、低温室四座，以便实际的应用。观赏室系专把培养室中已经开花的盆花移植本室，供大众观赏，建造式样务求美观，位置以园的中部为宜；高温室的构造须于严冬能保持60°F以上的温度，系专供培养热带植物之用；普通温室的构造于严冬时能保持45°F以上温度已足，系培养普通各种盆花之用，面积宜稍大，位置以园的北面边部为最适，如与观赏室相连亦可；低温室的构造仅取日光的温度，充冬季保护耐冬性及半耐冬性植物之用。

动物园：建造动物舍应分类设计，如食肉兽、食草兽、猛禽类、游禽类、涉禽类以及猿、猴、孔雀、鸵鸟等各种饲舍，均当特别装置，即分布地位亦宜适当。标准钟：沪南向无标准钟，故市民对于标准时间无从校对，应于园中建一高大钟楼，以利公用。喷水池：式样须艺术化以造在园的中央部，池中能养金鱼而池底能放水者为宜。回廊：于相当园路上筑以迂曲回廊，以便栽植葡萄紫藤、蔷薇等蔓性植物。草地：面积宜广，四周设置座椅。假山：荷池旁堆置假山最为适宜。荷池：荷池上应造曲折之桥。花坛：园的四周应栽高大路荫树及常绿灌木，中部的花坛分栽各种花木，以每种成区较易注目而美观。园路：园路宜迂曲且不可过少，否则交通不便，并易致踏走草地及损坏花木等事。

事实上，最终于1932年改建的文庙，没有完全按教育局的建议进行建设，成为了被俗称为“文庙公园”的民众教育馆，并非真正的公园。因此，在很大程度上，该建议仅是一种理想化的公园模式。

以上20世纪10年代初和20年代末的两种公园设想，在公园的功能方面均比较强调教育功能，在造园风格方面也都有兼容中西的初衷，呈现出一定的历史延续性。但两者之间仍有本质上的差别，后者较前者实现了几大转变。

第一，由商人而政府的建设主体的转变。前者是社会精英个体或团体行为的结果，在延续清末营业性私园功能的同时，又兼具现代公园的基本性质和功能。国内其他城市也多出现过类似的公园，它们一般被视作为是由私人营建的“公园”，是中国现代公园初期的一种过渡形式。通常，由于个人财力与管理能力有限，这类由私人营建的公园存在时间都不长。后者从决策、资金筹措到建设与管理控制，均由新成立的民国政府主导，是政府行为的结果，也是世界现代公园的主流形式，很大程度上反映和满足了社会大众的意愿。

第二，由“狂想式”感性思维向注重实用与科学的理性思维的转变。前者是一部分精英分子的社会抱负，带有超越一切殖民者公园的强烈希冀和民族主义感情色彩，形式重于功能。虽不像内地一些营业性私园，未能冲破“男女不同园”的封建禁锢，该园却仍有“男女不同处”的安排，园内设施尤其是娱乐设施，更多地是为男性而设置，具有男权主义特征，残留着“男尊女卑”的封建意识。后者，在空间划分与设施安排方面，尤其是温室的分类安排，实用性、科学性、艺术性兼具，更为理性。

第三，由“包罗万象”向以游憩和教育为主体的功能转变。前者几乎包罗了作者眼界与思维所能及的全部功能，布局上，以各类体育运动场居中、纷繁的娱乐与教育设施沿周边环绕，酷似一个“什锦拼盘”。因此，它本质上仍是一个营业性私园式的娱乐花园，只是功能和景物更为多元、杂烩。后者则在有限的条件下，突出游憩与教育兼容的功能设置。

最后，由并置向“嫁接”式造园手法和风格的转变。不难想象，前者将是多种造园手法并用、各种景物杂陈并置，集古今中外园林景观于一体的“集萃式大观园”。后者的功能分区和设施布局比较合理，实用性强，已能因地制宜地进行空间布局设计，有意识地控制各种设施的尺度和样式，营造多种植物景观，以协调不同风格的中西园林景观。

4.5.2 市政公园的零星建设

1. 公共学校园

1）上海公共学校园（1928-1933）

园址在上海县劝学所（上海县教育局）东北，南临尚文路，西近学前街，占地3.57亩。

上海公共学校园的前身是上海县立学校园。1922年10月，上海县劝学所召开的各学校校长会议研究决定，为配合中小学自然常识教育，使学生获得动、植物的直观知识，由有关部门及各学校共同筹建公共学校园。建园工作于当年冬季开工，至次年5月部分建成开放，定名上海县立公共学校园[1]。县立学校园时期，园内布置十分简单，设施较杂乱。园内用地主要分为两部分，一部分由县劝学所管理，其余部分出租给花农种植花木，另外还存有一些零星坟地和荒地（图4-15）。

上海建市后，由上海县劝学所（上海县教育局）、上海市学务办公室、上海市经董办事处暨上海各学校，联合在此筹设全市性的学校园，并在1928年5月20日

1 程绪珂，王焘．上海园林志［M］．上海：上海社会科学院出版社，2000：370．

的联席会议上，拟定上海公共学校园简章与参观细则，揭开了上海市政府辟建与管理公共园地的序幕。

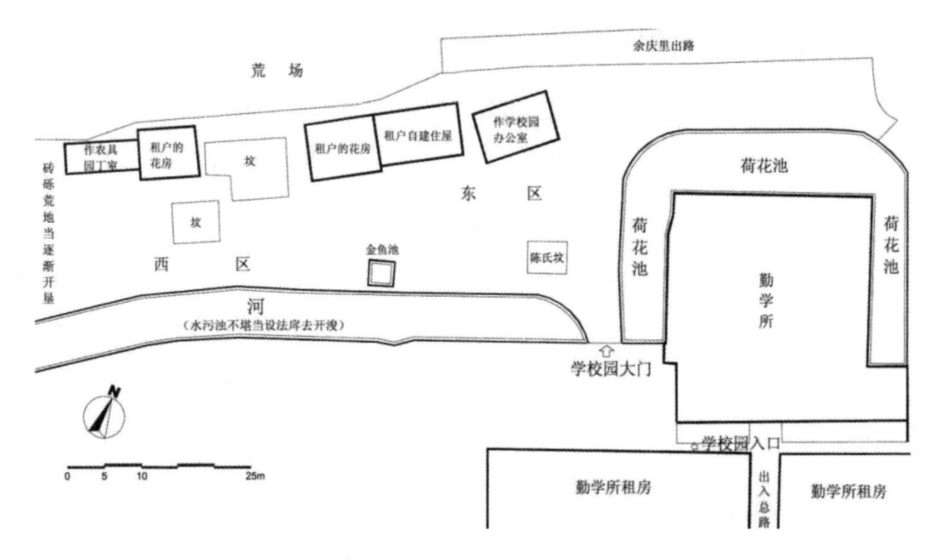

图 4-15 上海县立公共学校园的平面示意图

资料来源：根据卷宗号 Q235-1-1731， 0010 载图绘制

市立学校园由当时的上海县立乙种农业学校提出初步规划和设想[1]。关于学校园拟布设的内容，规划提出："学校园为供给理科知识之府库，故动植矿三者收罗不可不广，需用地面积以大为上。现劝学所有地约只 2 亩以上，筹设学校园自觉狭小，拟专注于植物方面而略及动物、矿物，则植物上之知识足敷小学之所需，将来如有适地再事动物、矿物设备之扩充。"有关园内区划，规划提出：

地系东西长方形，周围宜筑小路，旁植低矮之藩篱植物（如冬青、木槿等），并每隔二三丈植以观赏植物（如碧桃、梅、桂、杨柳、枫等）一株。中分三区，中区最大。东区植低矮植物，如禾本科、豆科、葫芦科、十字花科等之食用植物，草绵、麻、蜀、黍、蓝、大青、烟草等之工艺植物，牛蒡、艾薄荷、紫苏、车前草等之药用植物及有毒植物下等植物等；西区植高大植物，如食用之果树、工艺用之竹、桑、槐、乌桕等，每种各占一小方，标以品名科属、用途、种期，松杉等森林植物种于路北（北部不整齐处），水生植物可植于东边池中；中区专植花卉等观赏植物，中央建一茅亭，八角形或六角形，备来参观者之休憩，中供花卉及鸣禽等，亭前设鸽塔、金鱼缸，周设花坛栽植各种花卉，亭后二三丈处建一小花房，备贮冬季或早春之花卉，旁设鸡埘兔棚。各种植物向各校征集之缺者再行购买。

1 上海档案馆档案，卷宗号 Q215-1-8121，SC0043－0048，《市立第一公共学校迁移文庙设施意见书》。

由此可见，公共学校园应具有以下主要特点：

（1）以农作物和其他实用植物的展示为主，具有农业园性质和特征。园内农作物按科属分类种植，供小学生实习观摩，也就是所谓的“俾陶冶情性并知农业之重要”。

（2）受面积所限，动物展示居于次要地位，仅展出家禽和少量常见动物。沿路、沿边散植观赏植物，并标以学名，但植物种类、数量有限。

（3）将茅亭、花坛、温室花房等租界公园中的常备设施引入园内，成为最重要的功能与景观设施。

（4）辟园厉行节俭，造园材料以征集、捐助为主，管理人员少，但责任明确。

公共学校园的存在时间不长，始建市立动物园和植物园后，该园遂于1933年8月1日关闭，园址改作他用。

2）上海市立动物园（1933-1937）

原址位于文庙路、学前街交汇处以西。园门与文庙南北隔路相望，公园北临文庙路，东临学前街，西、南两面为民宅，面积10.9亩。

园景与活动：动物园原址是原名“芹圃”的废圮苗圃。1931年8月上海特别市教育局在此筹建动物园，并“拟具设计布置平面图及预算书等呈准市政府”，市政府核准后拨给建设费1.3万元、购置费0.7万元。设计图样转送市工务局审查时，工务局以基地被军事委员会第二十八短波无线电台占用为由，未及时批复[1]。一年后，该台迁出，工程由工务局招标承造。工程分三期进行，1933年5月竣工，经市政府验收后交市教育局接管，8月1日正式开园，取名上海市立动物园，面积9.4亩。该园呈长方形，东西长140米，南北宽33～50米不等（图4-16）。园内分为西、中、东三区，主入口位于东区以北，面向文庙路开设，并分别于园东南和中区南、北开设三个辅助小门。东区北部为鸟类展区，南部有少量狼、猴等动物笼舍，该区沿北、东、南三侧园界辟有与园外道路相隔的花木草地带，种植大树。中区为办公和水禽展区，以近方形的水池为主体，池北以一座钢筋混凝土紫藤花架与园外文庙路相隔，池中偏南置大岛，岛北临水处有东西向主园路横穿，路南为办公室，办公室向南有小桥跨溪，与园南侧主园路相连。中区布局很别扭，建筑与岛、岛与水体的比例失调。西区为大型动物展区，北面是猛兽笼舍的四间排屋，南面为空旷的假山（土山）草地，假山上建有一座茅亭，亭向西接曲尺形竹回廊，再西是食草类动物展区。

1935年，动物园购得园西南卫、王两姓坟地，辟作象舍；之后又购得南侧“近泮坊”二层楼房，用作动物标本展览室、饲料室、职工宿舍和储藏室等，公园面积

1 上海档案馆档案，卷宗号Q215-1-8121，SC0043－0048，《市立第一公共学校迁移文庙设施意见书》。

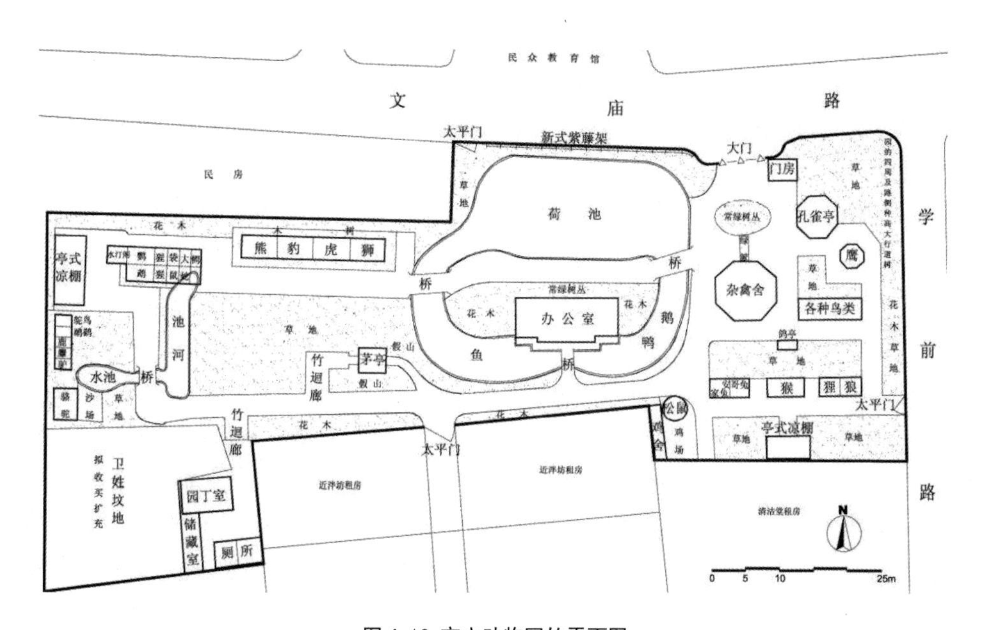

图 4-16 市立动物园的平面图

资料来源： 根据卷宗号 Q235-1-2314 载图绘制

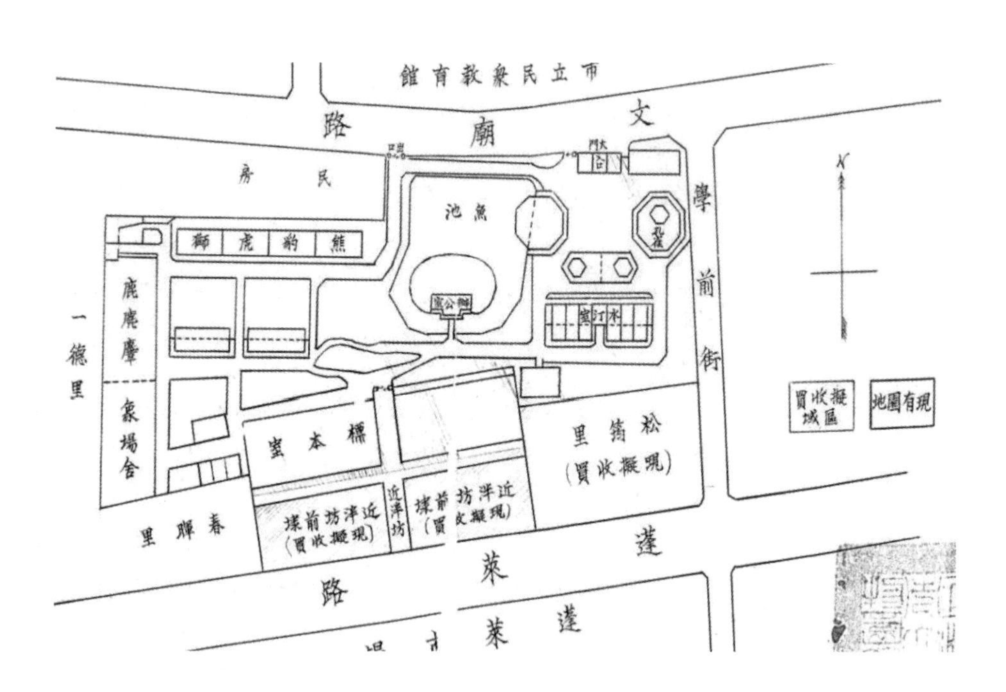

图 4-17 市立动物园扩充园地简图

资料来源：卷宗号 Q235-1-2314，00012

扩至 10.9 亩[1]。以后，陆续进行了园景改造：扩大东区主入口场地，形成东西对称式布局格局，扩建南侧动物笼舍，安装热水汀；改善中区空间布局，将办公室所在岛屿改筑成椭圆形，取消横亘水池中央的园路改作绕池布设；在西区原有草地假山区增建一排 12 间的小型动物笼舍（图 4-17）。

动物园开园后多次举办大型的展览会，于 1933 年 12 月举办过上海市第一届芙蓉鸟竞赛展览会；于 1934 年 11 月举办过第二届上海市芙蓉鸟竞赛展览会和金鱼展览会；1935 年 4 月和 1936 年 2 月，分别举办了上海市的第一届信鸽比赛会和第一届国产信鸽展览会。截至 1937 年 8 月止，该园展出的动物共 5 个大类 109 种，主要动物有：狮、虎、豹、狼、虎、狐、狸、鹿、獐、麂、袋鼠、灵猫、獾、野猪、豪猪、猕猴、蟒蛇、鳄鱼、海豹、骆驼、孔雀、天鹅、蝙蝠、鹭、食火鸟、吐绶鸡、斑鸠、鸺、鸳鸯、姣凤、画眉、鹩鹏、金鱼等。另外，还展出动物标本 82 件[2]。

困境与设想：该园是上海特别市政府成立以来的第一个动物园，与极司非尔动物园相比，具有面积大、展出动物多、入园门票价格低廉等优势，吸引了大量上海市民。1933 年 8 月开园至年底的 5 个月，公园游人量逾 110 万人次，与极司非尔公园及其动物园全年的游人量相当。以后虽有所下降，每年的年游人量也均在 100 万人次左右，相当于租界内一个大型公园一年的游人量。每日数千动辄逾万的游客，将占地仅 10 亩余的动物园置于十分尴尬的局面[3]，以至动物园主任沈祥瑞在给市教育局局长的报告中无奈地说："除紧缩之棚舍设备以及栽植必要之树木外，所有园路正如羊肠鸟道，每日在业余时间，使千万观众群集于此狭窄无比之园路上，在参观之人固感拥挤不堪之苦，在管理方面，亦有应付乏术之难，而对所陈动物更因棚舍狭小、空间溷浊，备受种种生活不良影响，以至夭折死亡，无法防免。[4]"

在动物园 1936 年度的 10 项设施计划中，首项即是扩充园地，提出购买园南松筠里、近泮坊前埭，以使该园园址趋于完整，形成北与民众教育馆隔路相对、南临蓬莱市场的整齐园界。经估价，两处公地及房屋共需国币 6 万多元，动物园扩充终因经费过高而未遂[5]。

由于园内设施简陋，管理人员尚缺乏经验，动物园内发生过多起事故，曾有金钱豹钻出铁笼、印度象夜间逃出舍外触电身亡等事例。为此，教育局特派动物园主任沈祥瑞前往日本上野动物园实习。半年的学习使沈祥瑞大开眼界，回沪后，面对公园日益恶化的动物饲养环境和游园条件，又扩充无望，即向市政当局提出在新建的市政府大楼前择地辟建大型动物园的建议（图 4-18）："现在各国公立动物园其

1 上海档案馆档案，卷宗号 Q215-1-8253，SC0032，《上海特别市教育局公函》上字第 1154 号。
2 上海档案馆档案，卷宗号 Q215-1-8253，SC0032，《上海特别市教育局公函》上字第 1154 号。
3 上海档案馆档案，卷宗号 Q235-1-2314，00010—00014，《上海市市立动物园呈请函》，收文教字第 76954 号。
4 程绪珂，王焘. 上海园林志［M］. 上海：上海社会科学院出版社，2000：373-374.
5 上海档案馆档案，卷宗号 Q235-1-2314，00011，《上海市市立动物园呈请函》，收文教字第 76954 号。

面积多数在百亩以上，并皆不惜巨资尽量建筑自然环境，以适应动物之生活。良以动物园非特为社教富有兴趣之观览机关，抑且系科学界艺术家试验研究之场所，故皆勇往迈进，竭意设施，核其所用经费恒在博物馆图书馆之上。[1]”然而，战火不断、百业待举的政治经济环境下，这种规模逾百亩的动物园设想只能是一种奢望。建议虽未获批准，但建议中对公立动物园的认识却不乏真知灼见，阐明了近代世界动物园的真谛，并一语道破天机地道出上海市立动物园乃至所有公共园地设置目的上的偏差。

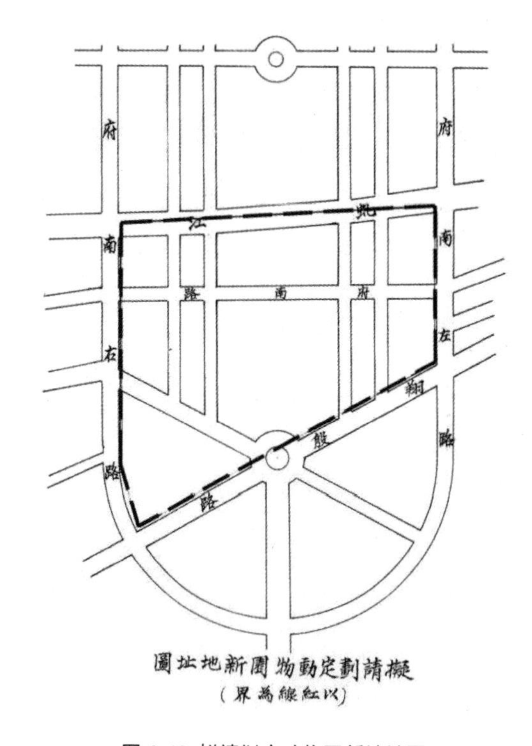

图 4-18 拟请划定动物园新地址图

资料来源：卷宗号 Q235-1-2314，0004

抗日战争开始后，动物园被迫关闭，管理人员为避免动物死亡，甚至担心受敌机轰炸后动物出逃而殃及民众，经与法租界公董局联系于 1937 年 10 月将所有动物赠送给顾家宅公园动物园，次年法租界动物园也因此对外开放，并收取高价门票，赢利颇丰。上海近代史上，由地方政府辟设的首个也是唯一的一个动物专类园，从此结束了自己辉煌而曲折短暂的生命历程。

3）上海市立植物园（1934-1937）

原址位于龙华路（今龙华东路）、新桥路（今蒙自路）路口西北，占地约 8 亩。

选址与规划：20 世纪 30 年代初，民国上海市教育局在筹建市立动物园的同时，也设法择地辟建学生植物园。相对于市立动物园，市立植物园的选址和建设过程颇为曲折。最初的植物园曾选址在南车站路、瞿溪路北侧，今蓬莱公园内的一块土地上，1932 年初着手建设，不久因计划变更而停止。同年 7 月市立动物园开工建设之际，市工务局向市府提议：“转移第一公共学校园内动物后，公共学校园则专种与生物研究有关之各种植物，以供全市学生及市民之研究与观摩，并拟自民国二十一年度起将学校园之名称取消，改称市立植物园，与动物园并列为将来市立博物馆

1 上海档案馆档案，卷宗号 Q235-1-2314，0003.

之一部。[1]”因学校园园址需改作他用，建议未获批准。至 1932 年底，市政府最终批准利用格致书院藏书楼旧址辟建市立植物园。该藏书楼为一院落式建筑群，庭园内也曾莳花种草，花木茂盛，后因建筑与庭园的大半毁于火灾而废弃，园内仅存第一进平房和第二进楼房五间尚可修缮利用。

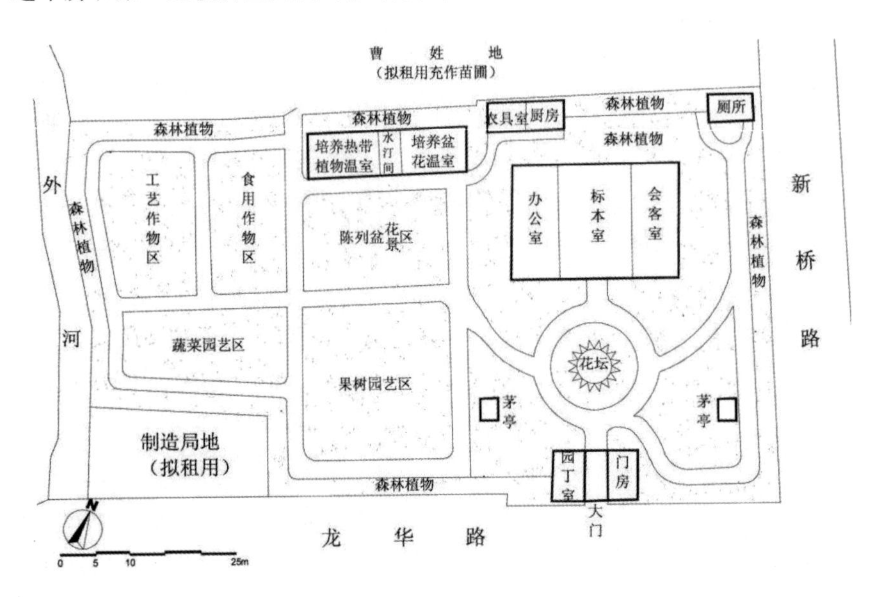

图 4-19 市立植物园的规划平面图（市教育局）

资料来源：根据卷宗号 Q235-1-2319，0033 载图绘制

获得新址后，市教育局随即编制了植物园规划和工程概算（图 4-19）。规划以植物展示为主体，将植物园分为六个植物专类区和一个植物标本室，附设苗圃一处。规划植物计 200 余种，尤以森林植物区和花卉园艺区的植物种类为丰富。

森林植物区有乔木 54 种，分别为白皮松、马尾松、杜松、落叶松、金钱松、柳杉、广叶杉、紫杉、桧、侧柏、璎珞柏、榧、银杏、棕榈、蒲葵、棕竹、槟榔、椰子树、各种竹、栎、软皮栎、槲、栗、槠、柞、垂柳、水杨、白杨、胡桃、化香树、枫杨、榆、榉、构、桑、樟、楠、槐、刺槐、檀、槭、三角枫、皂荚、黄杨、合欢、漆树、盐肤木、油桐、乌桕、楝、七叶树、梧桐、梓、楸。

花卉园艺区有开花植物约 50 种，有球根花卉：洎芙兰、风信子、郁金香、秋牡丹、大苍兰、小苍兰、百子莲、水仙、海棠、大丽菊等；温室花卉：雪克来孟、樱草、西诺利亚、野芋、倒挂金钟、康乃馨、食虫植物等；一二年生花卉：三色堇、紫罗兰、矢车菊、罂粟、虞美人、含羞草、撒尔维亚、金鱼草、石竹、老少年、半

1 上海档案馆档案，卷宗号 Q235-1-2314，0012－0014.

支莲、雁来红、雁来黄等数十种；藤本花卉：西番莲、牵牛、茑萝、香豌豆等；灌木类木本花卉：牡丹、瑞香、蔷薇、月季、杜鹃等；乔木类木本花卉：玉兰、辛夷、樱花、大山朴、山茶、碧桃等数十种[1]。

植物园的工程预算总计 2.3 万余国币，其中植物温室费用最高，占工程总预算的32%；植物采办费和植物标本购置费占15%；其他配套建设费占50%多（表 4-10）。

表 4-10 上海市立植物园开办费预算书（1933 年 1 月 27 日） 单位：元（国币）

序号	项　目	费 用	主要内容
1	修葺房屋费	3 000	修葺第二进楼房五间，改作标本展示、办公室
2	门房及园丁室建筑费	1 500	门房园丁室及出入口各一间，式样仿动物园
3	农具室及厨房建筑费	600	各一间
4	培养温室建筑费	7 500	两座温室，高大一座培养热带植物，新式一座专供花卉培育，中间建水汀间
5	厕所建筑费	1 000	式样仿民众教育馆的抽水便所
6	园路沟渠建筑费	3 000	柏油、水泥园路与水泥沟渠
7	四周围篱竹笆建筑费	1 000	竹篱
8	茅亭及回廊建筑费	390	两只茅亭、一座回廊
9	采办植物费	2 500	各类代表性植物
10	珐琅植物名牌费	150	约 300 种植物
11	器具购置费	500	凳椅、标本橱架及零星什物、农具等
12	苗圃布置费	600	另租民田 4～5 亩
13	铺设草地费	400	花坛左右及标本室前后铺草约 160 方
14	购置标本费	1 000	各种植物标本 200 种及植物标本图等
15	水电装置费	600	电灯 40 盏及电线、水管等材料、安装
	植物园开办费合计	23 740	

资料来源：卷宗号 Q235-1-2314，第 0032 页

设计与园景分析：市教育局所作的植物园规划，后由市工务局第四科进行深化设计。设计在遵循规划思想的基础上，对植物园的设施布局和景点设置进行了调整补充（图 4-20）。该园园址呈长方形，东西长约 100 米、不含苗圃南北宽约 50 米。两个入口均沿园南龙华路开设，主入口位于园东南。设计将植物园分为十一个区，从东往西依次为入口观赏区、标本展示与管理区、蔬菜园艺区、果木园艺区、盆花盆景区、温室植物区、工艺作物区、食用作物区、水生植物区、森林植物区及后期租用的附属苗圃区。位于园中部南侧的回廊与茅亭组合是园内的主要休憩设施，东接主入口，西近次入口。园内道路宽度基本一致，未进行分级设置。沿园东侧有少量观赏草地和树木，地势平坦无起伏。

1 上海档案馆档案，卷宗号 Q235-1-2314，0003.

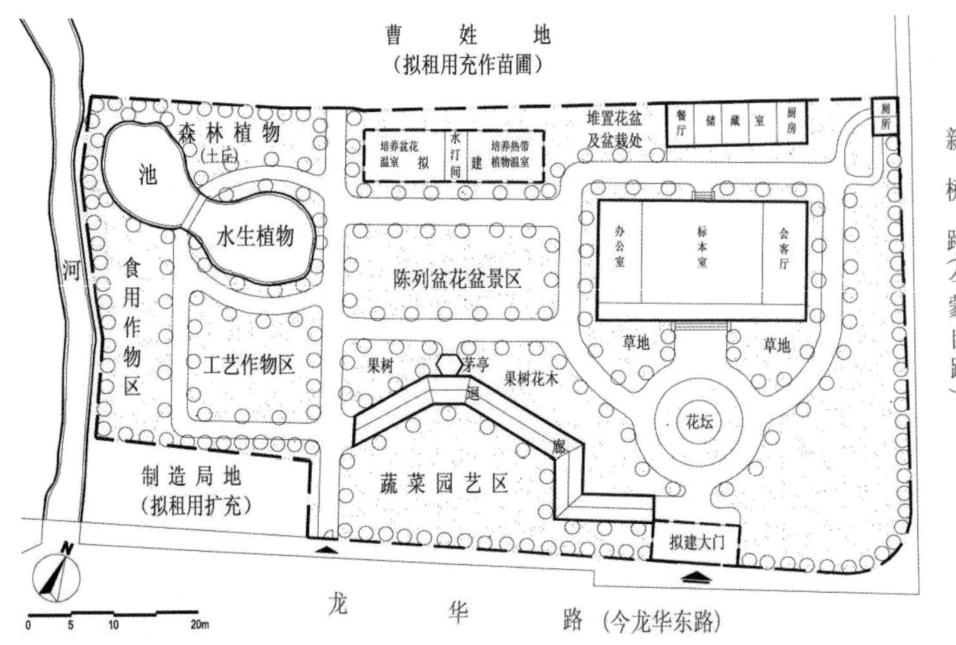

图 4-20 市立植物园的设计平面图（市工务局）

资料来源：根据卷宗号 Q235-1-2319， 0100 载图绘制

建园工程于 1933 年 8 月动工，次年 11 月 1 日植物园免费对外开放。综观全园的规划与设计，该园具有以下特征及不足：

第一，强调实用的分区布局：可能受基地规模的所限，又缺乏专业人员，教育局所作的初步规划采用了源自井田制的“农田式”平面布局。工务部门所进行的深化设计，对规划布局做出少量调整，增设葫芦形水池，将原沿路布置的“L”形回廊改为曲尺形，向南移至园艺区内，整体上留有实用性的农田式布局。

第二，植物分类缺乏科学性：园内植物的分类，以植物的实际功用为依据，缺乏基于生物特性的科学分类，建成后的植物园仅能满足学生对植物实用性的初步认知。

第三，园景欠佳：园内空间缺乏围合与对比，地形缺乏必要的起伏变化，水池上架设的桥梁位置过于居中，且体量过大，整体园景不佳。其原因，或园景不受重视，或主事者不谙此道。据笔者推测，该设计应为土木工程师“越俎代庖”所为。

虽然存在诸多不足，上海市立植物园毕竟是上海地方政府所辟建的第一个免费开放的植物专类园。公园内游客甚多，1935 年入园参观人数计 14.37 万人次。与植物相关的主题活动也很多，在不到 3 年的时间里，植物园联合相关部门多次在此举办展出活动，如 1936 年 4 月植物园与上海市国药公会等四个团体举办的国药展览会，市国药公会、药材市场也在此进行过为期一个月的展出。该园于1937年8月毁于日军炮火，原址后为江南造船厂用地，今卢浦大桥东侧上海世博园内。

2.游憩性公园

1）吴淞海滨公园

“三建三废”的吴淞海滨公园是民国时期吴淞镇的唯一公园。1931年利用外马路（江堤）以外原化成路以北的滩地，首度建园，面积2.7亩，园址呈南北狭长形，长111米，宽约15米。当年8月，吴淞区将修建蕰藻浜大桥的余款900多银元，加上自筹500多元，再请上海市工务局拨款500元，作为建设资金，在此辟建公园。建园工程于12月开工，翌年1月对外开放。吴淞海滨公园拥有开阔的视野，站在沿江堤宽阔的园路上吴淞口景色尽收眼底，园内作图案式布置，设花坛、茅亭，全园植花木1 460多株。公园开放不及一月，就被一・二八战火所毁[1]。

1932年9月，上海特别市工务局重建并扩建吴淞公园，自化成路向南拓至淞兴路，新增 5.045亩土地，其中位于中间的1亩土地为蒋姓居民所有，其余4亩多为公地，扩充后的公园全长近350米。施工过程中，1933年9月上中旬的两次热带风暴迫使工程停工，并毁坏了沿江驳岸和园内景物[2]。不久，国民党上海特别市第八区执行委员会致函市工务局局长：“吴淞海滨公园为阖镇民众唯一休憩之所，惟经风潮两度摧袭后所有设备冲毁无余，地面崎岖不堪涉足，且原址过于狭小，殊感局促，函请工务局兴工修理加以扩充以利民众。”市执行委员会稍后也致函市工务局要求加速修建吴淞公园[3]。

再度修建的吴淞公园于1934年11月对外开放。不含驳岸修复费用，工程费用共计1 500银元。园内配置茅亭、厕所，设木栅围篱和园门，添置铁凳10把，补植雪松、千头柏、棕榈、冬青、樱花、碧桃、五角枫、垂柳、大叶黄杨、月季等树木235株，铺设煤屑路和草坪各100平方米。公园由吴淞区市政处具体负责管理，该处指定一名园监，并以月工资14元聘请一名专责园丁。市工务局还制订了比较详尽的游园规则[4]。公园使用过程中，在吴淞区市政委员会的请求下，由市公用局安装4盏电灯，并将公园开放时间延长至半夜12点[5]。

1937年八・一三事变中，公园遭彻底毁损。后经吴淞镇居民联名上书要求复园未果，园址改作他用。今吴淞公园为解放后另建。

---

1 上海档案馆档案，卷宗号Q235-1-2319,0001-0002.
2 上海档案馆档案，卷宗号Q235-1-2319,0029-0031.
3 程绪珂，王焘．上海园林志［M］.上海：上海社会科学院出版社，2000：209.
4 上海档案馆档案，卷宗号Q215-1-8139，SC0035.
5 上海档案馆档案，卷宗号Q215-1-8139，SC0039，SC0071.

2）上海市立第一公园（1936-1937）

原址在今杨浦区五角场镇，西至国济北路、东抵国和路、南界政通路、北濒虬江，与上海市体育场（今江湾体育场）隔江相望，基址呈长条形，面积75亩。

1930年7月23日，上海特别市政府议决通过了《上海市市中心区域详细计划图说明书》，计划在以行政区为核心的中心城区内建设三个公园和沿河、沿边林带，先行建设的一个公园紧邻行政区，属沿虬江林带的一部分，取名市立第一公园。公园地跨虬江南北两岸，总面积340亩，江北约265亩、江南75亩，计划投资80万银元（当时中心区一期工程的估算总投资为5 000万银元），用5年时间建成附设体育运动设施的综合性公园。

公园规划设计手法娴熟，水准颇高（图4-21）。公园规划分为西南入口与儿童活动区、西部花坛景观区、中部自然风景区、东北体育运动区、东南假山池岛区五个主要区域，以自然游息区居中，各活动区沿四周环状布置，布局上“外动内静”。公园以内外两套环路为主园路，既区分又沟通了内外。沿公园四周贴近园界，设直线型外环园路，从公园外侧串联各功能区，于环路外侧密植乔灌木以分隔内外。内环园路呈自然曲线形，环绕公园中部的自然游息区，从公园内部联系各功能区，沟通各主要景点。以内环园路和由虬江、河道构成的环状水系为分界，公园园景分为

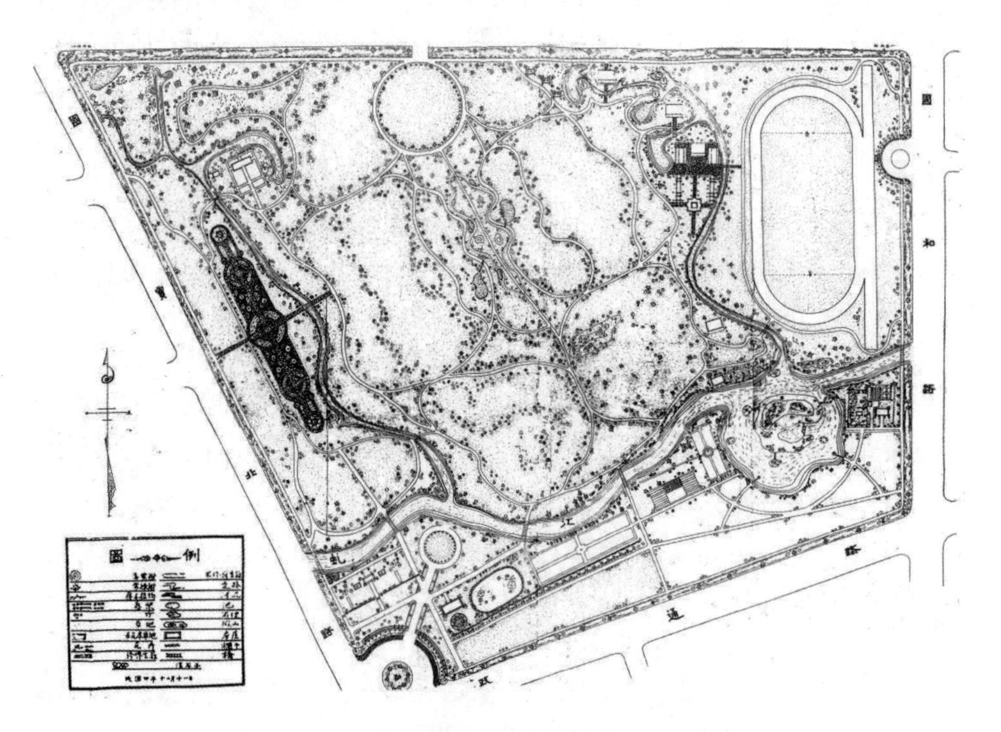

图4-21 计划初期的上海市立第一公园平面设计图

资料来源：《上海近代城市建筑》

内外两部分，内外景观在风格上既有差异，又能融为一体。与儿童游戏、花卉展示、体育活动等功能活动相适应，外侧景观采用直线型规则式布局手法，呈现出一定的西方古典规则式景观特征；内环园路以内区域的景观自然，地域宽广，草坪空间开阔，又有树木丛林散置，植被丰富，具有英国自然风景园特征。

1932 年 1 月，建园工程正式开工，一度因“一·二八”淞沪战争爆发，工程被迫停顿，同年 6 月复工续建。1933 年 10 月市政府新厦和相关局屋落成，相继入驻办公。年底，市政府决定将 1935 年 10 月的第六届全国运动会放在正在建设中的第一公园中举行。为加快运动场建设进度，市工务局即刻进行规划调整，形成以江北为体育运动场、江南为公园的修订方案，已在虬江以北种植的树木和堆砌的假山石被转移到江南，重新进行布置。市体育场按时完工，包括运动场、体育馆、游泳池及临时棒球场、网球场等[1]。偏于江南、面积仅 75 亩的新公园也于 1935 年年底基本竣工。

新公园基本延续原规划的分区格局和特色，由于规模太小，园景发生了本质变化：西南部为仍为儿童园，园中草坪上置有多种儿童游乐设施；西部也仍为花坛区，但已无气势可言；园中部为树林区，成片种植多种乔灌木，略具乡村山野景象，原有设计中的自然风景景致已萧然不存；园东南为池岛区，有占地约 4 亩的碧湖，湖中小岛上置亭以览湖景；园东北为假山区，大假山奇峰突兀，山下有洞，大假山之西还有一些小假山；园北架两座木桥通往上海体育场。公园不收门票，春秋季节游客甚多[2]。

新公园虽然规模不足计划中的八分之一，园景也相应逊色了许多，但作为上海近代华界政府建造的第一个颇具规模和水平的市政公园，仍具有非凡的历史意义。令人惋惜的是，开园仅一年多，公园就葬送于日军的炮火。

以上公共学校园和游憩性公园之外，民国上海市政府成立至 1937 年抗战爆发期间，华界及其以外的今上海地区尚辟有几处具公园性质的园地，它们或由民间筹建，或由其他性质的园地改建而成，大多建设与管理不善，存在时间不长（表 4-11）。

1 上海档案馆档案，卷宗号 Q215-1-8139，SC0079，SC0093，SC0097.
2 上海档案馆档案，卷宗号 Q215-1-8139，SC0120.

表 4-11 上海地区民国时期辟建的其他公园一览表

序号	名称	规模、概况	园景特色
1	鳌山公园	位于崇明县城东。1917 年崇明县教育界人士倡议，募集 3000 银元，将清康熙年间所筑金鳌山及寿安寺后隙地改建而成。公园于 1919 年 3 月 3 日落成；1932 年后归属县民众教育馆；日军侵占崇明后公园荒芜而废。今鳌山公园为解放后陆续筑建	改观音阁为沧海阁，修清远堂，浚荷花池，建水香榭、得月桥、大有亭。公园为山地寺庙园林格调，香客、游人众多
2	军工路纪念公园	位于今杨浦区虬江桥南军工路以东，6 亩。1919 年，引翔乡董王铨运所建，纪念军工路的辟建而命名，又名虬溪草堂，习称王家花园，建成后一直免费对外开放。日军侵占时荒废	传统园林布局，园内景点有纪念亭、虬溪草堂、望梅轩、剪淞亭、迎旭亭、送月亭、荷花池、假山等
3	高桥公园	位于浦东高桥镇，1927 年由乡绅集资筹建，面积 24 亩。废于抗日战争期间	园内遍植花木，并建有图书馆
4	奎山公园	位于今嘉定汇龙潭公园，1928 年嘉定县政府将汇龙潭、孔庙、应奎山、魁星阁、龙门桥、文昌阁一带占地面积约 30 亩的建筑物和花木略加整修，于翌年 2 月免费开放。抗战期间园内设施也损坏严重，公园名存实亡	以水为中心的传统城镇公共活动空间；1930 年 1 月在园东新增 6 亩土地种植树木、辟建网球场后，始有些许近代公园特征
5	黄渡中山公园	位于黄渡镇后街施家池，1928 年由嘉定县党部暨商界等提议筑建，翌年 2 月竣工，取名中山公园，面积不详	为纪念孙中山而命名的市民娱乐休憩之所
6	上海市立园林场风景园	位于浦东东沟大将浦北上海市园林总场内，28.34 亩。1931 年始建，1932 年 11 月 5 日开园，同时举办上海市第三界菊花展；1933 年 3 月 12 日，以市长吴铁城为首的市政府官员和各界代表在风景园举行植树节典礼，夏天开放夜花园，设铜人码头至东沟的专线轮渡接送游客；1934 年后，因游人稀少而名存实亡； 1936 年 11 月关闭	自然风景园格局，北高南低，突出植物造景。园门朝西面向黄浦江；至高土山位于园东北角，山顶立茅亭，可俯瞰全园和浦江；山南为自然式驳岸的湖泊，湖中荷叶田田，向南再折向西有河溪蜿蜒，小岛中立；园西北筑三级梯形花坛；园中央是大型竹构厅堂。大竹棚，充作厅堂用
7	金山风景林	位于金山县朱泾镇今金山公园原址，1936 年在此广植树木，小土山上建沐风阁，山下挖水池，立“金山”两字石碑于坡下；毁于抗战期间	近代意义上的人工风景林
8	血华公园	解放后龙华公园和今龙华烈士陵园的前身，东邻名刹龙华寺	建设和管理不善，园容很差

资料来源：根据《上海园林志》、《申报》、相关县志整理

4.5.3　都市计划中的园地规划追求

1. 上海市市中心区域规划与大上海计划中的公园系统思想

1）世界公园路与公园系统的早期发展

公园路源于法国巴黎改造和欧洲其他城市中联系各公园的大林荫道。1859 年世界现代公园和城市规划先驱奥姆斯特德（Frederick Law Olmsted）考察欧洲的城市建设时，对林荫道留下了深刻印象。回到国内，和沃克斯（Calvert Vaux）合作完成纽约中央公园设计建造后，奥氏承接了布鲁克林的前景公园（Prospect Park）的设计任务。为避免纽约方格街区式的单调景观，提升布鲁克林的居住环境，设计提出将前景公园中的马车道延伸出公园，形成联系城区与海滨的三条公园路。其中，始建于 1870 年的东方公园路（Eastern Parkway）成为世界上的第一条公园路（图 4-22），道路总宽度 79 米（260 英尺），中间是 18 米（60 英尺）宽的马车道；两侧各宽 30.5 米（100 英尺），分别由位于内侧的人行道和外侧的供附近住宅车辆通行的辅道组成，共种植 6 排树木。

公园系统（Park System）概念和思想起始于美国，指通过公园路（Parkway）联系起来的公园和其他绿色开放空间的网络整体，是世界公园运动的发展和重要组

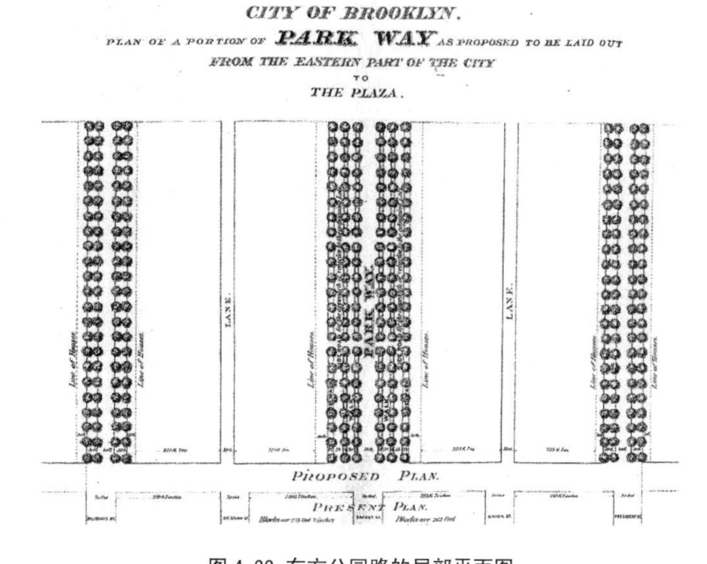

图 4-22　东方公园路的局部平面图

资料来源：《*Landscape Design—A Cultural and Architectural History*》

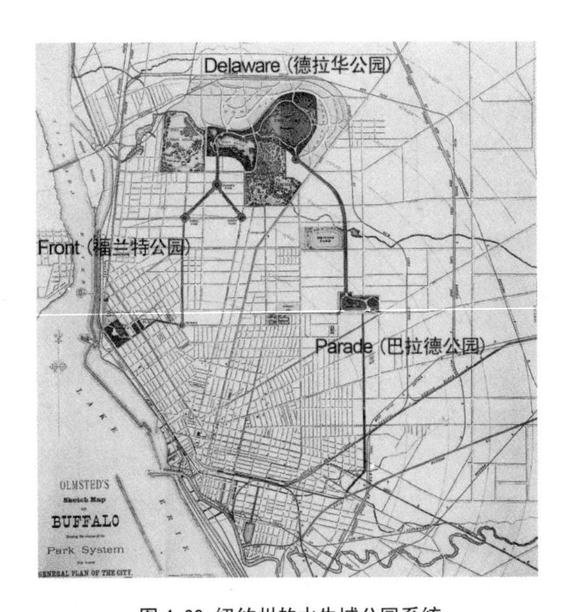

图 4-23 纽约州的水牛城公园系统

资料来源：《*Landscape Design—A Cultural and Architectural History*》

成部分。世界范围内，真正意义上的城市公园系统是纽约州的水牛城公园系统（Buffalo Park System）（图 4-23）。1868 年秋天，奥姆斯特德受邀考察该市计划建设的三个公园的选址，根据方格与放射性相结合的城市道路系统形态现状，奥氏建议并设计了 61 米宽的公园路，把分处城市不同方位、形态功能各异的三个公园联系在一起，成为世界上首个完整的城市公园系统。在奥氏的积极呼吁与实践的推动下，公园系统在美国各地先后成立的公园委员会中形成共识，至 20 世纪初，美国先后建设了芝加哥公园系统（图 4-24）、波士顿“翡翠项链”公园系统以及明尼阿波利斯、堪萨斯城等城市公园系统。在广泛的实践过程中，公园系统的形式与内涵不断丰富，公园系统逐渐具有美观以外的塑造城市格局、引导城市发展、

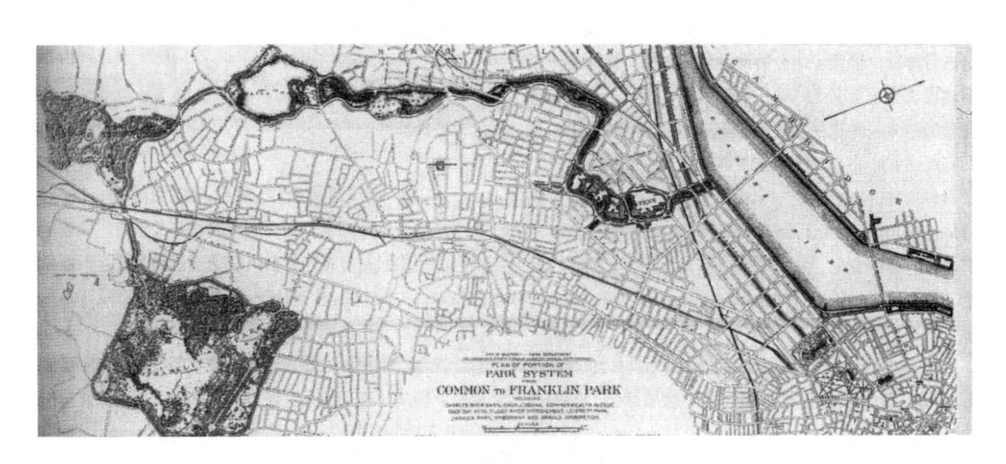

图 4-24 芝加哥公园系统

资料来源：《国外城市绿地系统规划》

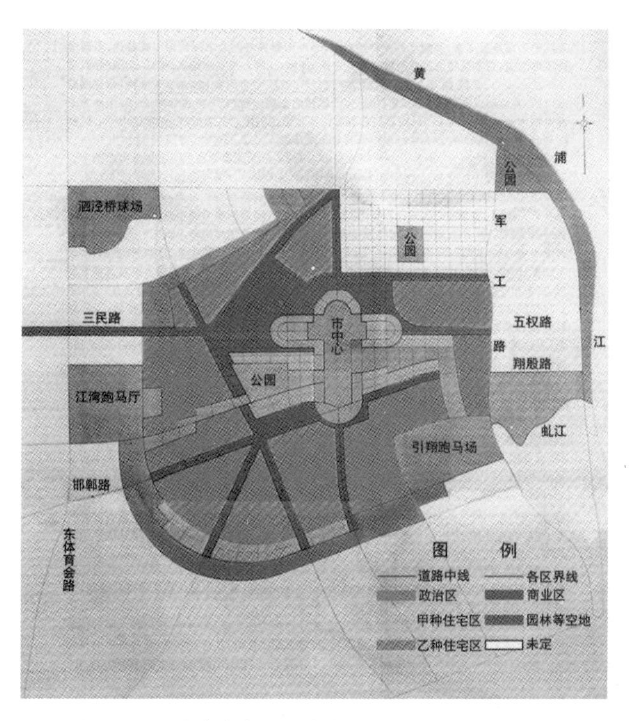

图 4-25 上海市市中心区域详细分区计划图（1930）

资料来源：《上海城市规划志》

防灾、保护水源与水系等自然资源的多重功能。随着美国公园系统思想在世界各地的传播，以公共园地营建、自然地保护为核心的城市自然系统概念日益深化，广受关注。在不同国家和地区的城市建设与改良过程中，尽管形式和重点不尽相同，这一基于自然特性具有改善城市环境功能的绿色系统，已成为各地城市不可或缺的组成部分。

2)1929-1930 年市中心区域规划中的公园系统

1929 年 7 月 5 日，上海特别市市政联席会议通过《关于开辟和建设上海市市中心区域的意见》，划定江湾地区 7 000 亩（460 公顷）左右土地为上海市中心区域。新区域位于淞沪铁路以东、黄浦江以西、翔殷路以北、闸殷路以南，具有北达吴淞、南抵租界，可向南北拓展的中心区位条件，东设吴淞港、西建中央车站的良好对外交通条件，和地势平坦、村落稀少的建设场地条件。8 月，成立市中心区域建设委员会，计划中心区的一切建设事务。翌年 1 月拟就全部计划书，5 月开始陆续编制出台市中心区域道路系统计划、全市分区及交通计划图说明和市中心区域分区计划，以及新商港区域计划等。中心区道路系统计划将中心区域内道路分为环形放射式干道系统和棋盘式或蜘蛛网式的次要道路系统。分区计划将中心区用地划分成政治区（行政区）、住宅区和商业区，结合道路系统和水系布置园林等空地（图 4-25）。

中心区规划中的园地主要由公园广场、运动娱乐场和带状风景林三部分组成，用地面积占全区面积的三成以上。其中，三个公园与行政区中心广场呈直线状分布在中心区的西南至东北的对角线上；沿中心区边界和黄浦江沿岸设置风景林带，环绕全区，具有卫生隔离与防护、景观构建与游憩等多重功能；在中心区外侧沿带状风景林设置的泗泾桥球场、江湾跑马厅、引翔跑马场等体育与娱乐场地，布局均匀，

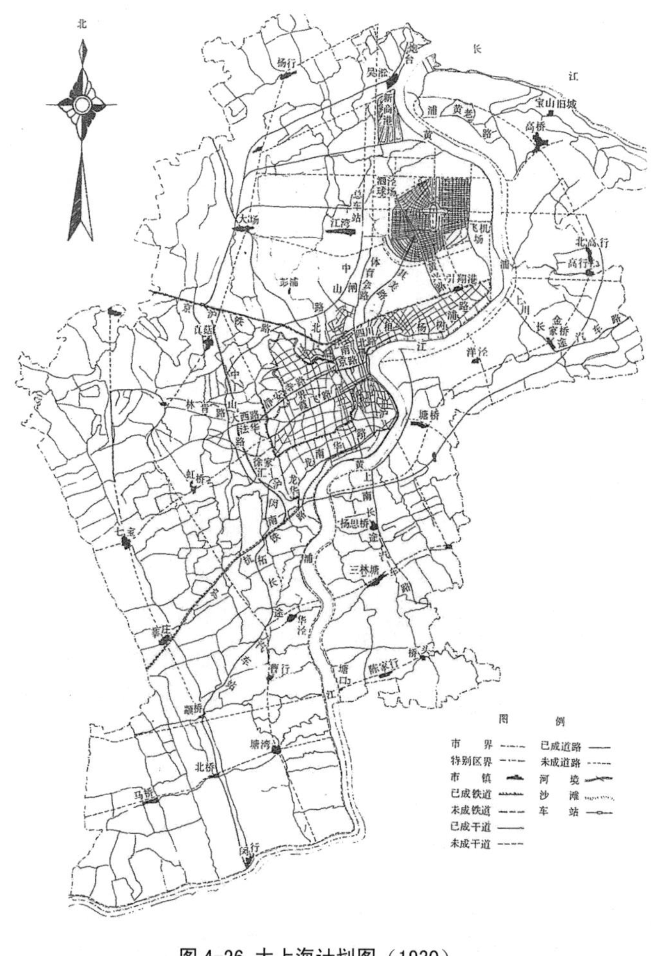

图 4-26 大上海计划图（1930）

资料来源：《上海城市规划志》

面积广阔，并通过类似于公园路的数条道路以及虬江沿岸的风景林带，与中心广场相连。可见，公园或体育运动场等大型园地的规划布局，不仅是考虑其服务半径的孤立设置，依附于水系和道路的带状风景林已将其联系成一个体系性较强的整体。

很显然，上海市市中心区域规划中园林等空地的配置，已具有明显的城市公园系统特征，是世界城市公园系统思想在中国的具体体现，在中国近代城市规划和园林发展史上应有其历史地位。

3）1930 年大上海计划的现代园林意义

为统筹全市建设，在市中心区域规划的基础上，上海特别市政府决定于 1930 年 5 月开始编制《大上海计划》。同月，拟定分发《大上海计划目录草案》，要求政府各局收集、函送相关资料。《大上海计划目录草案》的内容，包括上海史地概略、统计及调查、商业、市中心区域计划、交通运输计划、建筑计划、空地园林布置计划、公用事业计划、卫生设备计划、建筑市政府计划、法规，共 10 编 34 章。第 6 编为空地园林布置计划，内容分为公园、森林、林荫大道、儿童游戏场与运动场、公墓，共五章，资料由市工务局和卫生局分别收集[1]。《大上海计划》的编制工作于当年年底基本完成，并绘制了大上海计划图[2]（图 4-26）。此外，为落实和推进近期建设，市政府以及相关职能部门还相继制订了一些专题计划，包括由市工务处下属上海市市立园林场于 1932 年拟定的《上海市龙华、虬江、

1 上海档案馆档案，卷宗号 Q213-1-62-1，003-005.

2 《大上海计划》的文本至今未能发现。

吴淞三段风景林实施计划》。

受限于当时的政治、经济条件，至1937年抗日战争爆发前的几年间，《大上海计划》中的大部分内容均未能实现，园林方面仅限于市立第一公园和一些零星的植树活动。诚然，《大上海计划》更多地只是停留在纸面上的设想，但是这并不影响它在上海城市建设史上应具有的重要历史意义。它是上海历史上首次作出的宏观的系统性规划，是近代中国第一个大型的、综合性的都市发展计划。这一计划影响到上海在20世纪30和40年代的建设，甚至今天上海的城市布局和功能分区[1]。

就《大上海计划》的园林意义而言，首先，它在中国地方政府主持的规划和建设中，首次在城市范围内应用林荫大道、大型市政公园、公园路乃至公园系统的概念与形式，对城市公共园地进行包括五大类的分类，对以后城市公共园地的规划与建设具有指导和借鉴意义；其次，它肯定了公共园地是城市的一个有机组成部分，表明园地规划与建设应是一种政府行为，为市政园林建设提供了法律依据；再次，它明确了园地规划是城市规划的一个重要方面，初步确立园地规划与城市规划的关系，为以后的城市园林绿地系统规划打下一定基础。

图4-27 芝加哥哥伦比亚世界博览会场馆

资料来源：（*Landscape Design—A Cultural and Architectural History*）

2. 市中心区域行政区建设方案中的城市美化运动特征

19世纪末20世纪初，世界城市美化运动在美国取得新发展，具有将自然要素与新古典主义形式相结合的特征。1930年的上海市市中心区域行政区建设总体方案，其多元折衷的规则形态或多或少地具有了美国式城市美化运动的新特征。

1）世界城市美化运动的新发展

试图用公园系统式的自然景观，来调和新古典主义规则形式的城市美化运动，始于1893年的美国芝加哥世界博览会。与欧洲城市的规则式宏伟场景不同，由奥姆斯特德选址并

图4-28 芝加哥哥伦比亚世界博览会：泻湖与岛

资料来源：（*Landscape Design—A Cultural and Architectural History*）

1 郑时龄. 上海近代建筑风格［M］. 上海：上海教育出版社，1999:58.

主持规划的芝加哥博览会场馆，试图将纽约中央公园式的自然景观融入几何对称秩序，在环境应突出建筑物效果的前提下，奥氏将形态各异的泻湖、岛屿与笔直、宽阔的运河和庄严、精致的露台巧妙地结合在一起，景观浑然天成[1]（图 4-27，图 4-28）。由此，选址于杰克逊公园（Jackson Park）的博览会自然地融入芝加哥城市公园系统，这一规则与自然两种形式在大尺度上的融糅，引起人们的普遍兴趣和好感。奥氏的事业继承人小奥姆斯特德（Olmsted, Jr.）承继并发展了这种设计思想和手法，提倡用公园系统的自然主义景观来调和、补充城市美化运动中普遍应用的新古典主义形式。1902 年，由小奥姆斯特德任景观规划成员的华盛顿参议院公园委员会（the Senate Park Commission）撰写了《哥伦比亚地区公园系统改善报告》（The Improvement of the Park System of the District of Columbia），提出华盛顿行政特区改造方案和建设华盛顿公园系统方案（图 4-29），规划一条长 4 公里的波托马克公园路（图 4-30），以连接林肯纪念堂和杰弗逊纪念堂附近的波托马克滨水空间和哥伦比亚区北部的 Rock Creek 公园。由于在采用树荫浓密、空间相对“封闭的林荫大道式”还是“开敞的溪谷式”形式上产生了意见分歧，波托马克公园路的建设被延后几年，1913 年经国会议决选用溪谷式形式，最终于 20 世纪 30 年代末建设完成（图 4-31）。

图 4-29 华盛顿特区规划模型

资料来源：（*Landscape Design—A Cultural and Architectural History*）

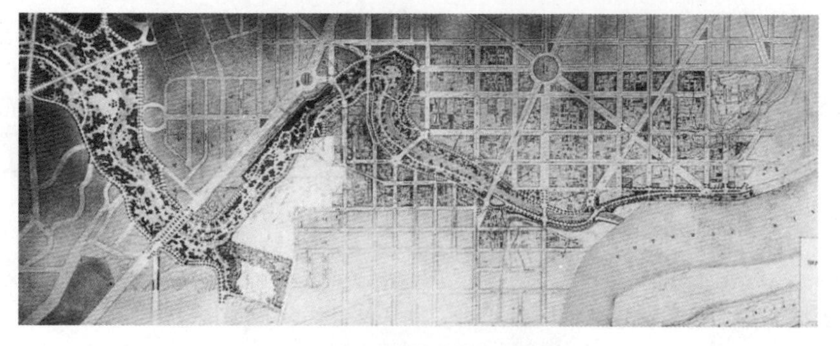

图 4-30 溪谷式波托马克公园路规划图

资料来源：（*Landscape Design—A Cultural and Architectural History*）

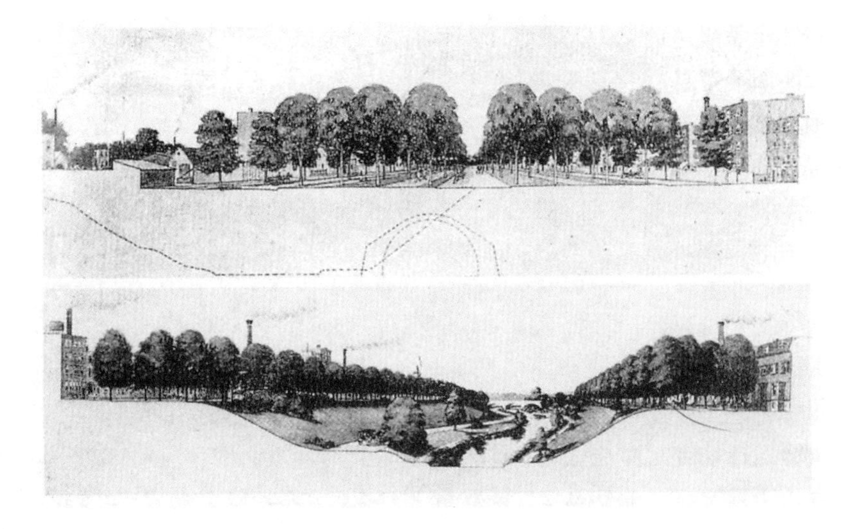

图 4-31 溪谷式波托马克公园路设计透视图

资料来源：（*Landscape Design—A Cultural and Architectural History*）

2）1930 年市行政区建设方案中的形态规划与园林美化

1929 年，上海特别市政府启动行政区建设，借鉴欧美各大城市经验，将公共机关集中一处，便利办事且能集结建筑精华增益观瞻。中心区建设委员会拟定市府新楼和各局屋建筑设计的三项标准，即立面式样采用中国式、平面布局各局分立、建设步骤分期建造，于 10 月 1 日至次年 2 月 15 日向国内外公开征集行政区总体方案。征集评选出一、二、三等奖各一名及附奖二名，评委会认为设计各有所长，但各方案均存在布局分散以至各局距离太远，和未能充分运用中国固有建筑式样两个共同缺点。为此，建设委员会委任当时任市中心区建设委员会顾问的建筑师董大酉进行方案综合和完善，不久选定董氏拟就的 6 个平面布局方案的第 1 方案（图 4-32）。当时的《申报》[1]载有：

行政区取十字形，位置在南北东西二大道之交点，占地约 500 亩。市府办公房屋居中，八局房屋左右分立，市立大会场、图书馆、博物院等及其他公共建筑均散布于此十字形内，有河池、桥拱等点缀其间，成为全市模范区域。市政府之南辟一广场，占地约 120 亩，可容万人，为阅兵或市民大会之用。两大道交叉处建高塔一座，代表上海市中心点，登塔环顾全市在目，从四路大道遥望可见高塔耸立云际。广场之南为长方地，引用现有河水，池之南端建立五重牌楼，代表行政区域南门，池之两旁为重要公共建筑地位。市政府之东西两端有较小之长方池，池之极端建立门楼，代表行政区域东西门，池之两旁亦为公共建筑地位。市政府及各局房屋，从

1 《申报》，1933 年 10 月 10 日，上海市政府新屋落成典礼特刊。

南面望全部在目，射影池中，增加景色；从北望亦成正面；从东西观之亦成整个团结物。平面布置，除市政府外，可陆续添造，极合分期建设办法。市政府之北为中山纪念堂，与市政府遥对，为公众聚会场所，四周留空地，既免交通拥挤又可望见纪念堂全部。

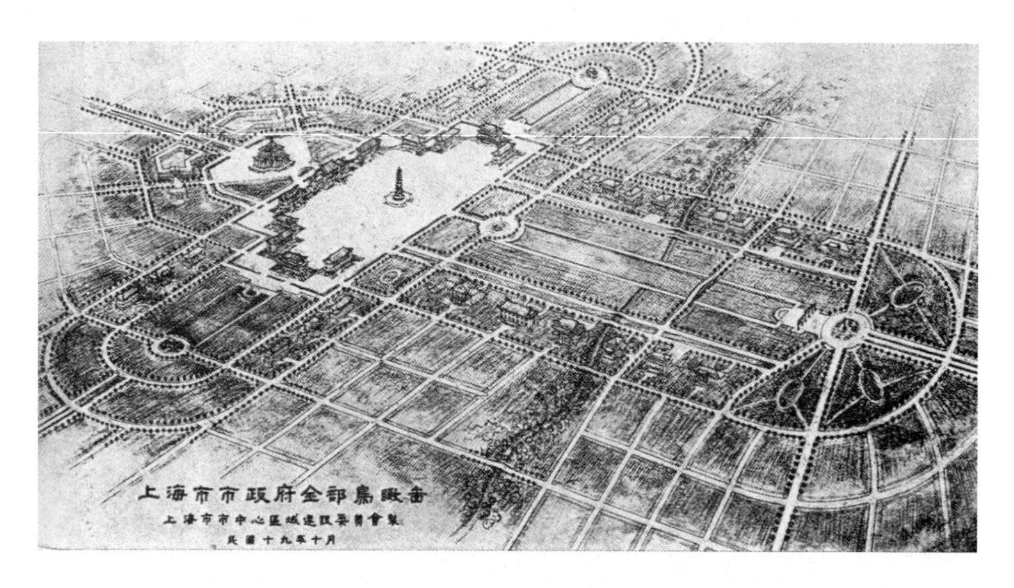

图 4-32 上海市市政府全部鸟瞰图
资料来源：《中国建筑》创刊号，1931 年 11 月，转引自《上海近代建筑风格》

以源自凡尔赛宫苑宏伟规划的巴黎、华盛顿等行政区为蓝本，从设计标准到方案选定，行政区十分注重形态规划，规则对称的平面布局、十字相交的主次轴线、斜向放射性干道与方格形路网形成的系列广场、运河般的镜面水池、凯旋门般的重重牌楼、方尖碑式的九层楼塔、近处宽广的草坪和低矮的模纹式种植、远处的片片丛林等纪念性景观的形式表达，无不显现了规划对形态的重视（图 4-33，图 4-34）。

吴铁城市长在谈及上海市中心区建设之起点与意义中强调："数年之后，其发展与繁荣必可远驾租界之上……今日市府新屋之落成，小言之，固为市中心区建设之起点，大上海计划实施之初步，然自其大者远者而言，实亦我中国民族固有创造文化能力之复兴，以及独立自强精神之表现也[1]。"由此看来，行政区的形态规划实质上是西方的新古典主义、形式主义与中国传统的等级制度，以及科学思想方法的拼贴。上海的文化表现出多元并存的状况，在上海的早期城市规划中就已强烈地反映出这样一种多元综合[2]。

[1] 《申报》，1933 年 10 月 10 日，上海市政府新屋落成典礼特刊。
[2] 郑时龄．上海近代建筑风格［M］．上海：上海教育出版社，1999：63.

或许正是这种多元综合，使得原本以新古典主义风格城市美化特征为主体的行政区规划，藉由东西向横穿行政区广场的虬江风景林，将其纳入到整个中心区域的公园系统，使得这一上海市中心区域核心的规划，犹如20世纪初美国式城市美化运动，具有试图将自然要素渗透到新古典主义形式的创造性特征。

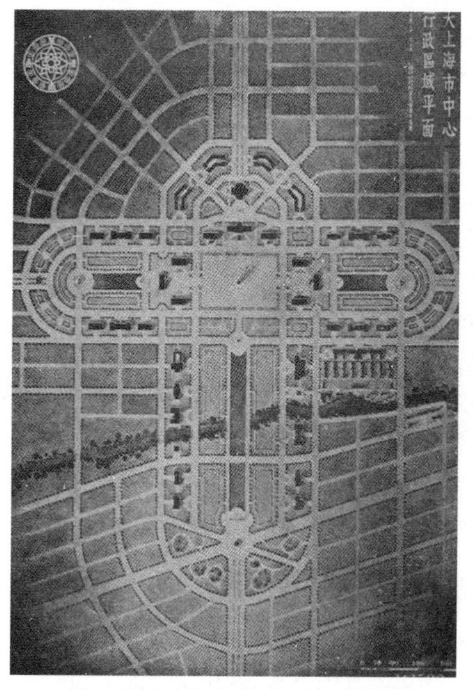

图4-33 大上海市中心行政区域平面

资料来源：《中国建筑》，第一卷第六期，1933年12月，转引自《上海近代建筑风格》

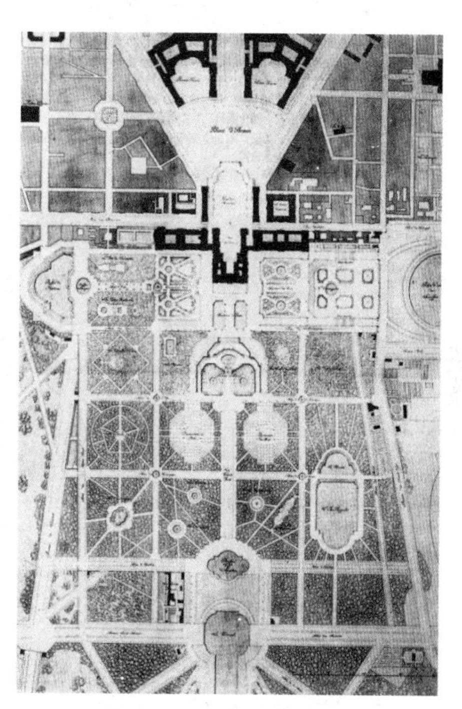

图4-34 凡尔赛宫苑平面图

资料来源：（*Landscape Design—A Cultural and Architectural History*）

4.5.4 市政园林管理与群众绿化的兴起

1. 园林管理的初步发展

上海华界园林近代变迁的一个重要方面，是其建设、管理主体从个人到社会团体再到政府的依次转变。民国前期，少量的公共园地建设与管理分属于不同的社会团体和地方政府部门。1927年7月上海特别市成立以后，城市公共园地增多，市政园林的管理归属逐渐清晰，分别隶属于不同的政府部门。依据园地的功能与类别，以教育为主要功能的市立公共学校园、市立动物园、市立植物园等学校园属市教育局；游憩性、综合性公园属市工务局；成立于1928年主理华界全域花木生产和造林工作的市立园林场，具有市政苗圃性质，隶属市社会局。

除了日见清晰的园林管理归属，这一时期华界市政园林管理的进步，还突出表现为公园管理的趋于制度化和市政园林专门机构的出现。

1）日渐制度化的公园管理

1928 年 5 月拟定颁布的《上海公共学校园简章》和《上海公共学校园参观细则》[1]可被视作近代上海华界政府颁布的首个公园管理规则，具有法律效应。

《上海公共学校园简章》

（1）定名：本学校园由上海县劝学所、上海市学务办公室、上海市经董办事处暨上海各学校共同筹设，故名上海公共学校园。

（2）宗旨：（甲）栽培植物、饲养小动物、采集矿物以供各学校理科上研究之用；（乙）各学校学生得到园游览参考，俾陶冶情性并知农业之重要。

（3）组织：本园由实用、观赏、俱乐三部分组成。

（4）经费：由筹设本园各机关共同担任。

（5）特捐：凡热心捐助本园经费者，当提名于本园以志景仰。

（6）职员：本园聘请主任一人，总理一切事务。

（7）会议：本园凡有兴革重大事宜，得由主任职员会同劝学所所长、有关各学校校长开会决议进行。

（8）参观：凡学校师生或公共机关人员及辅助本园经费者均得入园参观，其他各界来宾如欲参观，当经本园主任许可，参观细则另行订之。

（9）售品：本园产品之可出售者，无论公私人员概须现购。

（10）附则：本简章如有未尽事宜，得随时开会公决修改。

《上海公共学校园参观细则》

（1）本学校园每日上午八时至十二时、下午一时至六时为参观时间。

（2）逢月曜日（星期一）、节日后一日及寒假期内停止参观。

（3）学生除有教师率领外须凭校证入园。

（4）普通各界来宾均须得主任职员许可方可入园。

（5）团体参观在六十人以上者须先期与主任职员接洽，以免二团体同时入园，多所不便。

（6）凡患神经病或传染病者禁止参观。

（7）参观时如有疑点可询问主任职员，如有缺点可与主任职员互相研究以期改进。

（8）本园栽培之植物、饲养之动物均希保护，毋使损伤。

（9）本园栽植之作物、蔬菜、花木、果实等无论团体、个人凡未经主任职员许可者概不准采摘。

（10）参观时禁止携带粗笨物品。

1 上海档案馆档案，卷宗号 Q235-1-1731，0001-0004.

《上海公共学校园简章》用十分简洁的条文内容，明晰了公共学校园的性质与宗旨、资金来源与筹措、组织与管理等核心问题。《上海公共学校园参观细则》与租界公园规章不乏相似之处，对学校园的开放时间、服务对象、入园条件与凭证、游园守则等作出明确规定，但在免费入园、咨询答疑方面更为人性化。

20 世纪 30 年代，市立动、植物园等公园的相继建设促进了华界公园管理的进步。一方面，管理人员增多，管理机构有所健全。如 1935 年时的上海市立动物园已有主任 1 人、干事 2 人、办事员 2 人、兽医顾问 1 人、工役 10 人，办事机构分设总务、管理、研究三个组[1]，并制定有相应的公园组织规则、办事细则、职员任免和服务规则，管理趋于细化、规范；另一方面，公园管理规则的目的性和针对性加强。如 1934 年 11 月市工务处颁布的《吴淞公园游园章程》[2]，与 1928 年的《上海公共学校园参观细则》的条款数量相同，均为 10 条，但其中涉及严禁损坏公物、维护游园环境、确保公平使用、倡导文明行为等四方面内容的条文，全都是针对游园行为的，在维护公园设施、规范游人行为方面具有更大的社会意义。20 世纪 30 年代公园管理机构的逐渐健全和管理规则的不断完善，表明华界的公园管理正趋于制度化。

2）专门机构的设置与职能演变

华界市政园林管理的发展还表现在市立园林场职能的扩大与发挥。成立于 1928 年的市立园林场，原初为负责苗木生产的市属苗圃，属生产性技术部门。该场成立不久的 1929 年 3 月 16 日，市政府颁布了《上海特别市市立园林场章程》[3]，对园林场的性质、机构设置、管理事务与职责进行重新规定：园林场暂时由苗圃和花圃两部分组成，职员包括场长和技士各 1 人、技佐 2 人、办事若干人，必要时可以分设办事处或分场；掌管园林和造林所需树木、花卉的育苗、繁殖生产、分配和相关研究，以及市属机构庭园的设计、布置和管护。这一新规定，明确市立园林场为专事园林植物生产特设机构的同时，也赋予它一定的科研、管理等行政职能。从此，市立园林场成为一个具有一定行政职能的技术部门。

抗日战争之前，在制订城市园林发展计划、开展全市性的植树造林和花卉展览评比活动等方面，市立园林场曾发挥过重要作用，特别是由其具体组织的一年一次的植树节活动，推动了植树造林工作在全市的全面开展，影响深远。

就总体而言，上海特别市政府时期的华界园林管理水平还很有限。不同类型的市政园林在管理上互不统属，管理体制和模式也不统一，公园管理各自为政，各园自行配备管理人员和技术人员，管理效率与水平不高。

1　程绪珂，王焘．上海园林志［M］．上海：上海社会科学院出版社，2000：585.
2　上海档案馆档案，卷宗号 Q215-1-8139，SC0097.
3　《申报》，1929 年 3 月 16 日。

2. 植树造林活动的兴起

1）植树节活动的兴起与深入

上海地处长江入海口，沿江沿海的防护林建设一直受到官府和当地人民的重视。自南宋至民国，崇明、宝山、南汇、奉贤等县多次在海塘、江堤植树造林，广植芦苇、桑树、柳树等植物，起到了一定的防风固堤作用，但这些植树造林工程多为零星自发行为，未能形成制度化的长效机制。

民国政府推动的植树节活动是中国植树造林制度化之肇始。1915 年春，时任金陵大学农科科长的传教士裴以理（Joseph Bailie）教授[1]因事赴沪，见扫墓者多植树墓旁，为之心动，便函请农商部总长张謇，建议定清明节为植树节[2]。是年 4 月 7 日，北京政府接受该建议后，于 11 月 7 日通令全国各地方政府执行。因气候差异，早先全国各地发动群众植树的日期不尽相同，应江苏省政府要求，上海一度提前到惊蛰前后进行植树，于清明节举行植树节仪式。1928 年 3 月 1 日，国民党政府决议将孙中山逝世日定为全国的植树日。从此，每年 3 月 12 日的植树节日期固定下来，一直延续至今。

民国期间，受植树节活动的推动，植树造林活动在上海地区的城乡各地相继开展起来。这一时期的上海植树活动大致可以分为三个阶段：1916-1927 年为前期，1928-1937 年为中期，1938-1949 年为后期，其中的 1938-1941 年因战争而停止。从植树规模和发动群众的广度来看，以中期的成果最为显著。前期与后期大多停留在仪式层面上，分别由民国前期的上海县知事、沪海道尹和后期的日伪政府与上海市政府市长领衔，举行纯官方的植树仪式，参加活动的人数在数十人至数百人之间，仪式结束植树活动也即终止。

在政府的倡导下，1928-1937 年十年间的植树活动开展得广泛而深入。主要表现在三方面：第一，参与人数多，以政府官员和学生为主体，参与植树的人数有几年多达万人以上；第二，植树范围广，植树地点不再集中在上海城厢附近或中山、中正、园林场等几个公园和苗圃，而是扩展到城市道路两侧，通常集中举行仪式后分散到多处进行树木种植[3]；第三，也是最重要的一点，宣传发动深入。由市社会局牵头各相关局处参与，制作植树宣传标语广为张贴散发，标语内容如“植树是大地的文章自然的艺术”、“树木是市民的良伴都市的灵魂”、“植树民众化才有真价值”等，深入人心。《申报》、《新报》、《市政周报》、《农工商周报》等报刊也纷纷发行植树特刊进行广泛宣传，甚至还专门谱写了植树歌、摄制了植树典礼实况纪录片在

---

1 裴以理（Joseph Bailie，1860-1935），是一名美国美北长老会（American Presbyterian Mission，North）的传教士，加拿大人，出生在英国的爱尔兰，曾在美国专攻神学。1890 年来华供职于苏州长老会，1910 年，受聘为金陵大学数学教授，年参与创办金陵大学农科，开中国四年制大学农业教育之先河。次年金大创设林科，1916 年金大合并两科为农林科，裴以理任首任科长。

2 王德滋. 南京大学百年史［M］. 南京： 南京大学出版社，2002：578.

3 上海档案馆档案，卷宗号 Q109-1-750，Q6-120-17，0111914.

各影院放映。1930年以后，连续几年开展了丰富多彩的“造林宣传周”活动，极大地推动了上海植树造林工作的深入开展和制度化建设[1]。每年的植树活动主要由市立园林场具体负责实施，培植供应树苗，布置植树节仪式活动现场，进行植树指导和事后的树木管护，工作繁重但成效显著[2]。

2）行道树的发展

华界政府主持的行道树建设始于20世纪初。1908年，上海城厢内外总工程局董事、十六铺大有水果行老板朱柏亭捐资在外马路种植行道树，此为上海地方政府的首例行道树种植，晚于租界43年。华界整合后，上海地方政府加大了道路建设和行道树种植力度。1912年，沪南工巡总局首先在拆除上海县城城墙改筑成的民国路（今人民路）上种植行道树，此后，沪南的行道树随着道路的辟筑逐渐增多。至1927年，先后在14条马路植树，连同沪北宋公园路和沪东军工路在内的16条马路共植行道树8 855株。

上海建市后，伴随着植树节活动的开展和江湾新市区的建设，华界的行道树得到很大发展，树木数量与种类明显增多，并随同市政道路的拓展进一步向江湾、闸北地区延伸。1929年，华界在32条马路上共有行道树17 242株，其中悬铃木1 367株、枫杨5 470株、乌桕3 464株、重阳木291株、槐树750株、洋槐600株、杨树120株、柳树367株、榆树77株、白杨2 885株、梧桐351株、黄檀1 125株、梓树375株。沪北的中山路（今中兴路）、军工路为栽种行道树的重点，共植行道树8 966株，占华界行道树总数的52%，所种树木有13种，尤以枫杨为多，占总数的32%，白杨与乌桕各占16%。1930年以后，为配合江湾新市区的建设，上海特别市政府重点在沪北道路上种植行道树，1936年1年就植行道树1.16万株[3]。由于新植树木大多较小，易受损坏，加之市民尚缺乏护绿意识，行道树的受损情况也较严重。以后又几经战火损毁，至上海解放时已所剩无几。

4.6 小结：缓滞期上海近代园林的特征

（1）相继对华人开放后，租界公园内的游客量瞬间暴增，租界当局对已有大中型公园进行了艰难的功能拓展与调适。与快速发展期以景观充实完善为重点的公园拓建不同，这一时期各大中型公园的改建工程持续不辍，功能日趋多元，活动内容与相应设施不断增多，布局琐碎，园景杂沓，原有的园景风貌与特色日渐丧失，幽静的游园环境几近不存。

（2）租界当局日渐丧失市政园林建设发展的实力和动力，新建园地十分有限。

1 程绪珂，王焘主编. 上海园林志［M］. 上海：上海社会科学院出版社，2000：425.
2 上海档案馆档案，卷宗号Q215-1-676，008-009、067、095.
3 程绪珂，王焘. 上海园林志［M］. 上海：上海社会科学院出版社，2000：387-389.

十几年间公共租界的新增公园不及快速发展期的十分之一，面积不到 60 亩，且多为或通过租借、或利用原有园地改建而成的临时性小型公园，建设水平不高；法租界在凡尔登花园基址出售之后的近二十余年间，仅辟建两处面积一两万平方米的小型公园，可能出于界内人口密度较小、住宅花园普遍较大等原因，其儿童游戏功能的设置不如公共租界的同类园地。

（3）华洋同园后，租界园地资源的供需矛盾日益突出，租界当局重点加强了公园管理并取得一定成效。具体表现为：园地管护规模和市政苗圃有所缩减并趋于稳定，园林经常性支出也相对稳定；花木生产明显偏重于花卉等装饰性植物的培育和应用；在延续原有管理体系与制度的基础上，园地管理人员增多，管理机构有过一些枝节上的改变；公园管理规则经大幅修改后条文增多、内容细化，公园门票制度的建立和入园券的数次提价一定程度上保障了租界公园的正常运行；以法租界更为明显，以公园门票收入为主体的园林收益日益增多。事实上，无论管护规模、管理机构的定型，还是管理重心的转移，无非是租界园林发展缓滞的另一个结果和表征。

（4）华界市政园林的建设实践十分有限，但规划具国际视野，设想远大。上海特别市政府的建立，以及社会各界近代园林意识的形成与公园观念的转变，共同促进了 20 世纪 30 年代初期华界市政公园的建设。由于政府财力支绌，无论公园的类型与规模，抑或功能与建设水平，均不能与上海的形象和地位相称，也未能真正满足社会的需求。日后，仅有的少量成果也很快在日军的炮火下损毁殆尽。20 世纪 20 年代末 30 年代初民国上海市政府主持的城市规划与构想，体现了构建公园路、公园系统等现代园林规划思想，具有明显的超越租界的诉求和时代性特征，扩大了城市园林的外延；表明公共园地规划和建设应是一种政府行为，为市政园地建设提供了法律依据；在上海和中国的历史上，第一次在规划层面上将公共园地规定为重要的城市用地，初步明晰了城市公共园地规划和城市规划间的关系。由于种种原因，这些规划的实践成果十分有限，但就其规划思想的先进性而言，在中国城市规划和园林发展史上应具有相应的地位。

（5）华界的市政园林管理取得初步发展，群众绿化活动兴起，且成果明显。20 世纪 30 年代初开始，受公共园地建设的促进和租界园林管理的影响，华界市政园林管理得以真正起步，具有现代特征的管理机构和公园管理规则初步形成。与市政公园发展严重不足的情形不同，随同市政道路的延伸和植树节活动的开展，华界的行道树建设与城乡植树造林取得较大成果，影响深远。

5　整合期：民国末期上海近代园林的整合与探求（1945-1949）

抗战胜利上海统一后，上海园林进入了整合期。至解放前夕的短短4年间，接近尾声的近代上海园林在现代园林管理制度建设和发展规划构想方面取得了前所未有的进步。

本章的讨论对象为1945-1949年整合期的上海园林，讨论内容依次为民国末期上海市政府主持的市政园林管理、城市园林绿地规划和少量的市政公园建设，讨论重点为市政园林管理的进步及其特征、园林规划的特色与现代性。

5.1　城市整合与崩溃：上海近代园林的新诉求与发展困顿

1945年8月，日本帝国主义投降。国民党重返上海，恢复上海市政府建置，原公共租界和法租界已不复存在，上海市完全为市政府所管辖。1949年时全市辖境的面积约618平方公里，比战前略有扩大，划分为32个行政区。国民党在上海建立了近代历史上最为强大的统治，市政府规模大大超过抗战前的10年统治时期，首设副市长一职，先后设总务处、调查处、人事处、新闻处、会计处、统计处等，下辖社会、公用、工务、教育、卫生、地政、警察、财政、民政等局，成为九局八处二室（参事室、机要室），机构十分庞大[1]。

国民党虽然在上海重建统治，但这个政权是一个高度腐败的政权，最典型的是接受过程中反映出来的混乱和腐败，以及其他损害沦陷区人民利益的政策，使接收完全变成了劫收。战后国民政府专门设立一个敌伪房产接受机构，并先后颁布一些条例，欲恢复经济的正常发展，可是在接收过程中的腐败、法令政策的不尽合理和推行的迟缓，使得许多工厂的设备、原料半成品被洗劫和盗卖一空，给战后的生产

1 熊月之．上海通史（第7卷民国政治）[M]．上海：上海人民出版社，1999：424.

恢复带来很大困难。“接收”不仅抢夺敌伪财产，而且对收复区人民实施掠夺性的经济政策，致使人民生活贫困不堪[1]。由于以蒋介石为首的国民党当权派在战后坚持反共内战的方针，并于1946年发动全面内战，造成国统区经济的全面崩溃。1948年5月新上任的财政部长王云五说：“公库收入仅及支出的5%。物价飞涨支出庞大，全靠发行新票支持。军事开支所占比重极大，仅东北军费已占支出总额的40%[2]。”通货膨胀造成物价以惊人的速度飞涨，民不聊生，大失人心，国民党统治岌岌可危。

在先前的日伪统治时期，上海各界的公共园地和资源多先后转为军用，园地管理废弛，园内设施与植物以及行道树损毁严重。抗日战争胜利后，在百废待兴的新形势下，上海的园地建设与管理面临许多新问题，如园地恢复重建的经费问题、原有三界园地的统筹管理问题、战前园地发展政策和园规的延续问题等。整体上，国民党上海市政府成立之初，以租界公园和苗圃为重点，对废弛的原有市政园林进行整治，厘清了园地管护范围和内容，但新建园地的规模极其有限。在园林管理方面，无论是管理机构的设置，还是管理法规的制定，国民政府能更多地着眼于全局与长远。虽然在1945-1949年短暂的4年时间里，国民党上海市政府新制定的政策和设想绝大部分都未能施行，或收效甚微，但其在园林管理方面基于理性的宏观构思仍具有一定的进步意义。

抗战胜利给上海提供了一个城市发展的极好机遇。在市政府重建之初，由赵祖康为局长的工务局曾主持研讨过上海城市的建设计划。1946年2月15日，市政府决定设立“都市计划委员会”。该委员会于同年8月24日正式成立，由市长任主任委员，赵祖康任委员兼执行秘书，委员会聘请各方面的专家名流，分立土地、交通、区划、房屋、卫生、公用、市容、财务8个专门小组，“以50年需要为期”具体规划上海市的建设发展，陆续制定了一套以《大上海都市计划》总其名的系统性的上海城市发展规划[3]。规划借鉴国外先进的城市规划模式，采用分层发展理念，在各功能区间设置城市绿带，并制订了较详细的建设发展计划。1948年都市计划委员会又拟具一系列专门计划，其中《上海市绿地系统计划初步研究报告》的编制，经过深入的现状调查分析，采用了先进的规划思想与方法，规划内容全面完整，具有鲜明的时代性和前瞻性，有些内容对今天仍具有一定的指导意义。然而，在濒于崩溃的时代，如此庞大的计划大多只是停留在纸面上的构想。

---

1 熊月之．上海通史（第7卷民国政治）[M]．上海：上海人民出版社，1999：425-431.
2 黄元彬．金圆券的发行和它的崩溃．转引自:上海通史(7卷)民国政治 [M]．上海：上海人民出版社，1999：469.
3 熊月之．上海通史（第7卷民国政治）[M]．上海：上海人民出版社，1999：424.

5.2 园林管理整合与发展

5.2.1 管护范围与内容

1.管护范围

抗战胜利后，由市工务局接管上海市界内的所有公共园地，并成立专门机构——市立园场管理处（以下或称园场处），对全市的公园、苗圃和行道树进行统一管理。

表 5-1 民国末期上海市立园场管理处所管辖的市政公园、苗圃一览表　　单位：亩

序号	公　园	地址、原名、原属	面 积	苗　圃	地址、原名、原属	面 积
1	中山公园	长宁路，极司非尔或兆丰公园，公共租界	296.80	第一苗圃	虹桥路，虹桥路苗圃，公共租界	85.80
2	中正公园	江湾路，虹口公园，公共租界	314.30	第二苗圃	陆家嘴路番禺路，哥伦比亚路苗圃，公共租界	50.60
3	复兴公园	复兴中路，复兴公园，法租界	137.80	第三苗圃	建国西路，打靶场路苗圃，法租界	71.00
4	林森公园	林森中路，兰维纳公园，法租界	34.00	第四苗圃	中山公园内，兆丰公园附属苗圃，公共租界	10.10
5	黄浦公园	北京路外滩，公共花园，公共租界	29.40	第五苗圃	鄱阳路平凉路，拟建鄱阳公园与平凉苗圃，公共租界	56.60
6	通北公园	通北路，汇山公园，公共租界	37.00	第六苗圃	中正公园旁，民国政府辟建	60.70
7	晋元公园	胶州路，胶州公园，公共租界	47.20			
8	教仁公园	共和新路，宋公园，民国政府	109.60			
9	衡山公园	衡山路，贝当公园，法租界	26.30			
10	河滨公园	外白渡桥，储备花园或苏州路儿童游戏场，公共租界	9.90			
11	昆山公园	昆山路，昆山路广场儿童园，公共租界	9.50			
12	南阳公园	南阳路，南阳路儿童游戏场，公共租界	5.70			
13	霍山公园	霍山路，斯塔德利或舟山公园，公共租界	5.50			
14	迪化公园	迪化路，宝昌公园，法租界	3.70			
	总计		1 066.70			334.80

资料来源：根据卷宗号 Q1-18-172 和 Q215-1-597 所载 1946 年底和 1947 年的公园、苗圃材料整理编制

公园与苗圃方面，由于之前上海华界内新建的公园、苗圃数量不多，规模不大，且几乎都毁于战火，园场处所管辖的园圃多为两租界内的公园和苗圃。1945-1946年园场处相继对各公园、苗圃进行整合与更名，形成14个大小公园和6个市政苗圃，合计面积分别为1 066.7亩和334.8亩[1]。这一园圃格局与规模基本维持至上海解放前夕（表5-1）。

行道树方面，由于上海沦陷期间全市行道树破坏严重，数量急剧下降，1947年市区96条马路仅存行道树5 068株，树种仅有枫杨、乌桕、重阳木、白杨、国槐、麻栎、枳椇、梓树、悬铃木等10种左右。经过几年的建设，至1949年上海解放时，市区行道树增至1.85万株，但仍未达到抗战前的规模。华界道路附属园地的辟建始于1930年的江湾新城区，但数量很少，连同租界内保存下来的几处园地，至1948年时全城区总共才有18处道路附属园地，总面积16.31亩。至上海解放时仅存10处，面积5.55亩[2]。

以上园地之外的其他方面，租界园地部门一度兼管的市政公墓由市卫生局接管；植树节和植树造林工作归市社会局管辖，市立园场管理处负责提供苗木与技术指导，也参与一部分组织工作。

2.管护内容

1946-1947年，园场处对各园地进行了以树木补植、设施修缮和草花种植为重点的集中修复。1947年度上海市园场整理工作量统计表明（表5-2），此时园场处负责管理的园地面积与公共租界20世纪30年代时的面积相近，年度工作量与两租界的合计工作量大致相同。其中，每年的花卉种植近100万株，与30年代中期两租界花卉种植高峰时期的数量相当；新种树木要多于两租界；因行道树数量较少，修剪树木数量比租界要少；由于园场处不再负责墓园管护，所管护的市属机构附属庭园相比也有减少，草坪维护面积仅为公共租界最多时的一半；年用工量约为16万工，比公共租界10万～12万要多出30%～60%，与两租界的总量相当。

各公园苗圃种植以外的修建工程，市工务局规定采用由局属部门分工合作的办法。园圃中的房屋、水电、桥梁等工程由营造处代办，沟渠、道路修建工程由道路处代办，其余零星修理由园场处自办，代办项目经费由园场处统一管理。

园场管理处的经常性支出主要包括行政费和养护工程费两项，支出不多，一般占市政府年度总支出的0.5%以内，所占比例是租界园地1%～2%的四分之一到一半。

1 上海档案馆档案，卷宗号Q1-18-172，Q215-1-597，048、049
2 程绪珂，王焘．上海园林志［M］．上海：上海社会科学院出版社，2000:388-392.

表 5-2 1947 年度上海市园场整理工作量表

整理项目	单位	一月	二月	三月	四月	五月	六月	七月	八月	九月	十月	十一月	十二月	总计
种植花草	棵	52 117	46 487	77 270	27 814	20 728	77 304	64 797	13 930	7 050	103 465	222 672	248 370	962 004
整修花台	M^2	1 376	5 518	4 635	8 807	2 052	556		131	120		1 760	1 347	26 302
植树	株	183	474	2 579	1 056	42	1	182		300	595	40	300	5 752
整修树木	株	2 068	2 672	896	94	1 437	1 437	1 870	11	960		220	615	12 280
修剪绿篱	M^2	144	113		1 790	1 518	254			24		201	300	4 344
整地	M^2	5 302	5 845	7 365	5 556	1 912	17 477	5 143	450	6 017	8 875	11 440	14 065	89 447
填土	M^2	62	493			36	340	10	28		200	130	1 242	2 541
铺草皮	M^2		1 200	36	74	256	994	1 052	180	852	172			4 816
剪草	M^2	310	8		420	3 026	3 507	5 76	12 725	7 596	5 285	1 231	1 433	40 717
轧草	M^2					5 220	4 000	8 072	10 663	4 200	630	60		32 845
除草	M^2	1 212	2 166	2 527	5 391	17 23	9,385	32 347	23 858	11 387	14 360	35 000	912	156 068
浇水	M^2		19	8 508	5,281	605	14 350	490	2 110	1 295	170	740	480	34 048
施肥	M^2	76	163	7		5	600	30	30		240	145	549	1 845
围栏修理	M^2	269	2 118	2 842	1 925	1 288	1 281	776	3 383	4 273	1 58	499	1 851	22 463
其他	每年用量 16 万工。年游人量 10 294 959 人次，年券 52 968 张													

资料来源：卷宗号 Q215-1-597，第 047 页

5.2.2 管理机构与职能

市工务局于1945年9月接受伪建设局工务方面的业务，公园、苗圃和行道树划归营造处园场科管理。1945年底，园场科升格为园场管理处，至1949年5月，先后由程世抚[1]（1946年2-9月，9月后改任正技师和顾问）、徐天锡（1946年10月至1948年3月）、市工务局主任秘书唐鸣时（1948年4-8月，兼任）、吴文华（1948年9月至1949年5月）任园场处处长。园场处本部下设三科一室，即管理科、造园科、总务科和会计室，处属职员初期十数人，后期增加到二十多人。1948年7月，园场处将下辖公园分为三等，中山、复兴、中正、黄浦、通北公园为一等，林森、昆山、衡山为二等，其余为三等；对所辖各园圃和行道树实行分级分区管理，一等公园由园场处直接管辖，二、三等公园和行道树按一等公园的位置进行分区，由邻近的一等公园管理（图5-1）。至此，园场处形成了“三科一室五园”，以“本部为首脑、园圃为肢体”的管理机构格局。

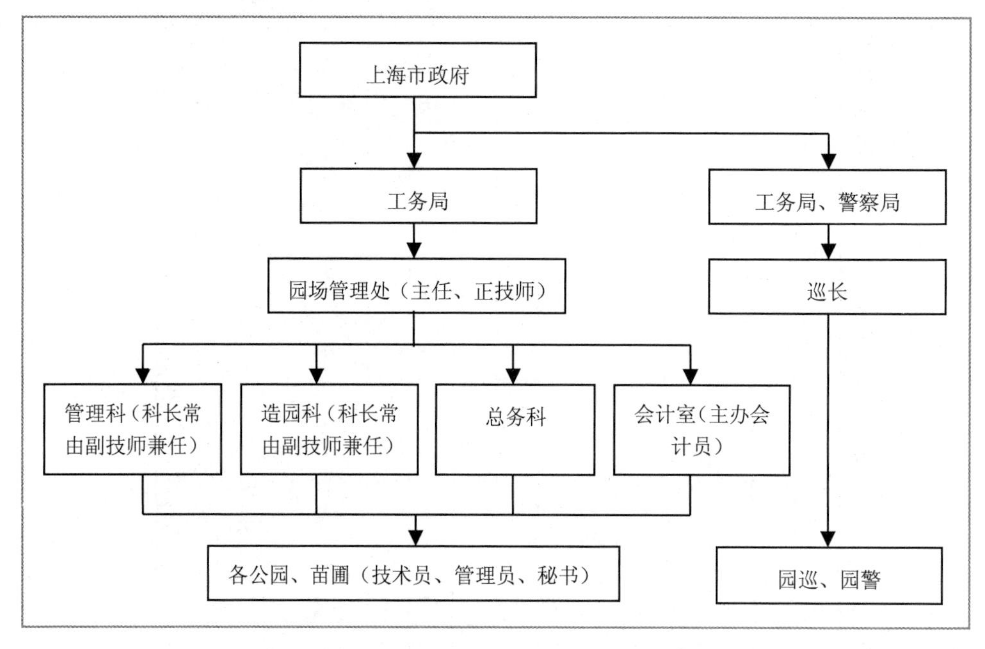

图5-1 民国后期国民党上海市政府园林管理系统图

资料来源：根据1946-1949年市园场处相关报告整理

1 程世抚（1907-1988）：字继高，著名园林、城市规划专家。1929年毕业于金陵大学园艺系，1932年获美国康奈尔大学风景建筑与观赏园艺硕士，1933年至1945年先后在广西大学、浙江大学等学校任教。1945年至1949年，任上海市工务局园场管理处处长、正技师和上海都市计划委员会委员等职，主持编制了上海市、南京市绿地系统规划。解放后，负责上海市公园绿地系统建设及相关城市规划工作，主持完成了上海市人民公园和人民广场等的设计与施工，为上海园林的发展作出过重要贡献。他曾提出大环境的绿地系统、以植物造景为主发展园林等学术观点，对融合生态学、建筑学、植物学、美学等为一体的新领域进行了探讨。

园场处主要行使以下职能：①负责公园、苗圃、行道树等公共园地的管理和市政所用花木的生产，以及部分市属机构庭园的园艺布置与管护；②拟订园地管理规章与细则，对迁移、破坏公共园地树木的行为进行查处；③制定和执行公共园地的考核、管理办法；④开展专业技术研究与咨询，组织技术培训和技术人员考核；⑤参与专业规划和发展计划编制；⑥参与组织实施植树造林和群众性的花卉展览评比工作；⑦收费承接代管园林和代办工程等。

5.2.3 管理制度与专业管理[1]

1.管理规章与制度

1946-1948年期间，由园场管理处起草，上海市工务局先后制定公布多项园地管理规章和办法，包括《上海市工务局公园管理通则》[2]、《上海市工务局儿童公园管理通则》[3]、《上海市工务局行道树管理规则》[4]、《公园游客违章处罚办法》[5]、《各公园门前摊贩取缔办法》[6]等。

《上海市工务局公园管理通则》和《上海市工务局儿童公园管理通则》对公园的分类与管理，以及游客行为作出明确规范，是上海历史上涵盖全市公园最早、最全面的公园管理通用规章。虽然其中的部分条款来自租界公园管理规则，但与租界时期的公园管理规则相比，以上两项通则的内容更为全面，条款更为明确。《上海市工务局行道树管理规则》的条款不多，总共才7条，但其内容很具针对性，对全市行道树的分区管理以及对损伤行道树行为的查处办法（由工务局和警察局共同查处）进行明确，并要求市民对损害行道树行为进行及时举报，对行道树的冬季修剪、夏季剥芽等工作内容与技术要求也作出了规定。以后为进一步规范行道树管理工作，园场处绘制了行道树标准图，成为上海地方政府编制的第一项园林技术规程。为了使上述规章中的某些条款便于施行，工务局又先后拟订过一些具体实施办法，如《公园游客违章处罚办法》、《各公园门前摊贩取缔办法》、《例假节日公园加强管理办法》、《法国梧桐等插条出让办法》、《协助各地区植树造林办法》等。

在制定和执行以上园地管理规章的同时，园场处还先后参与起草《大上海都市计划》中的园林相关内容和《上海市绿地系统计划初步研究报告》。在参与规划的过程中，园场处以本部职员为主体，广泛收集资料，深入进行现状调查分析，为理性规划与决策打下了坚实基础。《上海市绿地系统计划初步研究报告》附件之一的《绿地规则》，以法规形式确立了全市绿地的管理体制、规划与建设、指标制订与

1 本部分文中未标明出处的相关参考内容，来自1946年5月-1949年7月上海市工务局园场管理处的《工作旬报》、《处务会议记录》和《公园周报》。
2 上海档案馆档案，卷宗号Q215-1-392，058.
3 上海档案馆档案，卷宗号Q215-1-392，072-075.
4 上海档案馆档案，卷宗号Q109-1-751，002-004.
5 上海档案馆档案，卷宗号Q215-1-392，099-100.
6 上海档案馆档案，卷宗号Q215-1-3996，SC0105-0106.

分解，以及建设资金的来源等内容，是近代上海首个内容较为完整的园林绿地法规。

工作中，园场处执行了严格的例会和工作报告制度。成立至上海解放前夕，园场处共召开半个月一次的处务例会 99 次。例会由处长任主席，出席会议的人员主要有三科一室五园的负责人。会议议程有报告事项、讨论事项和主席指示三项，对过去一旬的主要工作进行总结，布置下一旬的工作，对疑难事情一事一议，每事必决。园场处的工作报告分为公园周报和园场处旬报两种。每周的公园工作报告由各公园负责人撰写，呈园场处查阅存档，内容主要包括各园的社教工作计划与实施、游客违规事项与处理、茶室和照相馆督导情形、工巡奖惩经过、园工工作支配、器材动用记录及其他报告事项，内容十分详尽。一月三次的园场处工作报告由处长撰写，呈报市工务局正副局长，报告对每旬的公园苗圃工作重点和技术业务作出总结，并附有公园门券、常年券和自行车停放的统计报表。

2. 专业管理

园场处既是园场管理的职能部门，也是园林设计和技术部门。凡公园、苗圃的改造修建工程，各种园林花卉展示会、体育运动会、植树造林典礼和部分市政会议会场布置，市属相关部门的庭园、室内绿化布置等，均由该场负责设计。

由处长和正技师牵头，以造园科为主体，园场处经常举行定期和不定期的技术研讨会。1947 年 5-7 月期间尤为集中，先后举行 7 次技术研讨会，会议主题分别为造园技术、花木扦插部位和时期以及插条储存技术、公园设计与布置、工人工作效能标准、本市行道树种类选择与适应性、花坛设计与布置。会议结合工作重点和技术难点进行研讨，涉及内容较为广泛。

公园管理是园场管理的重点，管理颇有成效。整合期的公园管理基本确立了包含行政、园容、园务、商业服务和治安管理等的专业管理模式，为新中国成立后的上海公园管理建立了基础。

公园行政管理：园场处的公园管理工作致力于公园管理的规范化，趋向宏观管理。园场处对各市属公园采用分级分区的管理制度，实行公园主管负责的岗位责任制，分工明确、责权清晰，并有利于各园间的业务竞赛。处领导通过不定期的巡查，掌握基本信息，进行工作督导；处属各科室通过技术指导，参与公园的管理协作。一二等公园设主任管理员（一般由副技师兼任）、副技师、技术员各 1 人，司事 2～4 人，工头 2～4 人，长工 10～20 人；三等公园设管理员、技术员岗位（一般由 1 人兼任），司事 2 人，工头 1～2 人，长工不超过 10 人。技术员以上人员直属园场处管理，其他人员由公园主管聘用。为避免人工浪费和虚报，园场处专门制定了《工人工作效能标准》，实行严格的用工监管制度。各园圃每季度须做好用工预算，每日须填送与工作内容相符的工人分配表。表格内容十分细致，包括耕作、园巡、清洁等分类，有 40 多个子项目。

公园园容管理：各公园园容管理的重点是用工用料最多的植物调整、景点改造和园艺布置；其次是清洁管理，园场处为每个公园配备了卫生设施，每年举行公园整洁竞赛活动，还规定不得在公园出入口50米范围内设摊营业或兜售物品。园场处还对公园游客的违规行为逐项制订了处罚细则，视情节轻重予以罚款或责令其出园，早期曾使用面壁、掌手等体罚措施，处罚很严格。

公园园务、商业服务管理：园场处的收入主要有公园门票及经营收入、行道树损害罚款和代办园林工程收入三项，以第一项为多。公园门票收入按10%提成用作职工奖励，其余收入上交市财政。从1947年5月起，除中山、中正、复兴、黄浦、林森、通北、晋元仍售票以外，其他公园免票。门票销售与管理是各公园的主要园务管理工作，公园门票分临时门券和常年券两种，常年券除在各公园出售以外，还委托各银行、邮政所代售。由于恶性通货膨胀严重，民国上海市政府作出了定期调整公园票价的规定。经多次提价，1949年1月1日时的临时门券为4角、年券20元，分别是20世纪30年代初期公共租界公园门票票价的4倍和20倍。

民国后期上海公园内的商业、服务设施管理，一方面，因营业性设施不多，管理上仍沿用租界公园旧例，由市工务局于1945年底制订公园茶室及摄影营业管理暂行办法，每年招商一次，中标商须缴纳承包金额的10%作保证金，以后陆续对园外自行车停放和厕所卫生纸供应进行收费；另一方面，在公园内普遍新增了壁报、宣传亭、纪念亭和流动图书馆等宣传、教育设施，所张贴的报纸一般由各报社免费提供，流动图书馆由园场处与市教育局合办，在各公园内循环展览。

公园治安管理：公园治安主要通过设置园巡进行管理，大公园有园巡数人，后期由于驻军进园挑衅和游客人身伤亡事例增多，不得已遂改园巡为园警，复用租界时期的做法，由警察局负责公园的治安管理。

3. 园艺展览活动的开展与行业引导

上海近代逐步发展起来的花木生产与销售业、园林设计与施工业等园林行业，其行业协调和管理职能主要由同业组织——上海市花树业同业公会[1]承担。公会对内行使管理，对外协调本行业与政府及其他行业间的关系，发挥纽带作用。1948年成立的上海市园艺事业改进协会，在园艺科学研究、技术咨询与推广、促进园艺事

1 抗战胜利后，由于上海行政区域的整合，花木行业有所扩大，花树业同业公会会员随之增多。为此，1946年1月花树业同业公会改组为上海市花树商业同业公会，改委员制为理、监事制，成立理事会、常务理事会、监事会等常设机构，下设北公所和龙华分会两个派出机构。新组公会的工作重点也由原来的花木定价改为对内协调各种矛盾，对外代表行业与政府及其他行业办理交涉事宜。1946年3月，公会会员大会通过了《上海市花树商业同业公会业规》，对行内种种不正当经营行为的处罚办法进行了规定。为改进园艺，1947年公会曾请上海园艺改进协会的专家给会员传授园艺新技术。对于国民党政府为扩充内战经费而不断增加税收，公会据理力争，保护了行业的利益（《上海园林志》，第511页）。

业社会化及工业化等方面，也发挥过重要作用[1]。园场处为专事市政园林的政府机构，不直接行使行业管理职能，但在引导行业发展方面仍具有不可替代的作用。园场处通过开展园林技术培训与咨询、花木品种推广、园林知识讲座与宣传、指导私人庭园与农场的设计布置等活动，尤其是与上海园艺事业改进协会合作举办的每年一次的春季莳花展和秋季菊花展，普及园林知识、提升行业专业技术水平的同时，扩大了行业的社会影响，引导行业朝向科学化、现代化方向发展。

春季莳花展方面，由园场处与上海园艺事业改进协会合作，于1948年5月9日至12日在复兴公园内举办的春季莳花会颇为成功。对此次花展，当时上海各大媒体均载文予以宣传报道[2]。其中，5月9日的《大公报》报道："除44家花店参加扎花比赛外，又有圣约翰大学农院等女同学参加之瓶花陈列，逐日更新。在会场中发售最新出版丛刊瓶花艺术等九种。"另有5月10日的《新闻报》报道更为深入："全场有盆花数千，由专家蒋滋寿、洪颂炯、程世抚三君主持布置，嫣红姹紫，目为之迷。盆景花木中西皆备，且悉为名种，如黄园之深红月季、春夏杜鹃、君子兰……彭浦赵园主人赵友亭云棠昆仲等出品瓶花，陈列一小室中，有芍药名东方亮者色淡妃娇艳无匹，又如水荷、紫枫、人参花、长春菊、翠兰等亦为俊品，复有折枝迎春，姿势之美直可如画。花树业公会会员商店各由扎花名手以鲜花扎成各种形象，如国旗、鸡心及龙凤等，勾心斗角，具见巧思，闻该会拟请各界评判，定最优者三名藉志荣誉。"文中所提及的黄园也即当时享誉上海滩的真如桃浦镇的黄氏畜植场，该园曾吸引蔡元培、于右任等名人携眷同去观赏，并为之题词；赵园也即赵家花园，同样享有盛誉。从以上报道不难看出，展览交易会的规模和影响已很不一般，全行业参与，名家毕至，展品芬芳馥郁，活动异彩纷呈，可谓是上海花树业的一次盛会。每年由园场处主办的秋季菊花会，参与展出的单位更多，组织宣传的力度也更大。如1947年的菊展，仅园场处进行的宣传品制作和菊花布置设计工作就有：菊花花瓣、花叶、花苞、花型绘制，菊展特刊编著，菊展路线图绘制，菊山、菊屏、菊桥、菊亭、菊坪及菊龙等的布置。除此之外，园场处每年还派专业人员赶赴松江等县指导菊花展览。

5.2.4 管理分析与评价

1.管理进步

1945-1949年间的上海市政园林管理，比以往有很大进步，可具体概括为：

第一，统筹性和全局性。首先表现为行政上的一元化，租界时期上海的三个行政区域各自为政，管理组织与政策各异，仅华界一地的市政园林就分属三个单位，

1 上海档案馆档案，卷宗号Q215-1-206，001-003.
2 上海档案馆档案，卷宗号Q215-1-206.

管理上互不统属，自谋发展。抗战胜利后，市政园林的规划、建设和管理划归市工务局，行政管理始在全市范围内得到统一，并特设专门机构负责日常管理，通过内合外联的方式谋求市政园林的建设与发展；其次是管理制度的全局性，无论是全市园圃管理通则的制定出台，还是分区分级的管理架构，无不体现了民国后期上海园林管理在制度层面上基于宏观、全局的思考定位。

第二，前瞻性和科学性。集全市之力进行的都市规划和城市绿地系统规划（后文将作专门论述），对科学理性的探求和着眼未来的定位具有非凡意义，对城市园林绿地的重视程度前所未有。通过系统规划，认清现实基础，引领近期建设和理性管理决策，避免建设实践中或轻或重的盲目性，使得城市园林绿化的有序发展和科学管理成为了可能。

第三，务实性和改良性。抗战胜利政权统一后，国民党上海市政府并没有否定和销毁租界与华界内不同权属的公私园林，而是以公共园地为基础，计划逐步征用收购私有园林，实行城市园林的整体修复改善。实践中，市工务局、园场处等职能部门能面对现实，吸收租界园地管理的先进经验，强化管理措施；整合现有园圃，发展苗木生产，推广植物材料；传播先进的造园技术与理念。这种渐进式的改良发展方式，不仅是受制于经济条件的被动适应，更是理性、务实的积极谋求。

2. 管理不足——一篇报告所引出的问题

抗战胜利至上海解放前夕的数年，上海的市政园林管理取得了前所未有的进步，但其不足也同样明显。经过近 3 个月的调研后，新任园场处处长唐鸣时于 1948 年 5 月 30 日拟具的整改计划报告[1]颇具代表性。整改计划分八个部分：本部机构设置与主管业务，人员配置与职责，公园附属营业性机构之管理，园圃设备之整修，动物园之两难困境，公园极宜改造，金钱与料具应同样重视，代管园林与代办工程。该报告内容全面，重点突出，基本囊括了园场处所管辖的范围和内容，重点分析了园场管理的现状与问题。或许新任处长的阐述存在一定的偏颇，但从中不难看出，当时的园林管理尚存在几方面问题。

其一，管理范围有限，效率不高。报告首先指出：“园场处所辖园圃大部皆承袭租界时代之规模，是以新旧制度之调整较其他单位更成问题。自接受以来，此项调整工作未臻圆满，加以人事牵扯，遂至好好不能用，恶恶不能去，组织松懈，指挥乏效，人力物力俱有浪费。”看来，园场处管理范围不大的原因除了财力有限外，管理效能的低下也是一个重要原因。尽管在工务局和园场处的制度中，关于工作效能和杜绝浪费的规定着墨最浓，从实际的效果来看，肯怕还有些事与愿违。

其二，制度变动大，管理缺位。由于园场管理处处长的多次更换，所实行的处

---

1 上海档案馆档案，卷宗号 Q215-1-556，008-019.

长负责制管理模式造成了因人而异的管理缺陷，各任处长有的强调技术管理，有的重视制度建设，管理工作的重心因个人判断的不同而不断转移。在缺乏民主决策和制度连续性的情况下，采用分级分区的管理模式，也不可避免地滋生出很多漏洞与弊端。无怪乎，唐处长感叹："园圃原依分配所得之预算经费，由公园主管再分配与各园圃，依额支用，此点不但养成各园圃之独立把持，且不经济，不平均，先后缓急失调。"

其三，员工素质良莠不齐，工作避重就轻，园景管理堪忧。"战后情形大不相同，平时常有拥挤之现象，周末假日几如闹市，乃一切设备初无改变，草地、花坛一仍其旧，为恐游人践踏围以铁篱，视若禁区。人以游客水准低落，颇欲时光倒流……半私家之公园（指租界公园），实非现在上海索宜有，而花草入集中营，尤属笑话！"唐处长对公共园地管理状况的这一痛惜并非危言耸听，员工间人事摩擦不断、工作上人浮于事的管理现实，或许是政治经济濒于崩溃时的社会大环境使然，仅靠管理机构制定的考核办法恐怕已于事无补。

5.3 园林规划与实践

5.3.1 1945-1949 年的大上海都市计划与城市绿带规划

抗日战争胜利后，民国上海市政府明确由市工务局负责恢复城市研究与规划工作。为配合《大上海都市计划》，1946 年 2 月工务局拟订《上海市建成区营建区划规则草案》，对建成区范围及分区界址进行明确，将营建区划分为第一住宅区、第二住宅区、第三住宅区、第一商业区、第二商业区、工业区、油池区、仓库码头区、铁路区和绿地，对各区内的建筑物及使用性质作出规定。在上海城市建设历史上，《上海市建成区营建区划规则草案》第一次采用"绿地"概念，其第 15 条明确规定"包括公有私有绿地除经工务局特准之建筑物外不得有任何建筑"，将"绿地"规定为非建设性的城市用地，并在上海市建成区营建区划图中划定"绿地带"范围[1]（图 5-2）。

1946 年 8 月上海市政府正式成立都市计划委员会，负责编制大上海都市计划。至上海解放前夕，该委员会负责先后完成的区域研究与城市总体规划有《大上海区域计划总图初稿》（面积约 6 538 平方公里）、《上海市土地使用总图初稿》、《上海市干路系统总图初稿》、《大上海都市计划总图草案报告书》（1-3 稿），以及一些列的专门计划和分区建设计划。规划市域面积 893 平方公里；规划期限 25 年，并兼顾 50 年的远景需求；1945 年总人口 400 万，计划全市人口容量为 950～1 000 万人口，建成区人口规模控制在 420 万人以内。规划以居住、工作、游息与交通为城

1 上海档案馆档案，卷宗号 Q109-1-659，SC0040-0046.

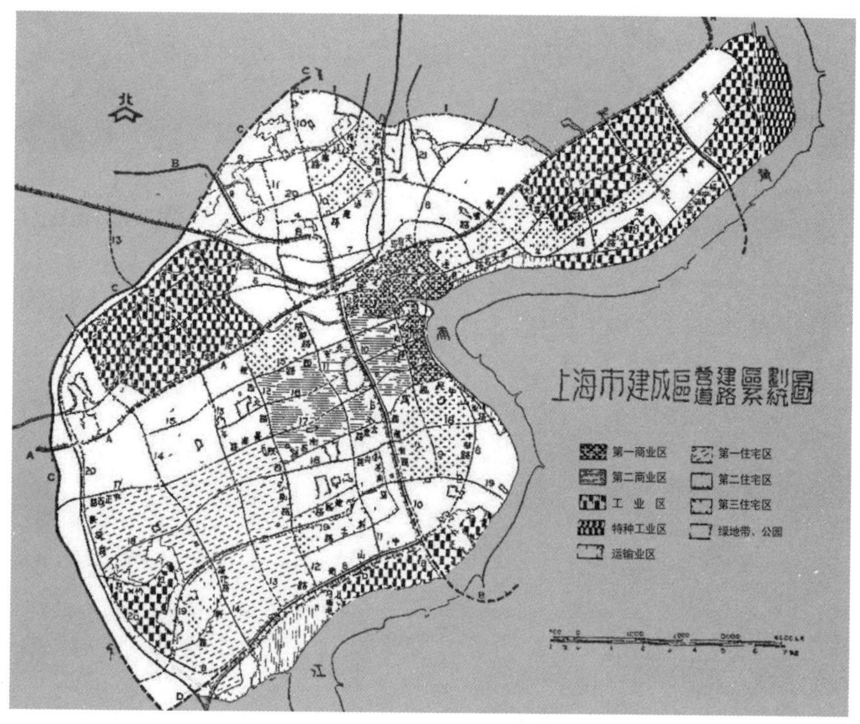

图 5-2 上海市建成区营建区划—道路系统图（1936）

资料来源：卷宗号 Q109-1-659，SC0046

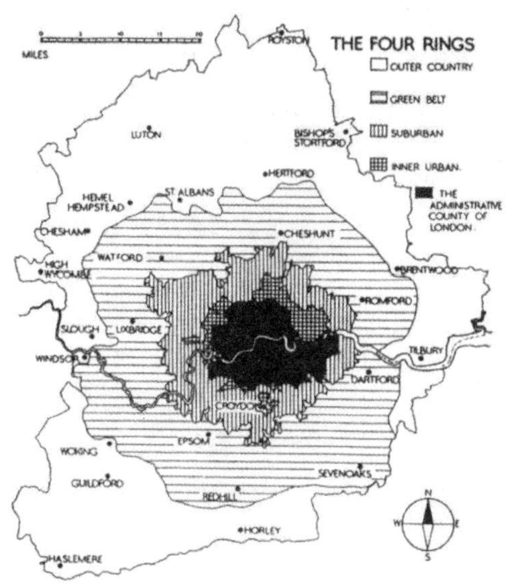

图 5-3 大伦敦规划

资料来源：《国外城市绿地系统规划》

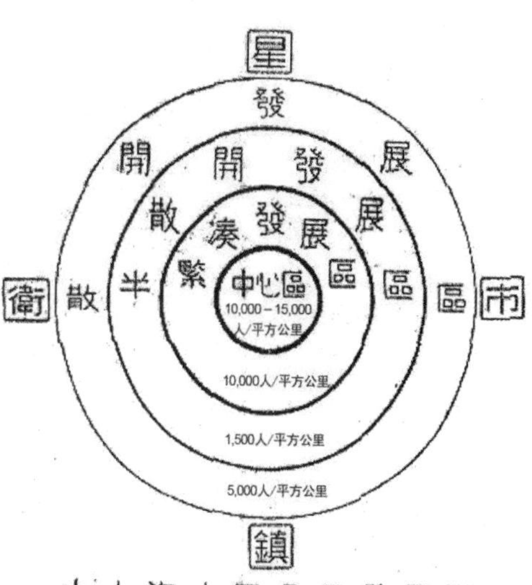

图 5-4 大上海人口分层发展图

资料来源：卷宗号 Q109-1-659-2，0134

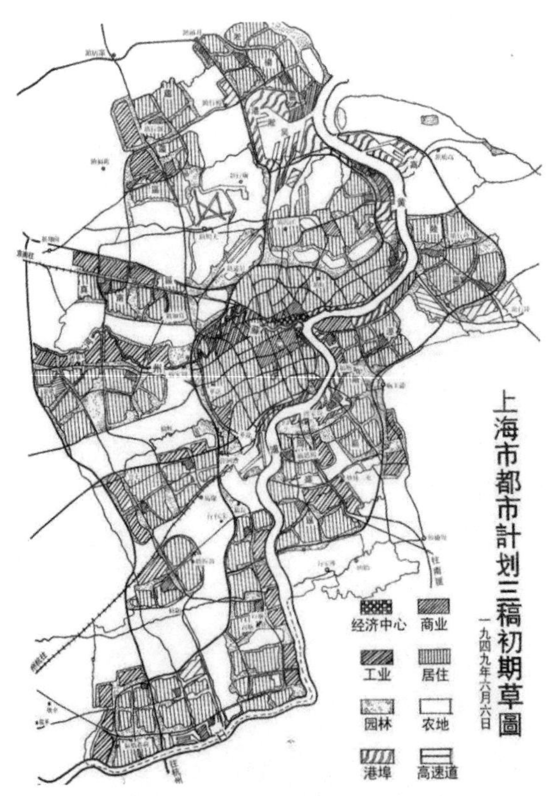

图 5-5 上海都市计划三稿初期草图（1949）
资料来源：《上海城市规划志》

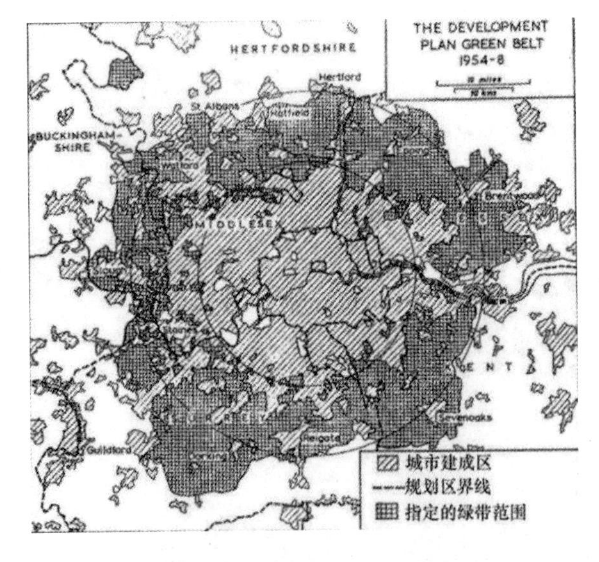

图 5-6 伦敦发展规划中的绿带规划
资料来源：《国外城市绿地系统规划》

市基本活动，从区域规划入手，以“田园城市”、“有机疏散”、“邻里单位”等理论为指导，借鉴国际先进的城市规划模式，重点进行了人口疏散、土地区划、交通系统等的研究与计划。参照大伦敦规划（图 5-3），采用分层发展理念，将市区从内到外依次划分为人口密度标准相异的中心区、紧凑发展区、半散开发展区、散开发展区、卫星市镇五个圈层[1]（图 5-4）。

规划绿地包括林荫大道、运动场所、各项福地面积占全市面积的 32%。鉴于市中心区现状人均绿地面积仅 0.2 平方米，与国际标准相差极大，规划提出通过设置环中心区绿地带进行弥补，并设置林荫大道、人行道、自行车道等带状园地向全区域进行辐射形扩充，从而构成较完整的城市绿地系统(图 5-5、图 5-6)。规划绿带宽度 2～5 公里不等，具有多重功能，内部可设置公园、运动场及农场，以维持绿带范围较低廉的地价，并对中心城区进行有效隔离，以免中心区向外呈现带状拓展。规划在绿带外

1　上海档案馆档案，卷宗号 Q109-1-659-2，0134.

围半径在15公里以内的范围内设置农地带。规划十分重视绿地带与农地带的农业生产功能和经济价值，认为只有通过提高其自身的经济产出和利润才能维持这种绿色旷地不被城市建设所蚕食。规划建议于绿地带内设置花圃、果园、菜园等，通过温室栽培进行高附加值的农作物生产，于农业带内进行粮食生产、发展家畜农场，以使城市食品能就近供应[1]。

为推进都市计划，1948年3月上海市都市计划委员会于第142次市政会议提出临时提案——拟设置上海市建成区环区绿带[2]，建议“先就建成区沿区一带拓辟绿地以为全市模范而利逐步推进”，并拟具了具体的发展计划（表5-3）。

1948年10月都市计划委员会拟具《上海市绿地系统计划初步研究报告》的专门计划，《大上海都市计划三稿》中的园林、绿带等相关内容均来自该报告。这一专门计划是上海近代所作规划中有关城市园林绿地方面的最全面之作，具有十分鲜明的时代进步性。

表5-3 1948年上海市建成区环区绿带计划表 单位：平方公里

序号	地　段	面积	备　注
1	自上海南站至日晖港沿中山路一带	0.543	界于第二住宅区与工业区
2	自日晖港中山路至龙华港龙华寺一带	0.357	界于第一住宅区与码头仓库区之间
3	沿徐家汇镇沪杭铁路一带	0.380	界于铁路与工业区第一住宅区之间
4	自交通大学徐汇公学天文台天主堂圣衣院圣母院沿徐家汇路至枫林桥	0.633	界于第一住宅区与第三住宅区工业区之间
5	自枫林桥沿徐家汇路至济南路墓地	0.258	穿过第一住宅区及第三住宅区
6	自梵皇渡车站沿沪杭铁路至京沪铁路	0.575	界于第二住宅区与铁路及工业区之间
7	自沪太路经三江会馆赵家花园徐州会馆江宁公所武陵中学扬州公所及普善山庄一带	0.513	穿过闸北第二住宅区
8	自晏摩氏女校经宋公园同仁安堂义塚日本坟园四明公所陈家花园长右会坟园及日本忠烈墓一带	0.716	穿过闸北第二住宅区
9	自欧阳花园经丝业会馆上海公所翁家港朱家弄至高速干道一带	0.269	穿过沙泾港其美路一带
10	沿虹口高速干道一带	0.291	沿虹口高速干道
11	沿宁国路一带	0.287	
12	沿隆昌路一带	0.261	
	总计	5.115	包括分期收回及征用的半凇园及沈家花园，面积计0.030

（续表）

资料来源：卷宗号Q217-1-23，000020-000021，第142次市政会议临时提案（上海市都市计划委员会，1948年3月）—“拟设置上海市建成区环区绿带”提案

1　上海档案馆档案，卷宗号Q400-1-2134，SC0042.
2　上海档案馆档案，卷宗号Q217-1-23，000020-000021，第142次市政会议临时提案（上海市都市计划委员会，1948年3月）。

5.3.2 《上海市绿地系统计划初步研究报告》解析

于1948年10月都市计划委员会拟具的《上海市绿地系统计划初步研究报告》[1]（以下或简称“报告”）是《大上海都市计划三稿》之前的一项专门规划，由委员会成员之一的程世抚先生主笔撰写。报告分为六个部分，依次为绿地含义、本市绿地调查统计、本市绿地使用分析、本市绿地标准之商榷、建成区绿地计划草案（附绿地规则）、将来计划。通览全篇，该《报告》具有现状调查深入、数据资料详实、规划思想与方法先进、规划内容全面、体例完整等特色，很具时代性和前瞻性。以下择要进行分析：

1.绿地概念与分类

报告首先对绿地与旷地、公园、公园系统等相关概念进行研究与梳理。基于当时国际上对园林相关概念的最新认识，研究认为：对都市计划来说“公园”的含义已嫌狭窄，而应将无建筑物而有种植物之区统称“绿地（Green Area，报告中也称绿面积）”或“旷地（Open Space）”；绿地可有公私之分；应将长条形带状绿地称为“绿地带（Green Belt）”，绿地带可以是公园大道或森林，间或种植农地，但面积极广的“农业地带（Agricultural Area）”不宜与绿地相提并论。对英美两国的园林相关概念进行分析比较后，报告进一步提出和解释了以下概念：

旷地——都市计划中的空旷地带拟总称为旷地，但不一定为绿面积，与英国所用的Open Space接近，可细分为绿地、空地（Vacant Space）、荒地（Waste Land）、农地（Agricultural Belt）四类，其中的绿地包含公私园地、林地（Woodland，Forest Park，Forest Reserve and Reservation）及机场绿化隙地。

公园——为德育、智育或体育性的消闲娱乐园地，有时专为一种用途，有时两者甚至三者兼备，视情况而定。德育性质的公园有纪念碑塔（Monument）、散步公园（Promenade）、市内广场及大小公园、公园大道（Parkway）、路景（Way Side）、森林公园（Forest Park or Forest Reservation）、兽类保护区（Wildlife Reservation）、人类保护区（Anthropological Reservation）天然水源（Natural Reservation）等；智育性质的公园多与提倡教育及增进知识有关，如植物园、动物园、户外剧场、户外音乐台及建筑博物馆、艺术馆、图书馆、水族馆等；体育性质的公园专为提倡体育运动而设。公园常规有10种：儿童公园（Children's Playground，3～50亩不等），小型公园（Town Squares and Small Town Parks，1～10亩不等），市内公园（Neighborhood Parks and Large In-town Parks，不小于150亩），近郊公园（Sub-urban Park or Large Landscape Park，不小于300亩），儿童及成人运动场所（Playground and Playfield，20～100亩不等），体育

1 上海档案馆档案，档案号Q217-1-19，000008-000017.

场或体育中心（Athletic Center），专类公园，公园路（Park Way，报告中称为公园大道），国立或省立公园，动植物人类保护区。公园路的宽度不必统一，宽处可达半公里以上，狭处与林荫道相同，可视情况设置成驰径（Bridle-path）、路景（Wayside）、林径（Trail）、林荫道（Boulevard）。

公园系统（Park System）——公园系统由各种大小公园与带状公园路组成，在市区、省区、国界内皆应有设置。公园系统含义很广，可含娱乐、运动、文化诸系统。市区公园系统一般包括：民教娱乐系统（Cultural Recreation-educational Park），如动植物园，或建有博物馆、图书馆的公园；消闲娱乐系统（Passive Recreation-Pleasure Park），即市内各种大小公园；运动娱乐系统（Active Recreation），即含公私学校在内的各种运动场、儿童公园；公园大道系统（Parkway System）；保留旷地，空地、荒地或农地，为将来扩充园地之用，由政府规定不得随意更改用途。

基于以上分析，报告提出绿地有永久性和非永久性两种，凡私有绿地为非永久性，而公有绿地一般属永久性，在都市计划中须对私有绿地中的建筑设施加以限定。并拟定上海市的绿地分类如下：

公有绿地——主要为公园系统，包括公墓、机场、运动场等，应制订区划规则对其永久性的性质加强控制，不使更变使用。

私有绿地——主要为私园及私人团体园林，目前为非永久性，但在区划规则中确定建筑与绿地比例，不致任意新造。

保留绿地——为将来扩充公有绿地之用，可为绿地、农地、荒地、林地、旷地，或已有建筑物之基地，或填浚河浜之公地，在指定期限内市政府保留征用权。

2.绿地调查与分析

绿地调查工作始于 1946 年夏季，因战前租界划地而治，各自为政，对于绿地记载详略不一，至敌伪时期，产权面积尤多变更，参考资料陈旧失效，未能获得满意结果。乃于 1947 年春，调派园场管理处助理技师 8 人着手野外调查与核实，将上海全市依行政分区划为三十四区，将绿地分为公有、私有两种，其范围包括公园，广场（马路交叉处之空地），体育场，公共机关、政府机关、领事馆、民间团体机关所有绿地，医院（附疗养院），学校（大中小学及学术研究机构），教堂（教会、慈善机构、庙宇），公墓（山庄、会馆、公所、殡仪馆），私人花园（已开放及未开放者、私人第宅、私人俱乐部），及其他各项目。野外调查自 2 月 3 日至 3 月 20 日进行，费时 1 个半月，调阅鱼鳞图、地籍图 500 余张，整理资料绘制图表费时 1 个半月，前后 3 个多月。统计时，对各单位绿地面积依据单位性质进行折算，教堂等公共机关以对折计算，学校、医院以六折计算，私人花园以八折计算。

据统计结果（表 5-4），绿地面积约占全市面积的 1.46%，其中公园一项仅占 0.015%，公有绿地占 0.76，私有占 0.70%；静安、北四川路两区绿地面积较多，邑庙区最少；统观全市 34 区，19 区尚无公园设置。由此，报告认为，绿地之少已不言可喻。

表 5-4 1946 年上海市各区绿面积分类统计表 单位：亩

区别	市区				郊区		合计	
	建成区		近郊区					
全区面积	128 655(85.77km²)		148 170(98.78 km²)		618 405(411.77km²)		895 230(596.32km²)	
绿地分类	公有	私有	公有	私有	公有	私有	公有	私有
公园广场	1 114.37	——	35.81	——	195.64	——	1 345.54	——
公墓会馆等	——	902.37	138.32	159.96	——	238.73	138.32	1 301.06
教堂庙宇	——	290.41	——	——	3.60	——	3.60	290.41
学校	488.44	744.88	149.06	357.09	266.30	119.94	903.80	1 221.91
体育场	58.80	603.31	1 290.43	129.45	——	391.24	1 349.23	1 124.00
机关	2 364.04	312.99	451.03	——	90.75	45.94	2 905.82	358.93
医院	116.12	260.19	42.45	3.68	1.89	43.89	160.46	307.76
私人花园	——	1 202.93	——	251.45	——	244.22	——	1 698.67
合计	4 141.77	4 317.08	2 107.10	901.63	558.00	1 083.96	6 806.87	6 302.67
总计	13 109.54（8.74km²），绿地率 1.46%							

资料来源：卷宗号 Q217-1-19，《上海市绿地系统计划初步研究报告》，1948 年 10 月

报告对公园游人量和所需绿地进行了分析预测。1946 年度全市公园最高日游人量 14.9 万人次，加上长期年券约占 25%强，以及不售门券游客共约 30 万人次。全市人口夏季为 400 万人，市区范围内 320 万人，故实际游客人数占市区人口 8.7%，占全市人口的比例为 7.5%，说明本市居民尚未充分使用公园。如全市居民充分使用公园，依据民政处 1946 年 3 月《上海人口统计报告》分年龄阶段的人口推测，估计最高日游人量为 71 万多人次（表 5-5），也即现在临时门券统计人数的 4.7 倍，全部游人数的 2.5 倍。目前每亩公园面积的游人数为 2 908 人，如以 1948 年的 500 万人口，实际游人数占人口总数的比例提高到 20%，则现有公园每亩的游人数将达到 1 万人，园内拥挤程度将不堪设想。25 年后，据民政处预测上海市总人口将达到 700 万，如按以上标准计算，则最高日游人量将达 148.68 万人次。

以人均面积计，每千人拥有公园面积 0.347 亩，1948 则为 0.267 亩。根据现有市区内公有绿地分析，每千人拥有绿地面积 1.28 亩，与英美等国每千人 4～10

英亩的标准相差太远。假定按每千人拥有绿地面积 4 英亩（约 24.3 亩）标准计，1946 年全市应有绿地面积 97 095 亩（6 473 公顷），是现有面积的 72 倍；1948 年则应为 121 410 亩（8 094 公顷），是现有面积的约 90 倍。若依次标准计算，则须将市中心区域悉数改为绿地。

表 5-5 绿地使用人数推测表 单位：人

年龄阶段	人口数量	绿地种类	游人百分比%	游人人数
5 岁以下	411 093	儿童游戏场	10	41 109
6-14 岁	536 342	学校运动场、运动场及公园	30	160 903
15-24 岁	699 422	运动广场及公园	30	209 827
25-54 岁	1 468 875	运动广场及公园	20	293 775
54 岁以上	229 928	公园	2	4 599
合计	710 213			

资料来源：卷宗号 Q217-1-19，《上海市绿地系统计划初步研究报告》，1948 年 10 月

3. 绿地指标与系统规划

报告分析认为，按《大伦敦规划》所订每千人绿地标准进行理想计划，则上海各区的绿地面积标准如表 5-6。从远景考虑，以 1 000 万人口计，平均每千人绿地面积取 7 英亩，则上海全市绿地面积应达到 360 平方公里左右，占市域面积 893 平方公里的四成，绿地率为 40%。如不含农田以纯绿地计，上海市的现状绿地面积仅为 8.74 平方公里，与远景目标相去甚远。就建成区而言，现有所有公私绿地面积总计为 564 公顷，仅占全区面积 80 平方公里的 7%，由于人口的过度集中，每千人的公有绿地面积仅为 0.02 公顷。为此，报告建议，规划近中期应结合市中心区的人口疏散拓展绿地空间，控制郊区空地，制订绿地规则，落实管理措施；中远期着力发展郊区绿地，开拓公园大道、绿地带、农业地带，并与中心区绿地形成系统，弥补中心区域绿地的不足。其发展构架如图 5-7。

表 5-6 上海市分区绿地面积标准 单位：公顷

区层	人口密度（人/km^2）	每千人绿地标准	绿地面积（每 km^2）
商业区	30 万（白天）	0.04（0.1 英亩）	12.15
紧凑发展区	1-1.5 万	1.62（ 4 英亩）	16.20-24.32
半散开发展区	7 500	2.83（ 7 英亩）	20.85
散开发展区	5 000	4.05（10 英亩）	20.25
绿带农地	500-700		全部为绿地
郊区（卫星市镇）	5 000-7 000	4.05（10 英亩）	20.25-28.38

资料来源：卷宗号 Q217-1-19，《上海市绿地系统计划初步研究报告》，1948 年 10 月

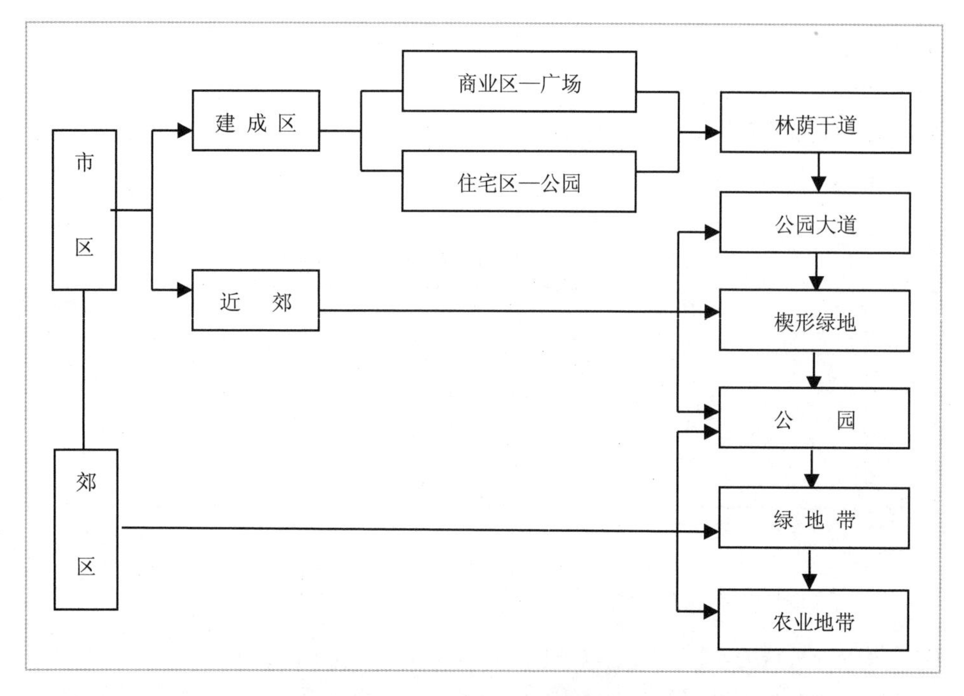

图 5-7 上海市绿地系统计划的绿地发展构架图

资料来源：卷宗号 Q217-1-19，《上海市绿地系统计划初步研究报告》，1948 年 10 月

鉴于建成区人口密集绿地面积少，报告对区内各种用地内的绿地进行分析，依据最低标准确定绿地总面积为 2 848.3 公顷（表 5-7），占建成区总面积 8 760 公顷的 32%，近期每千人绿地面积近 1 公顷，随着人口外迁面积将逐步增大，远期接近每千人 4 英亩的英国标准。

报告中的绿地实施计划，将绿地指标分解为公园系统园地和住宅绿地两部分。其中，公园系统园地分为：现有公园苗圃和绿地广场，公园面积 74.69 公顷，其他 188.73 公顷；征收和收回绿地的面积约 54 公顷，包括沈家花园、半淞园、哈同花园、六三园等私家花园和贝当、平凉路等苗圃；限制使用性质的绿地，面积 170 余公顷，包括各公共机关、体育场所、市立公墓、公私医院、公私学校等单位；绿地带，总面积 512.2 公顷，区外 281 公顷（区内已计 231.1 公顷）。公园系统园地面积合计为 775.52 公顷。住宅绿地部分，对各类住宅区和商住区分别进行 30%～50% 的绿地面积规定，获得住宅附属绿地面积 1 965.6 公顷。由此，总计绿地面积为 2 741.12 公顷，与计划相差 100 余公顷。为推进绿地计划实施，根据《上海市建成区营建区划规则》第 15 条，规划还起草了《上海市建成区绿地规则草案》，共 10 条，分别对上述各类绿地进行明确规定。

表 5-7 上海市建成区最低标准绿地面积计算与实施计划表　　单位：公顷

分区	区域面积	公园系统园地		住宅绿地	
		比例	面积	比例	面积
第一商业区	267	10	27.6		
第二商业区	509	5	25.5	40	203.6
第一住宅区	1 088	10	108.8	50	544
第二住宅区	3 284	5	164.2	50	985.2
第三住宅区	1 164	15	174.6	30	232.8
工业码头等区	2 019	5	101		
绿带	281		281		
水道	139				
总计	8 760		882.7		1 965.6
绿地合计					2 848.3

资料来源：卷宗号 Q217-1-19，《上海市绿地系统计划初步研究报告》，1948 年 10 月

4. 特色与意义

《上海绿地系统计划初步研究报告》与《大上海都市计划》都以当时国际前沿的规划思想和理论为指导，吸收世界各国的先进经验，结合上海实际情况，基于宏观考虑，从调查分析入手，以解决核心和瓶颈问题为重点，对城市园林绿地的发展进行了科学、理性的分析思考和规划定位，体现出强烈的现代意识。《报告》在绿地系统研究和规划方面特点鲜明，意义显著。

从规划思想和理论依据来看，该规划已与国际接轨，其思维高度与广度超越上海租界和国内其他城市的相关规划，对近代上海乃至全国的绿地规划与建设具有引领作用。其作用具体表现为：第一，《报告》以“绿地”为核心，对世界近代园林发展中所出现的相关概念进行比较分析，在国内首次建立园林绿地的概念体系、分类体系及标准，促进了“绿地”思想在中国的形成与深入；第二，基于城乡绿地一体化认识，结合上海绿地现状，形成上海城市绿地规划与发展的系统性、平衡性、兼容性的整体观；第三，在明确城市与城市绿地系统、城市总体规划与绿地系统规划之间整体与部分关系的同时，突出城市绿地系统在城市中的作用和特殊性，认识到绿地不仅是城市四大活动之一——游息的主要载体，而且具有构建城市结构、引导城市发展的作用。

从方法论的角度来看，《大上海都市计划》将城市规划看作是科学与艺术的结合，是自然科学、社会科学、工程学、建筑学和美学的综合，规划包含宏观决策、规划设计和规划管理等各个方面的内容[1]。作为一项专项规划，《报告》强调科学研究，在上海历史上第一次对市内外各类绿地进行详细调查与分析，为理性规划决策提供了科学依据；规划既有原则性又具灵活性，着眼于远景通盘考虑与控制，着力

1 郑时龄．上海近代建筑风格［M］．上海：上海教育出版社，1999：63.

于建成区的近期规划、实施与管理。

就规划成果而言，其完整性和先进性属世界一流。《报告》提出以人均公园面积、绿地率为绿地分析和规划的重要指标，从市民游息、城市景观、环境保护、城市发展控制、农业生产等多角度进行绿地配置，采用了解放后国内城市绿地系统规划中普遍使用的“点线面、带环楔”的绿地形态和结构，形成游憩公园系统、景观与防护绿地系统、生产与预留绿地系统等有机整合的绿地整体。作为一项专项规划，《报告》比莫斯科与日本东京的绿地规划，以及南京《首都计划》中的公园规划[1]晚了 10 数年，但从城乡一体化角度在区域范围进行的系统规划却比 1958 年东京大都市圈规划要早 10 年。在国内，其时间之早、范围之广阔、内容之全面，可谓独领风骚。

可惜，这样一个具时代性的绿地规划所产生的实际作用与影响并不大。报告完成后不久，主笔人程世抚先生应邀主持了国都南京的城市绿地系统规划编制工作，但其实际的作用与影响同样也不明显。或许，在国民党统治末期的现实环境中，过于超前和理想化的规划是没有实际操作空间的，规划也只能停留在终久是草案的构想阶段。解放后，面对恢复生产、发展经济的首要任务，绿地概念渐趋淡漠。以后，随着苏联模式的引进，才重新出现绿地及其规划思想。至今，出于种种原因，解放前所进行的绿地规划实践已完全从人们的视线中消失，包括许多专业人士在内，人们大都认为中国的绿地概念以及绿地系统规划思想最早来自于苏联。当然，一个概念或思想出现的时间先后并不重要，重要的是它是否产生过实际作用和影响，以及对今天尚存的意义。客观地讲，《上海市绿地系统计划报告草案》中的某些理念和实践领域至今未被逾越，所体现的探索精神和科学思想对今天仍具有参考价值和指导意义。

5.3.3 有限的公共园地建设

1. 宋公园与教仁公园

教仁公园原名宋公园，园址位于今闸北公园的西部。

1913 年 3 月 20 日，宋教仁在沪宁铁路上海站遇刺，22 日不治身亡，葬于闸北象仪巷。后国民党在此辟建墓园 40 亩，自湖州会馆向北至墓地辟宋园路（今和田路）。宋墓在园中央，占地约 9 亩，墓形为半圆形，高约 2 米，墓前有宋教仁坐像，墓地四周植树，习称宋公园。

上海特别市成立以后，市民要求建立公园和公共体育场的呼声日高。1928 年 7 月上海市国民党六区党部致函市府呈请在闸北辟建公园：“查闸北一区毗连租界，

---

1 陈植．造园学概论．商务印书馆，民国二十四年初版：215-216.

水陆交通均关重要，居民栉比，人口三十余万，乃竟无一公园及公共体育场，以强我居民，似此实非革新市政者之所宜出，且宋园及五卅公墓在在皆与革命历史有关，使收买附近土地辟为公园及公共体育场，不独可以健身体，且亦足以垂纪念。[1]”1929年9月，市政会议决议拨款修理宋园，后因市库支绌，只是稍加整理后仍以宋公园一名对外开放。

1946年5月，上海市政府决定整修、扩建宋公园，并更名为教仁公园。设计和植树工程由市工务局园场管理处负责，道路等工程由第一区工务管理处代办。由于敌伪时期墓园荒芜，邻近地块农作物尚未收割，公园的接洽和整理场地工作费时达5个月。公园的扩建工程于10月1日开工，施工期很短，至当月31日即基本完工[2]。整修工作以绿化种植为主，植树500余株，铺设简易园路、新建两座茅亭和几处花坛，沿公园四周围以铅丝围篱后，公园于11月18日对外免费开放。经过整修，公园的植物景观得以丰富，园内主要植物有枫杨、白杨、悬铃木、洋槐、龙柏、刺柏、柳杉、珍珠梅、溲疏、法国冬青、栀子花、月季、金丝桃等50余个种类。以后，园内设施有所增建，至1947年底公园面积为109.6亩。

1949年后，上海市园林部门对公园进行了整修，并于1950年5月28日改名闸北公园。

2.中山公园植物园

该园建成于1947年，至1980年上海植物园建成之前，一直是上海树种最多的观赏植物标本园，在上海近现代园林史上具有重要意义。

抗战胜利后，各学校和一些市民一再向市工务局申请，要求将各公园内的树木标明科学名称以资参考。考虑到当时上海各公园的观赏树种不多，仅170种左右，且多散布在各处，市立园场管理处决定在植物种类最多的中山公园（原公共租界的极司非尔公园）内，利用园内租界时期一度被英军占用的北营房用地，扩建原高山植物园，形成以树木分类为主的植物园。园场处在编制1947年度事业费预算时将其列入临时支出计划，向市工务局提出申请，申请于1947年2月得到批准，工程款计国币1亿1 000余万元。

新植物园，占地90亩，由园场处正技师程世抚与王壁、贺善文设计（图5-8）。设计原初打算将植物按两种分类方式进行布局，一种为“万国制分类法”，依植物进化程序依次排列；另一种按科属分类，将具较高观赏价值的植物成丛栽植。从最终的设计来看，新植物园植物布局主要选用了后一种方式。在原有高山植物园基础上，设计分类布置松柏园、蔷薇园、藤本园、竹园、杜鹃园、水生植物园、壳斗科、豆科等植物专类园，用自然曲折的园路进行分区和串联，科学性和观赏性兼顾。铺

1 《申报》，1928年7月7日。
2 上海档案馆档案，卷宗号Q1-18-172，表7.

设煤屑、碎砖园路三种，主园路宽 3 米，长百余米，位于园之南部，东西向横贯全园；次园路宽 2 米，长 700 余米，环绕园之四周；小径宽 1.5 米，长 1 200 余米，联系各主要景点。园内植物准备先移植上海各园圃已有的树木 170 余种，外购 200 余种，计划以后逐步与国内外名园交换树木标本，最终搜集我国东南各省的代表性植物 700 种，以臻完善[1]。

建园工程于 1947 年 2 月开工，至 5 月底就基本完工。新建藤架、茅亭和厕所，先后从中山公园内部及第四苗圃、复兴公园及第一苗圃、胶州公园及第四苗圃、第三苗圃，以及天目山移植、购买 200 余种 2 000 多株树木。加上原有植物，新植物园内的树木总计 62 科 242 种，至上海解放时园内树种的变化不大。

这一时期，上海尚有另一处取名“中山植物园”的植物专类园存在，园址为今复旦大学出版社和基建处。该园由复旦大学联合市工务局筹建，面积 36 亩，1947 年 5 月免费对外开放，供学生和市民观摩、研究之用，游人不多。该中山植物园属树木标本园，分标本、自然两区，标本区有 127 个树种，自然区仅 33 个树种。园内一半以上的树种由市立园林管理场提供，其余来自浙江天目山和奉化。1952 年前后，随复旦大学农学院外迁，园遂废止。

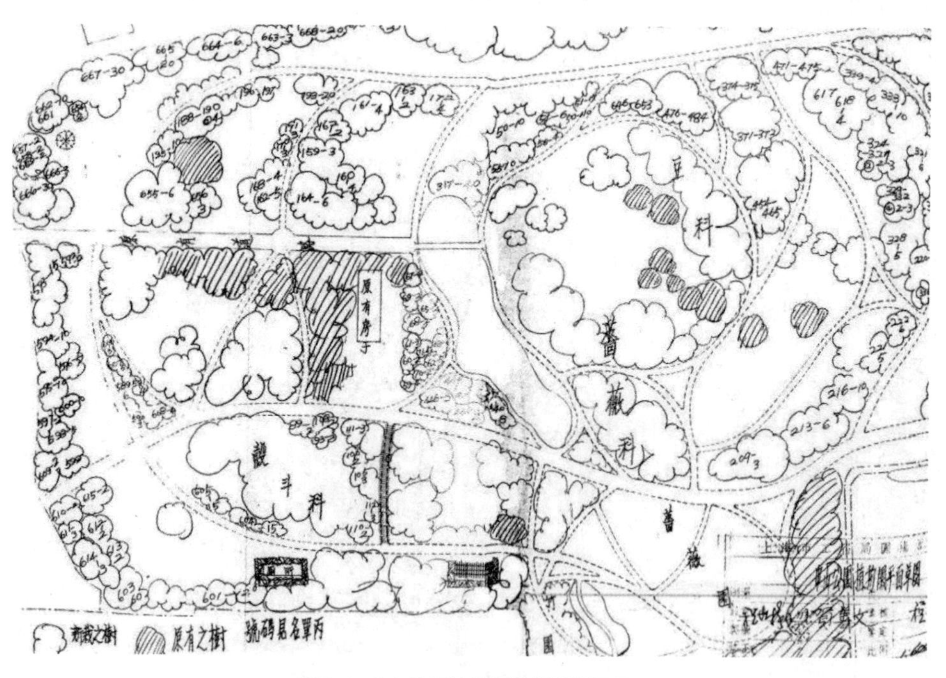

图 5-8 中山公园植物园的设计平面图

资料来源：卷宗号 Q215-1-470，SC0037

---

1 上海档案馆档案，卷宗号 Q215-1-470，SC0003-0006.

5.4 小结：整合期上海近代园林的特征

（1）民国末期上海市政园林的管理整合富有成效，初步建立了现代城市园林管理制度。1945年以后，国民党上海市政府对租、华两界已有的园林进行修复和管理整合，以市立园场管理处的机构设置和职能拓展为核心，形成“一处三科一室五园”的分级分区管理体系，完善了以公园为主体的园林管理制度。总体上，园林管理开始由专项管理朝向统筹、科学、务实的现代综合管理方向发展，但发展尚不充分。

（2）民国末期上海市政府主持的城市规划与构想，吸纳了西方现代园林规划思想，具有鲜明的现代性诉求和时代性特征。体例完整、内容全面的城市绿地系统规划在规划思想和理论方面已与国际接轨，思维高度与广度超越上海租界和国内其他城市的相关规划，在中国近代城市规划和园林发展方面具有跨时代的意义。遗憾的是，这些先进的理念由于缺乏付诸实践的社会条件，未能发挥应有的作用。至今，其价值尚未得到业界与社会的普遍认识。

（3）受内战和濒于崩溃的社会环境制约，市政园林的建设实践十分有限，仅植物专类园取得一定发展，科学水平较以往有所提高。

6　上海近代园林的功能与影响

6.1　上海近代园林的风格与时代性

6.1.1　上海近代园林的风格特征

目前，园林界对上海近代园林的风格有两种认识：一般较笼统地认为，以租界园林为主体的上海近代园林主要受到英国和法国园林的影响，具有英国自然风景园的风格特征，兼具法国古典主义园林的规则式特征；另有研究认为，由于文艺复兴时期的意大利和法国园林已较久远，对欧洲现代园林的影响甚微，故以公共租界园林为主要内容的上海近代园林，其西方古典园林特征（规则式）不显著，风格以英国风景式为主，又由于甲午战争以后工部局与日本的交流甚多，受日本传统园林的影响也较大，因此上海近代园林的整体水平不高，风格混杂、折衷[1]。后者已认识到世界现代园林早期以英国风景式为主线的折衷式特点，认识上比前者要深刻，更接近上海近代园林的真实面目。

然而，就上海近代园林的整体而言，不能简单地用发展水平不高、风格为英国风景式或折衷式一言概之。上海近代园林，受到西方现代园林早期多元折衷的风格流变和上海近代“三界四方”的政治空间格局的双重影响，具有时间上的非线性和空间上的不均衡性发展特征，既有移植也有嬗变，既有分异又有整合，呈现出不同时域、不同地域的多元风格特征。事实上，上海近代园林的建设规模虽不及同期的西方发达城市，其整体风格特征与流变却与之大致相同。

毋庸置疑，英国是世界近代造园运动的先锋。18 世纪的英国自然风景园是对西方古典规则式园林的一次反叛，在世界现代化过程中对欧洲大陆及英殖民地园林产生过广泛影响。以城市公园及其运动的出现为标志，19 世纪中叶时西方园林的内容和功能出现激进式的现代化转型，相形之下，其艺术形式的变革却要缓慢得多，以英国风景园风格及其流变为主线和焦点，长期在复古与创新、自然式与规则几何式的矛盾与争论中艰难挣扎。至 20 世纪初，受园艺与植物科学，以及工艺美术运

1 王绍增．上海租界园林［D］．北京林业大学硕士学位论文，1982.

动和新艺术运动的多重影响，在英国本土，风景式园林先后演化出园艺花园式、乡野如画式、建筑规则式等折衷式园林艺术形式。19 世纪 70 年代至 20 世纪 20 年代，前后主持过上海公共租界园地工作的园艺师科纳、园地监督阿瑟与麦克利戈，先后将同期或稍早的英国造园手法与艺术表现形式移植至上海，从而使得 20 世纪 20 年代以前的公共租界园地，先后呈现出园艺花园式和乡野如画式的英国现代转型时期的园林特征。以中产阶级小庭院为主要实践领域的建筑规则式园林形式，对公共租界园地也曾有过一些影响，但不显著。租界公园对华人开放后，公共租界园地在功能拓展的同时，十分注重修饰，一度出现了类似巴洛克和手法主义的装饰倾向，这在一定程度上可谓是历史的倒退。宏观而论，公共租界园地的整体风格特征，及其从园艺特征向多元折衷风格的转变，与 19 世纪末 20 世纪初的英国园林大致相同。

已有研究对上海法租界园林的风格特征涉及不多。国外研究表明，受英国风景式园林和工艺美术运动的双重影响，19 世纪时的法国风景式园林发展迅猛，并演变出与英国风景园相分异的特征。至 19 世纪末 20 世纪初，处于现代转型期的法国园林形成了法国风景式与古典复兴式相折衷的风格。从前文第二章和第四章的分析来看，毋庸置疑，这一风格影响到了以顾家宅公园为主体的上海法租界园林。先行发展的公共租界园林对法租界园林也曾产生过一些启示和影响，在植物引种驯化、温室建设、苗圃发展、公园植物材料选用与配置、公园管理等方面，法租界当局多少都会借鉴公共租界园地部门的一些成熟经验。但就公园的形式和特征而言，两租界间的相互响不大，各自主要采用了其本土现代转型时期的园林形式。

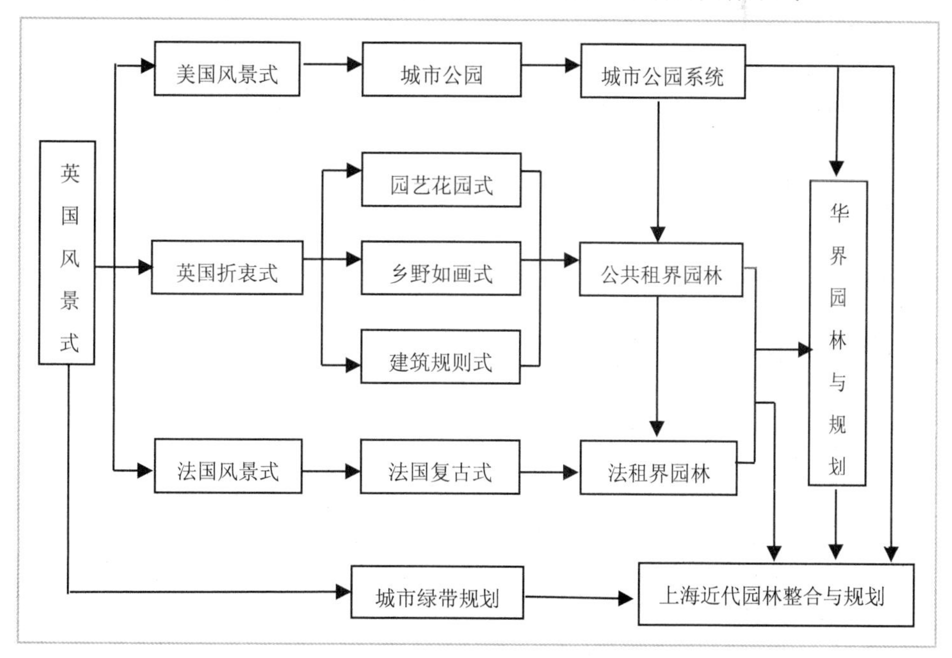

图 6-1 西方近现代园林风格对上海近代园林的影响及体系图

因此，上海租界园林的风格与流变和19世纪末20世纪初的欧洲园林是比较接近的，大体上反映了当时英、法等国的园林特征和造园水平。

受租界园林的激发和引领，上海华界园林现代转型的步伐加快。在有限的园林建设实践中，上海华界园林形成了既有别于租界也不同于国内其他城市的园林风格特征。私园大多趋向亦中亦西的风格特征，20世纪30年代后的上海民国市政园林，对西方城市美化运动和美国城市公园系统思想形成自觉追求，尤其是民国后期的上海园林绿地系统规划实践，以英国城市绿带思想为参照，对现代园林的认识达到相当高度，不仅超逾租界园林，与同期的世界先进水平也已十分接近。

简言之，上海近代园林的风格特征与西方近现代园林是一脉相承的，并具有自身的特点（图6-1）。

6.1.2 对租界园林风格及其渊源的认识

1.园艺花园式的发展及其对公共租界早期园林的影响

1）园艺花园式园林在英国的形成与发展

英国现代园林的转型与发展受到植物与园艺科学的很大影响，在劳顿（Scot John Claudius Loudon，1782-1843）等人的倡导下，维多利亚花园在保留英国传统形式的基础上，吸收园艺植物科学的发展成果，形成了劳顿将之命名为“花园式（Gardenesque）”的园林风格。现实主义思潮影响下的实用价值观和审美观，使得园艺师成为维多利亚园林的重要引导者，有关花园的百科全书式的园艺杂志成为大众的美学读物，花园逐渐成为园艺科学的实验室，全新的科学性审美标准使得植物个体展现变成一种重要的艺术表现形式。在花园中，劳顿主张通过花境、树木丛展示的植物个体应该彼此接近，但绝不能混杂；在珍奇植物的附近不能出现不协调的植物；不使用与景观无关的雕塑和建筑物；花园的各个组成部分之间应留有缓冲带。在以后的发展中，园艺花园式不断得到推广和深化。

在劳顿后继者帕克斯顿的倡导下，科技与园艺相结合，并在维多利亚花园中有充分体现。在科学和工业技术的推动下，温室技术、植物移植与嫁接技术不断进步，花园中，来自世界各地和自然界的新奇植物不断涌现，由来自热带和亚热带地区花卉构成的各种花坛色彩艳丽，应用广泛，冬花园也因此产生。

与拉斯金（John Ruskin，1819-1900）及其追随者提倡的哥特复兴不同，渴望扩大影响力的园艺设计师们，则倾向于借鉴法国和意大利古典园林的新古典主义设计理念，采用法国别墅花园中的地毯式花坛展示丰富而新颖的植物景观，以满足新兴的花园主人们标榜财富与地位的需要。

詹姆斯一世时的英国花园、文艺复兴意大利的别墅花园、17世纪法国和荷兰的花园等多种形式，受到广泛喜爱而流行。早在18世纪末，为协调建筑与自然风景的关系，英国风景园设计大师雷普顿（Humphry Repton）开始在别墅建筑的周边采用意大利式的露台和带护栏的楼梯，这一做法重新得到重视，广为应用；由多个分区小花园组成的英国都铎式（English Tudor）花园形式得到复兴；在新兴工业技术条件下，曾经盛行于法国古典主义园林中的丛林小喷泉再度引起人们的兴趣，并发展成为维多利亚式喷泉和饮水喷泉；以英国绘画式风景园中的中国宝塔和土耳其凉亭为原型的木制或铸铁凉亭，成为大型花园或城市公园的重要景观。

基于公共健康和休息娱乐，又能为开发商带来经济利润的大众公园，受到市民和房地产商的普遍欢迎。19世纪前半叶建成的伯肯黑得公园（Birkenhead）、菲利普斯公园和皇后公园中均辟建有体育馆、射击场、羽毛球等体育运动场所，配置跷跷板、爬梯等游戏设施，以及游泳、划船、滑冰等活动设施。公园不仅具有散步休闲和体育娱乐功能，还肩负着改革者所赋予的社会改良责任，露天音乐会、饮料亭、由禁酒协会赞助的维多利亚饮水喷泉等设施，意在引导人们不再沉迷于酒精、赌博和其他不良行为，图书馆、博物馆、展览馆、纪念碑等公共设施也相继出现于公园中。

2）公共租界园林的园艺花园式特征

19世纪末至20世纪初公共租界先后辟建了公共花园、公共娱乐场和虹口娱乐场，从这些公园的功能和景观特征来看，这一时期的上海公共租界园林，受19世纪中叶英国维多利亚早期和盛期园林的影响明显。主要表现为：

（1）19世纪70年代以后，储备花园中温室的多次改扩建，以及不断从国外引种的球根花卉和热带蕨类植物，为租界公园室内外观赏植物的布置与展示建立了园艺基础。

（2）早期虹口娱乐场中的栎树、杨树、松树、竹林等单一树种的成片种植，以及不同季节的花境应用，均体现出英国维多利亚园林对植物个体进行表现和审美的动机。

（3）公园内的喷泉雕塑、由木制而铸铁的维多利亚式音乐亭、凉亭、饮料亭与饮水喷泉等设施或材料，大多来自英国本土；音乐亭、茅亭、夏季凉亭等的普遍设置，以及虹口娱乐场内上海最早的儿童游戏区的开辟，也都是英国园艺花园式大众娱乐性公园影响下的产物。

（4）公共花园既是租界外侨的大众性公共活动场所，也是租界当局与外人表明政治形象与身份、标榜民主与财富的一种手段。公共娱乐场与虹口娱乐场的开辟与园林建设，则是英国大众运动公园在远东的投影。

2.公共租界园林中的乡野如画式与建筑规则式特征

以极司非尔和汇山公园为代表，20世纪10-20年代的上海公共租界公园具有英国乡野如画式与建筑规则式的折衷式园林艺术特征。另外，如虹口公园等，也受到了美国自然式城市公园的一些影响。

1）乡野如画式与建筑规则式的争论与发展

图 6-2 别墅庭院中盛开的玫瑰花

资料来源：《景观设计》（*Landscape Design—A Cultural and Architectural History*）

图 6-3 英国邱园中的岩石园

资料来源：《情感的自然－英国传统园林艺术》

乡野如画式是英国于 19 世纪末维多利亚晚期，在工艺美术运动影响下，形成的具有浪漫主义复古倾向的园林艺术形式，其代表人物是园艺师、作家威廉·鲁宾逊（William Robinson，1838-1935）和艺术家、园艺师、庭园专栏作家吉基尔女士（Gertrude Jekyll，1843-1932）。他们认为大自然是真理和美的根源，相信手工艺可以弥补机械化所致的粗放不精，提倡将工艺美术方法应用于园林设计，赞美浪漫的小型住宅庭园。因而，他们反对在花坛中滥用外国的奇花异草，提倡继承绘画式风景园传统，用艺术眼光而不是园艺花园式的学术角度来对待植物，用适应当地气候、生长良好的野生植物和驯化植物进行混交，形成毫不矫饰的野趣花园（Wild Garden）。

以上两位乡野如画式庭园的创始人，通过创办园艺杂志、撰写论著，竭力鼓吹浪漫主义园林观点，陈述乡野如画式的庭园特征，在海内外产生过很大影响。鲁宾逊于 1871 年开始发行的《庭园》杂志曾吸引拉斯金、吉基尔的订阅，1883 年首次出版的《英国花园》至今已出版六次。他们所提倡的庭园特征，继承“分小区设计大场地”的英国花园传统，用种植高山植物的“岩石园”（Rock Garden）[1]、色彩丰富的干垒墙

1 受中国、日本园林的影响 16 世纪英国庭院中就已出现岩石园，当时仅将大块岩石叠放在一起，显得粗糙简陋。在 1870 年出版的《英国花园中的高山花卉》和《野趣花园》中，受阿尔卑斯山上岩石缝中生长的野生植物景观的启发，鲁宾逊提出采用高山矮生植物以丰富岩石园景观的观点，此后因景观得到很大改善，岩石园被广泛应用。

壁式墙园（Wall Garden）、种满睡莲的水花园（Water Garden）、下沉式庭园、野趣花园、蔷薇园、分区花坛、树木园等的组合，以代替原有的温室和地毯式花坛等园艺花园式景观（图 6-2，图 6-3）。

在与建筑规则式庭园形式的提倡者布鲁姆菲尔德（Reginald Blomfield，1856-1942）的论战中，鲁宾逊的观点得到更广泛传播。布鲁姆菲尔德所主张的建筑式庭园既不始于公园，也不始于贵族们的庄园，而是以民主城市的小住宅庭园为肇端而普及推广开来的，其发起人是建筑师，也即是工艺美术运动的发起人之一威廉·莫里斯（William Morris，1834-1896）。他认为，庭园无论大小都必须从整体进行设计，外貌必须壮观。1892 年，布鲁姆菲尔德所著的《英国的规则式庭园》（*The Formal Garden in England*）提倡规则式设计，宣称小庭园中人为营造的风景式景观不仅丧失了建筑秩序感，其不自然程度比任何地方都要严重，更显得矫揉造作[1]，并认为试图让人们坐在人工堆砌的岩石碓里领略自然美景太过荒谬。对此，鲁宾逊旋即撰文进行反击，对为求庭园与建筑的协调而对树木强加修剪和造型的野蛮行为，以及重新使用古典式的日晷、铅制雕塑等做法进行谴责。此后，双方就样式问题、设计原理问题的论战为时 10 数年，最终以双方均宣称自己取得胜利而平息。论战中不乏挑衅性甚至谩骂的言语，但其结果却推动了园林设计的发展和折衷式特征的应用。一方面，人们在接受和热衷于建筑规则式庭园形式的同时，提高了对植物学和园艺布置的兴趣；另一方面，促使人们将规则式和自然式合二为一，更宽容地对待折衷主义。实际上，吉基尔与其搭档鲁特恩斯（Edwin Lutyens）所实践的庭园作品中就具有这种规则与自然的折衷倾向。

以上两种复古主义形式，在很大程度上，都试图通过复兴欧洲园林传统以满足新的社会需求，因囿于形式，较少涉足功能和空间领域，而不可能真正解决日益严重的社会和环境问题。对此，始于 19 世纪 50 年代并日趋兴盛的美国城市公园运动则进行了有益探索。美国的城市公园基于英国自然式风景园原理，关注空间与功能，采用系统设计方法，在满足市民户外娱乐活动、改善城市环境以及宣扬民主政治方面，取得辉煌成果，并逐渐成为世界城市规划和园林发展的重要引导力量。

2）乡野如画式与建筑规则式对公共租界园林的影响

公共租界第二任园地监督麦克利戈主持设计、建造的极司非尔公园和汇山公园，从其布局和景点设置中不难看出，受到 19 世纪末英国乡野如画式和建筑规则式园林的深刻影响。一方面表现为乡野如画式和建筑规则式的折衷应用：

第一，极司非尔公园的折衷式初衷。麦克利戈对极司非尔公园的规划，起初设想采用在当时英国尚属时髦的折衷式形式，公园由复兴法国勒·诺特古典主义的规则式装饰花园、乡野如画式的野趣园和拥有中国各地代表性树种的植物园组成。以

1 [日]钟之谷钟吉．西方造园变迁史——从伊甸园到天然公园 [M]．北京：中国建筑工业出版社，1991:319-320.

后，受土地分块收购过程的限制，极司非尔公园内的规则式花园未能实现。但麦克利戈并没有因此放弃这一折衷式布局思想，而是在之后的汇山公园设计中予以应用。

第二，汇山公园的折衷式特征。受限于用地规模，汇山公园内轴线对称的规则部分没有得到充分发展，与自然式草坪之间的过渡显得有些生硬。即便如此，从整体效果来看，汇山公园仍是上海租界各公园中布局最为完整，也是英国乡村如画式与规则建筑式折衷园林风格在上海的最好体现。

另一方面，各公园的景点设置及维护受英国乡野如画式的影响最深，特征也最明显：

第一，源于英国乡村如画式的植物专题园在上海公共租界各公园中被应用广泛，如极司非尔公园中的高山植物园、水花园、月季园、日本园、动物园，汇山公园中的荷兰式下沉花园（类似于墙园）、菱形草地、睡莲池、岩石园、隐蔽的山地玫瑰花园（坡林花圃），虹口公园中沿路设置的岩石园、月季园、水花园，等等。

第二，公共租界公园的植物种植与调整，大多采用了乡村如画式所推崇的混合式种植方式，各公园中的乔灌木树丛、灌木花境、格式和飘带形草花花境、一年生草花花台等，均从早期的单一种类的植物群植转向多种植物混植。

第三，极司非尔公园和虹口公园等大型公园的园景布置，均采用英国乡村如画式所倡导的分区设置手法，将各植物专题园依路进行布设。

除了上述英国园林的影响以外，20 世纪初期的公共租界公园也受到美国城市公园的一定影响。如虹口公园内，通过设置环形主园路进行的功能场地划分、沿路时敞时闭的空间组织、多种娱乐项目的设置等，应该是麦克利戈于 1909 年考察英美城市公园后的实践结果，体现出当时美国城市公园的一些特色。

3. 公共租界后期园林的多元折衷式特征

英国爱德华时代，一方面，兴建大众公园，构筑以绿带为标志的田园城市；另一方面，贵族和实业家们也在实践着具有浪漫主义印象派特征的混合式园林，将鲁宾逊、吉基尔等人发起的工艺美术运动园林形式与巴黎美术学院风格以及意大利文艺复兴风格融合在一起。庭园设计师们博采本国和国外不同历史时期多种艺术形式的做法，受到人们的青睐。同时，不断涌现的知名女性园林设计师进一步推动了这一发展趋势，浪漫主义与古典主义之间的互补关系以及两者并置对立所产生的张力更受重视，色彩理论知识成为庭园设计师们必备的素养。生长茂盛而富有野趣的混植植物带，或与简洁平整的草坪，或与精致的草花花境和花台并置，极具视觉冲击力（图 6-4，图 6-5）。一次世界大战以后，随着社会的急速变革，这种英国贵族式

图 6-4 Stilt Garden 的草径

资料来源：《景观设计》（*Landscape Design—A Cultural and Architectural History*）

图 6-5 Sissinghurst 白色花园的藤本玫瑰

资料来源：《景观设计》（*Landscape Design—A Cultural and Architectural History*）

的历史保护主义庭园日趋式微，但是其具有浪漫主义色彩的造园手法却影响至今。

这一影响也波及到20世纪30年代以后的上海租界园林。北伐战争胜利后，上海租界园林失去了从容发展的社会基础，公园维护忙于应付日益增多的游客需求，活动场地和景观维护设施的不断增建破坏了公园景观的完整性。为维持公园景观的吸引力，在1929年上任的第三任园地监督科尔的主持下，将植物引种驯化与培育的重点由树木转向花卉等装饰性植物，公共租界公园中的花卉应用得到前所未有的重视，花卉用量大幅增加，草花园、地毯式花坛或独立设置或沿草坪边缘布置，园艺布置的植物多样、图案繁复，呈现出类似手法主义的倾向。古典复兴风格的音乐台、有“中国抽象雕塑”之称的太湖石、中国传统的假山叠石、日本枯山水式的庭园，甚至救火警钟和来自坟墓的石像生，均成为重要的造景要素，在公园中杂陈并置。因而，公共租界公园对中国传统造园要素不加选择的应用，并非人们认识的那样，是上海传统园林的影响所至，实属英国浪漫主义园林思潮在上海的具体体现。

总体而言，晚期的上海公共租界园林一方面注重实际，另一方面也试图表现源于英国的造园时尚。但是，已失去发展动力的晚期租界园林，形式表现日趋离奇荒诞，与快速发展期的理性发展相比，总体水平不高，甚至具有倒退的迹象。

4.法租界园林：法国风景式与复古式的折衷

1）法国风景式与复古式的折衷式园林

1756-1763年七年战争以后，英国风景式造园迅速传入欧洲大陆，受影响最早的国家是法国。在“英国为上”社会风气和法国启蒙运动的推动下，法国文艺由古

图 6-6 维兰德里花园的花坛

资料来源：《景观设计》(*Landscape Design—A Cultural and Architectural History*)

典主义转向浪漫主义，卢梭回归自然的思想助长了人们对大自然的向往，使得风景式造园思想深入人心，并逐步具有新的内容和特点。对法国产生影响之时，英国风景式造园的发展正值绘画式阶段，由强调感情要素的申斯通（William Shenstone）和受中国传统建筑与园林影响的钱伯斯引发的浪漫主义或感伤主义庭园，对法国风景式造园影响巨大。为体现田园情趣和异国情调，法国式风景园中引入大量以中国式建筑为主的异国建筑，形成了历史上称之为“中英式庭园或英华庭园”的风景园特征，并持续到 18 世纪末。进入 19 世纪，如同英国，在引种驯化新奇植物方面法国也做出了很大努力，来自野外和异国的全新植物被园艺师们广泛使用，尤其被应用在毁于 1789 年法国大革命的许多古代庭园之中。至 19 世纪中叶，无论是新近对大众开放的皇家林苑，还是新建的庭园，都成为了植物的王国，摒弃盛行于 18 世纪的“无病呻吟”式的添景物，自然主义风景式造园在法国取得垄断地位。

工艺美术运动浪潮中，在布鲁姆菲尔德反对园艺花园式造园重新评价英国 17 世纪造园的同时，有法国近代造园之父之称的杜歇纳（Henri Duchene，1841-1902）和其儿子则开始复兴本国的庭园传统。对由勒・诺特开创的 17 世纪法国古典主义庭园及其之前的法国古典庭园展开广泛研究，认为在法国庭园发展史上，花坛及其演变一直是人们关注的中心。由于杜歇纳父子的鼓动和实践推动，一种更为纯粹的“无树花坛”在各种庭院中得到应用[1]。这种规则直线型的新型花坛，具有形体上的灵活性和花卉植物多样性的优点，不仅适合装点各种小型庭园，而且也有助于庭园与建筑间的协调，在平整缺乏变化的场地条件下通常可做成下沉式花坛（图 6-6）。这种新花坛式样，融工艺美术运动园艺色彩、法国文艺复兴园林规则元素和构图的灵活性于一身，不仅是折衷主义的表现，而且已具有现代主义革新倾向。

2）法租界园林的风格特征辨析

始终以顾家宅公园为核心的法租界园林起步要晚于公共租界，20 世纪初才开始进行由来自法国本土园艺师主持的顾家宅公园建设，至 40 年代法租界先后建成几个大小不等的公园，其中以顾家宅公园和兰维纳公园的造园水平为最高。

1 ［日］钟之谷钟吉．西方造园变迁史——从伊甸园到天然公园［M］．北京：中国建筑工业出版社，1991：323.

至今，关于顾家宅公园的特色和风格大多认为是法国式的，通常称“复兴公园是上海最老的公园之一，也是目前我国唯一保存较完整的法式园林”。《上海园林志》中写道：“公园逐步形成以规则式与自然式相结合的造园风格。北、中部以规则式布局为主，有毛毡花坛（地毯式花坛、沉床式花坛）、中心喷水池、月季花坛以及南北、东西向主干道。西南部以自然式布局为主，有假山区、荷花池、小溪、曲径小道、大草坪。融中西式为一体，突出法国规则式造园风格，为公园的一大特点。”上文中所谓的“法式园林”和“法国规则式造园”实际上所指的是17世纪的法国规则式园林，也即勒·诺特式风格的园林。法国规则式园林是勒·诺特对法国宫廷文化的一大贡献，也是对欧洲传统园林的一次集成与创新。其最大的特点是协调统一，对称中有变化，变化中求平衡。就园林构成而言，既有对称布置的主次轴线和规整的花园、花坛，也有大面积的丛林和草坪；就园林空间而言，既有一目了然的空旷与宏伟，也有利用地形高差形成的视差和幽密的小环境。既规则也自然，关键是各种造园要素、景观空间以及功能性建筑间的主次搭配、有机结合和整体协调。如若以法国规则式造园特征为准绳，对顾家宅公园进行衡量，正如前文的分析，将会产生几乎一无是处的评价结果。事实上，这对近代裂变中的顾家宅公园来说是不公平的，从时代背景来看，也非该公园的真实特征和水平，因为无论早期还是后期的顾家宅公园，在整体上均不具有法国勒·诺特式古典园林的典型特征。

早期的顾家宅公园空旷寂静，局部规则，总体更多地体现出自然风景园的特色，具有早期法国风景园的一些特征。20世纪30年代以后，愈益增多的修饰致使公园中规则与自然两部分脱节，空间主次不分，景观序列全无，损坏了顾家宅公园应有的简洁和大气。以勒·诺特式古典园林特征和艺术水平来衡量后期的顾家宅公园，其布局和景点设置之混杂紊乱的缺点显露无遗，这也就是以往对顾家宅公园造园水平评价不高的主要原因。但是，倘若与19世纪末20世纪初现代转型时期的法国园林进行比较，顾家宅公园的特征和水平与当时法国本土的庭园是相一致的，园内大型沉床式花坛、喷水池、中国式假山园、大草坪、椭圆形月季花坛等景点的设置，无不体现出了当时法国国内的法国式风景园流变及其与文艺复兴复古式花坛相结合的特征。其实，顾家宅公园的混合式特征恰恰是19世纪末20世纪初法国现代园林初期特征的真实反映，至少1930年之前的顾家宅公园应是这样的。简言之，顾家宅公园的风格是符合当时潮流的，并具有时代进步意义，若以“法式园林”或“法国规则式造园”来概言之是有失偏颇的。

在近代上海，作为城市公共设施的公园并不充裕，特别是地处闹市的顾家宅公园，长期在上海市民的生活中发挥着无以替代的作用。园中数量众多的法国梧桐（悬铃木）、奇异的地毯式花坛与图案式月季园、铁艺座椅、水花四溅的喷泉以及欧洲古典式的种种花饰，给上海这一远东的大都市抹上一道法国古典贵族式的异域亮色，在上海人们的心中留下挥之不去的深刻记忆。或许就是在这个意义上，人们才将局部的规则式特征赋予整个公园，将她称之为法国式或法国古典式。基于此，或许未来的复兴公园也将一如既往地与“法国古典式”永久地联系在一起。

6.2 上海近代园林的功能与局限性

6.2.1 上海近代公园的内容与功能

上海近代园林的活动内容与功能拓展，与近代上海的社会、经济和文化发展紧密相关。特殊背景下的上海近代公园，既有西方近代公园的一般内容，也有特殊环境条件下的变异；既有满足租界外人社会需求体现近代民主进步的游憩、娱乐功能，又具有体现殖民地色彩的政治、军事功能；既有科普教育功能，又有强化国家意识、民族意识的教化功能；既有中国民国公园的一般功能，也有与经营相结合的特定商业功能。

上海近代公园的功能多样性与差异性特点，既是世界园林现代转型中一般规律的反映，也是半殖民地、半封建社会特征和上海近代高度商业化与畸形发展的另外一种表达，具有时代进步和历史局限的双重性。

1. 游憩功能

大众公园是19世纪西方现代化进程中的一项重要社会实践和标志性成果，以实用功利观念和更纯粹的美学观念取代意识形态，在园林中发挥着主导地位。与中国传统园林以满足富人自足和文人自省的功能不同，新兴的林荫大道、乡村公墓和大型市政公园提倡文化的平民化，意在消解工业革命给人们带来的与土地关系割裂的精神痛苦和工作压力。供大众放松、休闲是公园的主要目的，散步和欣赏植物景观成为公园的主要游憩活动。

公共花园和外滩公共景观带是上海最早的公共园地和租界外侨的散步场所，沿着笔直宽敞的滨江园路，或在经割草机修剪后平整而富于弹性的草坪上悠闲地散散步，是早期租界外侨生活的一个组成部分。以后，随着租界外侨的增多和大型公园的辟建，租界当局开始禁止在外滩与公共花园的草地上散步，虹口、极司非尔、顾家宅等公园内蜿蜒的园路和更为宽广的草坪，相继成为外侨新的散步地点。作为一种时尚，公园散步在一定程度上也引领上海华人户外活动的观念与方式发生改变。

公园内丰富的植物种类是科技带给现代园林的一种自信，人们坚信自然美丽的植物景观有益于抚平大量城市新移民的忧伤，启迪民众良知，促进相互尊重，由此，植物成为世界早期现代园林中的唯一主角，新、奇、特成为人们进行植物赏景的主要追求，以温室为载体的冬季花园十分流行。包括木本、草本在内的花卉种植与养护，是上海租界公园的重要内容和管护好坏的主要评判标准，赏花成为人们散步之外的又一游园目的。这或许就是20世纪30年代极司非尔公园和顾家宅公园内游人如潮的重要原因，也因此花展不仅在公园中进行，莳花会等有组织的赏花活动也被推及商业闹市，走进街巷市井。随着租界园地部门引种驯化植物的不断增加和花卉展示活动的广泛开展，花卉逐渐进入上海人家，鲜切花、鲜花花饰成为一种时尚，提高了上海市民的花卉鉴赏水平，进而推动着上海近代花木产业的整体发展。

2. 体育娱乐功能

西方近代公园可上溯至古希腊、古罗马时代，古时供人们体育锻炼的体育场、祭祀神灵的圣林是现代公园的原型。在伦敦或巴黎，18世纪仅供上流社会活动的皇家林苑于19世纪变成大众集会和娱乐的场所，新兴的统治阶级仿效他们的先人，将新近开放的林苑或新建的城市公园作为民主机构，将公共设施纳入其中。于是，体育运动设施、儿童游戏设施、文化艺术场馆等设施纷纷入驻公园，走进绿野，并在后续的发展中趋向分化，逐渐演化成现代奥林匹克公园、世界博览园以及体育、儿童、文化等专类公园，直至美国的迪斯尼乐园。

与西方不同，中国传统的娱乐项目大多局限于室内，空间自然、分散、混杂，户外休闲娱乐仅限于岁时佳节偶而为之。在上海，功能集中、活动常态的专门化户外消闲活动应起始于近代租界，上海租界外侨所组织的户外娱乐活动尤为丰富，各种运动俱乐部和专用场地应运而生，体育运动型公园占据了租界公园的半壁江山。在英法国内受限制的赌博型运动项目于上海却开展得如火如荼，无数华人蜂拥而至，新兴的华人营业性私园无不仿效，如跑狗场就有逸园、明园、申园三处。以至于后来，在民国上海市政府主持的《大上海计划》中，跑马厅、跑马场位处城市中心区的显要位置，这恐怕与早期租界的娱乐性花园也不无关系。强身健体是民国时代中国园林的一大功能，受北伐胜利的鼓舞，作为武力救国化身的体育运动设施、儿童游戏设施成为各地公园中的主要娱乐设施，也是应有之意。

在公园内举办古典音乐会是英国现代文化平民化的一种象征，英国外侨也将这一做法引进上海，成为上海租界外侨最早的娱乐项目之一。每逢夏季夜晚，公共花园、极司非尔公园、虹口公园、汇山公园、顾家宅公园等大中型公园中每每有音乐表演，由军乐队或工部局专门成立的交响乐队轮流进行演奏。这种新奇、平民化的露天音乐会对华人游客很具吸引力，以至于清末的营业性私园竞相仿效，张园中的剧场“海天胜处”便是一例。

野餐、划船、垂钓甚至清洁小狗都曾是租界公园内的休闲活动。虹口公园、极司非尔公园先后开展过钓鱼活动，也曾发售过钓鱼券。由于游人稀少，早先的公共娱乐场内允许遛狗或用河水清洁小狗，后因多次狗伤及儿童而被禁止。野餐、划船、航模活动一度是极司非尔公园内最受欢迎的活动，后因游人过多、水深不安全、管理不便等原因而停止。因广受欢迎，类似活动在一些华界私园和民国市政公园中得到继续。如1930年代享誉上海的丽娃栗妲村，将东老河辟为泳场又供划船用，夏季游人络绎而来；又如华人兴建的私园大花园、半淞园和民国市政公园之一的上海市立园林场风景园内，均能进行划船、野餐等活动。

3.科普教育功能

科研与教育也是上海近代公园的一项主要内容和功能。受西方植物与园艺科学的影响，早期的租界公园内通常开展以植物引种驯化为重点的科研生产活动，将动植物科学知识普及作为开启民智、倡导探索自然的重要手段。与露天音乐会并无二致，动物园作为“西洋景”也最能引起华人游客特别是下层民众的兴趣。矛盾在1932年的《秋的公园》一文中写道：“一般的上海小市民似乎并不感到新鲜空气、绿草、树荫、鸟啼……等等的自然界景物的需要。他们也有偶然去游公园的，这才是真正的：‘游园’；匆匆地到处兜一个圈子，动物园去看一下，呀！连老虎狮子都没有，扫兴！他们就匆匆地走了”[1]。这或许就是营业性私园纷纷辟建动物园或动物角以牟取盈利的主要原因。

源于西方“以开民智、以娱民众”的公园功能认识，公园的教育和教化作用很受民国政府重视，“游学一体”成为各地办园的宗旨[2]。上海也不能例外，上海特别市政府期间建成的少数几个市政公园中，以教育为主要目的的公园占多数，以公园命名的文庙公园事实上是一个以功能性建筑为主的民众教育馆，比较成形的市立学校园、动物园和植物园也都由主管教育的市教育局主持建设与管理。强化社会教育功能是民国市政公园的一个特色，其受重视程度要远大于西方公园，成为西方公园制度在中国本土化过程中出现的一种变体，影响至今。

4.政治军事功能

公园是现代城市社会发展的产物，是从封建帝制走向民主政治的一个标志。作为新兴的城市公共空间，它在开辟和发展的过程中经历了多种复杂的矛盾与冲突[3]。一方面它是民众日常休憩的理想场所，另一方面又成为当局进行军事演习、炫耀武力、强化统治的领地；它既是民众文娱集会的地方，又是开展民主活动、政治宣传与斗争的舞台。

租界公园内的军事演习和政治性集会庆典活动，以及战争英雄纪念碑的设置，是对租界公园殖民性特征的一种明示。每当上海周边一有风吹草动，外国驻军和租

1 茅盾．秋的公园．引自:墨炎选编．名人笔下的老上海［M］．北京：北京出版社，1999：194.
2 陈蕴茜．论清末民国旅游娱乐空间的变化—以公园为中心的考察[J]．史林，2004（5）：93-100.
3 李德英．公园里的社会冲突—以近代成都公园为例[J]．史林，2003（1）：1-11.

界当局的准军事组织就会占据公园。上海沦陷后，日军更是肆无忌惮地侵占公园，园内植物与设施惨遭破坏。1887 年英国女王维多利亚登基 50 周年、1893 年上海开埠 50 周年、1911 年英王乔治五世加冕、每年 7 月 14 日的法国国庆日、1928 年日本昭和生日和加冕等大型庆典集会活动，均在租界公园内举行。声势浩大的庆典活动，与外滩公园内的常胜将军纪念碑、马嘉理纪念碑和顾家宅公园内的环龙纪念碑等殖民者的英雄纪念物一起，对华人游客的精神空间构成强力挤压。

游人聚集的公园是强化民族意识、国家意识和新政府合法性的适宜场所，民国时期遍及全国大小城市的“中山公园”、“中正公园”现象就是一个表征，营业性私园张园的全国闻名与此也不无关系。

5. 上海近代公园功能的特殊性

公园的内容与功能是社会价值观和文化观的反映，上海近代公园的功能设置既有普遍性的一面，也有特定时期、特定地区所决定的时代性和地域性特点。其特殊性主要表现为：

第一，从西方公园的视角来看，上海近代公园的活动内容与功能具有鲜明的殖民地特色。租界公园中过分突出的体育运动与军事功能、拒绝华人入园的规章和华洋同园后华洋活动设施的分区设置，民国上海市政公园中强化对民族意识与主权意识形态渗透的功能设置，等等，都是殖民侵略的必然结果。

第二，与国内其他城市相比，上海近代公园的功能设置具有西化程度高、商业性强、封建意识和统治意识相对淡漠的特点。上海近代营业性私园中商业娱乐活动所达到的畸形繁荣程度，华界私园和公园内的植物丰富性，上海游客对园林植物景观的欣赏程度及水平，以及与众多内地城市男女分时使用公园相比上海公园在性别上的宽容性，等等，是内地城市近代园林所难以比肩的，从不同层面诠释了上海近代园林相对重商、西化和民主的特征。此外，国民政府为增强民众对其统治地位和意识的认同，在全国的城市建设中掀起“中山”、“中正”热潮，与内地城市和上海的其他市政领域相比，上海园林领域的表现显得要迟钝些，至抗战胜利后才将收回主权的租界公园更名为具有政治符号意义的中山与中正公园。这固然有上海民国市政公园发展缓滞、建设不足的原因，但与上海民众对现代公园性质与功能的深刻理解也有一定关系。

6.2.2 两个悖论：上海近代园林的历史局限性

“三界四方”的政权割据与无隙的社会动荡，制约了近代上海及其园林的现代化进程。遏制上海近代园林健康发展的因素主要有：殖民者对商业利润的贪婪与城市建设的短期行为；工业发展的滞后与畸形分布；民国政权当局在思想认识上的不足与城市建设心态的失衡；中产阶级的软弱和园林意识的淡漠。由此，即便是深受华界追摹的租界园林，也具有公园功能异化、造园理念不深刻、造园技术不成熟、园林体系残缺等弊端与后果，在诱导、引领上海园林近代化的同时，又有误导、异化作用。民国上海市政府主持下的华界园林建设与末期的上海近代园林整合，在理想与现实之间苦苦挣扎，所取得的建设成果微乎其微，与上海在中国近代的政治经济地位很不相称。总体上，上海近代园林的发展受历史局限，存在以下两个悖论：

1.悖论之一：租界园林的不成熟性

上海租界园林中存在这样一个悖论：在近代上海，受西方直接影响的租界本应更早、更全面地规划并实施城市公园等开放空间体系，事实却是迟至民国晚期才由上海市政府开始考虑此等城市发展方案。实际上，园林发展不充分的悖论背后还隐藏着上海租界园林的更多不足。

1）园林功能的异化：排他性与排她性

排他性与排她性是上海租界公园殖民性的重要体现。

排他性特征：租界公园使用上的排他性，早期表现为对欧美外侨以外游客的歧视和不平等对待，20世纪初开始则主要表现为“禁止华人入园”，即便是经特许入园的少数买办和中国官僚，作为“他者”也会招来外侨游客别样的眼光。面对华人要求入园的巨大压力，在公园的排他性方面，租界当局特别是后期比较注意分寸和技巧，通常采用项目设置、区别管理与高额门票制度等间接手段，来限制华人游客。诸如，公园中设置的体育运动项目对多数华人没有吸引力，仅有少量西化的“华人精英”有参与的欲望；租界当局对受华人游客追宠的动物园和露天音乐会场地的管理颇为费心，十分严格；租界后期高额的公园门票价格将大多数下层华人拒之门外。另外，租界公园中所设置的雕塑、时常举行的集会活动等大多带有殖民色彩，对华人游客的游园心理构成伤害，很大程度上也能达到租界公园的排他性目的。

男性化与排她性特征：开埠至19世纪末，受外侨过客意识的支配，作为借来的空间——租界公园被当着短期娱乐场所，其娱乐功能特别突出。无论原先计划种植新奇植物的公共花园，还是通过租赁获得的公共娱乐场，抑或早期的虹口娱乐场，无不具有明显的娱乐性质。由于早期租界外人多为冒险商人，以年轻男性为主，租界当局的决策者与管理者也多为男性，以激烈刺激的运动项目设置为标志，租界公园的功能及设施配置，与极不平衡的人口性别构成相适应，具有十分显著的男性化和排她性特征。从而，拥有一定公园景致的体育运动场所成为租界早期公园的主要形式。

马关条约以后，随着上海外侨妇女儿童人口的明显增多，性别比例趋向平衡，租界园林的内容和形式悄然发生了变化。1907年虹口娱乐场的改扩建和园内儿童游戏场的增设，不仅表明租界公园内的活动设施逐渐多样，也预示着虹口娱乐场的转型，即由单纯的娱乐场所转向兼具游憩与运动功能的综合性公园。极司非尔公园、顾家宅公园等游憩性公园和一些儿童游戏场的相继建成，以及行道树、市政墓园、苗圃等的相应发展，表明租界园林开始步入较为理性的发展阶段。由此，租界公园的排她性特征得到一定程度的消解，但仍未消失。上海建市以后，进入缓滞阶段的租界园林所增公园数量不多，规模也不大。即便如此，工部局先后辟建的唯一两处中等规模的汇山公园和胶州公园，也都属体育运动性公园，以外侨成人男性为主要服务对象，仍留有明显的男性化与排她性特征。

租界空间的异域性势必造成其公园功能的异化与园林空间的异质，排他性与排她性的项目设置与管理，不仅异化了租界公园的性质、功能与面貌，也制约着其对西方先进造园理念与技术的吸收应用。

2）园林理念与技术的局限性

上海租界园林的风格特征大体上反映了19世纪末20世纪初西方现代园林转型期的一些变化，但由于不曾有过一个真正的园林设计师，又缺乏系统的理论研究与指导，上海租界园林的西化程度并不深刻。

园林设计与建设：租界的园林建设，主要表现为对西方造园手法和原型的直接移植，对西方各种艺术思潮和革新手法理解不透，缺乏消化吸收的能力，更谈不上因时因地的创新。各租界公园大多结构不完整，不同情趣的内容与形式杂陈。园内的硬质景观设施，早期直接从欧洲国内订购，以后由工务部门的相关管理人员代办，由于没有真正的专业设计师参与，这些设施不可能有什么形式风格方面的创新，只能是不同形式设施的拼凑杂烩。况且，这些硬质设施都由中国工匠承建，受其理解水平和建造工艺所限，大多显得粗糙不精。

园林理念与功能：发展缓滞阶段的租界园林不仅表现为园地建设情形的消落，更重要的是其规划建设理念的落后。租界园地部门也曾有过一些与西方城市的比较和计划，对城市园林绿化的卫生功能、公园服务半径和人均公园面积等有所认识，但这些观念与当时世界先进理念已相去甚远，开放空间体系、公园系统、城市绿带、城市绿地系统等概念，在租界园林发展过程中未曾出现过。即便有类似的理念和规划，也不可能得到实现，因为当时的租界当局在城市建设方面已固步自封，对世界最新的城市制度几乎是置若罔闻。这样，局限于公园和少量绿地建设的上海租界园林就出现了另一个悖论：以外侨人口计，人均公园面积较高，已与世界先进水平相差无几，而城市绿地率却很低。就城市园林的卫生防护功能而言，租界内占地面积小且布局分散的少量几个公园是远远不够的。

园林研究与技术：植物引种驯化是租界园地部门的工作重点，取得较显著的成绩，成为上海近代园林发展的重要支撑。然而，其研究及其所形成的技术措施并不深入，系统性、科学性不强。植物育种方面的研究，仅局限于植物引种驯化，植物种质创新不多；在栽培方面，租界园地部门重点开展了土壤改良研究，有关栽培技术的研究不全面，研究设备与手段落后，温室条件限于对温度的控制，缺乏对光照、湿度等方面的有效控制；在园林植物养护方面，仅以行道树修剪与虫害防治为主，防治手段限于各种办法的试用，涉及面窄，技术有限。总体上，租界园地部门的技术引进不全面，与当时西方的植物和园艺科学研究相比，租界当局投入的人力、物力十分有限。并且，随着园地监督或园艺主任个人兴趣与特长的不同，研究方向与重点时常转移，研究均不够深入系统，未能形成具有广泛指导意义的研究成果和园林技术规程。

2. 悖论之二：民国园林发展的盲目性与不充分性

民国时期上海市政府主导的市政园林建设也存在一个悖论：在全国政治经济中具有重要地位的上海，本应建设数量更多、规模更大、功能全面、风格更为现代的城市公共园地和绿地体系，事实却是发展缓滞，建设成果不仅不能与租界园林相比，较一般内地城市也显得相对沉寂黯淡。同时，有关城市公园体系和绿地系统的构想又相当远大，理想与实际行动之间的反差发人深思。

功能异化：上海租界园林对华界园林的影响是多方面的，既有正面意义，也有反面作用，在加速上海传统园林及其观念消解的同时，也以其不深刻的西化因素和异化功能误导了上海乃至中国传统园林的近代化演变进程。上海清末的营业性私园无不以娱乐为首要功能，并异化为园内活动项目的设置以感官刺激为标准，景观营建以新奇为追求。受租界公园的误导，营业性私园所形成的这一倾向，恰好满足了来沪避乱的富商闲绅、上海寓公们的猎奇心理，实现了园主牟取商业利润的企图。之后，由于客源市场不稳定，且未能与城市发展相结合，上海近代营业性私园于民国初年开始走向衰落。然而，由其掀起并推至高潮的畸形娱乐功能却在近代上海乃至全国的新建私园中延续了很长时间。

建设滞后：上海特别市政府成立以后，上海在全国的地位进一步提高。然而，刚刚起步的上海民国市政园林却遇到一般内地城市所没有的新问题，相比之下，其建设发展情形显得相形见拙。究其原因，一方面，民国以后，国民党加强了对上海这样一个特大城市的政治控制，政府以公园作为补助教育的工具和改良社会的指针的不恰当定位，深刻影响并阻滞了上海园林的发展；另一方面，租界公园的“华洋同园”，客观上，滞缓了上海民国市政公园辟建的紧迫性，成为上海市政园林发展不充分的一个意料之外却又在情理之中的因素。简言之，上海在全国的特殊地位，以及租界公园的对华人开放，羁绊了上海民国市政园林的正常发展。相反，没有租界公园基础、受政府意志控制相对薄弱的内地城市，在市民日益高涨的民主要求下，公园成为各地市政建设的重要内容，公园数量迅速增加。原有一些开明绅士辟建的私园和民国政府没收的旧式军阀辟建的“武人园林”[1]，纷纷对外开放，清代的皇家园林和各地官署园林也相继开放，如无锡的锡金公花园和荣宗敬的私园梅园、苏州盛宣怀的私家花园留园、盐城巨商张謇在家乡计划的五座公园等。至民国后期，国内中型城市通常都有大小公园近 10 个。

先进理念的影响甚微：二战结束后，资本主义各国进入战后恢复时期，现代城市建设活动和思想日趋活跃。与此同时，留学回国或通过其他途径接触国外现代园林思潮的少量专业人才，开始涉足上海的园林规划与建设，可惜囿于甚少的建设实践，他们所拥有的先进理念未能产生应有的实践指导作用。

管理与研究缺位：上海民国市政园林发展的不充分性还表现为政府在园林行业引导与管理、园林教育与研究方面的缺位。主要表现在：不完备的园林行政组织，职能范围有限，仅局限于园场管理；受人员和资金的限制，植物研究水平不及租界；市立园场处虽然对上海园林行业有所引导，但仅限于少量的技术指导，无暇顾及专业人员培训和行业整体发展。无怪乎，20 世纪 30 年代初国立中央大学农学院造园课目教员、留日归国的中国园林教育先驱陈植先生感慨：“我国造园学近数年来始见萌芽，故国中之具造园专门学识者可谓凤毛麟角，不可多得。比来公园及其他各种装景以环境关系需要盛殷，有以人才难觅而委托农林专家设计经营者，遂至所有方案不脱各种专业而反忘其本旨，良可慨矣。[2]”可见，民国时期全国的造园人才稀缺，不能满足社会需要。上海也不例外，具现代意识的园林专业人才十分稀少，园林学术研究、学术组织和专业教育几乎是空白。令人遗憾的是，迟至抗日战争胜利，拥有众多高等院校的上海却没有一所学校开设造园课目。1939 年内迁重庆的复旦大学始设园艺学系，1946 年返沪后，上海才始有与造园相关的高等教育[3]。

6.3 近代上海园林的现代化演进规律与影响

6.3.1 政经条件下的园林空间秩序及其演进[4]

纵观上海近代园林的百年发展历程，不难发现，园林本身并不能成为推动其自身发展的动力。尽管各阶段的园地建设重点不同，建设原因也多种多样，但特殊的社会环境和市民需求始终是影响上海近代园林发展的两大要素。在园林发展的不同阶段，《上海土地章程》、小刀会起义与太平天国战事、租界经济发展与面积扩张、华界整合与地方政府的建立、抗日战争等政治经济因素成为影响园林发展的主线，

1 刘庭风. 民国园林特征. 建筑师[J]，2005（2）：42-47.
2 陈植. 造园学概论［M］. 商务印书馆，民国二十四年：8.
3 洪绂曾. 复旦农学院史话［M］. 北京：中国农业出版社，2005：1-5.
4 关于上海近代公园简况与主要公共园地空间分布，详见附录 2 和附录 3.

并最终通过影响市民对园林的需求而实现其作用。与租华两界的特定社会秩序相适应，上海近代园林的空间分布出现两种迥然不同的形态特征，即租界园地的外渗边缘化特征和华界园地的政治中心聚集化特征。两个租界的公园，由于分属不同的市政主体，也有空间分布和发展时序上的差异。

1. 租界园地的外渗边缘化特征

上海近代园林的发展存在这样一种悖论：华界与公共租界、法租界以章程的形式界定各自的政治疆界，当租界管理者仍在通过越界筑路、给道台政府施加压力甚至直诉北京总理衙门等种种努力，拓展政治意义上的疆域时[1]，园林这种与人们生活密切相关的公共空间形态，却早已打破疆域界限获得了发展。上海最早的滨水公共景观，包括公共花园、外滩公共景观带、华人公园，就是通过填滩侵占中国官地而辟建的，是租界当局通过建造公共园地手段成功进行空间渗透的肇端。

在以后的发展中，租界当局通常以1869年修订的《土地章程》为法律依据，以越界筑路与行道树种植为先导，在界缘或渗入华界置地辟建公共园地。譬如，两废三建的跑马场是随同公共租界的扩界而不断外迁的，公共租界内最大的虹口公园和极司非尔公园也都附设在界外道路的尽端，法租界内唯一的大型公园顾家宅公园辟建时也位于当时法租界的边缘。公园以外的其他园地也大致相同，租界最早的大型市政公墓八仙桥公墓的选址就位于当时法租界的西缘和两租界的交界处，静安寺风景式公墓位于租界的最西侧，虹桥路公墓与虹桥苗圃则在远离租界的界外。由此看来，租界当局建设的公共园地，无论是大型公园还是市政公墓与苗圃，选址大多在不同时期租界区域的外围或边界。

巴黎和伦敦的城市公园始于皇家林苑的开放，也有布局边缘化与郊区化特征，上海租界公共园地的边缘化分布在理念上应该受其一定影响。但两者成因不同，后者有其特殊的背景与肇因：

第一，以“越界筑路、园地外渗”作为拓展空间的重要手段。实际上，1869年修订《上海土地章程》时，公共租界内并非真正没有辟建一处大型公园的土地，租界当局考虑更多的还是将建造公园作为一种借口，以实现其领域扩张的非法目的；

第二，地价低廉是租界当局进行大型园地选址的一个重要原则。受地价级差的影响，对租界当局来说，大型园地的理想选址是在地价较低的租界边缘，或通过越界筑路获得控制权的郊野土地；

第三，它是住宅地段化与郊区化出现后的需求。伴随着租界内居住人口和经济的发展，城市空间日益分化，公共租界内出现西、北两个居住片区，其居住区布局具有分布扩散而又同类集中的特征。与此相适应，工部局遂于西区辟建极司非尔公

---

1 张鹏. 都市形态的历史根基—上海公共租界都市空间与市政建设变迁研究[D]. 上海：同济大学博士学位论文，2005.

园，于北区通过增加游息设施使虹口娱乐场逐步向公园转型。而法租界则自东向西拓展，其园地建设也随之依次推进；

第四，交通工具与公共交通的发展为大型园地的边缘化选址提供了通行保障。在某种程度上，可以认为租界大型郊野型园圃的出现是上海进入汽车时代的产物。

第五，与军事用地的紧密关联助推租界园地向华界纵深渗透，进一步增强了边缘化布局的趋势。像虹口公园、极司非尔公园、法租界的顾家宅公园、打靶场路苗圃等大型园地均与军事用地密切相关，这种联系绝非偶然，个中原因有：一方面，通过军事用地的转化，租界当局能较容易地获得大片廉价的园林用地；另一方面，近邻军事营地，客观上，能为公园这种游人麇集的界外"飞地"提供安全保障。

另外，清末一度兴盛的营业性私园，出于商业赢利目的而选址在静安寺附近的南京路两侧，在功能上是对早期租界园地稀缺的补充，在空间上也具有园林分布的外渗性特征。

2. 华界园地的政治中心集聚化特征

政治和经济是上海近代园林空间分布的两大策动力，受历史条件和文化传统的影响，其作用与结果在租、华两界有显著差异。租界城市运作具有资本主义方式的趋利性特点，经济像一只无形的手调控着租界外侨的利益分配，在确立公私界限、平衡公私关系过程中拓展的公共园地，逐步向商业与房地产业发达的区域集中。如前文所分析，在租界当局的调控下，受扩张疆域的政治企图和控制经济成本的双重驱动，园地分布趋向于地价较低的租界外缘。

从规划建设实践及其结果来看，华界的园地布局与租界截然不同。在封建意识与新政府急于表征地位与形象的意识驱使下，无论地方自治时期还是民国政府时期，政治表白、主权象征成为影响华界市政园林发展的主线。清末至民国前期，以行道树与学校园为主体的园地建设全部集中在老城厢内外这一传统的政治中心，拥有30多万人口的闸北地区却没有一个公园，唯一取名为公园的宋公园仅仅是一个环境简陋的纪念性墓园，几乎不具有近代市政公园的功能。华界和整个上海先后整合后，民国政府主导的都市计划中规划了游憩性公园、体育娱乐性公园、具有公园路性质的风景林带、市政广场以及公共机关附属庭园等公共园地，市政园林体系得以确立，并有部分得到实施。然而，这种为"增益观瞻"的城市美化行动仅限于新的政治区内，而这时的吴淞地区只有一个几亩地大小、不断受到风潮蚕食的海滨公园。

由此可见，近代上海华界地区市政园林的分布形态具有向行政中心聚集的政治符号化特征，南市与江湾地区也因此先后成为华界市政园林的建设重点，虽然真正建成的园地为数并不多。

3. 租界公园的空间分布与发展时序

因界内经济发展、人口构成以及母国园林特征的不同，公共租界与法租界的公园发展也有差异，公园类型、规模、空间分布、发展时序等空间秩序特征各不相同。

在公园类型方面，与英国相接近，公共租界内的公园类型较多，有大型的游憩性公园，也有体育娱乐性公园，随着界内妇女儿童人口的增多，居住依附性的儿童游戏场也是公共租界后期发展的重点。20 世纪 30 年代前后，在公园服务半径等规划理念的指导下，由于越界受阻，公共租界分别在界内的东区和西区增建两个中型公园。相形之下，法租界的公园则以游憩性为主，类型相对单一，单独设置的儿童游戏场或公园也很少，不同公园间的规模差距悬殊。

两租界公园的发展时序和空间分布明显不同。公共租界公园整体上呈现出先两头后中间、先界外后界内的**“由外而内”**式的跳跃性发展。19 世纪末时公共租界公园的空间分布结构为东西**“双核尽端式结构”**，即东段是以公共花园为核心的滨水公共景观，西面终止于公共娱乐场。这一公园结构与 19 世纪公共租界内的“T”字形商业活动空间结构是相适应的。20 世纪初开始，公共租界内公园分布的边缘化特征更趋明显，随着两个大型公园的建成和公共娱乐场公园功能的弱化，呈现出“一北一西一中”的**“三角尽端式结构”**，即北端的虹口公园、西端的极司非尔公园、中部的公共花园滨水公共景观，以后虽增建了汇山公园、胶州公园两个中型公园和一些临时性的儿童游戏场，以及几处道路附属园地，但终久未能形成公园网络，这一“三角尽端式”公园空间分布结构一直维持到租界结束。与公共租界不同，法租界的公园建设则呈现出在界内沿淮海路从东向西的**“由内而外”**式的递度推进，公园的空间分布结构为**“线型结构”**（图 6-7）。

两租界的公园建设时序和空间分布形态基本上是与租界各自的扩张时序和整体形态相一致的，说明租界园地发展虽然有其被动和缓滞的一面，但整体上还是能与城市建设和城市空间拓展相合拍。两租界间公园类型与规模有较大差别的原因是多方面的，其中，界内人口构成与外侨游园习惯的差异，以及对上海租界园林造成很大影响的英法两国近代公园在功能和规模上的差异，是造成两租界间公园差异的主要原因。另外，租界内外侨别墅花园的规模和活动内容的差异等因素也会对此产生一定影响，由于法租界内外侨别墅花园普遍较大，且大多配有儿童游戏设施，致使法租界内的儿童公园或儿童游戏设施要明显少于公共租界。

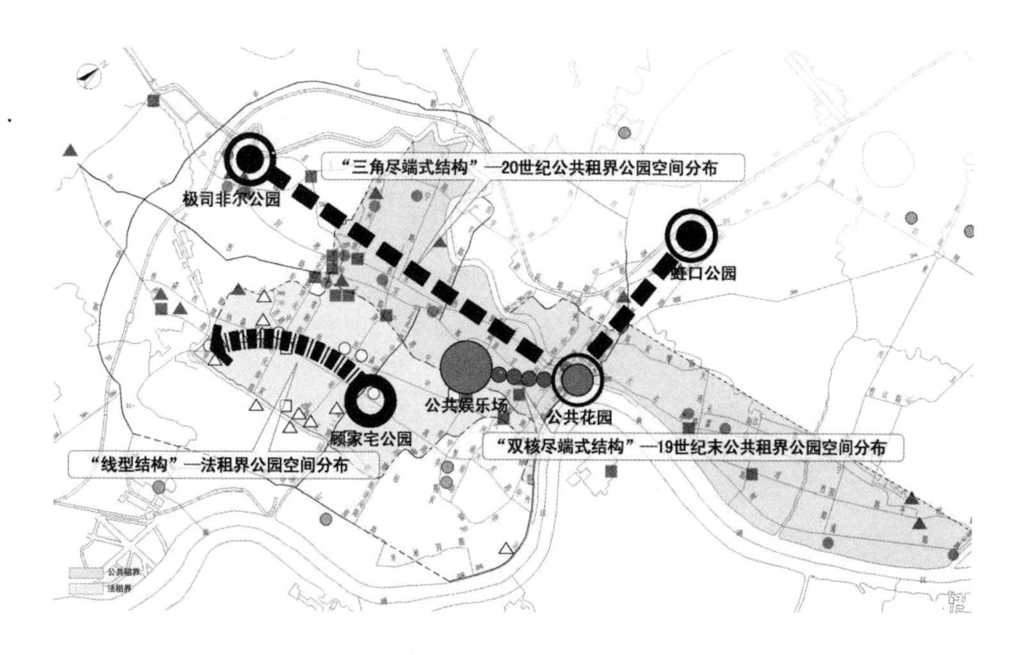

图 6-7 上海租界公园的空间分布结构与演变图

6.3.2 外生与后发：近代上海园林的现代化演进规律与影响

19 世纪中叶以后，“现代化”主要表征为西欧北美以外的国家和地区追求现代发展的过程。中国近代社会文化的变革，也即是不断摆脱中世纪羁绊，逐步现代化的过程。与欧美一些资本主义国家的“早发内生型现代化”不同，中国的现代化进程则具有在西方影响下的“后发外生”特征[1]。以租界园林的西化为肇端，上海近代园林迅速被纳入世界园林现代化轨道。传统园林步履蹒跚地步入现代化演进历程，受制于内部的观念冲突和外部的生存条件，这一过程艰难而又漫长，转变算不上彻底，然而它却是西方园林本土化过程中的重要一环，其对“融汇中西”的实践探索实属可贵。民国市政园林的实践与追求，不仅纳取租界园林制度的合理内容，传承华界园林先期探索的成果与精神，并超越前者，以更为宏观的视域和开放的心态，直接择取世界园林的最新观念和理念，通过一定程度的实践，在近代上海园林的现代化进程中迈出姗姗来迟又最具时代性的一步（表 6-1）。

---

1 许纪霖，陈达凯. 中国现代化史（第一卷 1800-1949 年）[M]. 上海：上海三联出版社，1995. 转引自：李海清. 中国建筑现代转型 [M]. 南京：东南大学出版社，2004.

表 6-1 上海近代园林的现代化演进历程与特征

发展阶段	建设实践	技术与观念	管理制度	阶段总特征
移植期（1840-1900）	•租界市政园林初始，娱乐功能突出 •华界私园裂变，营业性私园兴盛	•租界园林植物生产起步，技术未受足够重视 •华界近代花木业初兴	•租界近代园林管理制度初创，但限于公园游客管理	•中西园林的碰撞与初步融合
快速发展期（1900-1927）	•租界市政园林的数量、规模与类型明显增加，公园体系初现 •华界市政园林尚未真正起步，私园的功能与形式更趋杂烩	•租界苗圃与花木生产发展达到顶峰，技术全面进步 •华界花木业快速发展；华界社会的近代园林意识整体形成	•租界园林管理体系初成、管护范围扩大、管理规则细化	•以租界园林为主体，园林的大众化特征明显
缓滞期（1927-1945）	•租界公园改建不断，新建园地有限 •华界市政公园起步建设、群众绿化兴起，但均毁于日军炮火	•租界苗圃衰退，花木生产重心转移，技术发展停滞 •华界市政苗圃初兴；公园路、公园体系的规划构想具有西方现代园林思想	•租界园林管护范围、管理机构体系趋向定型，公园管理加强 •华界市政园林管理机构与公园管理规则初步形成	•租界园林发展停滞与调适，华界市政园林短暂初兴后迅即停止
整合期（1945-1949）	•市政园林的修复与少量改建、新建	•城市绿地系统规划与构想具有鲜明的现代性诉求和时代性特征	•现代园林管理机构、体系、规章制度初步形成	•管理整合富有成效，规划设想具时代性

1.舶来园林的引领：上海近代园林的“外生”特征

西方园林进入近代上海主要通过两个途径：租界园林的存在与引领；出国考察或留学归国专业人员的实践与介绍。从上海园林现代化的动力机制来看，应该说是开放在前变革在后，尽管这种开放是被迫的和被动的。客观上，上海租界园林的存在犹如催化剂，“激活”和加速了上海传统园林的新陈代谢，从园林形式到理念，从园林技术到制度，深刻地影响了流变中的上海园林。

1）城市大众公园与市政园林理念的传输

作为上海近代园林的一个重要部分，租界园林的建设与变化体现了西方现代园林的公共理念和城市意义，诱发上海的本土园林发生裂变，从而改变了上海近代园林的性质与功能。

毫无疑问，租界公园的出现促动了华人对社会生活观念和传统园林的反思与变革。陈伯熙在 1909 年所著《老上海》一书中说：“以往百万人口之商埠，而公园除西人有数处外，华人则绝无仅有、亦公共观念不发达之一证”[1]。辛亥革命以后，成为我国园林史一大转折的民国园林，其兴起与发展与此也不无关系。范肖岩亦在 1930 年所著的《造园法》中说道：“我国因四千年专制政治之原因，民治思想之不发达，故娱乐之组织，徒知一己之私，鲜有顾及公众之幸福，故叙述庭园史者，仅

1 陈伯熙．老上海（中册）[M]．上海：泰东图书局，民国八年：70.

能指数宦富之私园与帝王之禁苑而已。为民众共同娱乐之公园，绝未之闻。洎乎民国丕肇，国体更新，民治思想日益澎湃，通都大邑，始有筹办公园之举。现在规模初具者，当推北京之中央公园，南京之第一公园，济南广州之市公园等。輓近数年，各地竞知改良市政之重要，江浙诸省地方公园建设者，已属不少。而沪津外人之租界，均早有完善之公园。其设计与形式，为我国各地举办公园之模范者，亦有深切之关系焉。[1]”

清末，与仍处于“水运时代”的上海传统园林不同，反映西方“由马车时代而汽车时代”园林特征的租界园林具有全新的城市性：园居分离，服务对象与范围扩大；与新型交通方式结合选址可更远，材料来源更广，造园速度更快；满足大众多层次需求和着眼公共健康改善城市卫生的城市园林功能；作为城市重要的公共空间，与城市互动，具有空间环境调和与美化，产业附及与经济提升的城市功能和意义。租界园林的全新功能与城市意义，在很大程度上，适应于近代上海正在摆脱封建束缚，求新、求变的华人和地方政府的要求，诱导上海传统私园亦步亦趋地走出高高的垣墙，附及于通衢大街。

2）西方园林形式与风格的移植

由于功能和作用不同，上海租界公园在功能设置、设施配套、平面设计、空间处理等方面，与我国传统园林有天壤之别。租界园林不仅呈现出西方现代市政园林的类别化、大型化、专业化特征，而且具有在科学技术和实用功利主义思想引导下的多元折衷式园林形态特征与造园风格。

依据园林的城市功能，租界市政园林分为公园、路边树木与道路附属园地、市政苗圃、风景式市政公墓以及公共机构附属庭园等多种类型。其中，公园又先后出现体育运动性公园、游憩性公园、儿童游戏场、动植物园等综合与专业公园的分类。随着城市与人口的发展，公园、市政公墓的规模不断扩大，行道树等市政设施附属公共园地在租界内外呈树枝状不断延伸，为之提供植物材料的市政苗圃也相应扩大和外移，并进行了各有侧重的生产分工。随同城市空间日益扩展的租界市政园林，以全新的游园方式和城市公共空间形态，给予华人和华界政府近距离的直观参照。

具有园艺和英国风景园风格特征的租界公园，对华人构成最直接的视觉冲击，缓缓起伏的地形、开阔流畅的空间、丰富多彩的植物景观等，无不让华人感到新奇。艳羡与仿效之中，现代园林的科学意识和审美观念在华界社会渐渐滋生，源于欧美的现代园林形式与风格，也因此，逐渐在整个近代上海蔓延、扎根。

3）西方近代园林技术与制度的植入

影响上海近代园林发展的因素是多方面的，就园林本身而言，租界园林对西方近现代园林技术和管理制度的引入，是上海近代园林先进性的重要体现，对当时的

---

1 范肖岩．造园法［M］．上海：商务印书馆，民国十九年：11.

华界园林及以后的上海园林影响至深。

不同时期租界园林的造园材料来源与采购方式是不同的，但有一点是相同的，也即采取多种措施来保证造园材料的质量。其主要措施有：以丰富植物材料为主要目的，与世界各国和中国国内相关团体、机构建立广泛联系，确保植物种源的广泛性和先进性；采用自行采购或自产自供的材料组织方式，从而优化了园林材料的质量；多次从国外引进专门人才，派人赴日、英美等国考察学习先进的园林技术、观念和管理制度，一定程度上提高了租界园林的技术质量。

租界园林的发展是与租界市政机构及市政制度的发展相同步的。租界市政当局以“调节者”角色在界定公私领域、协调各方关系的过程中，建立起上海最早、最全面的资金来源与控制、规划设计、材料供应、施工管理、园地管护的园林建设管理体系，体现了资本主义制度保护私人权益、平衡公私利益和追求利润最大化的本质。租界园林管理机构、管理规则与制度的建立及其演变，与效益大小直接相关，这与中国传统皇家园林和私园存在根本性的区别，具有明显的时代性和先进性。在租界园林的建设和管理活动中，为降低成本，通常其具体生产和管护工作以雇用中国工人为主，一部分材料采购和园林工程施工采用以价格为标准的招投标制度，并大多由华人承包商得标，尽管这些活动事实上形成了对华人的剥削，但客观上也模糊了华洋界限，对华界园林技术和管理水平的提高具有较大的促进作用。

2. 后来居上的追求：上海近代园林的“整合与后发”特征

作为一个东方大国，近代中国尽管饱受帝国主义的欺凌，但并未真正沦为殖民地国家，她悠久而富有生命力的传统在与殖民主义对抗的过程中，成为民族意识的强化剂，它曾经与意识形态的目标相结合，或者直接诉诸文化创新的力量，来改写现代性的社会设计[1]。地处近代中国港岸前沿的上海，逐步形成了对先进事物的敏感性和对多元文化的包容性的地域文化特征。这一特征也反映在园林上，特别突出的是，民国后期的上海园林不仅吸收了租界园林的合理成分，而且超越租界园林直接从其源头汲取营养，并自觉地应用于创新，在园林观念、技术和制度等层面，比之租界园林均取得不同程度的突破，从而迈上近代上海园林现代化进程的又一个阶梯。

1）园林形式和风格的地域化与园林理念的自觉更新和追求

以租界园林为参照，近代上海华界与民国时期的园林发展可细分为追摹生成阶段、裂变发展阶段、整合自主阶段三个阶段，具有从感性体验到理性追求的演化特征。

开埠后的上海传统园林，在内外际遇的作用下，长期在传统与现代中起伏，在

1 高端泉，颜海平. 全球化与人文学术的发展［M］. 上海：上海古籍出版社，2006：3.

“中化”与“西化”中沉浮，逐步形成具有近代上海乃至近代中国文化发展特征的“中西并重”或“不中不西”的双重文化品格、土洋相间的文化风姿和亦土亦洋的两栖文化模式。然而，裂变中显得有些混乱、驳杂的华界园林形式，不论其艺术形式与风格成熟与否，也都是对业已改变或正在改变着的园林功能的一种调适，这一对新形式的探索与创造，本身就是一种革新，是租界园林所不愿、也无法做到的。从这个意义上来讲，流变中的华界园林要比信奉拿来主义、局限于对西方园林形式移植的租界园林更具时代性和先进性。

如果说，抗日战争爆发前的上海华界园林，更多地体现出受租界园林启发后的裂变特征，那么民国后期上海近代市政园林的实践创新则具有整合与自主发展的特色，其对租界园林和前期华界园林合理性的尊重和继承，对城市园林绿地发展的宏观理性思考，对世界先进理念的把握和择取，无不显现整合自主阶段的上海近代园林，在观念上具有更大的包容性和务实求新的探索精神，在园林功能拓展和新风格追求上有了更高的诉求。

园林风格与建筑风格一样，是社会文化模式的体现，是由社会集体的文化整合过程中的价值取向所决定的。一定程度上，罗小未先生对上海近代建筑风格的深刻认识也同样适用于上海近代园林：既多样又宽容，既表现时尚又重实际，既讲究符号又有深入的技术底蕴，既有上海作为中国的一个城市的地方文化特色，又有外来文化的直接体现，更有外来经验经过地域化后的结晶[1]。

2）现代园林制度的初步形成与园林行业的勃兴

技术进步与新材料、资金来源与成本控制、建设与管护方式等对园林的发展与革新都会产生作用，上海近代园林的进步不仅表现为对园林功能的拓展与新风格的追求，更表现为西方近现代园林制度的引入与本土化探索。

近代上海华界园林长达百年的管理演变，整体上，由盲目走向自觉，由无序走向有序。纵观全过程，不难看出，敢于引进新生事物的观念及其实践是建立先进、适用的管理制度的关键，正是这种精神引领了华界园林管理的三次重大转变：营业性私园的建设与管理，促进华界造园从“三分匠人、七分主人”的封建家族式向市场运作方式的蜕变，直接引发了“翻花园”行业的产生；上海特别市政府期间的市政园林，尽管建设行动零星而不具规模，管理工作归属多个行政部门而不统一也不完整，但其对园林建设主体与建造方式的确立，对群众参与市政园林建设活动的发动与组织，对管理机构、管理职责、管理规则的初步探索与实践，与同期已停滞不前的租界市政制度形成鲜明对照，在华界市政园林制度的建立与发展中仍具有里程碑式的意义；上海整合后，市政园林管理工作统一归属市工务局，并下设市立园场管理处专门机构，负责管理全市的公共园地，这为近代上海园林管理的全面进步提

1 郑时龄．上海近代建筑风格［M］．上海：上海教育出版社，1999：序。

供了组织保障。嗣后，由市工务局负责建立的公共园地“分级分区”管理模式，制定的公园、行道树、儿童公园等的管理通则，以及对园林行业的引导与技术指导，都是近代上海现代园林制度进一步深化的表征，为解放后上海园林管理的发展提供了可资借鉴的模式与经验。

上海近代园林在追求与困惑的交织中发展，反映了国人吸收西学之长，仿效西侨所为，从而融汇中西，进行再创造的艰难历程。这一对事功的卓越追求，不仅是社会精英和政府的社会上层一极，而社会的下层也有不凡表现。民国以降，上海近代园林的发展呈现出政府与民间两翼展开的态势，民间展开的直接结果就是近代上海园林行业的不断发展与园林产业的初具规模。园林企业的不断壮大与分工，行业组织的自发形成与渐趋成熟，花木生产与消费的彼此推动等等，形成了上海近代园林不可或缺而且丰富多彩的另一个侧面，在美化城市生活、促进近代园林市民化方面具有不可替代的作用，也为城乡就业与经济发展作出了一定贡献。

3. 近代上海园林的现代化演进机制：技术、制度、观念的革新与推进

近代上海园林的发展与变革，说到底，是在中西园林观念和文化的相互碰撞、交融中，传统园林不断地变异、再生，逐步现代化的过程。通过前面的分析，可以概括出这样一条历史脉络：在“后发外生型[1]”现代化进程的大背景下，在近代中国租界港岸前沿的特定时空中，近代上海园林经历了经由租界园林对西方近现代园林技术、制度与观念的植入，华界园林的仿效与变革，直至最后的整合与更新，三个前后相接，又不断革新和本土化的阶段。

受限于半殖民地半封建的时代背景，上海近代园林的发展不可能是直线型的，有程度上的差异也有时序上的先后，有承继也有变异与创新。其发展历程不仅曲折艰难，甚至一度出现断裂和历史的倒退，所取得的进步也谈不上巨大。然而，近代上海园林的发展仍有规律可循，也即在近代园林技术、制度、观念三者相互作用、彼此促进、不断变革的机制作用下，艰难却坚定地朝向现代化方向演进（图 6-8）。具体表现为：

第一，西方现代公共娱乐观念、科技艺术观念以及各种园林理念的引入与传播，推动了近代上海租界和华界市政园林的建设实践，与之相适应的植物材料培育生产、园艺布置和园地养护管理等的方法与技术不断进步，园林投资、建设与管理的主体及运作模式相继转变，园林管理机构和制度逐步转型、整合。

第二，以现代园艺、植物科学为支撑的园林技术进步带来园林景观的极大

1 许纪霖，陈达凯. 中国现代化史（第一卷 1800-1949 年）. 上海：上海三联出版社，1995 年，转引自：李海清. 中国建筑现代转型［M］. 南京：东南大学出版社，2004.

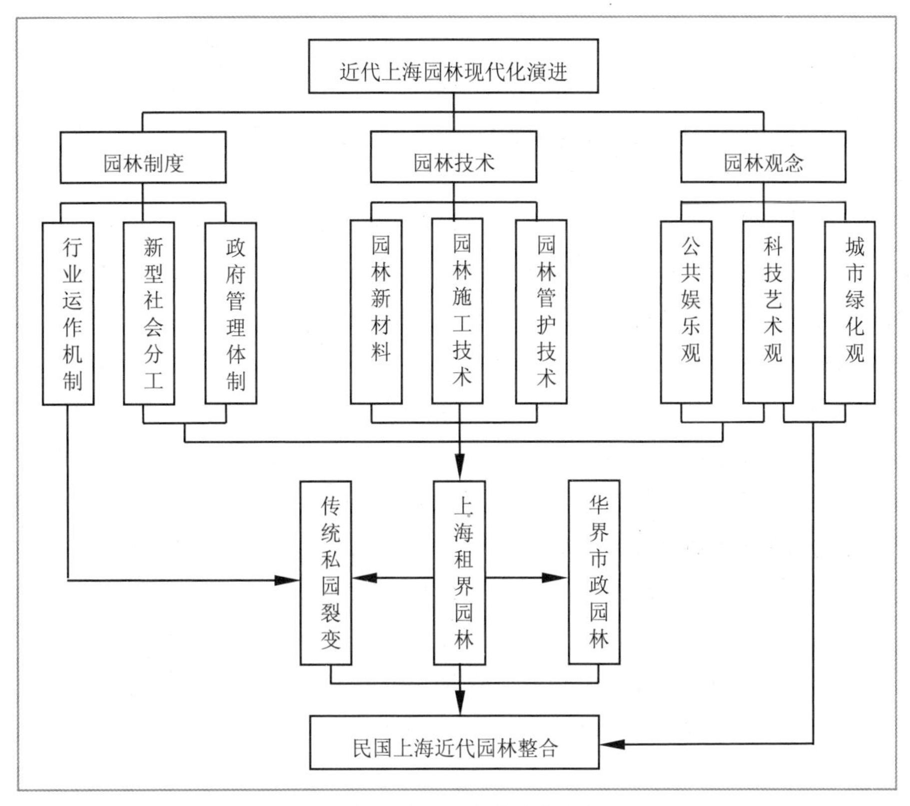

图 6-8 上海近代园林现代化演进脉络图

变化，促使市政园林管理不断变革，近代上海人的自然观和园林审美观随之改变，以植物景观为主要内容的住宅庭园纷纷呈现，盆栽植物与鲜切花的消费快速增长，园林花木业生产和行业运作机制取得整体发展。

第三，现代市政园林管理制度的逐步建立与完善，很大程度上又为园林技术与理念的更新、植物新材料和先进技术的应用，以及对西方城市公园体系、城市绿地系统等现代园林理念的引用，提供了制度上的保障。

6.3.3 上海近代园林的影响与意义

1. 上海近代园林对城市空间格局的影响

上海近代园林是上海近代城市兴起后出现的民主机构和公共设施，作为近代城市不可或缺的公共空间，它必将随着城市空间的拓展与城市社会的深化发展而不断进步。同时，受曲折的上海近代化历程影响，在空间分布上，如同整个城市的空间格局，上海近代园林呈现出“局部有序、整体失衡”的形态特征。在问题与矛盾纵横交错、此起彼伏的近代上海，园林建设的滞后性和行业的弱质性更显突出，进一步影响了上海近代园林的健康发展与合理布局。当然，滞后与失衡并不等于一无是处，上海近代园林对城市空间拓展与塑造也有一定的积极意义，租界公共园地的分布形态和民国末期的上海城市绿地系统计划，对近代上海的园林发展和城市空间格局曾产生过不小的影响，甚至其意义至今犹存。

上海近代园林给城市带来的影响不仅仅局限于园林范畴之内，“都市创造了公园，公园也塑造着都市人”，作为近代城市中的公共空间，公共园地在培育公共意识、塑造市民社会和促进社会整合方面的社会意义是不言自明的；缘于特殊的社会背景，上海近代园林比西方近代城市园林又多出了一些社会责任和功能诉求，长期的公园开放斗争运动促进了市民传统意识的松弛和民族意识、权利意识的伸长；房地产业和公共交通的发展为园地拓展创造了条件，反过来，园地建设又能对周边房地产和公共交通的发展与繁荣起到促进作用；随同市政设施向外延伸的租界园地，无意中也推进了上海近代“三界四方”之间的空间渗透和交融，使得城市公共空间与绿化空间随之拓展，城市形象与环境有所改善。

在与城市其他因素相碰撞、互动、交融的过程中，至民国末期，上海近代园林最终初现出**“一廊、一轴、一环”**的城市绿色空间格局（图 6-9）。这一格局不仅对近代上海的城市发展产生过积极作用，也为之后的上海城市建设提供了基础与启示。

城市绿廊：经过长期的发展与整合，至 20 世纪 30 年代，上海形成了一条自东北至西南的商业、娱乐走廊[1]，北起虹口公园，向南经北四川路至外滩，再折向西南沿南京路至静安寺、沿淮海路直至徐家汇，这一走廊是近代上海经济最活跃、文化娱乐活动最火爆的经济动脉和文化主轴，也是最为积极的城市空间，是“东方巴黎”和“西方纽约”城市意象的集中体现。上海近代园林在这条城市走廊中发挥着重要作用，北首的虹口公园、邻近北四川路的昆山路广场、以外滩公园为中心的苏州河黄浦江滨水公共景观带、公共娱乐场、静安寺风景式公墓、八仙桥公墓、顾家宅公园、霞飞路公共花园、兰维纳公园、贝当公园，以及南京西路与淮海中路之间为数众多的儿童游戏场和私家花园等，均依廊分布。这些公共园地不仅是娱乐活动的主要载体，更重要的意义在于它们构成了这一城市活动带的开放性空间节点体系，并为这一“火红色”的活动场所带涂抹上了一层宜人的绿色。不止于此，这些公共园地的城市意义还更为深远，它们为日后的城市发展和重大公共设施建设预留了宝贵空间，今天的虹口体育场、人民广场、人民公园、静安公园无不是在上海近代公共园地的基础上建设起来的。

1 楼嘉军．上海城市娱乐研究（1930-1939）［D］．华东师范大学博士学位论文，2004.

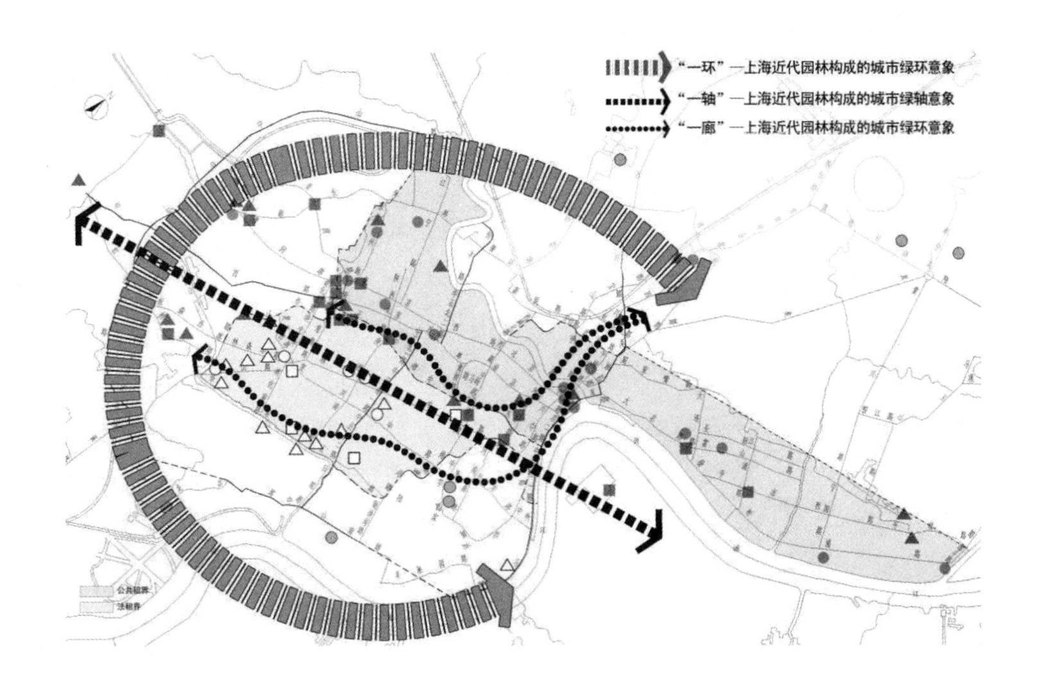

图 6-9 近代上海初现的城市绿色空间格局

城市绿轴：沿南京路、淮海路分布的园地，以及向西位于虹桥路两侧的虹桥路公墓、虹桥路苗圃、虹桥高尔夫俱乐部（今上海动物园）、多个规模甚大的别墅花园，共同构成了一条东西向的公园带意象。当时由于地处两租界交界，完整的公园带不可能形成，但是这一带状绿色基底对以后上海延安路城市绿轴的构建具有启示与支托意义。

城市绿环：租界园地的外渗边缘化和华界园地向政治中心的集聚，在客观上致使上海近代的很大一部分园地沿中山路两侧分布，一条环形绿带的空间形态隐约可见。倘若大上海计划和绿地系统计划中规划的中山环路绿地带能得以实施，上海近代园林中的诸多园地，如江湾中心城区、虹口公园、闸北公园、中山公园、龙华风景区、南市零星分布的公园和私园，将是该环状绿带的重要构成内容，那么今天上海市中心的环境将是何等模样？好在这一绿环设想在 20 世纪末的外环绿带中得到实现，也算是对历史缺憾的一种弥补吧。

2. 上海近代园林之王近代中国园林的现代化

在中国园林的现代化进程中，上海近代园林具有特殊的地位。开埠以后，上海迅速崛起，成为西方文化进入中国的桥头堡和中国现代城市制度建立与演变的摇篮。在近代中国，上海拥有最早的市政公园，最完整的英国风景园风格及其现代转型特征的公园；是市政园林类型最多的城市；是传统私园西化和变革时间最早、程度最高、影响最大的城市；是近代园林制度建设和行业发展最成熟的城市；也是城市规划中园地规划、绿地系统规划最早、最先进的城市之一。

在中国园林的现代化进程中，近代上海是中西园林交汇与传播的重要枢纽。近代上海既为外来园林的传播提供了中转，也为中国园林的现代化创造了条件。历时一个世纪的上海租界是旧中国各地租界中规模最大、格局最完整、稳定时间相对最长、西化程度最高、影响最大的一个，它对中国的政治、经济、文化，特别在现代城市市政建设和制度方面产生过很大影响。其先进性使得上海的租界外侨和华人成为西方园林在中国的最早受益者，并使新技术、新观念迅速传播到上海华界和其他中国城市。民国后期，随着上海在中国地位的提升，上海华界园林发展与上海近代园林整合中的技术和理念进步，也对国内其他城市产生过一定影响。由此，上海近代园林对全国的影响有先后两个重要时期：

19 世纪末 20 世纪初是第一个重要时期，即上海营业性私园的兴盛时期。这一时期，随着避难于上海的各地乡绅富商等短期移民的先后回乡，近代公园作为文明的象征被陆续传播到全国各地，尤其是江浙地区。以张园等营业性私园为主要摹本，各地相继建成一批营业性私园和私营性质的公园，开启了中国内地很大一部分地区的近代园林发展历程。如 1904 年天津《大公报》在报道南京修建公园时说：“金陵下关商埠将兴，兹有某显宦在彼购买荒地多亩，依照上海张氏味莼园形式，建造公园一座，供人游览[1]”。在 1907 年清朝官员端方、戴鸿慈奏请设立公园等四大公共文化设施后，由官方提倡或出资在全国各地兴建一批城市公园[2]。在中国早期的这批公园中，从内容到形式，或多或少都能觅得上海营业性私园所开创的中西杂糅的踪影。

20 世纪 30 年代是第二个重要时期。反映上海近代园林内容的报刊载文和专业性书籍，是近代上海园林广泛影响内地的一个重要因素。近代上海有着优越的文化传播条件，清末上海的新闻出版业已领先国内其他城市，30 年代随着北京文化名人和机构向上海的迁移，上海文化事业步入鼎盛时期。仅园林著作方面，20 年代后期开始，为满足民国政府建立后各地对近代造园知识的需求，国内出版过一系列的园林相关的书籍和教材，这些书籍大多由上海商务印书馆出版发行，有些水准颇高，影响很大。诸如，范肖岩著，1930 年出版的《造园法》[3]；哈第（Marcel Hardy）

1 转引自：胡冬香. 浅析中国近代园林的公园转型[J]，商场现代化，2006(1)：298.

2 闵杰. 近代中国社会文化变迁录(第 2 卷)[M]. 杭州：浙江人民出版社，1998：532.

3 范肖岩. 造园法[M]. 商务印书馆，民国十九年初版. 载：王云五主编. 万有文库（第一集一千种）[M].

原著、胡先啸翻译，1933 年 12 月出版的《世界植物地理》[1]；童玉民编著，1926 年 5 月出版的《花卉园艺》[2]；章君瑜编著，1933 年 2 月出版的《花卉园艺学》[3]；陈植著，1935 年 4 月出版的《造园学概论》[4]，等等，大多先后再版多次。在上海出版的这些园林书籍中，通常有很大篇幅都来自于对上海近代园林特别是租界园林的认识和分析，从而扩大了上海近代园林在全国的影响。

在中国园林的现代化进程中，上海近代园林的影响不仅广泛而且较为深刻。与 19 世纪末 20 世纪初上海园林对各地的感性影响不同，始于 20 年代后期造园相关书籍的出版发行，不仅将上海近代园林的观念与制度广泛传播至各地，而且对其造园要素、手法等更为细化的操作技法进行深入介绍，十分有利于各地园林的仿效实施。如前述出版较早的《造园法》一书，其主要内容包括对庭院的分类，对当时世界造园形式趋向——浪漫式与古典式折衷的园林风格的分析与推介，对温室、花棚、草地、岩石、水景、雕刻物、园亭、运动场与球场以及透视线等的造园设计实施法的分析，以及对花卉栽培园、蔷薇园、高山植物园、果树园、蔬菜园、植物园、动物园、学校园等特种庭园设计概要的介绍等，这些内容很大一部分是著者对上海近代园林的认识和归纳，并附有各种插图。

上海近代园林对全国各地园林的影响，既有正面意义，也有反面作用。从西方园林的传播来讲，上海近代园林之于近代中国园林的现代化犹如一扇窗口和一道门缝，上海近代园林既是西方园林在中国传播的前沿和结果，为近代中国了解西方园林提供了近在咫尺的机会，又因为租界园林的殖民性和上海华界园林发展的不成熟、不充分特征，给中国园林的现代化造成了“管中窥豹”的片面影响。譬如，突出单个公园建设而忽略市政园林体系所致的城市园林格局的残缺，过分强调娱乐性功能的公园功能异化，杂烩而缺乏造园理念的公园布局，长期实行的公园门票制度，对园林行业发展缺乏科学有力的引导等等，这些缺陷为近代中国园林现代化转型与发展留下了先天不足的时代烙印。

3. 上海近代园林对之后上海园林的影响

由于战争的破坏，解放初时上海园林的规模和功能非常有限，以至于在之后相当长的时间内，上海园林长期不能满足城市发展和市民户外游憩的需求，出现了“绿地赤字”。然而，上海近代园林的有益经验是不容忽视的。从新中国成立后数年和 20 世纪 90 年代以后上海园林的两个快速发展阶段的情形来看，无论在物质层面，抑或制度、观念层面，上海近代园林对之后上海园林的发展都曾产生过积极影响，

1 哈第著．世界植物地理［M］．胡先啸译．商务印书馆，民国二十二年初版．载：王云五主编．万有文库（第一集一千种）［M］．
2 童玉民．花卉园艺．商务印书馆，民国十五年初版。
3 章君瑜．花卉园艺学．商务印书馆，民国二十二初版。
4 陈植．造园学概论．商务印书馆，民国二十四年初版。

而且这一影响仍会延续。其影响主要表现在以下几个方面：

首先，表现在一系列直接并且可以实证的的变化上。最为明显的是，上海近代的公共园地是解放后上海许多公园或公共设施的前身。其中，保留至今并具有较大影响的有中山公园、虹口公园、复兴公园等；由近代公园之外的其他园地改变而成的公园、文化体育场馆有：八仙桥公墓——淮海公园和邑庙区体育场，静安寺公墓——静安公园，浦东公墓——浦东公园，汇山公园——劳动广场（杨浦区工人俱乐部），山东路公墓——邑庙区（黄浦区）体育馆。另外，虹桥高尔夫俱乐部球场之为西郊公园，圣约翰大学、华东师大、上海交大医学院等高校校园以及外人高级住宅花园的改造利用等，也都是实证。

其次，表现为解放后上海公园的设置方式和功能配置大多沿袭上海近代公园。主要表现为：①利用花园、苗圃、墓园等改建为公园的较多，如淮海公园、静安公园、南园、波阳公园、复兴岛公园、惠民公园、临江公园（友谊公园）、莘庄公园、张堰公园、珠溪园等；②随住宅区建设，利用荒地、坟地等废弃地新建配套公园较多，如闸北公园、交通公园、和平公园、杨浦公园、平凉公园、华山儿童公园、普陀公园、曹杨公园、宜川公园、蓬莱公园；③随着沟浜治理，挖土填沟新建的公园较多，如天山公园、绍兴儿童公园；④先建苗圃、果园等，遂后改建成的公园较多，如兰溪青年公园、内江公园、松鹤公园；⑤因市区内土地珍贵，小型公园和儿童公园辟建较多，如海宁儿童公园、海伦儿童公园、绍兴儿童公园、惠民公园等。另外，附设动、植物园的公园也较多[1]。

再次，上海现代园林的风格特征是在承继上海近代园林的造园手法和风格的基础上逐步形成的。解放后的上海园林形成了有别于国内其他城市园林的鲜明特征：①以缓坡草地、自然湖泊等构成的自然风景式景观；②相对丰富的造园植物材料和自然式植物群落配置方式；③追求形式创新、功能实用的硬质设施配置；④较高的园艺布置和植物管护水平，尤其是行道树的修剪控制水平；⑤曾一度领先于全国的植物培育和苗圃建设。以上种种或许就是今天被人们习称为“海派园林”的重要特征，这些特征固然是解放后上海园林通过不断实践创新而形成，但其根基则在上海近代园林。

最后，也是最重要的一点，上海现代园林的推陈出新始终是在技术、观念与制度的不断深化与互动中取得的，是上海近代园林的再发展。创新与互动主要表现为：①园林科学研究与技术更新；②世界先进园林理念的追踪与引入；③城市绿地系统与城乡园林绿地一体化的规划与实践；④管理机构和制度的不断改革与创新；⑤群众参与和行业发展的机制激励等方面。由此，上海园林在创新中不断取得发展，特别是 20 世纪 90 年代以来，上海园林又一次地在全国起到先导作用，甚至取得中心地位。

---

1 根据《上海园林志》整理。

4. 上海近代公园的保护不容忽视

以昨天的经验取得明天的进步是历史发展的逻辑，也是保护历史的意义和追求。上海近代园林是近百年逐步成长起来的一个独具特色的园林文化成果，是上海传统园林现代转型的一个新生带，是外来影响与自身文化走向结合的产物，其消长起伏是多种因素交织发展的结果。19 世纪末出现的营业性私园已经表现出在这两股变动之流的不同程度的融合，体现了对传统园林的反省意识和时代语境中的园林形式创造。

在中国，公园是近代的产物，后发的中国近代公园是中国近现代化曲折历程、中西文化碰撞与交流的实物见证，与近代建筑和传统园林一样，都是中国文化遗产的有机组成部分。在上海，与近代建筑相比，近代公园更具保护的紧迫性和艰巨性。其原因：

公共性：作为公益性公共文化机构的公园，受公众娱乐观念、社会审美意识的变化和政府意志与管理部门意识的影响极大。随着时间的推移，至今，上海近代公园从功能到形式整体上都已发生很大变化，有的变化是可逆的，有的则一去不复返。

易变性：以植物为主体的近代公园本身具有生长变化的特征，几乎不构成人身安全威胁的公园改造也极易进行，缺乏保护意识的公园维护和改建很容易就会造成公园面目全非。

稀缺性：无论是租界公园，还是近代华人私人营建的类公园，或民国政府建造的公园，所存数量已极为有限，仅占上海现代公园的极少数，它们作为近代园林的代表应受到关注，尤其是一部分具有开创意义的公园。

近年来，随着中国社会文化的发展，保护近代文化遗产的呼声日高，保护行动也取得了一些实质性进展。在上海，近代遗产保护已成为历史文化遗产保护的重点。然而，作为上海近代城市文明的公园至今未能得到重视，大规模的城市建设和公园改造正不断蚕食本就为数不多的近代公园，具有历史价值的近代公园及其风貌已濒临消失。特别是早期的租界公园，像黄浦公园、中山公园、复兴公园等在上海近代历史乃至中国近代史上具有重要历史意义的一批近代公园，对其进行积极保护与科学利用已刻不容缓。

附 录

附录 1 上海地区民国私园名录

序号	园名	始建年代	废弃年代	园址	始建园主
上海市等					
静安 9					
1	觉园	民国九年（1920）	抗战期间	今静安区北京西路1400弄内，约22.5亩	简玉阶 简照南
2	学圃	清末民初	民国二十七年	今静安区延安中路华山路口附近	周鸿荪
3	古春园	民国七年	无考	今静安区长寿路	顾履桂
4	麦边花园	约民国三年前	无考	今静安区南汇路一带	英国人，姓名无考
5	蕚园	民国十一年前	无考	今静安区南京西路江宁路口	奚蕚衔
6	憩园	民国十一年前	无考	今静安区江苏路	佚名
7	周家花园（周公馆、大板花园）	民国十九年	无考	今静安区康定路占地约3亩	周乾康
8	楚园	1949年前	无考	今静安区江宁路	刘世珩
9	狄家花园	民国年间	无考	今静安区乌鲁木齐北路	狄氏
杨浦 1					
10	玉山别墅	民国八年	无考	今杨浦区西北	马玉山
长宁 8					
11	杨秋声树园（杭州花园）	民国四年前后	解放前	今长宁区中山西路何家角496号，约30亩	杨鸿藻
12	范园	民国六年	无考	今长宁区江苏路华山路口，占地70余亩	梁士诒
13	赵庄花园	民国九年	抗战初	今长宁区哈密路432号，占地28亩	英籍华人赵灼臣
14	新康花园	民国二十年前	民国23年	今长宁区淮海西路	犹太人新康
15	丽虹园	民国二十四年	无考	今长宁区虹桥路西段占地约30余亩	侨民利得利
16	平吉园	民国二十五年前	无考	今长宁区虹桥路西段占地约27亩	无考
17	拙园（唐家花园）	民国二十九年	1966-1976年	今长宁区利西路占地3亩余	唐锦芳
18	吴蕴初花园	民国三十三年	1958年	今长宁区中山西路640-642号，面积 2亩	吴蕴初
普陀 2					

（续表）

序号	园名	始建年代	废弃年代	园址	始建园主
19	潘家花园	民国九年	抗战前	今普陀区胶州路西长寿路南安远路北 占地 2.6 万平方米	潘守仁兄弟
20	弢园	民国十一年前	民国 13 年	今普陀区真如镇东港	蔡增誉
卢湾　3					
21	亨白花园	民国十一年前	无考	今卢湾区徐家汇路	佚名
22	澄园	民国十一年前	无考	今卢湾区嵩山路延安东路路口	佚名
23	憩园	民国十一年前	无考	今卢湾区肇周路	吕耀庭
徐汇　16					
24	宝记花园	清末民初	抗战	今徐汇区龙华镇西俞家湾，占地 4 亩	欧阳守诚
25	遂吾庐	民国初年	解放后	今徐汇区肇嘉浜路 740-750 号	程谨轩
26	奚家花园	约民国初年	抗战	今徐汇区龙华镇西俞家湾，占地 19 亩	奚兰卿
27	宝和花园	民国九年前后	解放初	今徐汇区虹桥路 823 号附近，占地 15.3 亩	虞宝和
28	许家花园（吴家花园）	20 世纪 20 年代	解放后	今徐汇区龙华镇西俞家湾，占地 12 亩余	许氏
29	清真别墅	民国十一年前	无考	今徐汇区肇嘉浜路陕西南路口	佚名
30	亲睦公园	民国十一年	民国 19 年改万年公墓	今徐汇区漕河泾东 占地 30 余亩	黄楚九
31	周家花园	民国十四年	抗战	今徐汇区龙华镇南 占地 20 亩	周德庵
32	王家花园	民国十四年	今址尚存	今徐汇区龙华路 2660 号 占地 2 亩	李秋吾
33	费家花园	约民国十九至二十三年间	无考	今徐汇区龙华镇西部俞家湾	费氏
34	黄家花园	民国二十三年	1958 年改建为桂林公园	今徐汇区桂林公园内 面积 26.4 亩	黄金荣
35	曹家花园（曹氏墓园）	民国二十四年	1958 年辟为漕溪公园	今徐家汇漕溪公园内 面积 28.2 亩	曹钟煌
36	霞园（华兴花园）	民国二十四年	抗战	今徐汇区龙华镇 占地约 10 亩	倪幼霞
37	宋家花园	抗战前	抗战	今徐汇区汇站街 70 号内，约 2700 平方米	宋氏
38	袁顺计花园	民国二十六年	抗战	今徐汇区天钥桥路西 占地 20 亩	袁云龙

（续表）

序号	园名	始建年代	废弃年代	园址	始建园主
39	乔家花园	约民国二十八年	解放后	今徐汇区湖南路占地3.15亩	乔文寿
虹口　7					
40	雨园	民国初年	解放初	今虹口区西江湾路368号	邓雨农
41	陈氏耕读园	民国十一年前	无考	今虹口区横浜路八字桥堍	佚名
42	息园	民国二十年前	无考	今虹口区江湾镇境占地10亩	陈氏
43	成余园	民国二十年前	无考	今虹口区江湾镇东	叶贻铨
44	甘园	民国三十七年前	无考	今虹口区江湾镇附近占地约35亩	甘日初
45	庄园	民国三十七年前	无考	今虹口区江湾镇以西占地20余亩	庄智豪
46	潘园	民国三十七年前	无考	今虹口区江湾镇附近占地约13亩	潘承德
闸北原上海县　9					
47	止园	民国八年	抗战初	今闸北区天通庵路占地22亩	沈镛
48	星园	民国十一年前	无考	今闸北区天通庵路宝兴路西	佚名
49	陈家花园（陈氏墓园）	抗战前	1959年辟为彭浦公园一部分	今闸北区彭江路面积约100亩	陈燕融
50	龙园（陈筱宝墓园）	民国三十五至三十七年	1959年辟为彭浦公园部分	今闸北区彭江路占地约40亩	陈氏
51	枕流别业	民国二十五年前	无考	民国原上海县二十八保三图，占地约10亩	李氏
52	赵庄	民国二十五年前	无考	民国原上海县二十九保六图，占地24亩	英籍华人赵灼臣
53	志学庵	民国二十五年前	无考	民国原上海县二十八保三图	陆氏
54	松雪庐	民国二十五年前	无考	民国原上海县二十七保三十八图交界处	赵雪恩
55	避暑山庄（潘园）	民国二十五年前	无考	民国原上海县二十九保五图，占地34亩	潘氏
青浦　1					
56	课植园	民国元年（1912）		青浦区朱家角镇西井街，面积96亩	马氏
其他　19					
57	野园	民国初年	解放前	今奉贤区头桥乡联工村，占地4-5亩	王玉书 王玉振兄弟

(续表)

序号	园名	始建年代	废弃年代	园址	始建园主
58	朱家花园	民国初年	抗战初	今奉贤区泰日桥镇东北	朱氏
59	李园	民国初年	解放初	今闵行区建设路一带占地约4亩	李显谟
60	翊园（陈家花园）	民国四年	解放前	今南汇区横沔镇东	陈文虎
61	养真别墅	民国八年	1966年后数年	今浦东新区杨思桥镇占地5.16亩	陈义生
62	黄家花园	民国十三至十七年间	抗战	今嘉定区南翔镇封浜乡境，占地68亩	黄伯惠兄弟
63	陈家花园	民国十八年前	解放前	今嘉定区南翔镇西占地20余亩	陈志刚
64	沈家花园	民国九至十八年间	无考	今奉贤区南桥镇占地24亩	沈梦莲
65	雪园	民国十八年	解放初	今嘉定区政府	胡雪帆
66	高平庄	民国十九年	解放前	原闵行镇新闵路588号，占地3 000平方米	范介平 范知先
67	豁然园	民国二十五年前	无考	今浦东新区三林镇	王彬
68	西园	民国二十五年前	无考	今闵行区陈行镇境	佚名
69	杜家花园	民国二十七年前	抗战	今浦东新区高行镇	杜月笙
70	范家花园	民国二十九年	无考	今嘉定镇东大街占地约161亩	罗仁圭
71	金家花园	民国三十二年	无考	金嘉定镇清河路占地约10亩	金鼎康
72	姜家花园	民国三十四年	解放前	今嘉定镇南大街占地约20亩	姜氏
73	朱家花园	民国三十四年	解放后	今嘉定区中医院所在地，占地约20亩	朱理民
74	潘家花园	民国三十四年	解放后	今嘉定镇中下塘街占地20亩	潘仰尧
75	叶家花园	民国三十七年	解放后	今嘉定镇东塔城路北侧，占地约4亩	叶心符

资料来源：根据《上海园林志》、《上海地区明代私家园林》（ 刘新静，上海师范大学硕士论文，2003）、相关地方志整理汇编，按2010年行政区划排序整理

附录 2　上海近代公园简表

序号	公园名称			面积（亩）	现状或地址	开园时间	区域
	本文用名	外文名称	其他名称				
1	公共花园、外滩公园	Public Garden, Bund Garden	国际花园等	32.18	今黄浦公园	1868 年	公共租界
2	储备花园；苏州路儿童游戏场	Reserve Garden, Soochow Road Children’s Playground	河滨第一公园	4.22	外白渡桥南端西侧	1872 年	
3	华人公园	New International Garden	新国际花园、河滨第二公园	6.22	今四川路桥南堍东侧	1890 年	
4	公共娱乐场	Public Recreation Ground		402.52	今人民广场、人民公园	1894-1928 年	
5	昆山广场、昆山路广场儿童游戏场	Quinsan Square, Quinsan Square Children’s Playground	虹口公园（早期）	10.27	今昆山公园	1897 年	
6	虹口娱乐场虹口公园	Hongkew Recreation Ground, Hongkew Park	新娱乐场、中正公园	265.70	今鲁迅公园、虹口体育场南部	1909 年	
7	汇山公园	Wayside Park	通北公园	37.43	今杨浦区工人俱乐部	1911-1950 年	
8	周家嘴公园	The Point Garden		3.95	今杨浦区黎平路东南侧	1916-1927 年	
9	极司非尔公园（及动物园）	Jessfield Park	梵皇渡公园、兆丰公园	291.41	今中山公园	1917 年	
10	斯塔德利公园	Studley Park	舟山公园	5.84	今霍山公园	1917 年	
11	愚园路儿童游戏场	Yuyuen Road Children’s Playground	地丰路儿童游戏场	7.00	今愚园路、乌鲁木齐北路口西北	1917-1932 年	
12	南阳路儿童游戏场	Nanyang Road Children’s Playground		5.49	今上海商城一部分	1923-1985 年	
13	新加坡路公园	Singapore Park		2.50	今余姚路、常德路交汇处	1931-1934 年	
14	广信路临时儿童游戏场	Children’s Playing Centres—Kwanghsin Road		不详	今广德路、杨树浦路路口	1934-1937 年	
15	大华路临时儿童游戏场	Children’s Playing Centres—Majestic Road		不详	今南汇路、奉贤路交汇处	1934-1938 年	
16	胶州公园	Kiaochow Park	晋元公园	45.90	今静安区工人体育场	1935-解放后	

（续表）

序号	公园名称			面积（亩）	现状或地址	开园时间	区域
	本文用名	外文名称	其他名称				
17	静安寺路儿童游戏场	Children's Playing Centres—Bubbling Well Road		4.00	今南京西路、乌鲁木齐路交汇处	1936-1939年	公共租界
18	顾家宅公园（及动物园）	Jardin Public de Koukaza，Parc de Koukaza	法国公园、复兴公园	123.00	今复兴公园	1909年	法租界
19	凡尔登花园；凡尔登公园广场	Jardin de Verdun，Square Verdun	德国花园、霞飞路公共花园	61.90；12.00	今淮海中路、茂名南路	1917-1925年 1939-1951年	
20	宝昌公园	Square Paul Brunat	迪化公园	3.66	今淮海中路、乌鲁木齐中路、复兴西路交汇处街心绿地	1923年	
21	贝当公园	Parc Petain	伊登公园	约16.00	今衡山公园	1936年	
22	兰维纳公园	Square Yves de Ravinel	泰山公园、林森公园	33.57	今襄阳公园	1941年	
23	军工路纪念公园		虬溪草堂、王家花园	6.00	今杨浦区虬江桥南军工路以东	1919年-抗战	华界
24	上海市立（县立）公共学校园			3.57	南临尚文路、西近学前街	1923-1933年	
25	高桥公园			24.00	今浦东高桥镇	1927年-抗战	
26	宋公园；教仁公园			40.00；109.60	今闸北公园	1929-1946年 1946-1951年	
27	吴淞海滨公园			2.70	外马路（江堤）以外原化成路以北滩地	1931-1937年	
28	上海市立园林场风景园			28.34	浦东东沟大将浦北	1932-1936年	
29	上海市立动物园			10.90	文庙路、学前街交汇处以西	1933-1937年	
30	上海市立植物园			约8.00	今卢浦大桥东侧上海世博园内	1934-1937年	
31	上海市立第一公园			75.00	国济北路、国和路、政通路交界，虬江以南	1936-1937年	
32	中山公园植物园		原高山植物园等	90.00	今中山公园内	1947年	
33	血华公园			不详	今龙华烈士陵园	1947年	
34	中山植物园			36.00	今复旦大学出版社和基建处	1947-1952年	

附录 3 上海近代主要公共园地分布图

民国公园

1 军工路纪念公园
2 上海市立（县立）公共学校园
3 高桥公园
4 宋公园；教仁公园
5 吴淞海滨公园
6 上海市立园林场风景园
7 上海市立动物园
8 上海市立植物园
9 上海市立第一公园
10 中山公园植物园
11 血华公园
12 中山植物园

公共租界公园

1 公共花园（外滩公园）
2 储备花园、苏州路儿童游戏场
3 华人公园
4 公共娱乐场
5 昆山广场（昆山路广场儿童游戏场）
6 虹口娱乐场（虹口公园）
7 汇山公园
8 周家嘴公园
9 极司非尔公园（动物园）
10 斯塔德利公园（舟山公园）
11 愚园路儿童游戏场
12 南阳路儿童游戏场
13 新加坡路公园
14 广信路临时儿童游戏场
15 大华路临时儿童游戏场
16 胶州公园
17 静安寺路儿童游戏场

法租界公园

1 顾家宅公园（复兴公园，动物园）
2 凡尔登花园
3 宝昌公园（迪化公园）
4 贝当公园
5 白维纳公园

公共租界苗圃

1 储备花园
2 新公墓苗圃
3 靶子路苗圃
4 施高脱苗圃
5 麦根路苗圃
6 靶场苗圃
7 静安寺苗圃
8 虹桥路苗圃
9 徐家汇路苗圃
10 极司非尔A苗圃
11 哥伦比亚路苗圃
12 极司非尔公园B苗圃
13 白利南路苗圃
14 平凉路苗圃
15 胶州公园苗圃
16 波阳路苗圃

法租界苗圃

1 董家渡苗圃
2 顾家宅公园苗圃
3 卢家湾苗圃
4 打靶场路苗圃
5 东石泉苗圃
6 巨泼莱斯苗圃
7 湾南苗圃
8 张禹苗圃
9 福开森苗圃
10 铁士兰路苗圃
11 白利图路苗圃
12 高恩路苗圃
13 贝当苗圃

公共租界公墓

1 浦东公墓（外国水手公墓）
2 山东路公墓
3 士兵公墓
4 英八仙桥公墓
5 静安寺公墓
6 虹桥路公墓

公共租界道路园地

1 静安寺路转弯处园地
2 愚园路园地
3 白利南路园地
4 汇山路转弯处园地，又称杨树浦路转弯处园地
5 霍必兰路园地
6 静安寺路愚园路交叉处园地
7 愚园路白利南路交叉处园地
8 平凉路园地
9 静安寺路大西路交叉处园地
10 福煦路、威海卫路交叉处园地
11 胶州路与爱文义路交叉处园地

法租界公墓

1 法八仙桥公墓
2 卢家湾公墓
3 徐家汇公墓

法租界道路园地

1 宝建路恩理和路路口园地

公共租界
法租界

底图为1940年代后期地图

附录 4　上海近代公共园地管理规则、机构和人物

1. 园地相关管理法规

1）公共租界

1845 年《上海土地章程》（1854、1869 年修改）	Shanghai Land Regulation
其中，1869 年修订后全称为《上海洋泾浜北首租界章程》	
1885 年《公共花园规章》（1892、1913 年修改）	Regulations of Public Garden
1890 年《华人公园规则》	Regulations of Chinese Public
1894 年《公共娱乐场规则》（1909、1916 修改）	Regulations of Public Recreation Ground
1907 年《虹口娱乐场规则》（1909、1914、1915 年修改）	Regulations of Hongkew Recreati-on Ground
1911 年《汇山公园规则》（1926 修改）	Regulations of Wayside Park
1913 年《公共花园及储备花园规则》（1917 修改）	Regulations of Public and Reserve Gardens
1914 年《极司非尔公园规则》	Regulations of Jessfield Park
1916 年《周家嘴公园规则》	Regulations of the Point Garden
1917 年《斯塔德利公园规则》	Regulations of Studley Park
1926 年《昆山广场管理规则》	Regulations of Quinsan Square

2）法租界

1909 年《顾家宅公园规则》	Reglement pour le Parc de Koukaza
1920 年《顾家宅公园管理规则》	Reglement pour le Parc de Koukaza
（1924、1926、1927 年局部修订；1928 年大幅修改；1929、1934、1936 年局部修改）	
1932 年《公董局管理路旁植树及移植树木章程》	
1936 年《法租界公园章程》	Reglement pour les Jardins de la Concession Francaise
1938 年《动物园管理规则》（顾家宅公园）	Projet de Reglement sur le Jardin Zoologique

3）华界与民国上海市

1915 年《上海工巡捐总局斜徐路沿浜招人承包种树章程》

1928 年《上海公共学校园简章》

1928 年《上海公共学校园参观细则》

1929 年《上海特别市市立园林场章程》

1934 年《吴淞公园游园章程》

1937 年《上海市市立动物园开放规则》

1945 年《上海市工务局公园商业茶室及摄影室管理规则》

1946 年《上海市花树商业同业公会业规》

1946 年《上海市工务局公园管理通则》

1947 年《上海市工务局行道树管理规则》

1946-1948 年

《上海市工务局儿童公园管理通则》

《上海市工务局行道树管理规则》

《公园游客违章处罚办法》

《各公园门前摊贩取缔办法》

《例假节日公园加强管理办法》

《法国梧桐等插条出让办法》

《绿地规则》（《上海市绿地系统计划初步研究报告》的附件）

《工人工作效能标准》

2.园地相关管理机构

1）公共租界

道路码头委员会	Committee of Roads and Jetties
工部局	Shanghai Municipal Council
工务委员会	Public Works Committee
工务处	Public Work Department
道路工程师部	Highway Engineer’s Branch
上海娱乐事业委员会	Shanghai Recreation Garden Committee
公共花园委员会	Public Garden Committee
公园委员会	Parks Committee

特别公园委员会	Special Parks Committee
园地监督	Superintendent of Parks and Open Spaces
园地部	Parks and Open Spaces Branch

2）法租界

公董局	Conseil D' Administration Municipale de la Concession Francaise
公共工程处	Service des Travaux Publique
园艺小组委员会	Sous-Comite des Jardins
园艺委员会	Comite des Jardins
公园种植处	Service des Parcs, Jardins et Plantations
种植培养处	Service d' Entretien des Plantation
技政总管部	Direction Technique

3）华界与民国上海市

县劝学所（县教育局）

市教育局

市工务局

市社会局

市立园林场

1947年园场管理处(管理科、造园科、总务科和会计室)

3.园地相关管理职位与人物

1）公共租界

工部局工程师(Municipal Engineer)：

克拉克	C.B.Clark	
梅恩	C.Mayne	
戈弗雷	C.H.Godfrey	

公共花园委员会干事（Secretary of Public Garden Committee)：

科纳	Geo. R.Corner	1876、1877-1898年

园地监督(Superintendent of Parks and Open Spaces)：

阿瑟	A.Arthu	1899-1903年
麦克利戈	D.Maogregor	1904-1929年

科尔　　　　W. J.Keer　　　1929-1941年

2）法租界

园艺主任(Le Chef des Jardins)：

塔拉马　　　Thalamot

公园种植处主任(Le Chef du Service des Parcs, Jardins & Plantations)：

褚梭蒙　　　Tausseanme　　　1919-1929年

种植培养处主任(Le Chef du Service d' Entretien des Plantation)：

顾森　　　　Cansun　　　　　1931-1943年

3）民国上海市市立园场管理处

处长：

程世抚　　　　　　1946年2-9月

徐天锡　　　　　　1946年10月至1948年3月

唐鸣时　　　　　　1948年4-8月

吴文华　　　　　　1948年9年至1949年5月

附录5 上海公共租界工部局园地部门主要引种植物一览表

年份	植物来源或所在单位	序号	工部局年报中出现的名称	拉丁学名	英文名	中文名	科属	备注
1900	储备花园	1	Cineraria	*Pericallis hybrida*	Cineraria	瓜叶菊	菊科瓜叶属	
		2	Primula	*Primula* sp.	Primrose	报春花属某品种	报春花科 报春花属	
		3	Pelargonium	*Pelargonium* sp.	geranium	天竺葵属某品种	牻牛儿苗科 天竺葵属	疑为天竺葵
		4	Chrysanthemum	*Chrysanthemum* sp.	Chrysanthemum	茼蒿属某品种	菊科茼蒿属	
	公共花园	5	Roses from England	*Rosa* sp.	Roses	蔷薇属某品种	蔷薇科蔷薇属	英国引种
		6	China rose	*Rosa chinensis*	China Rose	月季	蔷薇科蔷薇属	
	日本横滨	7	Lily	*Lilium* sp.	Lily	百合属某品种	百合科百合属	
		8	Iris	*Iris* sp.	Iris	鸢尾属某品种	鸢尾科鸢尾属	疑为德国鸢尾
	从日本购买的行道树种	9	Oak	*Quercus* sp.	Oak	栎属某品种	壳斗科栎属	疑为白栎或麻栎
		10	Elm	*Ulmus* sp.	Elm	榆属某品种	榆科榆属	
		11	Beech	Fagus longipetiolata.	Beech	山毛榉	壳斗科 水青冈属	
		12	Ginkgo biloba	*Ginkgo biloba*	Maidenhair-tree, Ginkgo	银杏	银杏科银杏属	
		13	Camphor	*Cinnamomum camphora*	Camphor Tree	樟树（香樟）	樟科樟属	
		14	Chestnut	*Castanea* sp.	Chestnut	栗属某品种	壳斗科栗属	
		15	Paulownia imperial	*Paulownia fortunei*	Royal Paulownia	泡桐（白花泡桐）	玄参科泡桐属	
		16	Catalpa	*Catalpa* sp.	Catalpa	梓属某品种	紫葳科梓属	疑为梓树
1901	公共花园	17	Narcissus	*Narcissus* sp.	Narcissus, DafFodil	水仙属某品种	石蒜科水仙属	
		18	Pompon					
		19	Cactus dahlia		Cactus dahlia	卷瓣大丽花	菊科大丽花属	
	热带植物	20	Acalypha marginata	*Acalypha amentacea*- cv. *Marginata*		金边红桑	大戟科 铁苋菜属	
		21	Grevillea robusta	*Grevillea robusta*	Robust Silk Oak, Silky	银桦	山龙眼科 银桦属	

（续表）

年份	植物来源或所在单位	序号	工部局年报中出现的名称	拉丁学名	英文名	中文名	科属	备注
1901	热带植物	22	Ferns tree	*Cibotium schiedei*	Tree Fern	椤	蚌壳蕨科金毛狗属	
		23	Purple-leaves cannas	*Cana warszewiczii*	Purple-leaves Cannas	紫叶美人蕉	美人蕉科美人蕉属	
		24	Solanum wendlandii	*Solanum wendlandii*	Potato Vine	天堂花	茄科茄属	
	储备花园	25	Primula	*Primula* sp.	Primrose	报春花属某品种	报春花科报春花属	
		26	Cineraria	*Pericallis hybrida*	Cineraria	瓜叶菊	菊科瓜叶菊属	
		27	Pelargonium	*Pelargonium* sp.	geranium	天竺葵属某品种	牻牛儿苗科天竺葵属	疑为天竺葵
		28	Chrysanthemum	*Chrysanthemum* sp.	Chrysanthemum	茼蒿属某品种	菊科茼蒿属	
		29	Amaryllis	*Hippeastrum* sp.	Amaryllis	朱顶红属某品种	石蒜科朱顶红属	
		30	Hippeustrum	*Hippeastrum* sp.	Hippeastrum	朱顶红属某品种	石蒜科朱顶红属	
		31	Plane tree	*Platanus orientalis*	Plane Tree	三球悬铃木	悬铃木科悬铃木属	
1902	公共花园	32	Sweet pea	*Lathyrus odoratus*	Sweet Pea	香豌豆	豆科香豌豆属	
	储备花园	33	Phyllocacti					
	看护妇宿舍	34	Clematis	*Clematis* sp.	Clematis	铁线莲属某品种	毛茛科铁线莲属	
		35	Honeysuckle	*Lonicera* sp.	Honeysuckle	忍冬属某品种	忍冬科忍冬属	
		36	Roses	*Rosa* spp.	Roses	蔷薇属品种	蔷薇科蔷薇属	
1904	公墓	37	Iris laevigata	*Iris laevigata*	Rabbitear Iris, Japanese Iris	燕子花	鸢尾科鸢尾属	
		38	Perennial herbaceous plants					多年生草本植物
1907	新栽培	39	Davidia involucrata	*Davidia involucrata*	Dove Tree, Handkerchief Tree	珙桐	珙桐科珙桐属	
		40	Magnolia campbelii	*Magnolia campbelii*	Campbell Magnolia	滇藏木兰	木兰科木兰属	
		41	Catalpa speciosa	*Catalpa speciosa*	Northern Catalpa	黄金树	紫葳科梓树属	
		42	Catalpa bignonioides	*Catalpa bignonioides*	Southern Catalpa	紫葳楸（美国梓树，美国木豆树）	紫葳科梓树属	

（续表）

年份	植物来源或所在单位	序号	工部局年报中出现的名称	拉丁学名	英文名	中文名	科属	备注
1907	新栽培	43	Taxodium distichum	*Taxodium distichum*	Deciduous Cypress, Common Baldcypress	落羽杉	杉科落羽杉属	
		44	Orchids	*Orchis* sp.	Orchid, Orchis	红门兰属某品种	兰科红门兰属	
	新栽培	45	Andromeda speciosa pulverenta					
		46	Corylus avellana purpura				桦木科榛属	Purpura:紫斑症
		47	Deutzia candidissima	Deutzia scabra thunb. Var. candidissima Rehd.	White Deutzia	白花溲疏	虎耳草科溲疏属	
		48	Deutzia gracilis rosea	*Deutzia* sp.			虎耳草科溲疏属	
		49	Crataegus	*Crataegus* sp.	Hawthorn	山楂属某品种	蔷薇科山楂属	
		50	Pyracantha lelandii	*Pyracantha* sp.	Firethorn	火棘属某品种	蔷薇科火棘属	
		51	Catalpa bignoniodes	*Catalpa bignonioi-des*	Southern Catalpa	紫葳楸（美国梓树，美国木豆树）	紫葳科梓树属	
		52	Enkianthus campanulatus	*Enkianthus campanulatus*	Yellow Enkianthus	黄吊钟花	杜鹃花科吊钟花属	
	新栽培	53	Cornus macrophylla	*Swida macrophylla*	Largeleaf Dogwood	梾木	山茱萸科梾木属	
		54	Symphoricarpos racemosus				忍冬科毛核木属	
		55	Viburnum tinus	*Viburnum tinus*		地中海荚蒾	忍冬科荚蒾属	
		56	Staphylea colchica	*Staphylea colchica*	Colchis Bladdernut	科尔切斯省沽油	省沽油科省沽油属	
		57	Robinia hispida	*Robinia hispida*	Hispid Locust	毛洋槐	豆科刺槐属	
		58	Robinia neo-mexicana	*Robinia* sp.			豆科刺槐属	
		59	Pyrus Sorbus	*Pyrus ussuriensis*	Ussurian Pear (Sorbus)	秋子梨（山梨）	蔷薇科梨属	
		60	Cerasus padus	*Prunus padus.*		稠李	蔷薇科樱属	
		61	Colutea longialata				豆科鱼鳔槐属	
		62	Quercus aquatica	*Quercus* sp.			壳斗科栎属	疑为黑栎

（续表）

年份	植物来源或所在单位	序号	工部局年报中出现的名称	拉丁学名	英文名	中文名	科属	备注
1907	新栽培	63	Quercus suber	*Quercus robur*	Cork Oak	欧洲栓皮栎	壳斗科栎属	
		64	Rubus odoratus	*Rubus odoratus*		北美树莓	蔷薇科悬钩子属	
		65	Clethra canescens				山柳科山柳属	
		66	Cerasus ilicifolia	*Cerasus* sp.		樱属某品种	蔷薇科樱属	
		67	Sambucus nigra	*Sambucus nigra*	Black Elder, European Elder	西洋接骨木	忍冬科接骨木属	
		68	Maclura tricuspidata	*Maclura* sp.			桑科桑橙属	
		69	Cercis siliquastrum	*Cercis siliquastrum*	Judas Tree	西亚紫荆	豆科紫荆属	
		70	Cercis siliquastrum flore albo			白花南欧紫荆	豆科紫荆属	
		71	Calycanthus praecox	*Calycanthus* sp.			蜡梅科夏蜡梅属	
		72	Calycanthus floridus	*Calycanthus floridus*	Carolina Allspice	美国蜡梅	蜡梅科夏蜡梅属	
		73	Lycestria formosa					
		74	Philadelphus grandiflorus	*Philadelphus grandiflorus*	Bigflower Mockorange	大花山梅花	虎耳草科山梅花属	
		75	Philadelphus lemoinei	*Philadelphus lemoinei*	Fragrant Mockorange	香雪山梅花	虎耳草科山梅花属	
		76	Spiraea ariaefolia	*Spiraea* sp.	Spiraea	绣线菊属某品种	蔷薇科绣线菊属	
		77	Magnolia speciosa	*Magnolia soulangeana* cv. *Speciosa*		二乔玉兰的园艺品种	木兰科木兰属	
		78	Negundo Variegatum	*Acer Negundo* var. *Variegatum*	Variegated Boxelder Maple	花叶梣叶槭	槭树科槭树属	
		79	Rosa	*Rosa* sp.	Rose	蔷薇属某品种	蔷薇科蔷薇属	
		80	Sinia	*Sinia* sp.	Sinia	合柱金莲木属某品种	金莲木科合柱金莲木属	
		81	Anemone	*Anemone* sp.	Anemone	银莲花属某品种	毛茛科银莲花属	
		82	Parrotia peroica					
		83	Laurus benzoin	*Laurus* sp.			樟科月桂属	
		84	Laurus nobilis	*Laurus nobilis*	Grecian Laurel, Sweet Bay, True Bay	月桂	樟科月桂属	

（续表）

年份	植物来源或所在单位	序号	工部局年报中出现的名称	拉丁学名	英文名	中文名	科属	备注
1907	新栽培	85	Amelanchier	*Amelanchier* sp.	Serviceberry, Shadbaow, Juneberry	唐棣属某品种	蔷薇科唐棣属	
		86	Benthamia fragifera				兰科本瑟兰属	
		87	Eocallonia macranthu					
		88	Pavia macrostachya					
		89	Caryopteris mastncanthus	*Caryopteris* sp.			马鞭草科莸属	
		90	Maclura aurantica	*Maclura* sp.			桑科桑橙属	
		91	Phellodendron amurense	*Phellodendron amurense*	Amur Corktree	黄檗	芸香科黄檗属	
		92	Periploca graeca	*Periploca sepium*		杠柳	萝藦科杠柳属	
		93	Pterocarya caucasica	*Pterocarya fraxinifolia*	Caucasian Wingnut	高加索枫杨	胡桃科枫杨属	
		94	Diospyros virginiana	*Diospyros virginiana*	Common Persimmon	美洲柿	柿科柿属	
		95	Carya olivaeformio	*Carya* sp.			胡桃科山核桃属	
		96	Cupressus sempervirens	*Cupressus sempervirens*	Mediterranean Cypress, Italian Cypress	地中海柏木	柏科柏木属	
		97	Calycanthus Floridus	*Calycanthus floridus*	Carolina Allspice	美国蜡梅	蜡梅科夏蜡梅属	
		98	Cytisus purpureus				豆科金雀儿属	
		99	Cneorum tricoccum					
		100	Abutilon Indicum	*Abutilon Indicum*	Indian Abutilon	磨盘草	锦葵科苘麻属	
	储备花园	101	Poinsettia	*Euphorbia pulcherrima*	Common Poinsettia	一品红	大戟科大戟属	
		102	Orchid	*Cymbidium* sp.	Cymbidium	兰属某品种	兰科兰属	
		103	Cattleya	*Cattleya* sp.	Cattleya	卡特兰属某品种	兰科卡特兰属	
		104	Phalaenopsis	*Phalaenopsis* sp.	Phalaenopsis	蝶兰属某品种	兰科蝶兰属	
		105	Palm	*Trachycarpus fortunei*	Fortunes Windmill Palm	棕榈	棕榈科棕榈属	

（续表）

年份	植物来源或所在单位	序号	工部局年报中出现的名称	拉丁学名	英文名	中文名	科属	备注
	储备花园	106	Carnation	*Dianthus caryophyllus*	Carnation, Clove Pink	麝香石竹（康乃馨，香石竹）	石竹科石竹属	
1908	部分引种驯化植物	107	Liriodendron tulipifera	*Liriodendron tulipifera*	Tuliptree, Yellow Poplar	美国鹅掌楸	木兰科鹅掌楸属	
		108	Manglietia sp.	*Manglietia* sp.	Manglietea	木莲属某品种	木兰科木莲属	
		109	Aleurities Fordii				大戟科石栗属	
		110	Wood Oil Tree	*Vernicia montana*	Wood Oil Tree	木油桐	大戟科油桐属	
		111	Plumcot	*Rosaceae* sp.			蔷薇科	
		112	Castanopsis tibetana	*Castanopsis tibetana*	Tibet Evergreen Chinkapin	钩栗	壳斗科锥栗属	最美常绿栗树之一，杭州附近发现
		113	Moschosma riparianum				唇形科小冠薰属	
1910	引种驯化植物	114	Nephrolepis exalats amerpholi				肾蕨科肾蕨属	生长很快，甚至比铁线蕨更适用
		115	Begonia gloire de sceaux	*Begonia* sp.			秋海棠科秋海棠属	
		116	Begonia bowringiana	*Begonia* sp.			秋海棠科秋海棠属	
		117	Rosa Dorothy perkins		Red Dorothy Perkins	红色多萝西•帕金斯	蔷薇科蔷薇属	
		118	Ligustrum ovalifolium variegatum	*Ligustrum ovalifolium*		卵叶女贞	木犀科女贞属	
		119	Ligustrum lucidum variegatum	*Ligustrum lucidum*	Glossy Privet	女贞	木犀科女贞属	
		120	Olea europaea(Olive)	*Olea europaea*	Common Olive	木犀榄（油橄榄）	木犀科木樨榄属	
		121	Sorbus americana	*Sorbus americana*	American Mountainash	美洲花楸	蔷薇科花楸属	
		122	Bignonia capreolata	*Bignonia capreolata*	Cross Vine	吊钟藤	紫葳科紫葳属	
		123	Tamarix hispida aestivalis	*Tamarix hispida*	Kashgar Tamarisk	毛红柳	柽柳科柽柳属	
		124	Carpinus yedoensis			鹅耳枥紫花地丁	桦木科鹅耳枥属	
		125	Magnolia delavayi	*Magnolia delavayi*	Delavay Magnolia	山玉兰	木兰科木兰属	
		126	Quercus coccinea latiloba			猩红栎	壳斗科栎属	

（续表）

年份	植物来源或所在单位	序号	工部局年报中出现的名称	拉丁学名	英文名	中文名	科属	备注
1910	引种驯化植物	127	Tilia mandschurica	*Tilia mandschurica*	Manchurian Linden	辽椴（糠椴）	椴树科椴树属	
		128	Xanthosoma lindenii	*Xanthosoma lindenii*	Yautia, Indian Kale	玲殿黄肉芋	天南星科黄肉芋属	
		129	Willow	*Salix* sp.	Willow	柳属	杨柳科柳属	国内引种
		130	Poplar	*Populus* sp.	Poplar	杨属某品种	杨柳科杨属	国内引种
1914	徐家汇苗圃中批量生产的乔木和灌木	131	Aucuba japonica	*Aucuba japonica*	Japanese Aucuba	青木（东瀛珊瑚）	山茱萸科桃叶珊瑚属	
		132	Aucuba japonica variegata	*Aucuba japonica* cv. *variegata*	Yellowleaf Japanese Aucuba	花叶青木（洒金桃叶珊瑚）	山茱萸科桃叶珊瑚属	
		133	Azalea	*Rhododendron simsii*	Sims' s Azalea	映山红（杜鹃）	杜鹃花科杜鹃花属	
		134	Aralia japonica	*Aralia japonica*		日本楤木	五加科楤木属	
		135	Acalypha	*Acalypha* sp.		铁苋菜属某品种	大戟科铁苋菜属	
		136	Bay tree	*Laurus nobilis*	Grecian Laurel, Sweet Bay, True Bay	月桂	樟科月桂属	
		137	Buddleja variabilis	*Buddleja* sp.	Buddleja davidii	大叶醉鱼草	醉鱼草科醉鱼草属	
		138	Buddleja lindleyana	*Buddleja lindleyana*	Lindley Brtterflybu-sh	醉鱼草	醉鱼草科醉鱼草属	
		139	Berberis fortunei	*Mahonia fortunei*	Fortune Mahonia, Chinese Mahonia	十大功劳	小檗科十大功劳属	
		140	Berberis Mahonia	*Berberis* sp.	Mahobarberry	小檗属	小檗科小檗属	杂交
		141	Buxus sempervirens	*Buxus sempervirens*	European Box	锦熟黄杨	黄杨科黄杨属	
		142	Cunninghamia sinensis	*Cunninghamia* sp.			杉科杉木属	
		143	Canadian maple	*Acer canadian*	Canadian maple	加拿大槭	槭树科槭树属	
		144	Creep Juniper	*Sabina procumbens*	Creeping Juniper, Japgarden Juniper	铺地柏	柏科圆柏属	
		145	Carpinus	*Carpinus* sp.	Hornbean	鹅耳枥属某品种	桦木科鹅耳枥属	
		146	Cypress	*Cupressus* sp.	Cypress	柏木属某品种	柏科柏木属	
		147	Ceaselpinia japonica				豆科云实属	

（续表）

年份	植物来源或所在单位	序号	工部局年报中出现的名称	拉丁学名	英文名	中文名	科属	备注
1914	徐家汇苗圃中批量生产的乔木和灌木	148	Cercis sinensis	*Cercis* sp.			豆科紫荆属	
		149	Cercis seliquastrum	*Cercis siliquastrum*	Judas Tree	西亚紫荆	豆科紫荆属	
		150	Calycanthus floridus	*Calycanthus floridus*	Carolina Allspice	美国夏蜡梅	蜡梅科夏蜡梅属	
		151	Callicarpa	*Callicarpa* sp.	Beautyber-ry	紫珠属某品种	马鞭草科紫珠属	
		152	Camphor tree	*Cinnamomum camphora*	Camphor	樟树（香樟）	樟科樟属	
		153	Chimonanthus fragrans				蜡梅科蜡梅属	
		154	Catalpa kaempfer	*Catalpa* sp.			紫葳科梓树属	
		155	Catalpa speciosa	*Catalpa speciosa*	Northern Catalpa	黄金树	紫葳科梓树属	
		156	Cornus stolonifera	*Swida stolonifera*	Red-osier Dogwood	偃伏梾木	山茱萸科梾木属	
		157	Cotoneaster horizontalis	*Cotoneaster horizontalis*	Rock Cotoneast-er	平枝栒子	蔷薇科栒子属	
		158	Corylus avellana	*Corylus avellana*	European Hazelnut	欧洲榛	桦木科榛属	
		159	Crataegus pinnatifida	*Crataegus pinnatifida*	Chinese Hawthorn	山楂	蔷薇科山楂属	
		160	Crataegus pyracantha	*Crataegus* sp.	Hawthorn		蔷薇科山楂属	
		161	Crataegus cuneata	*Crataegus cuneata*	Nippoon Hawthorn	野山楂	蔷薇科山楂属	
		162	Christs thorn	*Colubrina asiatica*	Asian Colubrina	蛇藤（亚洲滨枣）	鼠李科蛇藤属	
		163	Cytisus	*Cytisus* sp.	Broom	金雀儿属某品种	豆科金雀儿属	
		164	Dalbergia	*Dalbergia* sp.	Rosewood	黄檀属某品种	豆科黄檀属	
		165	Deutzia gracilis	*Deutzia gracilis*	Slender Deutzia	细梗溲疏	虎耳草科溲疏属	
		166	Deutzia scabra	*Deutzia scabra*	Scabrous Deutzia	溲疏	虎耳草科溲疏属	
		167	Deutzia gracilis rosea	*Deutzia* sp.			虎耳草科溲疏属	
		168	Dimorphantus					
		169	Euonymus white				卫矛科卫矛属	
		170	Euonymus europaeus	*Euonymus europaeus*	European Spindle-tree, European Burning Bush	欧洲卫矛	卫矛科卫矛属	

（续表）

年份	植物来源或所在单位	序号	工部局年报中出现的名称	拉丁学名	英文名	中文名	科属	备注
1914	徐家汇苗圃中批量生产的乔木和灌木	171	Euonymus yellow variegated	*Euonymus* sp.			卫矛科卫矛属	
		172	Fig tree	*Ficus carica*	Fig	无花果	桑科榕属	
		173	Forsythia suspensa	*Forsythia suspensa*	Weeping Forsythia	连翘	木犀科连翘属	
		174	Gardenia fortunei	*Gardenia jasminoides var. fortuniana*		白蟾	茜草科栀子属	
		175	Halesia tetraptera			北美银钟花	安息香科银钟花属	
		176	Hibiscus coccineus	*Hibiscus coccineus*	Scarlet Rosemallow	红秋葵	锦葵科木槿属	
		177	Hibiscus mutabilis	*Hibiscus mutabilis*	Cottonrose Hibiscus	木芙蓉	锦葵科木槿属	
		178	Hibiscus syriacus	*Hibiscus syriacus*	Shrubalthea	木槿	锦葵科木槿属	
		179	Holly	*Ilex* sp.	Holly	冬青属某品种	冬青科冬青属	
		180	Honeysuckle	*Lonicera* sp.	honeysuckle	忍冬属某品种	忍冬科忍冬属	
		181	Hydrangea paniculata	*Hydrangea paniculata*	Panicle Hydrangea	圆锥绣球	虎耳草科绣球属	
		182	Hypericum chinense	*Hypericum chinense*	Chinese St. John'swort	中华金丝桃	藤黄科金丝桃属	
		183	Hypericum moserianum	*Hypericum* sp.			藤黄科金丝桃属	
		184	Jasminum primulinum	*Jasminum* sp.			木犀科素馨属	
		185	Jasminum multiflorum	*Jasminum multiflorum*	Multiflowers Jasmine	毛茉莉	木犀科素馨属	
		186	Juniperus	*Juniperus* sp.	Juniper	刺柏属某品种	柏科刺柏属	疑为刺柏
		187	Jerusalem Sage	*Phlomis sp.*	Jerusalem Sage	糙苏属某品种	唇形科糙苏属	
		188	Kerria japonica flore pleno	*Kerria japonica Pleniflora*	Doubleflower Kerria	重瓣棣棠花	蔷薇科棣棠花属	
		189	Kuling tulip tree	*Liriodendron* sp.	Kuling Tulip Tree		木兰科鹅掌楸属	
		190	Kuling sps. 1 to 10					
		191	Laburnum	*Laburnum* sp.	Toxinbean, Laburnum	毒豆属某品种	豆科毒豆属	
		192	Lespedeza sp.	*Lespedeza* sp.	Bushclover, Lespedeza	胡枝子属某品种	豆科胡枝子属	
		193	Leycesteria formosa	*Leycesteria formosa*	Showy Himalayahoneysuckle	鬼吹箫	忍冬科鬼吹箫属	

（续表）

年份	植物来源或所在单位	序号	工部局年报中出现的名称	拉丁学名	英文名	中文名	科属	备注
1914	徐家汇苗圃中批量生产的乔木和灌木	194	Lilac Standards	*Syringa oblata*	Early Lilac	紫丁香	木犀科丁香属	
		195	Lilac white	*Syringa oblata* var. *alba*	White Early Lilac	白丁香	木犀科丁香属	
		196	Lilac dark	*Syringa oblata*	Dark Early Lilac	黑丁香	木犀科丁香属	4 种引入变种
		197	Lonicera shrubby	*Lonicera* sp.	Honeysuckle	忍冬属某品种	忍冬科忍冬属	
		198	Magnolia conspicuua	*Magnolia* sp.			木兰科木兰属	
		199	Melia	*Melia* sp.	Chinaberry, Beadtree	楝属某品种	楝科楝属	
		200	Mock Orange	*Philadelphus* sp.	Mockorange	山梅花属某品种	虎耳草科山梅花属	
		201	Mimosa	*Mimosa* sp.	Minosa	含羞草属某品种	豆科含羞草属	
		202	Mulberry	*Morus alba*	White Mulberry	桑	桑科桑属	
		203	Nandina domestica	*Nandina domestica*	Common Nandina, Heavenly Bamboo	南天竹	小檗科南天竹属	
		204	Oleander	*Nerium oleander*	Sweet-scented Oleander	夹竹桃	夹竹桃科夹竹桃属	
		205	Osage Orange	*Maclura pomifera*	Osage-orange	桑橙	桑科桑橙属	
		206	plumcot	*Rosaceae*			蔷薇科	
		207	Philadelphus	*Philadelphus* sp.	Mockorange	山梅花属某品种	虎耳草科山梅花属	
		208	Photinia serrulata	*Photinia serrulata*	Chinese Photinia	石楠	蔷薇科石楠属	
		209	Peach common	*Amygdaluse Persica*	Peach	桃	蔷薇科桃属	
		210	Pieris	*Pieris* sp.	Pieris	马醉木属某品种	杜鹃花科马醉木属	
		211	Persimmon	*Diospyros kaki*	Persimmon	柿	柿科柿属	
		212	Pomgranate	*Punica granatum*	Pomgranate	石榴	石榴科石榴属	
		213	Podocarpus	*Podocarpus* sp.	Podocarpus, Yellowwood	罗汉松属某品种	罗汉松科罗汉松属	
		214	Privet coreacium	*Ligustrum* sp.			木犀科女贞属	
		215	Privet golden	*Ligustrum vicaryi*	Privet Golden	金叶女贞	木犀科女贞属	
		216	Privet white variegata	*Ligustrum* sp.		女贞的白色变种？	木犀科女贞属	

（续表）

年份	植物来源或所在单位	序号	工部局年报中出现的名称	拉丁学名	英文名	中文名	科属	备注
1914	徐家汇苗圃中批量生产的乔木和灌木	217	Pyrus spectabilis	*Pyrus* sp.			蔷薇科梨属	
		218	Pyrus acuparia	*Pyrus* sp.			蔷薇科梨属	
		219	Rhodotypos kerrioides	*Rhodotypos kerrioides*		鸡麻	蔷薇科鸡麻属	模式种
		220	Rosa multiflora	*Rosa multiflora*	Manyflowered Rose	野蔷薇	蔷薇科蔷薇属	
		221	Rosa in variety	*Rosa* sp.	Rose	蔷薇属某品种	蔷薇科蔷薇属	几个不同品种
		222	Styrax sp.	*Styrax* sp.	Snowbell, Storax	安息香属某品种	安息香科安息香属	
		223	Spiraea cantonensis	*Spiraea cantoniensis*	Reeves Spiraea	麻叶绣线菊	蔷薇科绣线菊属	
		224	Spiraea japonica	*Spiraea japonica*	Japanese Spiraea	粉花绣线菊	蔷薇科绣线菊属	
		225	Spiraea sorbifolia	*Spiraea* sp.			蔷薇科绣线菊属	
		226	Spiraea prunifolia	*Spiraea prunifolia*	Bridalwreath Spiraea	李叶绣线菊	蔷薇科绣线菊属	
		227	Spiraea thunbergii	*Spiraea thunbergii*	Thunberg Spiraea	珍珠绣线菊	蔷薇科绣线菊属	
		228	Sassafras	*Sassafras* sp.	Sassafras	檫木属某品种	樟科檫木属	
		229	Tamarix chinensis	*Tamarix chinensis*	Chinese Tamarisk	柽柳	柽柳科柽柳属	
		230	Tecomaria 2 spp.	*Tecomaria* spp.	Yellowtrumpet, Trumpetbush	硬骨凌霄属2品种	紫葳科硬骨凌霄属	
		231	Tulip tree american	*Liriodendron tulipifera*	Yellow Poplar, Tuliptree	美国鹅掌楸	木兰科鹅掌楸属	
		232	Tulip chinese	*Liriodendron chinense*	Chinese Tuliptree	鹅掌楸	木兰科鹅掌楸属	
		233	Viburnum macrocephalum	*Viburnum macrocephalum*	Chinese Viburnum	绣球荚迷	忍冬科荚迷属	
		234	Viburnum odoratissimum	*Viburnum odoratissimum*	Sweet Viburnum	珊瑚树	忍冬科荚蒾属	
		235	Viburnum rugosa	*Viburnum* sp.			忍冬科荚蒾属	
		236	Vitis negundo	*Vitis* sp.			葡萄科葡萄属	
		237	Weigela floribunda	*Weigela floribunda*	Rosy Weigela	美丽锦带花（路边花）	忍冬科锦带花属	
		238	Weigela grandiflora	*Weigela floribunda* cv. *grandiflora*		大花路边花	忍冬科锦带花属	

（续表）

年份	植物来源或所在单位	序号	工部局年报中出现的名称	拉丁学名	英文名	中文名	科属	备注
1914	徐家汇苗圃中批量生产的乔木和灌木	239	Willow tree 6 spp.	*Salix* spp.	Willows	柳属 6 个品种	杨柳科柳属	
		240	Sterculia	*Sterculia* sp.	Sterculia	苹婆属某品种	梧桐科苹婆属	
		241	Ulmus sp.	*Ulmus* sp.	Elm	榆属某品种	榆科榆属	
		242	Yucca	*Yucca* sp.	Yucca, Adam's Needle,	丝兰属某品种	百合科丝兰属	
		243	Veronica	*Veronica* sp.	Speedwell	婆婆纳属某品种	玄参科婆婆纳属	
1920	极司非尔公园	244	Dahlia	*Dahlia* sp.	Dahlia	大丽花属	菊科大丽花属	
		245	Pompon					
		246	Begonia	*Begonia* sp.	Begonia	秋海棠属某品种	秋海棠科秋海棠属	
		247	Gloxinia	*Sinningia speciosa*	Gloxinia, Brazilian Gloxinia	大岩桐	苦苣苔科大岩桐属	
1920	苗圃	248	Ipomoea	*Ipomoea* sp.	Morning Glory	番薯属某品种	旋花科番薯属	
		249	(Japanese) Morning Glory	*Ipomoea* sp.	Morning Glory	番薯属某品种	旋花科番薯属	
		250	Moonflower	*Calonyction* sp.	Moonflower	月光花属某品种	旋花科月光花属	
		251	Ipomoea maxima	*Ipomoea maxima*		毛茎薯	旋花科番薯属	
		252	Ipomoea setosa (Brazilian variety)	*Ipomoea setosa*		巴西牵牛	旋花科番薯属	
		253	Cypress vine	*Quamoclit pennata*	Cypress Vine	茑萝	旋花科茑萝属	
		254	Foochow creeper					
		255	Quamoclit	*Quamoclit* sp.	Star Glory	茑萝属某品种	旋花科茑萝属	
		256	Ipomoea rubro-corulea (a Mexican species)	*Ipomoea* sp.			旋花科番薯属	
1922	极司非尔公园	257	Cunninghamia lanceolata	*Cunninghamia lanceolata*	Chinese Fir	杉木	杉科杉木属	
		258	Cupress funebris	*Cupressus funebris*	Chinese Weeping Cypress, Mourning Cypress	柏木	柏科柏木属	
		259	Torreya nucifera	*Torreya nucifera*	Japana Torreya, Nutbearing Torreya	日本榧树	红豆杉科榧树属	

（续表）

年份	植物来源或所在单位	序号	工部局年报中出现的名称	拉丁学名	英文名	中文名	科属	备注
1922	极司非尔公园	260	Quercus variabilis	*Quercus variabilis*	Oriental Oak	栓皮栎	壳斗科栎属	
		261	Quercus dentata	*Quercus dentata*	Daimyo Oak	槲树（波罗栎，橡树，柞栎）	壳斗科栎属	
		262	Pinus koraiensis	*Pinus koraiensis*	Korean Pine	红松	松科松属	
		263	Podocarpus macrophylla	*Podocarpus macrophyllus*	Broad-leaved Podocarpus, Longleaf Podocarpus	罗汉松	罗汉松科罗汉松属	
		264	Viburnum odoralissimum	*Viburnum odoratissimum*	Sweet Viburnum	珊瑚树	忍冬科荚蒾属	
		265	(A new species) of Juniper	*Juniperus* sp.	A new species of Juniper	刺柏属某品种	柏科刺柏属	刺柏属一个新品种
1930		266	Aristolochia gigas	*Aristolochia* sp.			马兜铃科马兜铃属	
		267	Aristolochia leuconeur	*Aristolochia* sp.			马兜铃科马兜铃属	
		268	Maurandya erubescens					
		269	Carica papya	*Carica papaya*	Papaya, Pawpaw	番木瓜	番木瓜科番木瓜属	
		270	Picea sitchensis	*Picea sitchensis*	Sitka Spruce	北美云杉	松科云杉属	
		271	Pinus ponderosa	*Pinus ponderosa*	Ponderosa Pine, Western Yellow Pine	西黄松（美国黄松）	松科松属	
		272	Pinus murrayana	*Pinus murrayana*		玛利亚那松	松科松属	
		273	Pinus sylvestris	*Pinus sylvestris*	Scotch Pine	欧洲赤松	松科松属	
		274	Thuja plicata	*Thuja plicata*	Western Arborvitae, Western Red Cedar	北美乔柏	柏科崖柏属	
		275	Tsuga canadensis	*Tsuga canadensis*		加拿大铁杉	松科铁杉属	
		276	Tsuga heterophylla	*Tsuga heterophylla*	Western Hemlock	异叶铁杉	松科铁杉属	
		277	Pseudo-tsuga douglasii	*Pseudotsuga douglasii*		道格拉斯杉	松科黄杉属	
		278	Abies balsamea	*Abies balsamea*	Balsam Fir	胶枞（香脂冷杉）	松科冷杉属	
		279	Larix occidentalis	*Larix occidentalis*	Western Larch	西方落叶松	松科落叶松属	

（续表）

年份	植物来源或所在单位	序号	工部局年报中出现的名称	拉丁学名	英文名	中文名	科属	备注
1930		280	Papaver "lake louise"	*Papaver* sp.		路易斯湖罂粟？	罂粟科罂粟属	
		281	Eucalyptus erythrocorys	*Eucalyptus* sp.			桃金娘科桉树属	
		282	Richardia rehmanii	*Richardia rehmanii*		红马蹄莲	茜草科墨苜蓿属	
		283	Richardia elliottiana				茜草科墨苜蓿属	
		284	Boronia megastigma	*Rutaceae*			芸香科	
		285	Persea americana	*Persea americana*	Amereican Avocado Tree, Alliga-tor Pear	鳄梨（油梨）	樟科润楠属	
		286	Bauhinia blakeana	*Bauhinia blakeana*		红花羊蹄甲	豆科羊蹄甲属	
		287	Casuarina equisetifolia	*Casuarina equisetifol-ia*	Horsetail Beefwood	木麻黄	木麻黄科木麻黄属	
		288	Callistemon rigidus	*Callistemon rigidus*	Rigid Bottle Brush	红千层	桃金娘科红千层属	
		289	Areca lutescens				棕榈科槟榔属	疑为槟榔木
		290	Codiaeum	*Codiaeum* sp.		变叶木属某品种	大戟科变叶木属	
		291	Allium huteri	*Allium* sp.			百合科葱属	
		292	Gaultheria pyroloides	*Gaultheria pyroloides*	Like Pyrus Gaultheria	鹿蹄草叶白珠	杜鹃花科白珠树属	
		293	Gaultheria shallow	*Gaultheria shallon*	Salal, Shallon Lemonleaf	柠檬叶白珠树	杜鹃花科白珠树属	
		294	Allium carinatum	*Allium carinatum*	Keeled Onion	龙骨葱	百合科葱属	
		295	Lonicera henryi	*Lonicera henryi*		巴东忍冬	忍冬科忍冬属	
		296	Campanula lactiflora	*Campanula lactiflora*	Campanula latifolia	阔叶风铃草	桔梗科风铃草属	
		297	Calluna vulgaris	*Erica vulgaris*		欧石楠	杜鹃花科欧石楠属	
		298	Glaucium lutaum				罂粟科海罂粟属	
		299	Buddleia nanhoensis	*Buddleia davidii* var. *nanhoensis*		醉鱼草矮生种	马钱科醉鱼草属	

参 考 文 献

1.档案资料—上海档案馆档案

1）上海公共租界工部局—外文档案

（1）U1-1-890-955（卷宗号，以下同）Annual Report of the Shanghai Municipal Council(1877-1942)（上海公共租界工部局年报）

（2）U1-1-973-1008 The Municipal Gazette (1908-1943)（上海公共租界工部局市政公报）

（3）Others

U1-2-239 上海公共租界工部局总办处关于新设公园、卫生处各部门职责、向工务处提供设备资料及要求续聘等文件

Sketch Plan of New Recreation Ground

U1-14-1969 上海公共租界工部局工务处有关公园管理（昆山儿童公园）的文件

a).Parks & Open Spaces Extra-ordinary Expenditure Estimates - 1940

b).Plan of Quinsan Square

c).Photos Taken on 4/8/41 after Opening of Quinsan Square Children’s Garden

d).Quinsan Square

e).Quinsan Gareden Square

f).Quinsan Square Admission of Adults

U1-14-1983 上海公共租界工部局工务处有关公园管理的文件

a).Public Parks - North of Soochow Creek

b).letters about Jesffield Park

c).Areas of Parks in 1934-1939

d).Monthly Attendances - Other Parks & Playgrounds

e).Sporting Facilities in Parks

f).Record Attendance in Parks over period 1932 to 1937(inclusive)

g).Children’s Playgrounds. Number of entrants 1.1-11.30, 1933

U1-14-1986 上海公共租界工部局工务处有关公园管理（极司非尔公园、兆丰公园） 的文件

a).Jessfield Park Plan

b).Re Experimental Garden, Jessfield Park

c).Jessfield Park - Open Air Cinema

d).Go To Jessfield! “Shanghai Times” 9/4/33

e).Jessfield Park

f).Jessfield Park Mantenance and Improvements

g).Waiting for Fish to Bite(photo)

h).Direct Action of Pulic Works Department

i).Jessfield Park Looks Bare - Little Beauty Found as Fewer Flowers Seen at Local Park “The Shanghai Evening Post and Mercury” May 7, 1941

U1-14-2004 上海公共租界工部局工务处有关公园管理（汇山公园）的文件
The location of Wayside Park

2）上海公共租界工部局—中文档案

（1）上海市档案馆编，工部局董事会会议录（1-28 册），上海：上海古籍出版社，2001 年

（2）U1-1-956—967,970 上海公共租界工部局年报（中文），1930-1942 年

3） 上海法租界公董局—外文档案

（1）U38-1-2759—2809 Compte-Rendu annuel de Gestion du Conseil d' Administration Municipal de La Concession Frarçaise （1891-1941）
（上海法租界公董局工作年报）

（2）U38-1-2810—2819 Bulletin Municipal（1910-1919）
U38-1-2820—2822 Bulletin Municipal（1921-1923）
U38-1-2823 Bulletin Municipal（1924-1925）
U38-1-2824—2839 Bulletin Municipal（1927-1942）
（上海法租界公董局市政公报）

（3）法租界公董局公报中顾家宅公园管理规则及相关平面图等

U38-1-2321 上海法租界公董局关于顾家宅公园扩建的文件（一）
Cercle Sportif

U38-1-2322 上海法租界公董局关于顾家宅公园扩建的文件（二）
a).Plan du Bureau Cadastral Francais
b).Route Valan

U38-1-2325　上海法租界公董局关于顾家宅公园章程

a).Rapport Reglement Pour le Parc de Koukaza

b).Reglement Pour le Parc de Koukaza & Reglement Pour les Jardins de la Concession Frarçaise

c).Jardin Public de Koukaza

d).Monsieur le SECRETAIRE du Conseil d'Administration Municipale

e).Parc de Koukaza Reglement(1926.5.17)

f).Modifications Aux Reglements Municipaux Jardins Publics

g).Parc de Koukaza Reglement(1928.5.3)

h).Parc de Koukaza Reglement Projet de Règlement

i).Avis du Service des Parcs

j).Projet de Reglement Sur le Parc de Koukaza

k).Ordonnance Consulaire(1928.6.26) Parc de Koukaza-Reglement

l).Reunion du Comite des Jardius et Plantations du 27 Mai 1933 Proces-Verbal

m).Ordonnance Consulaire "Bulletin Municipal" No699 du 20 Decembre 1934

n).Reglement Sur le Parc de Koukaza Ordnnances Consulaires Nos. 71 du 26 Juillet 1928 et 99 du du 26 Juin 1929, Decision du 17 Juin 1929. Ordonnance Consulaire No. 329 du 17 Decembre 1934

o).Ordonnance Consulaire Règlement Sur les Parcs et Squares de la Concession Frarçaise(1936.3.23)

p).Reglement Actuel Sur le Parc de Koukaza & Regiement Propose Sur les Parcs et Squares de la Concession Francaise

q).Ordonnance Consulaire

U38-1-2328　上海法租界公董局关于顾家宅公园露天摄影场的文件

a).Administration Municipale de la Concession Francaise de Changhai Adjudication-cahier des charges b).Administration Municipale de la Concession Francaise de Changhai Exploitation d’ un atelier Photographique en Plein Air au Parc de Koukaza (du 15 Avril 1941 au 14 Avril 1942)

c).Contrat - Cahier des Charges Affermage de L’ exploitation d’ un Atelier Photographique en Piein Air au Parc de Koukaza Pour une Periode d’ un an (du ler mai 1941 au 30 avril 1942)

d).Contrat-Cahier des Charges Aftermage de L’ exploitation d’ un Atelier Photographique en Plein Air au Parc de Koukaza Pour une Periode d’ un an (du ler Juin 1942 au 31 Mai 1943)

U38-1-2372　上海法租界公董局关于法租界内房屋租金问题的文件（一）

a).Projet de Reglement Sur de Jardin Zoologique

b).Reglement sur le Jardin Zoologique

U38-4-2202　上海法租界公董局关于顾家宅公园水电（复兴公园）的文件

a).Service des Travaux Publics Bulletin de Communication ὰ Nonsieur le

b).Directeur Technique, Pièces annexes

4） 上海法租界公董局——中文档案

（1）上海法租界公董局市政公报

U38-1-2840-2851　上海法租界公董局华文公报，1931-1942年

（2）法租界公董公报中顾家宅公园管理规则及相关平面图等

U38-1-2322　上海法租界公董局关于顾家宅公园扩建的文件（二）

顾家宅公园土地买卖契约

上海法租界公董局关于顾家宅公园章程

U38-1-2325　a).顾家宅公园规则

b).法国驻沪总领事署署令第一百零八号、三二九号。

5）民国时期档案

Q1-2-596　上海市政府技审会购货单据

Q1-11-579　上海市政府有关哈同花园各事项

Q1-18-172　上海政府统计处卅五年度统计总报告底稿

Q1-18-172-117	上海市公园地址、面积及游客人数统计表
Q1-18-172-118	上海市苗圃统计表
Q109-1-659	上海市参议会请市府确定大上海计划的文件
Q109-1-750	上海市参议会请于本市各区广植行道树的文件
Q109-1-751	上海市参议会关于本市行道树管理规则的文件
Q213-1-62-1	上海市政府关于大上海计划中市中心区域建设委员会职责范围由该单位拟就的往来文书
Q215-1-206	上海市园艺事业改进协会章程会议记录及理监名单
Q215-1-392	上海市工务局拟订的全市公园管理通则草案、公园游客违章处罚办法及公布行道树管理规定
Q215-1-470	上海市工务局关于招商承办第三工段民德路办公房屋有关文书
Q215-1-550	上海市工务局园管处暨公园苗圃上、中、下旬工作报告第一册
Q215-1-551	上海市工务局园管处暨公园苗圃上中下旬工作报告第一册
Q215-1-552	上海市工务局园管处暨公园苗圃上中下旬工作报告第一册
Q215-1-553	上海市工务局园管处暨公园苗圃上中下旬工作报告及处务会议记录第二册
Q215-1-554	上海市工务局园管处暨公园苗圃上中下旬工作报告及处务会议记录第二册
Q215-1-555	上海市工务局园管处暨公园苗圃上中下旬工作报告及处务会议记录第三册
Q215-1-556	上海市工务局园管处暨公园苗圃上中下旬工作报告及处务会议记录第一册
Q215-1-557	上海市工务局园管处暨公园苗圃上中下旬工作报告及处务会议记录第二册
Q215-1-558	上海市工务局园管处暨公园苗圃上中下旬工作报告及处务会议记录第三册
Q215-1-559	上海市工务局园管处暨公园苗圃上中下旬工作报告及处务会议记录
Q215-1-560	上海市工务局园管处各公园苗圃工作报告
Q215-1-597	上海市工务局关于 36 年度上海市工务实施统计年报
Q215-1-676	上海市工务局关于造林运动等文书
Q215-1-677	上海市工务局关于植树节文书

Q215-1-718	上海市工务局园管处及公园35年度财产目录
Q215-1-2759	上海市工务局关于修建高桥公园桥的文书
Q215-1-3996	上海市工务局有关公园管理及经办本市公园苗圃实际情况等文书
Q215-1-4065	上海市工务局关于中山公园装修及动物园管理工作文书
Q215-1-4074	上海市工务局关于虹桥苗圃改建公园文书
Q215-1-6584	上海市工务局整理点验积存材料文书
Q215-1-8121	上海市工务局有关公共学校园文书
Q215-1-8139	上海市工务局关于吴淞公园文书
Q215-1-8253	上海市工务局有关市立动物园文书
Q215-1-8280	上海市工务局有关市立植物园文书
Q215-1-8308	上海市工务局有关市立园林场文书
Q217-1-19-2	上海市都市计划委员会关于上海市区铁路计划、上海港口计划初步研究报告、上海市绿地系统计划报告
Q217-1-23	上海市都市计划委员会有关本市建成区绿地规划草案的提案
Q235-1-1731	上海市教育局关于上海公共学校园简章及筹建情况
Q235-1-2314	上海市教育局关于市立动物园呈请在市中心区另辟新园事
Q235-1-2319	上海市教育局关于市立植物园筹建开办迁移问题
Q400-1-2134	上海市卫生局关于大上海都市计划总图初稿报告书
Q400-1-2253	上海市卫生局关于修理市立公墓篱笆及花草树木
Q400-1-3600	上海市卫生局关于工务局函请恢复黄浦公园公厕
Q432-2-863	上海市财政局关于工务局拨管衡山路苗圃等

2.报刊

《申报》 1876-1933年

《晶报》

《北华捷报》

《社会日报》

《娱乐周报》

3.外文著作

[1] Marc Treib. Modern Landscape Architecture: A Critical Review [M]. The MIT Press, 1992.

[2] Ianh Thompson. Ecology Community and Delight [M]. E &FN SPON, 1999.
[3] John R. Stilgoe. Common Landscape of America ,1580 to 1845 [M]. Yale University Press, 1981.
[4] Elizabeth Barlow Rogers. Landscape Design, A Cultural and Architectural History [M]. New York: Harry N .Abrams, INC., Publishers, 2001.
[5] Edward Denison, Guang Yu Ren. Building Shanghai-The Story of China's Gateway [M]. Wiley-Academy, 2006.
[6] Richard T. LeGates, Frederic Stout. The City Reader(Second edition) [M]. London and New York, 2000.
[7] Geotge. Lanning, Samuel. Couling. The History of Shangh [M]. Kelly&Walsh, 1921.
[8] A. H. Gordon. Streets of Shanghai-A History in Itself [M]. Shanghai Mercury, 1941.
[9] Douglas Wood. Law and the Built Environment [M]. Macmillan Press LTD, 1999.
[10] James G. Scott. Architecture Building Codes, A Graphic Referenc [M]. Van Nostrand Reinhold, 1997.

4. 中文著作

1）地方志、专业志

[11] 程绪珂，王焘．上海园林志［M］．上海：上海社会科学院出版社，2000.
[12] 朱敏彦，王孝泓．上海名园志［M］．上海：上海画报出版社，2007.
[13] 上海市园林管理局《当代上海园林建设编委会》．上海租界时期园林资料索引（1868-1945）．1985.
[14] 沙似鹏．上海名建筑志［M］．上海：上海社会科学院出版社，2005.
[15] 吴文达．上海建筑施工志［M］．上海：上海社会科学院出版社，1996.
[16] 孙平．上海城市规划志［M］．上海：上海社会科学院出版社，1999.
[17] 陆文达．上海房地产志［M］．上海：上海社会科学院出版社，1999.
[18] 史梅定．上海租界志［M］．上海：上海社会科学院出版社，2001.
[19] 吴 馨，江家嵋．民国上海县志（卷 12）［M］．上海：上海书店出版社，1991.
[20] 王明辉，姚宗强．虹口区志［M］．上海：上海社会科学院出版社，1999.
[21] 瞿钧．静安区志［M］．上海：上海社会科学院出版社，1996.

2）历史与社会

[22]　（清）王韬．瀛壖杂志［M］．上海：上海古籍出版社，1989．

[23]　（清）池志徵．沪游梦影［M］．上海：上海古籍出版社，1989．

[24]　陈伯熙．老上海［M］．上海：泰东图书馆，民国八年．

[25]　罗志如．统计表中之上海［M］．南京中央研究院社会科学研究所，民国二十一年．

[26]　吴贵芳．古代上海述略［M］．上海：上海教育出版社，1980．

[27]　熊月之．上海通史（第1-15卷）[M]．上海：上海人民出版社，1999．

[28]　陈伯海．上海文化通史［M］．上海：上海文艺出版社，2001．

[29]　《上海百年文化史》编纂委员会．上海百年文化史（第一、二、三卷）[M]．上海：上海科学技术文献出版社，2002．

[30]　许纪霖，陈达凯．中国现代化史（第一卷1800-1949年）[M]．上海：上海三联出版社，1995．

[31]　隗瀛涛．中国近代不同类型城市综合研究［M］．成都：四川大学出版社，1998．

[32]　郭湛波撰，高瑞泉导读．近五十年中国思想史［M］．上海：上海古籍出版社，2005．

[33]　李喜所．中国近代社会与文化研究［M］．北京：人民出版社，2003．

[34]　高端泉，颜海平．全球化与人文学术的发展［M］．上海：上海古籍出版社，2006．

[35]　高瑞泉．中国现代精神传统［M］．上海：东方出版中心，1999．

[36]　闵杰．近代中国社会文化变迁录（第2卷）[M]．杭州：浙江人民出版社，1998．

[37]　朱政惠．美国中国学史研究［M］．上海：上海古籍出版社，2004．

[38]　姚贤镐．中国近代对外贸易史资料（第1册）[M]．中华书局，1962．

[39]　上海地方志办公室，上海研究中心．上海研究论丛（五、七、八、十四—十七辑）[M]．上海：上海社会科学院出版社．

[40]　刘惠吾．上海近代史［M］．上海：华东师范大学出版社，1985．

[41]　丁日初．上海近代经济史（第1卷）[M]．上海：上海人民出版社，1994．

[42]　丁日初．上海近代经济史（第2卷）[M]．上海：上海人民出版社，1994．

[43]　杨文渊．上海公路史（第一册近代公路）[M]．北京：人民交通出版社，1989．

[44]　王铁崖．中外旧约章汇编（第一册）[M]．北京：生活读书新知三联书店，1957．

［45］ 梅朋，傅立德．上海法租界史［M］．倪静兰译．上海：上海社会科学院出版社，2007．
［46］ 蒯世勋．上海公共租界史稿［M］．上海：上海人民出版社，1980．
［47］ 上海通社．旧上海史料汇编（上、下）（上海研究资料续集）［M］．北京：北京图书馆出版社，1998．
［48］ 张仲礼．近代上海城市研究［M］．上海：上海人民出版社，1990．
［49］ 罗苏文．沪滨闲影［M］．上海：上海辞书出版社，2004．
［50］ 罗苏文．近代上海都市社会与生活［M］．北京：中华书局，2006．
［51］ 熊月之．海外上海学［M］．上海：上海古籍出版社，2004．
［52］ 陈无我．老上海三十年见闻录［M］．上海：上海书店出版社，1997．
［53］ 忻平．从上海发现历史——现代化进程中的上海人及其社会生活［M］．上海：上海人民出版社，1996．
［54］ 倪墨炎．名人笔下的老上海［M］．北京：北京出版社，1999．
［55］ 郑逸梅．艺林散叶荟编［M］．北京：中华书局，1995．
［56］ 郑逸梅．艺林拾趣［M］．杭州：浙江文艺出版社，1990．
［57］ 张春华著，许敏标点．沪城岁事衢歌［M］．上海：上海古籍出版社，1989．
［58］ 顾炳权．上海洋场竹枝词［M］．上海：上海书店出版社，1996．
［59］ 高福进．“洋娱乐”的流入——近代上海的文化娱乐业［M］．上海：上海人民出版社，2003．
［60］ （法）安克强．1927-1937年的上海——市政权、地方性和现代性［M］．张培德等译．上海：上海古籍出版社，2004．
［61］ （美）霍塞．出卖上海滩［M］．越裔译．上海：上海书店出版社，2000．
［62］ （美）约翰.斯梅尔．中产阶级文化的起源［M］．陈勇译．上海：上海人民出版社，2006．
［63］ （德）哈贝马斯．公共领域的结构转型［M］．曹卫东等译．上海：学林出版社，1999．
［64］ （英）安东尼.吉登斯．现代性与自我认同［M］．赵旭东，方文译．北京：生活.读书.新知三联书店，1998．
［65］ 乐正．近代上海人社会心态（1860-1910）［M］．上海：上海人民出版社，1991．
［66］ 上海市文史馆，上海市人民政府参事室、文史资料工作委员会．历史文化名城—上海（上海地方史资料二、六）［M］．上海：上海社会科学院出版社，1983，1988．
［67］ 蒋士铨．临川梦［M］．上海：上海古籍出版社，1989．

[68] 姚公鹤. 上海闲话 [M]. 上海：上海古籍出版社，1989.
[69] 苏智良. 上海：近代新文明的形态 [M]. 上海：上海辞书出版社，2004.
[70] 方平. 晚清上海的公共领域（1895-1911）[M]. 上海：上海人民出版社，2007.
[71] 李必樟. 上海近代贸易经济发展概况——1854-1898 年英国驻上海领事贸易报告汇编 [M]. 上海：上海社会科学院出版社，1993.
[72] 于醒民，唐继无. 从闭锁到开放 [M]. 上海：学林出版社，1991.
[73] 王德滋. 南京大学百年史 [M]. 南京： 南京大学出版社，2002.
[74] 洪绂曾. 复旦农学院史话 [M]. 北京：中国农业出版社，2005.

3）建筑与规划

[75] 郑时龄. 上海近代建筑风格 [M]. 上海：上海教育出版社，1999.
[76] 伍江. 上海百年建筑史（1840-1949）[M]. 上海：同济大学出版社，1997.
[77] 常青. 东外滩实验——上海市杨浦区滨江地区保护与更新研究. 上海沪东地区开发研究(理想空间二、三辑) [M]. 上海：同济大学出版社，2004.
[78] 刘天华. 中西建筑艺术比较 [M]. 沈阳：辽宁教育出版社，1995.
[79] 沈福煦，黄国新. 建筑艺术风格鉴赏 [M]. 上海：同济大学出版社，2003.
[80] 沈福煦，沈燮癸. 透视上海近代建筑 [M]. 上海：上海古籍出版社，2004.
[81] 薛理勇. 外滩的历史与建筑 [M]. 上海：上海社会科学院出版社，2003.
[82] 李海清. 中国建筑现代转型 [M]. 南京：东南大学出版社，2004.
[83] 王亚男. 1900－1949 年北京的城市规划与建设研究 [M]. 南京：东南大学出版社，2008.
[84] 缪朴. 亚太城市的公共空间——当前的问题与对策 [M]. 司玲，司然译. 北京：中国建筑工业出版社，2007.
[85] （美）刘易斯. 芒福德. 城市发展史——起源、演变和前景 [M]. 宋峻岭，倪文彦译. 北京：中国建筑工业出版社，2005.
[86] （美）斯皮罗. 科斯托夫. 城市的形成——历史进程中的城市模式和城市意义 [M]. 单皓译. 北京：中国建筑工业出版社，2005.

4）园林景观

[87] 童寯. 江南园林志（第二版）[M]. 北京：中国建筑工业出版社，1984.
[88] 童寯. 东南园墅 [M]. 北京：中国建筑工业出版社，1997.
[89] 陈植. 造园学概论 [M]. 商务印书馆，民国二十四年.
[90] 陈从周. 中国园林 [M]. 广州：广东旅游出版社，1996.
[91] 陈从周. 随宜集·柳迎春 [M]. 上海：同济大学出版社，1990.

[92] 上海豫园办公室.上海豫园［M］. 上海：上海人民出版社，1982.
[93] 周维权. 中国古典园林史（第二版）. 北京：清华大学出版社，1999.
[94] 陈志华. 外国造园艺术［M］. 郑州：河南科学技术出版社，2001.
[95] 陈志华. 中国造园艺术在欧洲的影响［M］. 济南：山东画报出版社，2006.
[96] 张祖刚. 世界园林发展概论—走向自然的世界园林史图说［M］. 北京：中国建筑工业出版社，2003.
[97] 王向荣，林箐. 西方现代景观设计的理论与实践［M］. 邹红灿译. 北京：中国建筑工业出版社，2001.
[98] （日）钟之谷钟吉. 西方造园变迁史—从伊甸园到天然公园［M］. 北京：中国建筑工业出版社，1991.
[99] （美）伊丽莎白·巴洛·罗杰斯. 世界景观设计—文化与建筑的历史［M］.韩炳越，曹娟等译. 北京：中国林业出版社，2005.
[100] （英）帕特里克·泰勒. 法国园林［M］. 周玉鹏，刘玉群译. 北京：中国建筑工业出版社，2004.
[101] （英）帕特里克.泰勒. 英国园林［M］. 高亦珂译. 北京：中国建筑工业出版社，2003.
[102] 倪琪. 西方园林与环境［M］. 杭州：浙江科学技术出版社，2000.
[103] 许浩. 国外城市绿地系统规划［M］. 北京：中国建筑工业出版社，2003.
[104] 陈晓彤. 传承·整合与嬗变——美国景观设计发展研究［M］. 南京：东南大学出版社，2005.
[105] 朱建宁. 情感的自然——英国传统园林艺术［M］. 昆明：云南大学出版社，1999.
[106] 朱建宁. 永久的光荣——法国传统园林艺术［M］. 昆明：云南大学出版社，1999.
[107] 范肖岩. 造园法［M］. 商务印书馆，民国十九年(1930)初版.
[108] 哈第. 世界植物地理［M］. 胡先啸译. 商务印书馆，民国二十二年(1933)初版.
[109] 童玉民. 花卉园艺［M］. 商务印书馆，民国十五年(1926)初版.
[110] 章君瑜. 花卉园艺学［M］. 商务印书馆，民国二十二年(1933)初版.
[111] 范肖岩. 造园法［M］. 上海：商务印书馆，民国十九年（1930）初版.

5）博士硕士学位论文

[112] 王绍增. 上海租界园林［D］. 北京：北京林业大学硕士学位论文，1982.
[113] 朱宇晖. 海传统园林研究［D］. 上海：同济大学博士学位论文，2003.
[114] 楼嘉军. 上海城市娱乐研究（1930-1939）［D］. 上海：华东师范大学博

士学位论文，2004.
[115] 张鹏. 都市形态的历史根基——上海公共租界都市空间与市政建设变迁研究［D］. 上海：同济大学博士学位论文，2005.
[116] 唐方. 都市建筑控制——近代上海公共租界建筑法规研究［D］. 上海：同济大学博士学位论文，2006.
[117] 刘新静. 上海地区明代私家园林［D］. 上海：上海师范大学硕士学位论文，2003.
[118] 马萍萍. 晚清海派园林剖析［D］. 上海：上海师范大学硕士学位论文，2006.
[119] 杨乐. 中国近代租界公园解析——以上海、天津为例［D］. 北京：北京林业大学硕士学位论文，2003.
[120] 陈文彬. 近代化进程中的上海城市公共交通研究（1908-1937）［D］. 上海：复旦大学博士学位论文，2004.
[121] 陈杰. 1930年代前上海公共租界华人心态研究（以公园为个案）［D］. 上海：复旦大学硕士学位论文，2004.

6）期刊论文

[122] 郑时龄. 构建具有和谐的社会生态环境的城市［J］. 科学对社会的影响，2006（04）：20-22.
[123] 周干峙. 周干峙理事长在2005中外著名风景园林专家学术报告会上的开幕词［J］. 中国园林，2005(05)：30.
[124] 周干峙. 试论我国风景园林建设的继承和发展—为《世界文化遗产—苏州古典园林》序［J］. 中国园林，2007(6)：2-4.
[125] 孟兆祯. 人居环境中的园林［J］. 中国园林，2005（1）：56-59.
[126] 熊月之. 晚清上海私园开放与公共空间的拓展［J］. 学术月刊，1998（8）：73-81.
[127] 熊月之. 张园——晚清上海一个公共空间研究［J］. 档案与史学. 1996（6）：31-42.
[128] 陈蕴茜. 论清末民国旅游娱乐空间的变化—以公园为中心的考察［J］. 史林，2004（5）：93-100.
[129] 陈蕴茜. 日常生活中殖民主义与民族主义的冲突——以中国近代公园为中心的考察［J］. 南京大学学报，2005（5）：82-95.
[130] 陈蕴茜. 空间重组与孙中山崇拜——以民国时期中山公园为中心的考察［J］. 史林，2006（1）：1-18.
[131] 陈蕴茜. 植树节与孙中山崇拜［J］. 南京大学学报，2006（5）：76-90.

[132] 李德英. 公园里的社会冲突——以近代成都公园为例[J]. 史林，2003(1)：1-11.

[133] 李德英. 城市公共空间与城市社会生活：以近代城市公园为例 [J]. 城市史研究第10辑，2000.

[134] 刘庭风. 民国园林特征 [J]. 建筑师，2005 (2)：42-47.

[135] 周向频，陈喆华. 上海古典私园的近代嬗变 [J]. 世界建筑，2007 (2)：142-145.

[136] 金云峰，周晓霞. 上海近代园林的海派特征[J]. 园林，2007(11)：34-36.

[137] 胡冬香. 浅析中国近代园林的公园转型[J]. 商场现代化，2006(1)：298.

[138] 王云. 早期上海外滩公共景观形成机制及其特征研究 [J]. 上海交通大学学报（农业科学版），2008，26(2)：91-95.

[139] 王云. 20世纪上半叶外滩公园的变迁研究 [J]. 上海交通大学学报（农业科学版），2008，26 (6)：550-554.

[140] 王云. 上海近代园林的现代化演进特征与机制研究（1840-1949）[J]. 风景园林，2010(1)：81-85.

图表索引

1. 图片索引

图 2-9	常胜将军纪念碑	卷宗号 H1-1-10-10
图 2-10	20 世纪 10 年代初的外滩公园	《上海近代建筑》p.105
图 2-11	1920 年“扩路拓园（外滩公园）”设计平面图	根据卷宗号 U1-1-933，《上海公共租界工部局年报》（1920）p.8B 载图绘制
图 2-12	新娱乐场草图（1901）	根据卷宗号 U1-2-239、卷宗号 U1-1-914，《上海公共租界工部局年报》（1901）表
图 2-13	新娱乐场设计平面图（1903）	卷宗号 U1-1-916，《上海公共租界工部局年报》（1903），表页
图 2-14	虹口娱乐场修改设计平面图（1908）	卷宗号 U1-1-973，《上海公共租界工部局市政公报》，1908 年 5 月 7 日
图 2-15	虹口娱乐场全景图	卷宗号 U1-1-921，《上海公共租界工部局年报》（1908），p.208
图 2-16	1917 年虹口娱乐场新增土地与江湾路改道平面图	卷宗号 U1-1-982，《上海公共租界工部局市政公报》，1917 年 7 月 19 日，p.205
图 2-17	虹口公园新大门	卷宗号 U1-1-942，《上海公共租界工部局年报》（1929），p.264
图 2-18	虹口公园游泳池	《造园学概论》，p.116
图 2-19	虹口娱乐场内的音乐台	卷宗号 U1-1-935，《上海公共租界工部局年报》（1922），p.341A
图 2-20	20 世纪 30 年代末的极司非尔公园平面图	根据《上海百业指南》与《上海租界园林》（王绍增，硕士论文）中的插图绘制
图 2-21	极司非尔公园内的大悬铃木	卷宗号 U1-1-929，《上海公共租界工部局年报》（1916），p.64B
图 2-22	极司非尔公园内早期的月季园	卷宗号 U1-1-931，《上海公共租界工部局年报》（1918），p.67C
图 2-23	极司非尔公园内的日本鸢尾	卷宗号 U1-1-931，《上海公共租界工部局年报》（1918），p.66C
图 2-24	极司非尔公园南部景观（1932）	卷宗号 U1-1-945，《上海公共租界工部局年报》（1932），p.227
图 2-25	陈家池湖景	上海中山公园明信片（老照片），上海长宁公园绿化建设发展有限公司
图 2-26	极司非尔公园主入口（白利南路园门，1930）	卷宗号 U1-1-943，《上海公共租界工部局年报》（1930），p.256

图 2-27	极司非尔公园动物园	卷宗号 U1-1-935，《上海公共租界工部局年报》（1922），p. 83B
图 2-28	极司非尔公园的音乐台	上海中山公园明信片（老照片），上海长宁公园绿化建设发展有限公司
图 2-29	极司非尔公园的救火警钟	上海中山公园明信片（老照片），上海长宁公园绿化建设发展有限公司
图 2-30	汇山公园设计平面图	根据卷宗号 U1-1-976《上海公共租界工部局市政公报》1911 年 3 月 9 日载图绘
图 2-31	早期的法国总会	《上海近代建筑史稿》p. 200
图 2-32	顾家宅公园的方位图（1917）	根据 U38-1-2321、 U38-1-2322 绘制
图 2-33	20 世纪 30 年代的顾家宅公园平面图	根据《租界园林》版图 9—1936 年公园平面图与 U38-4-2202 所载 1939 年公园
图 2-34	顾家宅公园全貌（1918）	卷宗号 U38-1-2786，《法租界公董局工
图 2-35	顾家宅公园月季园（1920）	卷宗号 U38-1-2788，《法租界公董局工作年报》（1920）p. 102
图 2-36	顾家宅公园的沉床花坛全景（1919）	卷宗号 U38-1-2787，《法租界公董局工作年报》（1919）p. 147
图 2-37	顾家宅公园的沉床花坛局部（1920）	卷宗号 U38-1-2788，《法租界公董局工作年报》（1920）p. 4
图 2-38	顾家宅公园的湖景（1920）	卷宗号 U38-1-2788，《法租界公董局工作年报》（1920）p. 243
图 2-39	改造后的昆山广场儿童公园平面图	《上海百业指南—道路机构厂商住宅分布图・上册一》p. 65
图 2-40	改造后的昆山广场儿童公园园景 1	卷宗号 U1-14-1969
图 2-41	改造后的昆山广场儿童公园园景 2	卷宗号 U1-14-1969
图 2-42	改造后的昆山广场儿童公园景 3	卷宗号 U1-14-1969
图 2-43	改造后的昆山广场儿童公园园景 4	卷宗号 U1-14-1969
图 2-44	20 世纪 30 年代末的霍山公园平面示意图	《上海百业指南—道路机构厂商住宅分布图・下册二》p. 87
图 2-45	20 世纪 30 年代末的南阳儿童公园平面及位置图	《上海百业指南—道路机构厂商住宅分布图・上册二》p. 134

图 4-28	芝加哥哥伦比亚世界博览会：泻湖与岛	《Landscape Design—A Cultural and Architectural History》p. 353
图 4-29	华盛顿特区规划模型	《Landscape Design—A Cultural and Architectural History》p. 369
图 4-30	溪谷式波托马克公园路规划图	《Landscape Design—A Cultural and Architectural History》p. 370
图 4-31	溪谷式波托马克公园路设计透视图	《Landscape Design—A Cultural and Architectural History》p. 370
图 4-32	上海市市政府全部鸟瞰图	《中国建筑》创刊号，1931 年 11 月，转引自《上海近代建筑风
图 4-33	大上海市中心行政区域平面	《中国建筑》第一卷第六期，1933 年 12 月，转引自《上海近
图 4-34	凡尔赛宫苑平面图	《Landscape Design—A Cultural and Architectural History》p. 177
图 5-1	民国后期国民党上海市政府园林管理系统图	根据 1946—1949 年市园场处相关报告整理
图 5-2	上海市建成区营建区划－道路系统图（1936 年）	卷宗号 Q109-1-659，SC0046
图 5-3	大伦敦规划	《国外城市绿地系统规划》p. 24
图 5-4	大上海人口分层发展图	卷宗号 Q109-1-659-2 ，0134 页，《大上海都市计划概要报告》，
图 5-5	上海都市计划三稿初期草图（1949）	《上海城市规划志》p. 85
图 5-6	伦敦发展规划中的绿带规划	《国外城市绿地系统规划》p. 25
图 5-7	上海市绿地系统计划的绿地发展构架图	卷宗号 Q217-1-19，《上海市绿地系统计划初步研究报告》，
图 5-8	中山公园植物园的设计平面图	卷宗号 Q215-1-470，SC0037

2.表格索引

表 3-6	1908 年度工部局园地人员工资表	王绍增，《上海租界园林》， p. 22
表 3-7	1917 年与 1913 年公共花园及储备花园管理规则对照表	卷宗号U1-1-926《上海公共租界工部局年报》（1913），卷宗号U1-1-930《上海公共租界工部局年报》（1917）
表 3-8	1926 年与 1911 年汇山公园管理规则对照表	卷宗号 U1-1-924《上海公共租界工部局年报》（1911），卷宗号 U1-1-939《上海公共租界工部局年报》（1926）
表 3-9	上海公共租界园地部门开展的农作物植物引种选育试验	根据历年《上海公共租界工部局年报》整理编制
表 3-10	上海公共租界园地部门进行的主要栽培试验	根据表中各年份《上海公共租界工部局年报》和《上海公共租界工部局市政公报》相关资料整理编制
表 4-1	1928 年虹口公园游客量及公园开放前后游客量对比表	卷宗号 U1-1-941，《上海公共租界工部局年报》（1928）
表 4-2	公董局移植他种树木费额表	卷宗号 U38-1-2841，《上海法租界公董局市政公报》（1932）
表 4-3	1928-1938 年度工部局园地经常支出及其占局经常总支出的比例	局经常总支出与工务支出数据采自《上海租界志》343-346，园地数据采自各年《上海公共租界工部局市政公报》
表 4-4	1931 年度工部局园地部门的日常开支费用表	根据 1932 年 12 月 7 日《上海公共租界工部局市政公报》整理（转引自《上海租界时期园林资料索引（1868-1945）》，p. 192）
表 4-5	1939 年上海法租界各公共机构栽种花卉表	根据卷宗号 U38-1-2848，《上海法租界公董局市政公报》（1939）整理编制
表 4-6	工部局 1930-1942 若干年度园地收入及其占总收入的比例	局经常总收入数据采自《上海租界志》，p. 343-348，园地数据采自各年《上海公共租界工部局市政公报》
表 4-7	公董局 1930-1941 年度园地收入及其占总收入的比例	局经常总收入数据采自《上海租界志》，p. 366-367，园地数据采自各年《上海法租界公董局工作年报》
表 4-8	1942 年上海公共租界主要公园人员配备表	《上海租界时期园林资料索引（1868-1945）》， p. 175-177

后　记

从总体看，相对于上海近代史其他领域的研究，目前上海近代园林的研究存在思想重视不够、投入力量不足、研究成果甚少等问题，已有研究成果大多为其他学科成果的附产品，针对性、专业性不强，专业领域内的研究尚止步于史迹的钩沉与个案、部分时段的探讨。对上海近代园林进行整体性的深入研究是一个富于挑战性的课题，作为一名风景园林工作者多年前已有开展这方面研究的设想，但慑于课题内容的广博，一直未有实质性的进展。正是在同济大学攻读博士学位期间，导师郑时龄院士的鼓励和启发，坚定了笔者对上海近代园林进行整体研究的决心。博士论文以确凿的档案史料为研究基础，整合已有研究成果，采用定性与定量相结合的方法，以市政园林为主体、现代园林制度为主线、技术进步与观念转变为重点，对上海近代园林进行了较为系统的研究。

本书是在笔者博士论文的基础上修改完成的，体例上采用史论结合、论从史出的写法，尝试将上海近代园林作为一个整体进行阐述，关注其发展过程和背景，力图复原 1840 年至 1949 年上海园林发展的历史图景，以政府主导的园林建设行为及成果为重点对象，着重其发展脉络和规律的分析与把握。然而，上海近代园林的研究属于上海近代城市史研究范畴，也是中国近代园林研究最重要的组成部分，其研究空间很大，尚需从多侧面、多角度展开更深入的研究，如上海传统私家园林的近代变迁、花园式住宅的庭院和公共机构附属花园的发展，及其与市政园林的关系等。

本书的写作，得益于上海交通大学汤晓敏、车生泉、李玉红和上海商学院张凯旋等诸位老师的宝贵意见，以及谢圣韵、吴立蕾、龚冰苓、姚素梅、马力、臧西瑜、赵慧、沈海峰、廖嘉元、张成秀等的资料收集与整理工作，特别是导师郑时龄先生的悉心指导，和年逾九旬的前上海市园林局局长程绪珂先生的不吝指点，在此深表谢意。

感谢上海市档案馆、上海市图书馆、上海市园林设计院等单位惠予查检文献资料的方便，也要感谢上海交通大学出版社为本书提供出版的机会。

限于笔者的水平，错误、疏漏在所难免，敬请读者批评指正。